# physica status solidi

VOLUME 3 · NUMBER 9 · 1963

AKADEMIE-VERLAG · BERLIN

THEORIA CUM PRAXI

# Contents

# physica status solidi



Volume 3 · Number 9 · Pages 1491 to 1748 and K 313 to K 354

1963

AKADEMIE-VERLAG · BERLIN

Subscriptions and orders for single copies should be addressed to

AKADEMIE-VERLAG GmbH, Berlin W 8, Leipziger Straße 3—4 or to Buchhandlung KUNST UND WISSEN, Erich Bieber, Stuttgart S, Wilhelmstr. 4—6 or to Deutsche Buch-Export und Import GmbH, Leipzig C 1, Postschließfach 276

**Editorial Note:**

"physica status" solidi undertakes that a paper *accepted for publication* before the 8th of any month will be published within 50 days of this date unless the author requests a postponement. In special cases there may be some delay between *receipt* and *acceptance* of a paper due to the review and. if necessary, revision of the paper.

Schriftleiter und verantwortlich für den Inhalt: Professor Dr. Dr. h. c. P. Görlich, Berlin C 2, Neue Schönhauser Str. 20 bzw. Jena, Humboldtstr. 26. Redaktionskollegium: Dr. S. Oberländer, Dr. E. Gutsche, Dr. W. Borchardt. Anschrift der Schriftleitung: Berlin C 2, Neue Schönhauser Str. 20, Fernruf: 42 67 88. Verlag: Akademie-Verlag GmbH, Berlin W 8, Leipziger Str. 3—4, Fernruf: 22 04 41, Telex-Nr. 011773, Postscheckkonto: Berlin 35 021. — Die Zeitschrift „physica status solidi" erscheint monatlich. Bezugspreis dieses Heftes DM 10,—. Bestellnummer dieses Heftes: 1068/3/9. Gesamtherstellung: VEB Druckerei „Thomas Müntzer" Bad Langensalza. — Veröffentlicht unter der Lizenznummer 1310 des Presseamtes beim Vorsitzenden des Ministerrates der Deutschen Demokratischen Republik.

# *Review Article*

phys. stat. sol. 3, 1493 (1963)

*Physikalisch Technisches Institut der Deutschen Akademie der Wissenschaften zu Berlin*

# Theorie der magnetoakustischen Effekte in Metallen (II)

Von

H. Stolz

## Inhaltsverzeichnis



## V. Geometrische Resonanzen und Zyklotronresonanzen im transversalen Magnetfeld

### *V.1 Einführung der Effekte anhand der allgemeinen Absorptionsformel*

Nachdem wir in den voraufgegangenen Kapiteln die allgemeinen Grundlagen der Theorie der magnetoakustischen Effekte entwickelt haben, wenden wir uns nunmehr der Diskussion der einzelnen Typen dieser Effekte zu.

Die erste Gruppe von Erscheinungen, die wir in diesem Kapitel behandeln, ist zugleich diejenige, welche am längsten bekannt ist und deren Entdeckung [3 bis 6] den Anstoß zur Erschließung des Gebietes der magnetoakustischen Effekte gegeben hat. Das in Rede stehende oszillatorische Verhalten des Absorptionskoeffizienten in Abhängigkeit vom Magnetfeld tritt am deutlichsten in Erscheinung, wenn der Ausbreitungsvektor $\boldsymbol{q}$ der Schallwelle senkrecht zur Richtung des Magnetfeldes $\boldsymbol{B}_0$ liegt, das Magnetfeld also transversal zur Ausbreitungsrichtung des Schalls orientiert ist. Da wir $\boldsymbol{B}_0$ parallel zur $z$-Achse angenommen haben, können wir dann $\boldsymbol{q}$ so orientieren, daß $q_y = 0$ ist. Nehmen wir ferner zunächst noch an, daß es auf den betrachteten Fermiflächen keine offenen Bahnen gibt, so ist $\boldsymbol{q}\,\bar{\boldsymbol{v}} = q_x \bar{v}_x = 0$, und unsere allgemeine Formel (IV.30) für die Absorption vereinfacht sich zu

$$\boxed{\begin{aligned}\alpha = \frac{\tau}{8\pi^4 \hbar^2 \mu v_s |u|^2} \operatorname{Re} \int \sum_{n=-\infty}^{+\infty} \frac{m_c}{1 - i(\omega - n\omega_c)\tau} \int_0^{2\pi} G_A^* \int_0^{2\pi} G_A \\ \times \exp\left\{\int_\Theta^{\Theta'} \frac{i(\boldsymbol{q}\boldsymbol{v} - n\omega_c)}{\omega_c}\, d\Theta''\right\} d\Theta'\, d\Theta\, dk_z\end{aligned}} \tag{V.1}$$

(vergl. (IV.29)). Nun setzen wir weiter voraus, daß das Magnetfeld $\boldsymbol{B}_0$ nicht zu stark ist, so daß

$$\frac{q v_F}{\omega_c} \gtrsim 1 \tag{V.2}$$

gilt, wobei $v_F$ die mittlere Elektronengeschwindigkeit auf der Fermifläche ist. Für freie Elektronen ist (V.2) gleichbedeutend mit

$$q R \gtrsim 1 \,. \tag{V.3}$$

Dabei ist $R$ der Radius der Projektion der Elektronenbahnen im Ortsraum auf eine Ebene senkrecht zum Magnetfeld. Nehmen wir ferner an, daß die Elektronen zwischen zwei Stößen mehrere ungestörte Umläufe vollziehen können, so muß $l \gg R$, also $q\,l \gg 1$ sein. Unter diesen Voraussetzungen können wir (V.1) weiter vereinfachen, indem wir den Exponentialausdruck durch seinen Wert für $n = 0$ ersetzen, womit, wie Cohen, Harrison und Harrison [48] (diese Arbeit werden wir im folgenden stets in der Abkürzung CHH zitieren) für freie Elektronen diskutiert haben, ein relativer Fehler der Größenordnung $(q\,l)^{-1}$ verbunden ist. Indem wir noch die leicht zu beweisende Relation

$$\sum_{n=-\infty}^{+\infty} \frac{1}{1 - i(\omega - n\omega_c)\tau} = \frac{z \coth z}{1 - i\omega\tau}\,, \qquad z = \pi \frac{1 - i\omega\tau}{\omega_c \tau} \tag{V.4}$$

benutzen, erhalten wir

$$\alpha = \frac{1}{4\pi^2 \hbar^2 \mu v_s |u|^2} \int \frac{m_c}{\omega_c} \operatorname{Re} \coth z \left\{\frac{1}{2\pi} \int_0^{2\pi} G_A^* \int_0^{2\pi} G_A \exp\left\{\int_\Theta^{\Theta'} \frac{i\boldsymbol{q}\boldsymbol{v}}{\omega_c} d\Theta''\right\} d\Theta'\, d\Theta\right\} dk_z \,. \tag{V.5}$$

Gestützt auf die Voraussetzung (V.3) berechnen wir, Gurewitsch [37] folgend, die Integrale über $\Theta$ und $\Theta'$ nach der Methode der stationären Phase[1]). Das

[1]) s. z. B. Richards, Manual of Mathem. Physics, Pergamon Press 1959, p. 274.

Resultat ist

$$\frac{1}{2\pi}\int_0^{2\pi} G_A^* \int_0^{2\pi} G_A \exp\left\{\int_\Theta^{\Theta'} \frac{i\,\boldsymbol{q}\,\boldsymbol{v}}{\omega_c}\,d\Theta''\right\} d\Theta'\,d\Theta \approx \omega_c \sum_{\mu\,\nu} \frac{G_A(\Theta_\mu)\,G_A^*(\Theta_\nu)}{\sqrt{|(\boldsymbol{q}\,\boldsymbol{v}'_\mu)\,(\boldsymbol{q}\,\boldsymbol{v}'_\nu)|}}$$

$$\times \exp\left\{\int_{\Theta_\nu}^{\Theta_\mu} \frac{i\,\boldsymbol{q}\,\boldsymbol{v}}{\omega_c}\,d\Theta + \frac{i\pi}{4}\,(s_\mu - s_\nu)\right\}. \tag{V.6}$$

Darin bezeichnet $\Theta_\mu$ die Wurzeln der Gleichung

$$\boldsymbol{q}\,\boldsymbol{v} = 0\,,$$

ferner ist $\boldsymbol{v}'_\mu$ der Wert von $\frac{\partial v}{\partial \Theta}$ an der Stelle $\Theta_\mu$ und

$$s_\mu = \frac{\boldsymbol{q}\,\boldsymbol{v}'_\mu}{|\boldsymbol{q}\,\boldsymbol{v}'_\mu|}\,,$$

wobei wir $\boldsymbol{q}\,\boldsymbol{v}'_\mu \neq 0$ voraussetzen, sonst müssen wir den nächsten Term der Sattelpunktnäherung nehmen. Setzen wir nun (V.6) in (V.5) ein, so können wir $\alpha$ schreiben in der Form

$$\alpha = \alpha_{\mathrm{I}} + \alpha_{\mathrm{II}}\,,$$

wobei $\alpha_{\mathrm{I}}$ derjenige Anteil ist, der von den Summanden $\mu = \nu$ herrührt und $\alpha_{\mathrm{II}}$ der Beitrag der Summanden $\mu \neq \nu$. Mit (III.23) können wir leicht $\alpha_{\mathrm{I}}$ auf die Form

$$\alpha_{\mathrm{I}} = \frac{1}{4\pi^2\,\mu\,v_s\,|u|^2}\int \mathrm{Re}\coth z\,|G_A|^2\,\delta(\boldsymbol{q}\,\boldsymbol{v})\,\delta\,(\varepsilon_0 - \zeta_0)\,d^3\boldsymbol{k} \tag{V.7}$$

bringen, $\alpha_{\mathrm{II}}$ ergibt sich zu

$$\alpha_{\mathrm{II}} = \frac{1}{4\pi^2\,\hbar^2\,\mu\,v_s\,|u|^2}\sum_{\mu\neq\nu}{}' \int \mathrm{Re}\coth z\,\frac{G_A(\Theta_\mu)\,G_A^*(\Theta_\nu)}{\sqrt{|(\boldsymbol{q}\,\boldsymbol{v}'_\mu)(\boldsymbol{q}\,\boldsymbol{v}'_\nu)|}}$$

$$\times \exp\left\{\int_{\Theta_\nu}^{\Theta_\mu} \frac{i\,\boldsymbol{q}\,\boldsymbol{v}}{\omega_c}\,d\Theta + \frac{i\pi}{4}\,(s_\mu - s_\nu)\right\} m_c\,dk_z\,. \tag{V.8}$$

Unter den bisher benutzten Voraussetzungen rührt die Absorption also überwiegend von den Elektronen her, für welche $\boldsymbol{q}\,\boldsymbol{v} = 0$ ist, die sich also senkrecht zur Ausbreitungsrichtung der Schallwelle, d. h. in einer Ebene konstanter Phase bewegen. Dieses Resultat ist aus der Theorie der Ultraschallabsorption für $\boldsymbol{B}_0 = 0$, $q\,l \gg 1$ wohlbekannt.

Wir können nun den Ausdruck $\alpha_{\mathrm{II}}$ weiter umformen, indem wir zur Berechnung des verbliebenen Integrals über $\Theta$ die Bewegungsgleichungen (II.33) heranziehen. Es ist

$$\int_{\Theta_\nu}^{\Theta_\mu} \frac{\boldsymbol{q}\,\boldsymbol{v}}{\omega_c}\,d\Theta = \int_{\Theta_\nu}^{\Theta_\mu} \frac{q_x\,v_x}{\omega_c}\,d\Theta = -\frac{\hbar\,c\,q}{e\,B_{0z}}\left(k_y(\Theta_\mu) - k_y(\Theta_\nu)\right) = A_{\mu\nu}(k_z) = 2\,q\,R_{\mu\nu}(k_z)\,. \tag{V.9}$$

Setzen wir (V.9) in (V.8) ein, so können wir die Integration über $k_z$ ebenfalls nach der Sattelpunktmethode ausführen, wenn wir voraussetzen, daß $A_{\mu\nu}(k_z)$ als Funktion von $k_z$ hinreichend schnell veränderlich ist, was wiederum auf die Forderung

(V.3) führt. Das Resultat ist

$$\alpha_{\mathrm{II}} = \frac{1}{4\,\pi^2\,\hbar^2\,\mu\,v_s\,|u|^2} \sum_{\lambda} \sum_{\mu \neq \nu}{}' m_c^{(\lambda)} \operatorname{Re} \coth z^{(\lambda)} \frac{G_A^{(\lambda)}(\Theta_\mu^{(\lambda)})\,G_A^{(\lambda)*}(\Theta_\nu^{(\lambda)})}{\sqrt{|(\boldsymbol{q}\,\boldsymbol{v}_\mu')^{(\lambda)}\,(\boldsymbol{q}\boldsymbol{v}_\nu')^{(\lambda)}|}} \sqrt{\frac{\pi}{|q\,R_{\mu\nu}''^{(\lambda)}|}}$$
$$\times \exp i \left\{ 2\,q\,R_{\mu\nu}^{(\lambda)} + \frac{i\,\pi}{4}\,(s_\mu - s_\nu)^{(\lambda)} + \frac{i\,\pi}{4} \operatorname{sgn} R_{\mu\nu}''^{(\lambda)} \right\}. \tag{V.10}$$

Dabei bedeutet $^{(\lambda)}$, daß die jeweilige Funktion an der Stelle $k_z = k_z^{(\lambda)}$ zu nehmen ist, an welcher $R_{\mu\nu}' = \frac{dR_{\mu\nu}}{dk_z} = 0$ ist. Wir setzen wieder $R_{\mu\nu}'' \neq 0$ voraus.

Wie ein Blick auf (V.7) und (V.10) lehrt, geht das Magnetfeld in dreierlei Weise in den Ausdruck für den Absorptionskoeffizienten ein: über $z^{(\lambda)}$, $R_{\mu\nu}^{(\lambda)}$ und $G_A^{(\lambda)}(\Theta_\mu)$. Am übersichtlichsten ist zunächst die Abhängigkeit über den Ausdruck Re coth $z$. Falls $\omega\,\tau \gg 1$ ist, zeigt er markante Maxima an den Stellen $\omega = n\,\omega_c$ (Fig. 1). Diese Maxima werden mit abnehmendem $\omega\,\tau$ immer unschärfer.

Die Bedingung $\omega = n\,\omega_c$ entspricht den Bedingungen für die Maxima der gewöhnlichen Zyklotronresonanz. Die in unserem Falle auftretenden Maxima des Ultraschallabsorptionskoeffizienten bezeichnet man als *akustische Zyklotronresonanzen*. Die ihnen zugrunde liegende physikalische Situation läßt sich an Hand von (V.7) und (V.10) folgendermaßen umschreiben: Eine betrachtete Gruppe von Elektronen, welche auf einer geschlossenen Bahn umläuft, trägt immer dann zur Absorption bei, wenn für sie $\boldsymbol{q}\,\boldsymbol{v} = 0$ ist. Da ihre mittlere Geschwindigkeit in Richtung von $\boldsymbol{q}$ nach Voraussetzung verschwindet, fällt sie an den Stellen $\boldsymbol{q}\,\boldsymbol{v} = 0$ immer dann in eine Ebene gleicher Phase der Schallwelle, wenn diese während der Umlaufszeit $T_c$ um ein ganzes Vielfaches einer Wellenlänge fortgeschritten ist. Die Bedingung dafür, daß dieses eintritt, ist gerade $\omega = n\,\omega_c$. Es wäre nun jedoch verfrüht, zu schließen, daß für $\omega = n\,\omega_c$ stets Maxima der Absorption auftreten. Wie wir am Spezialfall freier Elektronen zeigen werden, besitzt die Funktion $G_A$ für transversalen Schall eine Magnetfeldabhängigkeit ähnlicher Art wie Re coth $z$, so daß sich vorläufig über die Lage der akustischen Zyklotronresonanzen nichts Näheres aussagen läßt.

Indem wir die Frage nach der Magnetfeldabhängigkeit von $G_A$ zurückstellen, wenden wir uns sogleich einer ersten Diskussion des oszillatorischen Exponentialausdruckes in (V.10) zu. Sie gestaltet sich am übersichtlichsten, wenn wir eine einfache konvexe Fermifläche voraussetzen, so daß für jedes $k_z$ die Gleichung $\boldsymbol{q}\,\boldsymbol{v} = 0$ höchstens zwei Lösungen hat. Fig. 2 zeigt eine Schnittlinie einer Ebene $k_z = \text{const}$ mit der Fermifläche, $P_1$ und $P_2$ markieren die Punkte, an denen $\boldsymbol{q}\,\boldsymbol{v} = 0$ ist. Diese Schnittlinie sei eine Elektronenbahn, umschließe also besetzte Zustände.

Die „Länge" $\Delta_{12}\,k_y$ im $\boldsymbol{k}$-Raum läßt sich nun unmittelbar aus der Periode der Absorption in $\frac{1}{B_0}$ bestimmen. Der Exponentialausdruck in (V.10) ist eine periodische Funktion von $\frac{1}{B_0}$ mit der Periode

$$\boxed{\Delta\left(\frac{1}{B_0}\right) = \left|\frac{2\,\pi\,c}{\hbar\,c\,q\,\Delta_{21}\,k_y}\right|}\,, \tag{V.11}$$

wobei $\Delta_{12}\,k_y = k_y(\Theta_2) - k_y(\Theta_1)$ die Differenz der extremalen Werte von $k_y$ auf der betrachteten Bahn ist. Der Beziehung (V.11) entspricht eine Kommensurabilität zwischen dem zu $\Delta_{12}\,k_y$ gehörigen Bahndurchmesser 2 $R_{12}$ im Ortsraum, parallel zu $\boldsymbol{q}$: Die durch (V.11) charakterisierte Periode entspricht einem Zuwachs der magnetischen Feldstärke, für welchen

$$|\Delta(2\,R_{y2})| = \lambda \tag{V.12}$$

ist, wobei $\lambda$ die Schallwellenlänge bedeutet. Die Bedingung für die Lage der Absorptionsmaxima läßt sich aus gleichen Gründen wie bei der Zyklotronresonanz erst nach Diskussion der Funktion $G_A$ angeben.

Entspricht die Zyklotronresonanz einer zeitlichen Kommensurabilität zwischen der Elektronenbewegung und der Schallausbreitung, so beschreibt (V.11) bzw. (V.12) eine geometrische Beziehung zwischen den räumlichen Bahndimensionen und der Schallwellenlänge, weshalb die auf dieser Beziehung beruhende oszillatorische Abhängigkeit des Absorptionskoeffizienten die Bezeichnung geometrische Resonanz erhalten hat, obwohl sie nicht eigentlich eine Resonanzerscheinung im engeren Sinne des Wortes darstellt.

Vorläufig betrachteten wir bei der Diskussion der Zyklotron- und der geometrischen Oszillationen nur eine bestimmte, durch einen Wert von $k_z$ charakterisierte Gruppe von Elektronen. Die tatsächliche beobachtbare Absorption rührt nun von allen Elektronen der Fermifläche her und beruht auf der Überlagerung der Wirkung der zu allen möglichen Werten von $k_z$ gehörigen Elektronen. Wie jedoch aus (V.10) ersichtlich, überlagern sich die geometrischen Oszillationen derart, daß die Beiträge derjenigen Elektronen, für welche der durch $k_z$ gegebene Schnitt ein Extremalschnitt der Fermifläche bezüglich $\Delta_{\mu\nu}k_y$ ist, die Beiträge der nichtextremalen Schnitte überwiegen, so daß jedem Extremalschnitt eine Periode der geometrischen Resonanz entspricht, was jedoch nur zutrifft, wenn die Extremalschnitte die einfache, durch Fig. 1 gegebene Form haben.

Für die Zyklotronoszillationen kann man in manchen Fällen damit rechnen, daß die Abhängigkeit der Frequenz $\omega_c$ von $k_z$ schwach ist (für eine kugelförmige Fermifläche ist $\frac{d\omega_c}{dk_z} = 0$). In diesem Falle tragen alle Elektronen mit $\boldsymbol{q}\,\boldsymbol{v} = 0$ gleichmäßig zur Absorption bei. Die ursprünglich von CHH ausgearbeitete Theorie der akustischen Zyklotronresonanz freier Elektronen wurde von Kaner [44] verallgemeinert für beliebige Fermiflächen und beliebige Winkel zwischen $\boldsymbol{q}$ und $\boldsymbol{B}_0$. Auf die Verhältnisse, welche vorliegen, wenn $\boldsymbol{q}$ und $\boldsymbol{B}_0$ nicht senkrecht aufeinander stehen, kommen wir später zu sprechen. Für Fermiflächen, bei denen $\omega_c$ stark von $k_z$ abhängt, kommt Kaner [44] zu dem Resultat, daß die Zyklotronresonanz vorwiegend von denjenigen Schnitten $k_z = \text{const}$ bestimmt wird, für welche $\frac{d\omega_c}{dk_z} = 0$ ist. Hinsichtlich der Einzelheiten verweisen wir auf Kaners Arbeit.

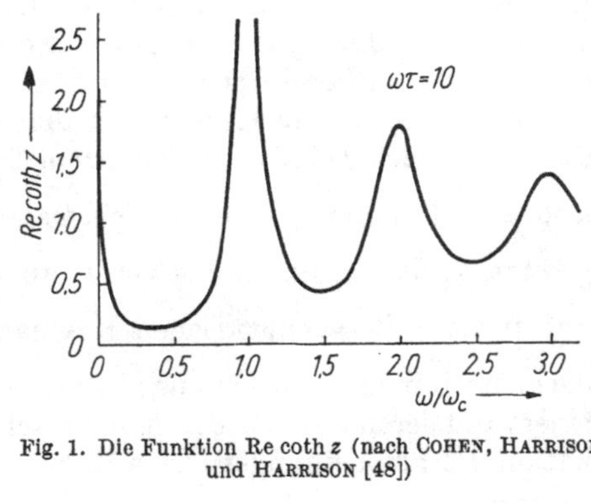

Fig. 1. Die Funktion Re coth $z$ (nach Cohen, Harrison und Harrison [48])

Die Erscheinung der geometrischen Resonanz wird wesentlich komplizierter, wenn die Schnitte durch die Fermifläche nicht mehr die einfache, in Fig. 2 dargestellte Form haben, sondern so beschaffen sind, daß es mehr als zwei Stellen gibt, an denen $\boldsymbol{q}\boldsymbol{v} = 0$ ist. Das ist z. B. bei pen sogenannten „dog's-bone" Bahnen in Kupfer der Fall, welche eine Rolle spielen, wenn das Magnetfeld in (110)-

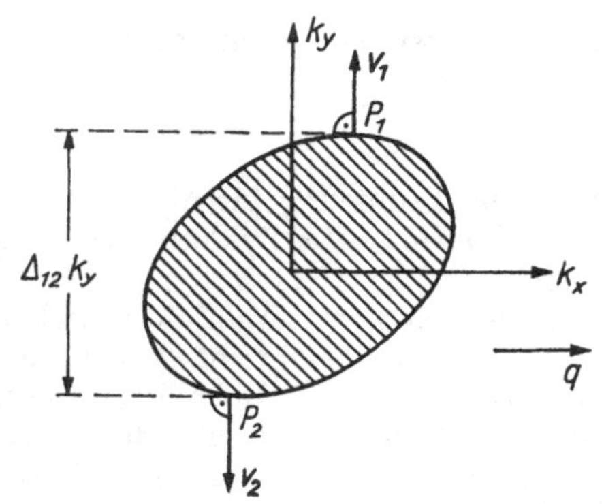

Fig. 2. Eine konvexe Elektronenbahn

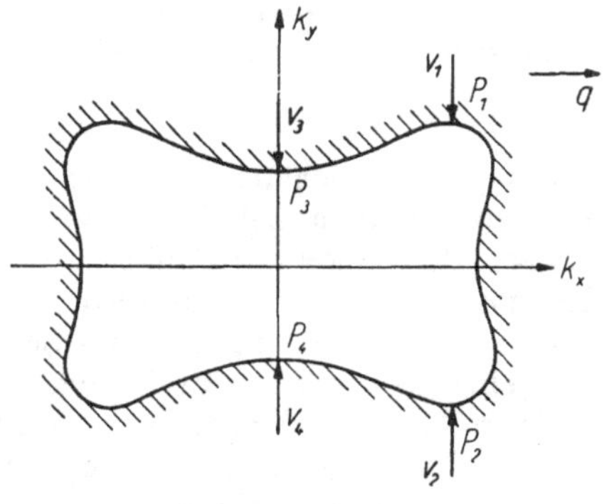

Fig. 3. Eine Lochbahn ("dog's bone")

Richtung orientiert ist (s. z. B. [9, 18]). Diese „dog's bone" Bahn ist eine Lochbahn, d. h. in ihrem Inneren liegen unbesetzte Zustände. In der in Fig. 3 gegebenen Orientierung von $\boldsymbol{q}$ relativ zur Bahn (sie entspricht einem Extremalschnitt), liefert sie einen Beitrag zur geometrischen Resonanz mit 4 verschiedenen Perioden, welche sich nach (V.11) bestimmen aus den Größen $\Delta_{12}k_y \sim P_1 P_2$, $\Delta_{34} k_y \sim P_3 P_4$, $\Delta_{32}k_y \sim P_3 P_2$, $\Delta_{13}k_y \sim P_1 P_3$. Mit zunehmender Zahl der Wurzeln von $\boldsymbol{q}\,\boldsymbol{v} = 0$ wird daher auch die Erscheinung der geometrischen Resonanz immer verwickelter, wobei man noch beachten muß, daß sich die Perioden, welche von den einzelnen Extremalschnitten herrühren, superponieren. Will man sich also ein Bild von der Fermifläche verschaffen, so kommt es wesentlich auf die Zuordnung der verschiedenen beobachteten Perioden zu einzelnen Schnitten und den zugehörigen Wurzeln von $\boldsymbol{q}\,\boldsymbol{v} = 0$ an. Ist dieses gelungen, etwa in dem einfachsten Fall, wenn für jeden Extremalschnitt höchstens zwei Wurzeln auftreten und damit eine Periode vorhanden ist, so kann man durch Drehung des Kristalls um die Richtung des Magnetfeldes die Form des entsprechenden Extremalschnittes punktweise aus der Größe $\Delta\left(\frac{1}{B_0}\right)$ konstruieren, wie wir später noch an Beispielen demonstrieren werden. Darin liegt der große Vorzug der geometrischen Resonanzen vor den Zyklotronresonanzen (akustischen wie gewöhnlichen): letztere gestatten die Bestimmung der effektiven Masse $m_c$, deren Relation zur Gestalt der Fermifläche relativ verwickelt ist, während erstere unmittelbar zu einer „Länge" (der Größe $\Delta_{\mu\nu}k_y$) im $\boldsymbol{k}$-Raum in Beziehung stehen. Außerdem erfordert die Beobachtung der Zyklotronresonanz die Bedingung $\omega\,\tau \gg 1$, die schärfer ist als $q\,l \gg 1$, welche bereits für das Auftreten der geometrischen Resonanz ausreicht.

Im allgemeinen überlagern sich den verschiedenen geometrischen Resonanzen die akustischen Zyklotronresonanzen. Da letztere jedoch entstehen für $\omega = n\,\omega_c$, also $\frac{\omega}{\omega_c} \gtrsim 1$, treten sie, eine einigermaßen einfache Form der Fermifläche vorausgesetzt, so daß $\omega_c$ nur wenig von $k_z$ abhängt, im Bereich schwacher Magnetfelder auf, in dem die geometrischen Resonanzen, welche $q\,R \gtrsim 1$ also $\frac{\omega}{\omega_c} \gtrsim \frac{v_s}{v_F}$ erfordern, noch nicht deutlich ausgebildet sind. Daher führt die Überlagerung nur in einem mittleren Bereich der magnetischen Feldstärke zu einer weiteren Komplikation der Erscheinungen. Da außerdem die Periodizität der Zyklotronresonanzen im reziproken Magnetfeld charakterisiert ist durch

$$\boxed{\Delta\left(\frac{1}{B_0}\right) = \left|\frac{e}{m_c\, c\, \omega}\right|}, \tag{V.13}$$

so zeigt ein Vergleich mit (V.11), daß $\Delta\left(\frac{1}{B_0}\right)$ für die Zyklotronresonanz um den Faktor $\frac{v_F}{v_s}$ größer ist als für die geometrische Resonanz (für freie Elektronen). Letztere stellt also eine kurzperiodische Modulation der Zyklotronoszillationen dar, es sei denn, daß sich bei entsprechender Form der Fermifläche extrem langperiodische geometrische Resonanzen mit extrem kurzperiodischen Zyklotronresonanzen überlagern.

### *V.2 Anschauliche Betrachtungen zur geometrischen Resonanz*

Nach dem Gesagten liegt es auf der Hand, daß man nur im Falle einfachster Formen geschlossener Fermiflächen hoffen kann, zu vergleichsweise kurzen Formeln für den Absorptionskoeffizienten zu gelangen, letztenendes also nur für freie Elektronen. Bevor wir diese für diesen Spezialfall (aus (V.7, 8)) entwickeln, stellen wir einige einfache Überlegungen an, welche MORSE, BOHM und GAVENDA [4] zur Interpretation ihrer frühen Beobachtungen geometrischer Resonanzen an Kupferpolykristallen verwendet haben.

Fig. 4 zeigt die Resultate dieser Messungen. Es war stets $\boldsymbol{q} \perp \boldsymbol{B}_0$. Die mit $X$ markierte Kurve gibt die Absorption für longitudinalen Schall, die Kurven $Y_\perp$ und $Y_{||}$ die Absorption für transversalen, senkrecht bzw. parallel zur Richtung von $\boldsymbol{B}_0$ polarisiert. Der Absorptionskoeffizient ist normiert auf einen Grenzwert $\alpha_\infty$, welcher sehr hohen Magnetfeldern ($q\, R \ll 1$) entspricht. Auf die Absorption im Bereich hoher Felder gehen wir später besonders ein. Fig. 4 läßt folgendes charakteristische Verhalten erkennen: Für longitudinalen Schall und transversalen, senkrecht zu $\boldsymbol{B}_0$ polarisiert, liegen die Extrema der Absorption bei annähernd übereinstimmenden Werten von $B_0$. Geht man zu parallel zu $\boldsymbol{B}_0$ polarisiertem Schall über, so vertauschen Maxima und Minima ihre Positionen. Dieses Verhalten wird anhand von Fig. 5 verständlich: Die Kreise geben in Abhängigkeit von $B_0$ die Projektion der Bahnkurve einer betrachteten Gruppe von Elektronen auf eine Ebene senkrecht zum Magnetfeld, im Ortsraum an. Der Wellenzug bezeichnet die Stärke des elektrischen Feldes $\boldsymbol{E}$, welches von der Schallwelle erzeugt wird. Wegen $q\, R \gtrsim 1$, also $\frac{T}{T_c} \lesssim \frac{v_F}{v_s}$, braucht man die Fortbewegung dieses Wellenzuges während eines Umlaufs der Elektronen nicht zu berücksichtigen. Betrachten wir zunächst den oberen Teil der Abbildung für Polarisation senkrecht zum Magnetfeld. Die Wechselwirkung zwischen Feld und Elektronen ist wesentlich in den Bereichen der Bahn, in denen $\pm \boldsymbol{v} \,||\, \boldsymbol{E}$, also $\boldsymbol{v} \perp \boldsymbol{q}$ ist, wie wir bereits früher fanden: Das Feld $\boldsymbol{E}$ kann stets in guter Näherung parallel zu $\boldsymbol{e}_0$, dem Polarisationsvektor, angenommen werden. In den durch $A$ und $C$ gekennzeichneten Situationen verläuft die Elektronenbewegung in den wesentlichen Teilen der Bahn antiparallel zur Richtung des Feldes $\boldsymbol{E}$, in der Situation $B$ parallel. In den Fällen $A$ und $C$ ist der Beitrag der betrachteten Elektronen zur Stromdichte[2]) also in Phase mit $\boldsymbol{E}$, der Realteil ihrer elektrischen Leitfähigkeit ist also groß. Im Falle $B$ ist der Realteil der elektrischen Leitfähigkeit der betrachteten

[2]) Man beachte, daß der Vektor $\boldsymbol{j}$ entgegengesetzt zu $\boldsymbol{v}$ gerichtet ist.

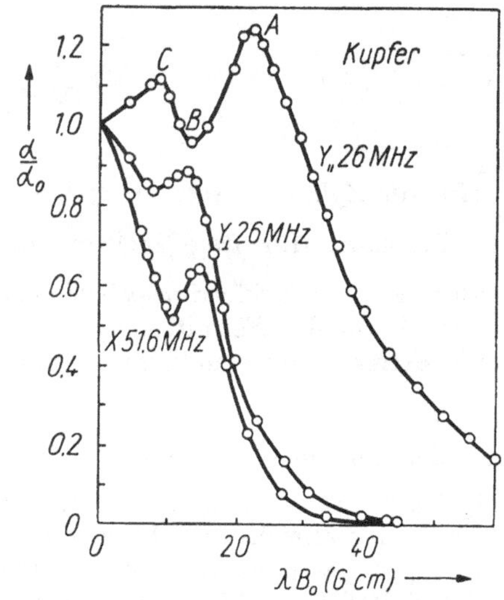


Fig. 4. Geometrische Resonanzen an einem Kupferpolykristall, X für longitudinalen Schall, $Y_\perp$, $Y_{||}$ für transversalen Schall senkrecht bzw. parallel zum Magnetfeld polarisiert. (Nach MORSE, BOHM und GAVENDA [4])

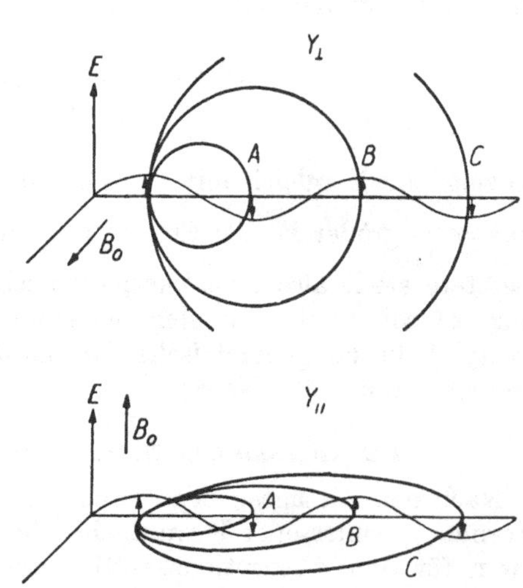


Fig. 5. Zum Verständnis der geometrischen Resonanzen (Nach MORSE, BOHM und GAVENDA [4])

Elektronengruppe klein. Nun beachten wir Formel (IV.24) für die Absorption: Nach (III.45) ist $(\sigma'^{-1})_{yy} = (\sigma^{-1})_{yy}\sigma_0$, $(\sigma'^{-1})_{zz} = (\sigma^{-1})_{zz}\, \sigma_0$ und also, wenn wir $\varkappa_0 = 1$ setzen,

$$\alpha_\perp^{\text{trans}} \approx \frac{n_0\, m}{\mu\, v_s\, \tau} \{\text{Re}(\sigma^{-1})_{yy} - 1\}\,. \tag{V.14}$$

Danach erwarten wir ein Minimum der Absorption in den Fällen $A$ und $C$, im Falle $B$ ein Maximum. In der Literatur findet sich zuweilen die entgegengesetzte Zuordnung, wobei jedoch nicht beachtet wird, daß infolge der Stromneutralität stets $\boldsymbol{j}_e \approx -\boldsymbol{j}_g$ ist, die Energieübertragung also bei vorgegebener Stromstärke, nicht bei gegebener Feldstärke, stattfindet. Wäre das letztere der Fall, so würde, ähnlich zur Situation in einem Teilchenbeschleuniger, die Energieübertragung in den Fällen $A$ und $C$ maximal, in dem Falle $B$ minimal sein. Wie wir noch sehen werden, tritt das bei verletzter transversaler Stromneutralität ein für transversalen Schall. In diesem Falle ist das transversale, von den schwingenden Ionen erzeugte Feld nicht abgeschirmt, und die Energieübertragung erfolgt bei gegebener Feldstärke.

Der untere Teil der Fig. 5 gibt die Verhältnisse wieder, welche bei Polarisation parallel zu $\boldsymbol{B}_0$ vorliegen. Damit überhaupt Energie auf die betrachtete Elektronengruppe übertragen werden kann, muß dieselbe eine nichtverschwindende mittlere Geschwindigkeit in Richtung von $\boldsymbol{E}$ haben, d. h. es muß $k_z \neq 0$ sein. Dann zeigt der Vergleich mit dem oberen Teil der Abbildung unmittelbar, daß nunmehr die Situationen $A$ und $C$ maximaler, $B$ minimaler Absorption entsprechen. Es ist jetzt

$$\alpha_{||}^{\text{trans}} = \frac{n_0\, m}{\mu\, \tau\, v_s} \{\text{Re}\,(\sigma^{-1})_{zz} - 1\}\,. \tag{V.15}$$

Für freie Elektronen gibt es nur den Extremalschnitt $k_z = 0$, welcher nach (V.10) zu geometrischen Resonanzen führen könnte. Gerade diese Elektronen können aber nach dem soeben Gesagten nichts zur Absorption beitragen. Tatsächlich gibt es, wie wir sehen werden, im Falle $\boldsymbol{q} \perp \boldsymbol{B}_0$, $\boldsymbol{e}_0 \parallel \boldsymbol{B}_0$ auch kein ausgeprägt oszillatorisches Verhalten der Absorption bei freien Elektronen. Daß es bei Kupfer gefunden wurde, weist darauf hin, daß die Fermifläche wesentlich von einer Kugel abweichen muß.

Für longitudinalen Schall stößt man bei der Verwendung der vorstehend ausgeführten anschaulichen Überlegungen auf gewisse Schwierigkeiten. In den für die Absorption wesentlichen Bereichen ihrer Bahn, wo $\boldsymbol{q}\,\boldsymbol{v} \approx 0$ ist, bewegen sich die Elektronen senkrecht zum elektrischen Feld $\boldsymbol{E}$. Es zeigt aber ein Blick auf (II.30 A) für $G_A$, daß, infolge (II.17), abgesehen von der mit dem Deformationspotential verknüpften Kraft $\frac{\lambda_{ij} - \bar{\lambda}_{ij}}{v} \dot{s}_{ij}$ noch die Kraft $\frac{\dot{n}_1}{N\,v}$ auf die Elektronen wirkt, welche für $\boldsymbol{q}\,\boldsymbol{v} = 0$ nicht identisch verschwindet. Unter dem Einfluß dieser beiden Kräfte kommt (der Beitrag des transversalen elektrischen Feldes ist klein, wie wir noch genauer sehen werden) nun die Absorption zustande, wobei analoge Betrachtungen wie im Falle transversalen, senkrecht zum Magnetfeld polarisierten Schalles zu dem Ergebnis führen, daß den Situationen $A$ und $C$ Minima, der Situation $B$ ein Maximum der Absorption entspricht. Wir heben hervor, daß die Kraft $\frac{\dot{n}_1}{N\,v}$ auch bei freien Elektronen wirksam ist.

Nun zeigt ein Blick auf die Formeln (V.7) und (V.8), daß die Abhängigkeit der Lage der Extrema von der Polarisationsrichtung nur dadurch zustande kommen kann, daß die Funktion $G_A$, welche einzig von der Polarisation abhängt, ebenfalls oszillatorische Terme der Art, wie sie explizit in (V.8) auftreten, enthält, die zusammen mit diesen die Phase der Oszillationen festlegen. Es ergibt sich also die Notwendigkeit einer genauen Berechnung von $G_A$, welche in erster Linie eine Diskussion des Leitfähigkeitstensors erfordert. Nimmt man, wie es in der Literatur häufig geschieht, keine Rücksicht auf die Magnetfeldabhängigkeit von $G_A$, so kann man die soeben diskutierte Abhängigkeit der Phase der Oszillationen von der Polarisation nicht erklären. Diese Abhängigkeit wirft zugleich ein interessantes Licht auf die Bedeutung des Deformationspotentials für die geometrischen Resonanzen. Würden, wie es oft angenommen wird, die magnetfeldunabhängigen Terme in $G_A$, also für transversale Polarisation ($\boldsymbol{q}\,\boldsymbol{e}_0 = 0$) der Term $(\lambda_{ij} - \bar{\lambda}_{ij})\,\dot{s}_{ij}$, die magnetfeldabhängigen überwiegen, so würde es keine Phasenverschiebung beim Übergang von $\boldsymbol{e}_0 \parallel \boldsymbol{B}_0$ zu $\boldsymbol{e}_0 \perp \boldsymbol{B}_0$ geben. Daher können wir annehmen, daß dieser Term für die Wechselwirkung im Bereich der geometrischen Resonanz im Vergleich zu den übrigen Kräften geringere Bedeutung hat.

Bei den vorstehenden Betrachtungen haben wir die Frage unbeachtet gelassen, ob es überhaupt möglich ist, die magnetoakustischen Effekte an rein longitudinalen bzw. transversalen Schallwellen zu beobachten. Es ist klar, daß es in anisotropen Medien schon bei abwesendem Magnetfeld reine Longitudinal- bzw. Transversalwellen nur in Ausbreitungsrichtungen hinreichend hoher Symmetrie gibt. Da das Anlegen des äußeren Magnetfeldes eine Symmetrieverminderung bewirkt, muß man erwarten, daß schon in einem isotropen Medium (Plasmamodell) für eine beliebige Richtung von $\boldsymbol{q}$ keine rein longitudinalen bzw. transversalen Wellen mehr existieren. Wlassow und Filippow [54] (1963) haben gezeigt, daß es für $\boldsymbol{q} \parallel \boldsymbol{B}_0$ eine longitudinale und zwei zirkular polarisierte transversale Wellen gibt. Für $\boldsymbol{q} \perp \boldsymbol{B}_0$ gibt es eine transversale Welle, deren Polarisationsebene mit der $xz$-Ebene identisch ist und zwei Wellen vom gemischten Typ, für welche die Polarisationsebene der transversalen Anteile mit der $xy$-Ebene identisch sind. Von diesen beiden Wellen ist eine vorwiegend longitudinal mit einer kleinen transversalen Amplitude und die zweite vorwiegend transversal mit einer kleinen longitudinalen Amplitude. Die Abweichungen von der reinen Longitudinalität bzw. Transversalität sind in beiden Fällen von der Größenordnung $\frac{v_s}{v_F}$. Wir können daher auch für $\boldsymbol{B}_0 \neq 0$ in guter Näherung für Ausbreitungsrichtungen hinreichender Symmetrien von longitudinalen bzw. transversalen Schallwellen sprechen.

### *V.3 Der Leitfähigkeitstensor für freie Elektronen im Bereich der geometrischen und der Zyklotron-Resonanzen*

Eine ausführliche und strenge Ableitung des Leitfähigkeitstensors freier Elektronen im Magnetfeld findet man bei CHH, so daß wir uns hier kurz fassen können. Wir geben keine strenge Berechnung an, sondern machen sogleich bei der Auswertung des Ausdruckes (III.9)

$$\left.\begin{aligned} \sigma_{ij} &= \frac{e^2}{4\pi^3 \hbar^2} \int \frac{m_c}{\omega_c} \int_0^{2\pi} v_i(\Theta) \int_{-\infty}^{\Theta} v_j(\Theta') \exp\left\{\int_{\Theta}^{\Theta'} F(\Theta'')\, d\Theta''\right\} d\Theta'\, d\Theta\, dk_z \\ F(\Theta'') &= \frac{i\,(\boldsymbol{q}\,\boldsymbol{v} - \omega)}{\omega_c} + \frac{1}{\omega_c \tau} \end{aligned}\right\} \tag{V.16}$$

von der Methode der stationären Phase Gebrauch. Dazu müssen wir jedoch diejenigen Komponenten, bei denen $i$ oder $j$ gleich $x$ ist, etwas umformen, indem wir die Relation

$$v_x = \frac{1}{i\,q_x}\left\{\omega_c F(\Theta) - \frac{1 - i\,\hat{\omega}\,\tau}{\tau}\right\} \qquad (\hat{\omega} = \omega - q_z v_z)$$

benutzen und die partiellen Integrationen, welche zur Ableitung von (III.30) verwendet wurden, heranziehen. Beachten wir noch, daß $\bar{v}_x = 0$ und $v_z$ unabhängig von $\Theta$ ist, so finden wir

$$\sigma_{xx} = \frac{e^2}{4\pi^3 \hbar^2 q_x \tau} \int m_c \left\{ \int_0^{2\pi} \left( (1 - i\,\hat{\omega}\,\tau) - \frac{(1 - i\,\hat{\omega}\,\tau)^2}{\omega_c \tau} \right.\right.$$
$$\left.\left. \times \int_{-\infty}^{\Theta} \exp\left\{ \int_{\Theta}^{\Theta'} F(\Theta'')\, d\Theta'' \right\} d\Theta' \right) d\Theta \right\} dk_z\,. \tag{V.17}$$

Bei der verbleibenden Integration können wir wieder von der Fourierentwicklung des Integrals über $\Theta''$, welche wir bei der Verarbeitung von (IV.28) eingeführt haben, Gebrauch machen. Das Resultat ist

$$\sigma_{xx} = \frac{e^2}{2\pi^2 \hbar^2 q_x \tau} \int m_c \left\{ 1 - i\,\hat{\omega}\,\tau - \sum_{n=-\infty}^{+\infty} \frac{(1 - i\,\hat{\omega}\,\tau)^2}{1 - i\,(\hat{\omega} - n\,\omega_c)\,\tau} \right.$$
$$\left. \times \frac{1}{4\pi^2} \int_0^{2\pi} \int_0^{2\pi} \exp\left\{ \int_{\Theta}^{\Theta'} \frac{i\,(q_x v_x - n\,\omega_c)}{\omega_c}\, d\Theta'' \right\} d\Theta'\, d\Theta \right\} dk_z\,. \tag{V.18}$$

Entsprechend findet man

$$\sigma_{yx} = -\sigma_{xy} = \frac{i\,e^2}{4\,\pi^3\,\hbar^2\,q_x} \int m_c \sum_{n=-\infty}^{+\infty} \frac{1 - i\,\hat{\omega}\,\tau}{1 - i\,(\hat{\omega} - n\,\omega_c)\,\tau}$$

$$\times \frac{1}{2\,\pi} \int_0^{2\pi} v_y(\Theta) \int_0^{2\pi} \exp\left\{\int_{\Theta}^{\Theta'} \frac{i\,(q_x\,v_x - n\,\omega_c)}{\omega_c}\,d\Theta''\right\} d\Theta'\,d\Theta\,dk_z, \qquad \text{(V.19)}$$

$$\sigma_{zx} = \sigma_{xz} = \frac{i\,e^2}{4\,\pi^3\,\hbar^2\,q_x} \int m_c \sum_{n=-\infty}^{+\infty} \frac{1 - i\,\hat{\omega}\,\tau}{1 - i\,(\hat{\omega} - n\,\omega_c)\,\tau}$$

$$\times \frac{1}{2\,\pi} \int_0^{2\pi} v_z \int_0^{2\pi} \exp\left\{\int_{\Theta}^{\Theta'} \frac{i\,(q_x\,v_x - n\,\omega_c)}{\omega_c}\,d\Theta''\right\} d\Theta'\,d\Theta\,dk_z, \qquad \text{(V.20)}$$

und für $i, j \neq x$ lassen wir den allgemeinen nach der zur Gewinnung von (IV.30) benutzten Methode aus (III.9) folgenden Ausdruck stehen

$$\boxed{\begin{aligned}\sigma_{ij} &= \frac{e^2\,\tau}{8\,\pi^4\,\hbar^2} \int m_c \sum_{n=-\infty}^{+\infty} \frac{1}{1 - i\,(\tilde{\hat{\omega}} - n\,\omega_c)\,\tau} \\ &\times \int_0^{2\pi} v_i(\Theta) \int_0^{2\pi} v_j(\Theta')\,\exp\left\{\int_{\Theta}^{\Theta'} \frac{i\,(\boldsymbol{q}\,\boldsymbol{v} - \boldsymbol{q}\,\tilde{\boldsymbol{v}} - n\,\omega_c)}{\omega_c}\,d\Theta''\right\} d\Theta'\,d\Theta\,dk_z\end{aligned}}\;. \qquad \text{(V.21)}$$

Diese Formel ist natürlich für alle Komponenten von $\boldsymbol{\sigma}$ korrekt, die Umformungen (V.18—V.20) sind nur im Hinblick auf die spätere Anwendung der Sattelpunkt-integration erforderlich. Da wir den Parameter $\Theta$ so definiert haben, daß $\dot{\Theta} = \omega_c > 0$ ist, unabhängig von der Richtung des Magnetfeldes, hat man in den Ausdrücken für $\sigma_{ij}$ $\boldsymbol{v}(\Theta)$ durch $\boldsymbol{v}(-\Theta)$ zu ersetzen, wenn man die Richtung des Magnetfeldes umkehrt, d. h. von $B_{0z} = B_0$ zu $B_{0z} = -B_0$ übergeht. Dann findet man anhand von (V.21) nach einigen Variablensubstitutionen die Onsager-Relationen

$$\sigma_{ij}(\boldsymbol{B}_0) = \sigma_{ji}(-\boldsymbol{B}_0)\,.$$

Falls unser System invariant ist gegenüber Spiegelung an der $xz$-Ebene und gleichzeitiger Vorzeichenumkehr von $B_{0z}$, muß außerdem gelten

$$\sigma_{ij}(\boldsymbol{B}_0) = (-1)^a\,\sigma_{ij}(-\boldsymbol{B}_0)\,,$$

wobei $a$ angibt, wie oft der Index $y$ in $ij$ vorkommt. Mit den Onsager-Relationen zusammen ergibt das

$$\sigma_{ij}(\boldsymbol{B}_0) = (-1)^a\,\sigma_{ji}(\boldsymbol{B}_0)\,.$$

Behalten wir diese Relationen im Gedächtnis, so können wir im folgenden stets ohne Beschränkung der Allgemeinheit $B_{0z} > 0$ annehmen.

Setzen wir noch $q_z = 0$ voraus, so ist $\hat{\omega} = \omega$, und die einzigen nicht verschwindenden Komponenten sind $\sigma_{xx}, \sigma_{xy}, \sigma_{yy}, \sigma_{zz}$. Wir verwenden ferner die bereits früher benutzte Näherung für $q\,l \gg 1$, d. h. wir setzen in allen Summanden im Exponentialausdruck $n = 0$ und behandeln das verbleibende Doppelintegral über $\Theta$ und $\Theta'$ nach der Methode der stationären Phase (vgl. (V.6)). Bezeichnen wir den Fermiwellenvektor mit $k_F$, so hat die Gleichung $v_x = 0$ für $|k_z| < k_F$

zwei Wurzeln, und mit $k_z/k_F = \cos\vartheta$ sowie $v_F/\omega_c = R$ finden wir

$$\int_0^{2\pi}\int_0^{2\pi} \exp\left\{\int_{\Theta}^{\Theta'} \frac{i\, q_x v_x}{\omega_c} d\Theta''\right\} d\Theta'\, d\Theta \approx \frac{4\pi}{q\, R \sin\vartheta}\left\{\cos\left(2\, q\, R \sin\vartheta - \frac{\pi}{2}\right) + 1\right\}.$$

Wenn wir die verbleibende $k_z$-Integration in eine Integration über $\vartheta$ umschreiben und nochmals die Methode der stationären Phase verwenden, erhalten wir unter Beachtung von (V. 4) schließlich

$$\sigma_{xx} \approx \frac{3\,\sigma_0}{(q\, l)^2}(1 - i\,\omega\,\tau)\left\{1 - \frac{z \coth z}{2\, q\, R}\left[1 + \frac{1}{\pi}\sqrt{\frac{\pi}{q\, R}} \sin\left(2\, q\, R - \frac{\pi}{4}\right)\right]\right\}, \quad \text{(V.22)}$$

$$\sigma_{xy} \approx \frac{3\,\sigma_0}{q\, l}\, \frac{z \coth z}{2\, q\, R}\, \frac{1}{\pi}\sqrt{\frac{\pi}{q\, R}} \cos\left(q\, R - \frac{\pi}{4}\right), \quad \text{(V.23)}$$

$$\sigma_{yy} \approx \frac{3\,\sigma_0}{(1 - i\,\omega\,\tau)}\, \frac{z \coth z}{4\, q\, R}\left\{1 - \frac{2}{\pi}\sqrt{\frac{\pi}{q\, R}} \sin\left(2\, q\, R - \frac{\pi}{4}\right)\right\}, \quad \text{(V.24)}$$

$$\sigma_{zz} \approx \frac{3\,\sigma_0}{(1 - i\,\omega\,\tau)}\, \frac{z \coth z}{4\, q\, R}\left\{1 + \frac{2}{\pi\, q\, R}\left[1 - \frac{1}{2}\sqrt{\frac{\pi}{q\, R}} \cos\left(2\, q\, R - \frac{\pi}{4}\right)\right]\right\}. \quad \text{(V.25)}$$

Zu denselben Ergebnissen kommt man unmittelbar von den strengen Ausdrücken bei CHH ausgehend, auf deren Wiedergabe wir verzichten, wenn man für die Besselfunktionen die asymptotischen Ausdrücke für $q\, R \gg n$ einsetzt und die $\vartheta$-Integration nach der Methode der stationären Phase ausführt.

Aus (V.22)—(V.25) gewinnen wir die Komponenten des Widerstandstensors $\boldsymbol{\rho}$ in niedrigster Näherung in $1/\sqrt{q\, R}$:

$$\varrho_{xx} \approx \varrho_0 \frac{(q\, l)^2}{3\,(1 - i\,\omega\,\tau)}\left\{1 + \frac{z \coth z}{2\, q\, R}\left[1 + \frac{1}{\pi}\sqrt{\frac{\pi}{q\, R}} \sin\left(2\, q\, R - \frac{\pi}{4}\right)\right]\right\}, \quad \text{(V.26)}$$

$$\varrho_{xy} \approx -\varrho_0 \frac{2\, q\, l}{3\,\pi}\sqrt{\frac{\pi}{q\, R}} \cos\left(2\, q\, R - \frac{\pi}{4}\right), \quad \text{(V.27)}$$

$$\varrho_{yy} \approx \varrho_0 \frac{4\, q\, R}{3\, z \coth z}(1 - i\,\omega\,\tau)\left\{1 + \frac{2}{\pi}\sqrt{\frac{\pi}{q\, R}} \sin\left(2\, q\, R - \frac{\pi}{4}\right)\right\}, \quad \text{(V.28)}$$

$$\varrho_{zz} \approx \varrho_0 \frac{4\, q\, R}{3\, z \coth z}(1 - i\,\omega\,\tau). \quad \text{(V.29)}$$

Wir könnten nun sofort nach (III.45) $\boldsymbol{\sigma}'^{-1}$ und damit die Absorption nach (IV.24) berechnen. Wir verfahren jedoch etwas umständlicher und benutzen (V.7, 8), um zu untersuchen, welche Beiträge die verschiedenen in $G_A$ eingehenden Kräfte zur Absorption liefern.

### *V.4 Absorptionsformeln für freie Elektronen bei Stromneutralität*

Beginnen wir mit der Absorption für longitudinalen Schall. Bezeichnen wir mit $\psi$ und $\varphi$ Polarkoordinaten im $\boldsymbol{k}$-Raum, mit der Richtung von $\boldsymbol{q}$ als Polarachse, so erhalten wir für $\delta(\boldsymbol{q}\,\boldsymbol{v})\,|G_A|^2$ nach (III.47) mit $\frac{n_0}{N} = \frac{2}{3}\zeta_0$:

$$\frac{1}{|u|^2}\,\delta(\boldsymbol{q}\,\boldsymbol{v})\,|G_A|^2 = \delta(\boldsymbol{q}\,\boldsymbol{v})\left|n_0\, e^2\, v\,(\varrho_{yx} + \varrho_0\,\omega_c\,\tau) \cos\varphi + \frac{2}{3}\, i\,\zeta_0\, q\right|^2, \quad \text{(V.30)}$$

wobei wir diesen Ausdruck auf der Fermifläche benötigen. Zunächst sehen wir, daß der Term $\sim \frac{m\,\boldsymbol{v}\,\boldsymbol{u}}{\tau}$, welcher vom CD in $G_A$ herrührt, herausfällt. Ferner ist

$$\varrho_0\,\omega_c\,\tau\,n_0\,e^2\,v \ll \frac{2}{3}\,\zeta_0\,q \tag{V.31}$$

falls $q\,R \gg 3$ und

$$\frac{2}{3}\zeta_0\,q \gg n_0\,e^2\,v\,|\varrho_{yx}| \approx \frac{2}{3\pi}\,m\,v^2\,q\sqrt{\frac{\pi}{q\,R}} \tag{V.32}$$

falls $q\,R \gg \frac{4}{\pi}$. Für nicht zu kleine Werte von $q\,R$ spielt also das Induktionsfeld $\frac{\boldsymbol{u}}{c} \times \boldsymbol{B}_0$ keine wesentliche Rolle. Das transversale elektrische Feld, dessen Beitrag durch den Term $\sim \varrho_{yx}$ in (V.30) eingeht, vernachlässigen wir ebenfalls, in dem wir, wie schon bei der Berechnung von $\boldsymbol{\sigma}$ und $\boldsymbol{\rho}$, in niedrigster Ordnung in $\frac{1}{\sqrt{q\,R}}$ rechnen, da die Bedingung (V.32) sogar schon für $q\,R > \frac{4}{\pi}$ erfüllt ist. Wie wir aus dem Vergleich mit der strengeren Rechnung bei CHH sehen werden, ist diese Näherung durchaus brauchbar. Wir schreiben also

$$\frac{1}{|u|^2}\,\delta(\boldsymbol{q}\,\boldsymbol{v})\,|G_A|^2 \approx \frac{4}{9}\,\zeta_0^2\,q^2\,\delta(\boldsymbol{q}\,\boldsymbol{v})\,. \tag{V.33}$$

Die Gleichung $\boldsymbol{q}\,\boldsymbol{v} = 0$ hat zwei Wurzeln. Wählt man $\Theta$ so, daß $v_y = 0$ für $\Theta = 0$, so liegen sie bei $\Theta_1 = \frac{\pi}{2}$, $\Theta_2 = \frac{3\pi}{2}$. Daher wird auf der Fermifläche für den einzigen Extremalschnitt $k_z = 0$

$$\frac{1}{|u|^2}\,G_A^{(1)}\left(\frac{\pi}{2}\right)G_A^{*(1)}\left(\frac{3\pi}{2}\right) = -\left((\varrho_{yx} + \varrho_0\,\omega_c\,\tau)\,n_0\,e^2\,v + \frac{2}{3}\,i\,\zeta_0\,q\right)^2. \tag{V.34}$$

Damit erhalten wir, wenn wir mit (V.33) und (V.34) in (V.7) und (V.10) eingehen, für longitudinalen Schall

$$\boxed{\alpha_{11} \approx \alpha_{11}^{(0)}\ \mathrm{Re}\coth z\left\{1 + \frac{1}{\pi}\sqrt{\frac{\pi}{q\,R}}\sin\left(2\,q\,R - \frac{\pi}{4}\right)\right\}} \tag{V.35}$$

mit

$$\alpha_{11}^{(0)} = \frac{\pi\,n_0\,m\,v_F}{6\,\mu\,v_s^2}\,\omega \tag{V.36}$$

in niedrigster Näherung in $\frac{1}{\sqrt{q\,R}}$.

Betrachten wir nun die entsprechenden Ausdrücke für transversalen Schall, polarisiert in $y$-Richtung. Nach (III.47) findet man

$$\frac{1}{|u|^2}\,\delta(\boldsymbol{q}\,\boldsymbol{v})\,|G_A|^2 = |n_0\,e^2\,v\,\{\varrho_{yy} - \varrho_0\,(1 - i\,\omega\,\tau)\}\cos\varphi\,|^2\,\delta(\boldsymbol{q}\,\boldsymbol{v})\,. \tag{V.37}$$

Hier fällt das Induktionsfeld, welches in $x$-Richtung liegt, heraus.

Mit (V.28) erhalten wir

$$\frac{1}{|u|^2}\,\delta(\boldsymbol{q}\,\boldsymbol{v})\,|G_A|^2$$
$$= \frac{m^2 v^2 (1 + \omega^2 \tau^2)}{\tau^2}\left|\frac{4}{3\,z}\,\frac{q\,R}{\mathrm{Re}\coth z}\left\{1 + \frac{2}{\pi}\sqrt{\frac{\pi}{q\,R}}\sin\left(2\,q\,R - \frac{\pi}{4}\right)\right\} - 1\right|^2\cos^2\varphi\,\delta(\boldsymbol{q}\,\boldsymbol{v})\,. \tag{V.38}$$

Nun ist für $|z| = \pi \left|\frac{1 - i\omega\tau}{\omega_c \tau}\right| \ll \pi$, was im Bereich der geometrischen Resonanzen erfüllt ist, falls $\omega_c \tau \gg 1$

$$z \coth z \approx 1\,,$$

und für $q R \gg 3/4$ können wir den Beitrag des CD-Terms zu (V.37) bzw. (V.38) fortlassen und schreiben

$$\frac{1}{|u|^2}\,\delta(\boldsymbol{q}\,\boldsymbol{v})\,|G_A|^2$$

$$\approx \frac{m^2 v^2 (1 + \omega^2 \tau^2)}{\tau^2\,|z \coth z|^2}\,\frac{16}{9}\,(q R)^2 \left\{1 + \frac{4}{\pi}\sqrt{\frac{\pi}{q R}} \sin\left(2 q R - \frac{\pi}{4}\right)\right\} \delta(\boldsymbol{q}\boldsymbol{v}) \cos^2\varphi\,.$$

Setzen wir dies in (V.7) ein, so finden wir nach der Integration über die Fermifläche

$$\alpha_{12}^{\mathrm{I}} = \alpha_{12}^{(0)}\,\frac{\mathrm{Re}\coth z}{|\coth z|^2} \left\{1 + \frac{4}{\pi}\sqrt{\frac{\pi}{q R}} \sin\left(2 q R - \frac{\pi}{4}\right)\right\}, \quad \alpha_{12}^{(0)} = \frac{4\, n_0\, m\, v_F}{3\,\pi\,\mu\, v_s^2}\,\omega\,. \quad \text{(V.39)}$$

Weiter ist, wiederum unter Vernachlässigung des Beitrages des CD-Terms $\frac{m\boldsymbol{v}\boldsymbol{u}}{\tau}$ auf dem Extremalschnitt $k_z = 0$

$$\frac{1}{|u|^2}\,G_A^{(1)}\left(\frac{\pi}{2}\right) G_A^{(1)*}\left(\frac{3\pi}{2}\right)$$

$$= -\frac{16}{9}\,\frac{m^2 v^2}{\tau^2}\,\frac{(q R)^2}{|z \coth z|^2}\,(1 + \omega^2 \tau^2) \left\{1 + \frac{4}{\pi}\sqrt{\frac{\pi}{q R}} \sin\left(2 q R - \frac{\pi}{4}\right)\right\}.$$

Setzt man dies in (V.10) ein und nimmt nur die Terme niedrigster Ordnung in $\frac{1}{\sqrt{q R}}$ mit, so erhält man

$$\alpha_{12}^{\mathrm{II}} = -\,\alpha_{12}^{(0)}\,\frac{\mathrm{Re}\coth z}{|\coth z|^2} \cdot \frac{2}{\pi}\sqrt{\frac{\pi}{q R}} \sin\left(2 q R - \frac{\pi}{4}\right). \quad \text{(V.40)}$$

Addiert man (V.39) und (V.40) und beachtet

$$\frac{\mathrm{Re}\coth z}{|\coth z|^2} = \mathrm{Re}\,\mathrm{tangh}\, z\,,$$

so gelangt man schließlich zu

$$\boxed{\alpha_{12} = \alpha_{12}^{(0)}\,\mathrm{Re}\,\mathrm{tangh}\, z \left\{1 + \frac{2}{\pi}\sqrt{\frac{\pi}{q R}} \sin\left(2 q R - \frac{\pi}{4}\right)\right\}}\,. \quad \text{(V.41)}$$

Bleibt noch der Fall transversalen Schalls, in $z$-Richtung polarisiert, zu betrachten. Hier fällt wegen $\boldsymbol{u} \| \boldsymbol{B}_0$ das Induktionsfeld in Strenge heraus, und nach (III.47) gelangen wir zu

$$\frac{1}{|u|^2}\,\delta(\boldsymbol{q}\,\boldsymbol{v})\,|G_A|^2 = |n_0\, e^2\, v\,\{\varrho_{zz} - \varrho_0\,(1 - i\,\omega\,\tau)\} \sin\varphi|^2\,\delta(\boldsymbol{q}\,\boldsymbol{v})\,.$$

Für $q R \gg 3/4$ können wir den vom CD herrührenden Term mit vernachlässigen. Gehen wir dann in (V.10) ein, so finden wir

$$\boxed{\alpha_{13} = \alpha_{13}^{\mathrm{I}} = \alpha_{13}^{(0)}\,\mathrm{Re}\,\mathrm{tangh}\, z} \quad \text{(V.42)}$$

mit

$$\alpha_{13}^{(0)} = \alpha_{12}^{(0)} = \frac{4\, n_0\, m\, v_F}{3\, \pi\, \mu\, v_s^2}\, \omega\,, \tag{V.43}$$

denn in niedrigster Näherung liefert der Extremalschnitt $k_z = 0$ keinen Beitrag zu $\alpha_{13}^{\text{II}}$.

Damit haben wir für die geometrischen Resonanzen freier Elektronen im transversalen Magnetfeld relativ einfache Ausdrücke gewonnen, deren Diskussion wir uns nunmehr zuwenden, wobei wir sie insbesondere mit den Ergebnissen der strengeren Rechnungen in CHH vergleichen sollen. Wir heben hervor, daß sowohl der CD als auch das Induktionsfeld für nicht zu kleine $q\,R > 1$, für welche die Sattelpunktnäherung ebenfalls schlecht wird, vernachlässigt werden konnten.

a) Der Bereich ausgeprägter geometrischer Resonanzen

Falls $\omega_c \tau \gg 1$, ist im Bereich der ausgeprägten geometrischen Resonanzen die Relation

$$|z| = \pi\, \frac{|1 - i\, \omega\, \tau|}{\omega_c\, \tau} \ll \pi$$

gut erfüllt, also

$$\operatorname{Re} \coth z \approx \operatorname{Re} \frac{1}{z} = \frac{\omega_c\, \tau}{\pi\, (1 + \omega^2 \tau^2)}\,,$$

$$\operatorname{Re} \operatorname{tangh} z = \operatorname{Re} z = \frac{\pi}{\omega_c\, \tau}\,.$$

Dann geht (V.35) über in

$$\boxed{\alpha_{11} \approx \frac{n_0\, m}{\mu\, v_s\, \tau}\, \frac{(q\, l)^2}{3\, (1 + \omega^2 \tau^2)}\, \frac{1}{2\, q\, R} \left\{1 + \frac{1}{\pi} \sqrt{\frac{\pi}{q\, R}}\, \sin\left(2\, q\, R - \frac{\pi}{4}\right)\right\}} \tag{V.44}$$

sowie (5.41) über in

$$\boxed{\alpha_{12} \approx \frac{n_0\, m}{\mu\, v_s\, \tau} \cdot \frac{4}{3}\, q\, R \left\{1 + \frac{2}{\pi} \sqrt{\frac{\pi}{q\, R}}\, \sin\left(2\, q\, R - \frac{\pi}{4}\right)\right\}} \tag{V.45}$$

und (5.42) in

$$\boxed{\alpha_{13} \approx \frac{n_0\, m}{\mu\, v_s\, \tau}\, \frac{4}{3}\, q\, R}\,. \tag{V.46}$$

In Fig. 6 stellt die ausgezogene Kurve die Funktion

$$\frac{3\, (1 + \omega^2 \tau^2)}{(q\, l)^2}\, S_{11} = \frac{1}{2\, q\, R} \left\{1 + \frac{1}{\pi} \sqrt{\frac{\pi}{q\, R}}\, \sin\left(2\, q\, R - \frac{\pi}{4}\right)\right\}$$

dar, die gestrichelte Kurve gibt nach CHH den Verlauf des strengen Ausdrucks

$$\frac{3\, (1 + \omega^2 \tau^2)}{(q\, l)^2}\, S_{11}^{\text{CHH}} = \frac{1}{1 - g_0 + \dfrac{g_0'^2}{4\, s_0}} - 1\,,$$

wobei

$$g_0 = \int_0^{\pi/2} J_0^2\, (q\, R \sin \vartheta)\, \sin \vartheta\, d\vartheta\,, \qquad g_0' = \frac{d g_0}{d(q\, R)}\,, \tag{V.47}$$

$$s_0 = \int_0^{\pi/2} [J_0'(q\, R \sin \vartheta)]^2 \sin^3 \vartheta\, d\vartheta\,. \tag{V.48}$$

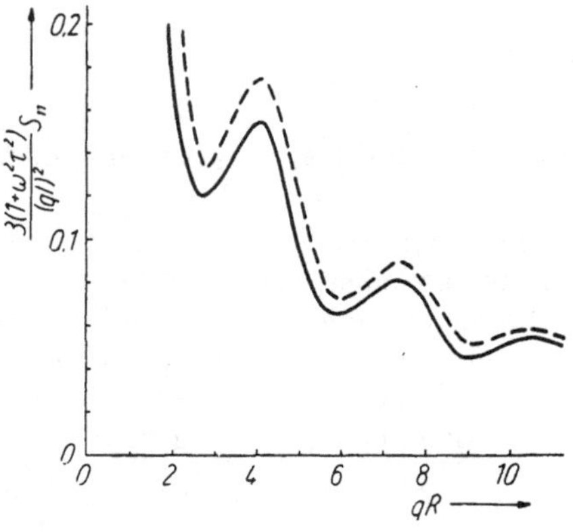


Fig. 6. Geometrische Resonanzen an freien Elektronen für longitudinalen Schall.
—— nach Formel (V.44), – – – nach CHH

Fig. 7 stellt in der ausgezogenen Kurve die Funktion

$$S_{22} = \frac{4}{3} q R \left\{ 1 + \frac{2}{\pi} \sqrt{\frac{\pi}{q R}} \sin\left(2 q R - \frac{\pi}{4}\right) \right\}$$

dar, in der gestrichelten den Ausdruck

$$S_{22}^{\text{CHH}} = \frac{1}{3\{s_0 + (g_0'/2)^2/(1 - g_0)\}} - 1 .$$

Fig. 8 schließlich gibt

$$S_{33} = \frac{4}{3} q R$$

im Vergleich mit

$$S_{33}^{\text{CHH}} = \frac{1}{3 r_0} - 1 ,$$

wobei

$$r_0 = \int_0^{\pi/2} J_0^2 (q R \sin \vartheta) \cos^2 \vartheta \sin \vartheta \, d\vartheta . \tag{V.49}$$

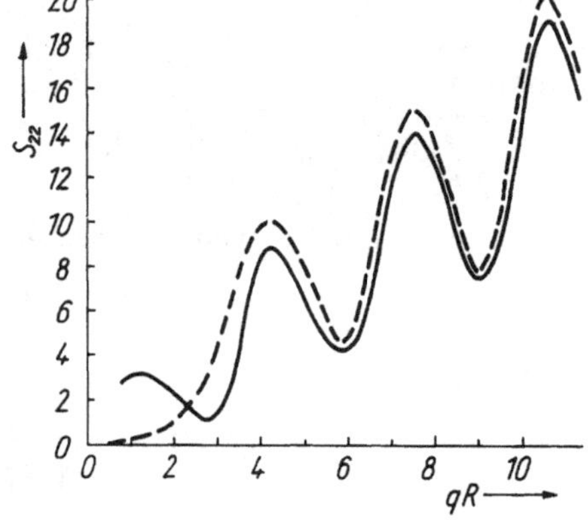


Fig. 7. Geometrische Resonanzen an freien Elektronen für transversalen Schall, Polarisation senkrecht zum Magnetfeld.
—— nach Formel (V.45), – – – nach CHH

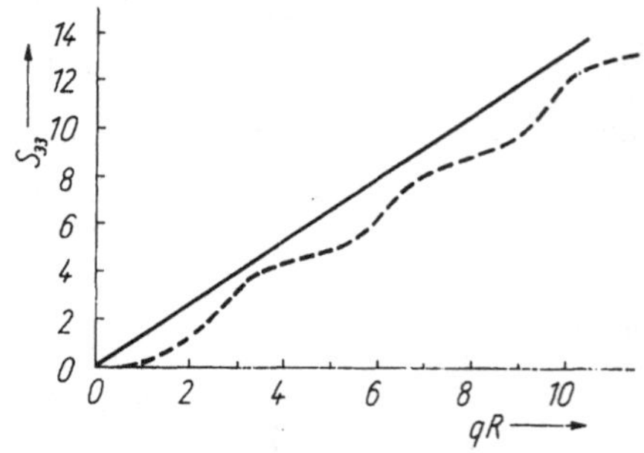


Fig. 8. $S_{33} \sim \alpha$ für transversalen Schall, parallel zum Magnetfeld polarisiert.
—— nach Formel (V.46), – – – nach CHH

Man erkennt, daß bis auf den Fall transversaler Polarisation parallel zu $\boldsymbol{B}_0$, in dem die schwachen Wellungen verlorengegangen sind, die Methode der stationären Phase bei der Auswertung der Integrale zu durchaus befriedigenden Resultaten führt. Der Verlauf der Absorption im Bereich hoher Feldstärken, also für $q\,R \ll 1$, untersuchen wir später in einem besonderen Abschnitt.

b) Der Bereich der Zyklotronresonanzen

Im Bereich der Zyklotronresonanzen ist $q\,R \approx v_F/v_s$, so daß wir erhalten

$$\boxed{\begin{aligned} \alpha_{11} &\approx \alpha_{11}^{(0)}\,\mathrm{Re}\coth z \\ \alpha_{12} \approx \alpha_{13} &\approx \alpha_{12}^{(0)}\,\mathrm{Re}\,\mathrm{tangh}\, z \end{aligned}} \tag{V.50}$$

Die Absorption des longitudinalen Schalls zeigt also das in Fig. 1 dargestellte Verhalten in Abhängigkeit von $B_{0z}$. Die Funktion Re tangh $z$ erhält man, wenn man im Argument von Re coth $z$ $\frac{\omega}{\omega_c}$ durch $\frac{\omega}{\omega_c} + \frac{1}{2}$ ersetzt, sie hat also Maxima an den Stellen

$$\omega = \left(n + \frac{1}{2}\right)\omega_c\,,$$

während die Maxima von Re coth $z$ an den Stellen

$$\omega = n\,\omega_c$$

liegen. Der in (V.50) angegebene Ausdruck für die akustischen Zyklotronresonanzen bei longitudinalem Schall findet sich bei CHH, bei transversalem Schall und vorhandener Stromneutralität fehlen dort die Zyklotronresonanzen. Der in (V.50) angegebene Ausdruck für transversale Polarisation wurde jedoch von MERTSCHING [57] (1961) unter der Voraussetzung $\beta \ll \frac{|\coth z|}{q\,l}$ aus den Grundlagen von CHH abgeleitet.

c) Der Grenzfall schwacher Magnetfelder ($q\,R \gg 1$)

Läßt man in den Ausdrücken (V.35), (V.41) und (V.42) das Magnetfeld $B_0$ gegen Null gehen, so strebt $q\,R$ gegen Unendlich. Gleichzeitig ist

$$\lim_{B_0 \to 0} z = \infty\,,$$

also

$$\lim_{B_0 \to 0} \coth z = \lim_{B_0 \to 0} \mathrm{tangh}\, z = 1\,,$$

so daß

$$\lim_{B_0 \to 0} \alpha_{11} = \alpha_{11}^{(0)} = \frac{\pi\, n_e\, m\, v_F}{6\,\mu\, v_s^2}\,\omega \tag{V.51}$$

und

$$\lim_{B_0 \to 0} \alpha_{12} = \lim_{B_0 \to 0} \alpha_{13} = \frac{4\, n_e\, m\, v_F}{3\,\pi\,\mu\, v_s^2}\,\omega\,. \tag{V.52}$$

Dies sind die Ausdrücke für den longitudinalen bzw. transversalen Ultraschall-Absorptionskoeffizienten, wie sie aus der PIPPARDschen Theorie [11] für freie Elektronen für $q\,l \gg 1$ im Bereich der Stromneutralität folgen.

### *V.5 Die Bedeutung des collision drag und der Stromneutralität im Bereich der geometrischen und Zyklotron-Resonanzen*

Wie wir sahen, konnten wir bei der Ableitung der Absorptionsformeln (V.35), (V.41, 42) die Terme

$$G_A^{\mathrm{CD}} = \frac{e}{c} \boldsymbol{v} [\boldsymbol{u} \times \boldsymbol{B}_0] - \big(1 + i (\boldsymbol{q} \boldsymbol{v} - \omega) \tau\big) \frac{m \boldsymbol{v} \boldsymbol{u}}{\tau} \tag{V.53}$$

gegenüber den verbleibenden Termen in $G_A$ (III.47)[3]) vernachlässigen. Der Beitrag (V.53) zu $G_A$ hängt nun aber, wie wir sogleich sehen werden, mit dem CD zusammen, oder genauer gesagt, mit der Verschiebung der Gleichgewichtsverteilung im $\boldsymbol{k}$-Raum um das Stück $\frac{m \boldsymbol{u}}{\hbar}$. Um das einzusehen, werfen wir einen Blick auf Gleichung (II.27). Falls die Gleichgewichtsverteilung nicht verschoben ist, müssen sich danach die Funktionen $\eta$ und $\chi$ für freie Elektronen um $\zeta_1$ unterscheiden. Gleichzeitig muß aber auch im Stoßterm berücksichtigt werden, daß die Gleichgewichtsverteilung unverschoben ist. Daher verschwindet der Term $\frac{m \boldsymbol{v} \boldsymbol{u}}{\tau}$ aus (II.30B)[3]). Die Funktion $G_B$ unterscheidet sich dann für freie Elektronen von $G_A$ gerade um die Terme (V.53) sowie durch Terme, welche nichts mit der Verschiebung zu tun haben und mit der Differenz $\zeta_1$ zwischen $\eta$ und $\chi$ zusammenhängen. Das Auftreten des Beitrages (V.53) zu $G_A$ ist also eine Folge der Verschiebung der Gleichgewichtsverteilung im $\boldsymbol{k}$-Raum, d. h. des collision drag-Effektes. Wir sehen daher, daß im Bereich der Stromneutralität für die magnetoakustischen Oszillationen der CD und damit auch der Stuart-Tolman-Effekt (seinen Zusammenhang mit dem CD erkennt man aus der Ableitung von (IV.11) aus (IV.10)) unwesentlich sind. Dieses Resultat wurde auf anderem Wege aus einer entsprechenden Diskussion des Ausdruckes (IV.20) für freie Elektronen von Mertsching [57] gewonnen.

Wenden wir uns nun der Diskussion der Voraussetzung der Stromneutralität zu. Da im Bereich der geometrischen Resonanzen $z \coth z \approx 1$ ist, erhalten wir nach (V.22), (V.24) und (V.25) in niedrigster Näherung in $\frac{1}{\sqrt{q R}}$

$$\sigma_{xx} \approx \frac{3 \sigma_0}{(q l)^2} (1 - i \omega \tau), \qquad \sigma_{yy} \approx \sigma_{zz} \approx \frac{3 \sigma_0}{2 (1 - i \omega \tau)} \frac{1}{2 q R}.$$

In der Grenze $\boldsymbol{B}_0 \to 0$ ergibt sich

$$\sigma_{xx} \approx \frac{3 \sigma_0}{(q l)^2} (1 - i \omega \tau), \qquad \sigma_{yy} \approx \sigma_{zz} \approx \sigma_0 \cdot \frac{3 \pi}{4 q l}.$$

Daher wird im Bereich der geometrischen und Zyklotronresonanzen die Bedingung der longitudinalen Stromneutralität $\frac{\sigma_{xx}}{\sigma_0} \gg \gamma$ bzw, $\sigma'_{xx} \gg \gamma$, welche für $\boldsymbol{B}_0 = 0$ stets gut erfüllt ist, nicht verletzt. Da wir $q l \gg q R$ vorausgesetzt haben, wird durch das Magnetfeld, falls $\omega\tau$ höchstens von der Größenordnung 1 ist, $\sigma_{yy}$ bzw. $\sigma_{zz}$ vergrößert, was nach (III.12) auf eine Begünstigung der Stromneutralität hinausläuft. Ist $\omega \tau \gg 1$, so liegen die Verhältnisse sogar noch günstiger: Es ist $\frac{1}{\omega \tau q R} = \frac{1}{q l} \cdot \frac{\omega_c}{\omega}$, und da im Bereich der geometrischen Resonanzen $\frac{\omega_c}{\omega} \approx \frac{v_F}{v_s}$, ist $\sigma_{yy}$ bzw. $\sigma_{zz}$ um diesen Faktor größer als für $\boldsymbol{B}_0 = 0$. Im Gebiet der Zyklotronresonanzen sind $\sigma_{yy}$ und $\sigma_{zz}$ von derselben Größenordnung wie bei abwesendem

[3]) Vergl. jedoch dazu Anhang I.

Magnetfeld. Wir können daher sagen, daß im Bereich von magnetischen Feldstärken, für welche $\frac{\omega_c}{\omega} \lesssim \frac{v_F}{v_s}$ ist, die Bedingungen für die Stromneutralität nicht stärker sind als für $\boldsymbol{B}_0 = 0$, d. h. die longitudinale Stromneutralität ist gut erfüllt, die transversale bis zu Frequenzen, für welche $q\,\delta_{an} \approx 1$ wird, wobei $\delta_{an}$ die Eindringtiefe des anomalen Skin-Effektes ist, was bei Frequenzen $\omega \sim 10^9$ Hz eintritt (vergl. die Diskussion in Kap. III im Anschluß an (III.12)).

Mit dem Erfülltsein der Stromneutralität im Bereich $\frac{\omega_c}{\omega} \lesssim \frac{v_F}{v_s}$ erweist sich zugleich nach dem im Anschluß an (III.47) Gesagten die Bedeutung des Beitrages des Deformationspotentials zur Absorption als vergleichsweise geringfügig, sofern $\lambda_{ij}(\boldsymbol{k})$ auf der Fermifläche nur schwach von $\boldsymbol{k}$ abhängt, da nur die Differenz $\lambda_{ij}(\boldsymbol{k}) - \bar{\lambda}_{ij}$ eingeht. Wie stark die Veränderlichkeit von $\lambda_{ij}(\boldsymbol{k})$ tatsächlich ist, ist unbekannt, die beobachtete Verschiebung der Lage der Extrema bei transversalem Schall beim Übergang von der Polarisation senkrecht zum Magnetfeld zur Polarisation parallel zu $\boldsymbol{B}_0$ scheint darauf hinzudeuten, daß $\lambda_{ij}(\boldsymbol{k}) - \bar{\lambda}_{ij}$ klein ist.

Wir wollen, um eine gewisse Vollständigkeit des Bildes wenigstens im Rahmen des Modells freier Elektronen zu erreichen, noch die Ausdrücke für die Absorption im Bereich der verletzten Stromneutralität angeben. Dazu verwenden wir den Ausdruck (IV.20), spezialisiert für freie Elektronen. Um die Bedeutung des CD genau übersehen zu können, führen wir einen Parameter $\xi_0$ ein, welcher den Wert 1 hat für voll ausgebildeten CD, also für die verschobene Gleichgewichtsfunktion, und den Wert 0, wenn die Gleichgewichtsfunktion nicht verschoben ist, d. h. wir schreiben statt (II.7) für die Gleichgewichtsfunktion für freie Elektronen

$$f_{eq}(\boldsymbol{k}, \boldsymbol{r}, t) = \left\{ \exp \frac{\varepsilon_0\left(\boldsymbol{k} - \xi_0 \frac{m\,\boldsymbol{u}}{\hbar}\right)}{k\,T} + 1 \right\}^{-1}.$$

Verfolgt man dann das Auftreten des Parameters $\xi_0$ durch die weiteren Rechnungen, so erhält man schließlich für den Absorptionskoeffizienten nach (IV.20) den folgenden Ausdruck [57]

$$\alpha_{1i} = \frac{n_0\,m}{\mu\,v_s\,\tau} S_{ii} \tag{V.54}$$

mit

$$\mathbf{S} = \mathrm{Re}\,(1 + \xi_0\,\mathbf{M})\,(\boldsymbol{\sigma}' + \mathbf{M})^{-1}\,(1 + \xi_0\,\mathbf{M}) - \xi_0\,, \tag{V.55}$$

wobei $i = 1$ für longitudinalen Schall ($\boldsymbol{q} \perp \boldsymbol{B}_0$) einzusetzen ist und $i = 2$ bzw. 3 für transversalen Schall mit $\boldsymbol{e}_0 \perp \boldsymbol{B}_0$ bzw. $\boldsymbol{e}_0 \parallel \boldsymbol{B}_0$. Rechnen wir (V.55) mit dem Leitfähigkeitstensor für freie Elektronen aus, so erhalten wir mit $\gamma \approx 0$

$$S_{11} = \mathrm{Re}\frac{\sigma'_{yy} + i\,\beta}{\sigma'_{xx}\,\sigma'_{yy} + \sigma'^2_{xy} + i\,\beta\,\sigma'_{xx}} - \xi_0\,, \tag{V.56}$$

$$S_{22} = \mathrm{Re}\frac{(1 + i\,\xi_0\,\beta)^2\,\sigma'_{xx}}{\sigma'_{xx}\,\sigma'_{yy} + \sigma'^2_{xy} + i\,\beta\,\sigma'_{xx}} - \xi_0\,, \tag{V.57}$$

$$S_{33} = \mathrm{Re}\frac{(1 + i\,\xi_0\,\beta)^2}{\sigma'_{zz} + i\,\beta} - \xi_0\,. \tag{V.58}$$

Bei der Auswertung von (V.56—58) beachten wir, daß nach (III.45)

$$\frac{\sigma'_{xx}}{\sigma'_{xx}\,\sigma'_{yy} + \sigma'^2_{xy}} = (\boldsymbol{\sigma}'^{-1})_{yy} = \sigma_0(\boldsymbol{\sigma}^{-1})_{yy} = \frac{1}{\varrho_0}\,\varrho_{yy} = \varrho'_{yy}\,,$$

$$\frac{1}{\sigma'_{zz}} = (\boldsymbol{\sigma}'^{-1})_{zz} = \sigma_0(\boldsymbol{\sigma}^{-1})_{zz} = \frac{1}{\varrho_0}\,\varrho_{zz} = \varrho'_{zz}\,.$$

Da nun im Bereich der geometrischen Resonanzen und Zyklotronresonanzen nach (V.22ff.)

$$\left|\frac{\sigma^2_{xy}}{\sigma_{xx}\,\sigma_{yy}}\right| \approx \frac{|z \coth z|}{\pi\,(q\,R)^2} \ll 1\,,$$

können wir schreiben

$$\boxed{S_{11} = \mathrm{Re}\,\frac{1}{\sigma'_{xx}} - \xi_0}\,. \tag{V.59}$$

Für $S_{jj}$ ($j = 2, 3$) erhalten wir zunächst ($2, 3 \triangleq y, z$)

$$S_{jj} = \mathrm{Re}\,\frac{(1 + i\,\xi_0\,\beta)^2\,\varrho'_{jj}}{1 + \varrho'_{jj}\,i\,\beta} - \xi_0\,.$$

Dies können wir in niedrigster Näherung in $\beta^{-2}$, also für maximal verletzte transversale Stromneutralität umrechnen in

$$S_{jj} = \begin{cases} 1 - \mathrm{Re}\,\dfrac{\varrho'_{jj}}{|\varrho'_{jj}|^2} & \text{für } \xi_0 = 1\,, \\[2ex] \dfrac{1}{\beta^2}\,\mathrm{Re}\,\dfrac{\varrho'_{jj}}{|\varrho'_{jj}|^2} & \text{für } \xi_0 = 0 \end{cases}$$

und zusammenfassen zu

$$\boxed{S_{jj} = \xi_0 + \frac{1 - \xi_0\,(1 + \beta^2)}{\beta^2}\,\mathrm{Re}\,\frac{\varrho'_{jj}}{|\varrho'_{jj}|^2}}\,. \tag{V.60}$$

Werten wir nun zunächst (V.59) aus mit

$$\frac{1}{\sigma'_{xx}} = \frac{\sigma_0}{\sigma_{xx}}\left\{1 + \frac{i(\boldsymbol{\sigma}\,\boldsymbol{q})_x}{e^2\,v_s\,N\,(1 - i\,\omega\,\tau)}\right\}$$

und beschränken uns auf die niedrigste Näherung in $(q\,R)^{-1/2}$, so erhalten wir in Übereinstimmung mit dem in (V.44) enthaltenen Ausdruck

$$S_{11} = \frac{\pi\,q\,l}{6}\,\mathrm{Re}\coth z\left\{1 + \frac{1}{\pi}\sqrt{\frac{\pi}{q\,R}}\sin\left(2\,q\,R - \frac{\pi}{4}\right)\right\}. \tag{V.61}$$

Werten wir (V.60) mit (V.28) und (V.29) aus, so erhalten wir

$$S_{22} = \xi_0 + \frac{1 - \xi_0\,(1 + \beta^2)}{\beta^2}\cdot\frac{3\,\pi}{4\,q\,l}\,\mathrm{Re}\coth z\left\{1 - \frac{2}{\pi}\sqrt{\frac{\pi}{q\,R}}\sin\left(2\,q\,R - \frac{\pi}{4}\right)\right\}, \tag{V.62}$$

$$S_{33} = \xi_0 + \frac{1 - \xi_0\,(1 + \beta^2)}{\beta^2}\,\frac{3\,\pi}{4\,q\,l}\,\mathrm{Re}\coth z\,. \tag{V.63}$$

Aus den Ausdrücken (V.61—63) findet man die entsprechenden Absorptionskoeffizienten durch Multiplikation mit $\dfrac{n_0\,m}{\mu\,v_s\,\tau}$. Wir sehen also, daß die Verletzung der transversalen Stromneutralität für die longitudinale Ultraschallabsorption im Bereich der geometrischen Resonanzen und der Zyklotronresonanzen ohne Bedeutung ist, dasselbe gilt, wie wir auch früher schon bemerkt haben, für den CD. Bei transversalem Schall liegen die Dinge komplizierter. Für $\xi_0 = 1$, also bei Verletzung der Stromneutralität und voll ausgebildetem CD, ist der oszillatorische Anteil der Absorption stark vermindert gegenüber dem nicht oszillierenden $\frac{n_0 m}{\mu v_s \tau}$, und zwar um den Faktor $\frac{1}{q l} \ll 1$. Bei abwesendem CD fehlt zwar die Reduktion im Vergleich zum nicht oszillierenden Teil, dieser ist aber selbst klein, man findet für beide Polarisationsrichtungen

$$\alpha^1_{1j} = \bar{\alpha}^{(0)}_{1j} = \frac{12 \pi^3 n_0^3 e^4 v_s^4}{\mu m v_F c^4} \frac{1}{\omega^3} \qquad (j = 2, 3) . \tag{V.64}$$

Dies ist gerade der Absorptionskoeffizient für $\boldsymbol{B}_0 = 0$ bei verletzter Stromneutralität für transversalen Schall [49]. Mit (V.62) und (V.54) finden wir für $\xi_0 = 0$

$$\alpha_{12} = \bar{\alpha}^{(0)}_{12} \operatorname{Re} \coth z \left\{1 - \frac{2}{\pi} \sqrt{\frac{\pi}{q R}} \sin\left(2 q R - \frac{\pi}{4}\right)\right\} . \tag{V.65}$$

Vergleichen wir dies mit dem entsprechenden Ausdruck (V.41) für $\alpha_{12}$ bei transversaler Stromneutralität, so erkennen wir, daß, abgesehen von der Ersetzung von $\alpha^{(0)}_{12}$ durch $\bar{\alpha}^{(0)}_{12}$, Maxima und Minima ihre Lagen vertauscht haben. Es entsprechen also jetzt den Situationen $A$ und $C$ im oberen Teil der Fig. 5 Maxima der Absorption, der Situation $B$ ein Minimum. Das wird verständlich, wenn man beachtet, daß nach (V.60) bei abwesendem CD die Absorption proportional zum Realteil der Leitfähigkeit ist, da bei verletzter Stromneutralität die Energieübertragung bei gegebener elektrischer Feldstärke stattfindet. Diese Feldstärke ist unmittelbar die des primären, vom Gitterstrom $\boldsymbol{j}_g$ erzeugten Feldes, welches für $q \delta_{an} \gg 1$ praktisch nicht abgeschirmt wird. Wir haben also, wie ein Blick auf den oszillatorischen Teil der Absorption zeigt, folgende Bedingungen für Maxima bzw. Minima der Absorption.

$$2 R = \left(n + \frac{3}{8}\right) \lambda \quad \begin{cases} \text{Maximum bei Stromneutralität,} \\ \text{Minimum bei verletzter Stromneutralität.} \end{cases}$$

Wir vergleichen an dieser Stelle die an anderem Ort [31] aus quantentheoretischen Rechnungen, welche wir im vierten Kapitel skizziert haben, gewonnenen Resultate mit den Formeln (V.61)–(V.63). Wie ebenfalls bereits früher erläutert, erfordert eine quantenmechanische Berechnung der Absorption auf der Grundlage von (IV.44, 45) die Voraussetzung hoher Frequenzen ($\omega \tau \gg 1$) und die Abwesenheit des CD. Die Schwierigkeit, das selbstkonsistente Feld unter Verwendung der Landau-Zustände zu berechnen, wurde dadurch umgangen, daß für die longitudinale Absorption das auf freie Elektronen spezialisierte Bardeensche Matrixelement [15] in (IV.45) verwendet wurde und für den transversalen Schall das an anderer Stelle [13] für $\boldsymbol{B}_0 = 0$ und $q \delta_{an} \gg 1$ berechnete Matrixelement für die Wechselwirkung mit dem transversalen, von dem schwingenden positiven Kontinuum erzeugten unabgeschirmten elektrischen Feld. Im Bereich der Zyklotronresonanzen ergab sich [31]

$$\frac{\alpha_{11}}{\alpha^{(0)}_{11}} \approx \frac{\alpha_{\cdot 2}}{\bar{\alpha}^{(0)}_{12}} \approx \frac{\alpha_{13}}{\bar{\alpha}^{(0)}_{13}} \approx \operatorname{Re} \coth z .$$

Dies ist unmittelbar in Übereinstimmung mit (V.61)–(V.63) für $q\,R \gg 1$, wenn man (V.51), (V.64) und (V.54) beachtet. Im Bereich der geometrischen Resonanzen erhielten wir a. a. O. [31]

$$\frac{\alpha_{11}}{\bar{\alpha}_{11}^{(0)}} \approx \frac{2}{\pi\,\omega\,\tau}\,\frac{v_F}{v_s}\,g_0\,, \qquad \frac{\alpha_{12}}{\bar{\alpha}_{12}^{(0)}} \approx \frac{4}{\pi\,\omega\,\tau}\,\frac{v_F}{v_s}\,s_0\,, \qquad \frac{\alpha_{13}}{\bar{\alpha}_{13}^{(0)}} \approx \frac{4}{\pi\,\omega\,\tau}\,\frac{v_F}{v_s}\,r_0\,. \tag{V.66}$$

Dabei sind $g_0$, $r_0$, $s_0$ die in (V.47) bis (V.49) definierten Integrale. In der Sattelpunktnäherung erhält man für diese Integrale die Näherungen

$$g_0(q\,R) \approx \frac{1}{2\,q\,R}\left[1 + \frac{1}{\pi}\sqrt{\frac{\pi}{q\,R}}\sin\left(2\,q\,R - \frac{\pi}{4}\right)\right],$$

$$s_0(q\,R) \approx \frac{1}{4\,q\,R}\left[1 - \frac{2}{\pi}\sqrt{\frac{\pi}{q\,R}}\sin\left(2\,q\,R - \frac{\pi}{4}\right)\right],$$

$$r_0(q\,R) \approx \frac{1}{4\,q\,R}$$

in niedrigster Näherung in $(q\,R)^{-1/2}$ für nicht zu kleine $q\,R > 1$. Setzt man diese Ausdrücke in die Absorptionsformeln (V.66) ein und beachtet, daß für $\omega\,\tau \gg 1$ im Bereich der geometrischen Resonanzen

$$\operatorname{Re}\coth z \approx \frac{\omega_c\,\tau}{(1+\omega^2\tau^2)\,\pi} \approx \frac{\omega_c}{\pi\,\omega^2\,\tau}$$

gesetzt werden kann, so findet man Übereinstimmung mit (V.61–63) für $\xi_0 = 0$

### *V.6 Verallgemeinerung der Resultate auf beliebige geschlossene konvexe Fermiflächen*

Wie wir bereits im Abschnitt (V.1) sahen, ist für eine beliebige geschlossene Fermifläche, für welche es unter Umständen für jeden Schnitt $k_z = \text{const}$ mehr als zwei Stellen mit $\boldsymbol{q}\,\boldsymbol{v} = 0$ gibt, mit einer komplizierten oszillatorischen Magnetfeldabhängigkeit der Absorption zu rechnen. Die Situation vereinfacht sich etwas, wenn wir uns auf solche Flächen beschränken, für die es pro Schnitt $k_z = \text{const}$ nur höchstens zwei Stellen gibt, an denen $\boldsymbol{q}\,\boldsymbol{v} = 0$ ist, aber zulassen, daß mehrere extremale Schnitte durch die Fermifläche existieren, welche in der durch (V.10) charakterisierten Weise zum oszillatorischen Teil der Absorption beitragen. Dann ist unter Beobachtung einiger Vorsicht eine gewisse Verallgemeinerung der Absorptionsformeln (V.44–46) möglich. Am einfachsten sind die Verhältnisse bei longitudinalem Schall, für welchen wir keine Rücksicht darauf zu nehmen brauchen, ob die transversale Stromneutralität erfüllt ist bzw. ob der CD ausgebildet ist oder nicht. Wir können ferner, wie aus (V.30) und (V.33) ersichtlich, den Beitrag des transversalen Feldes zu $G_A$ vernachlässigen und dieses durch seinen Wert $G_A^{(0)}$ für $\boldsymbol{B}_0 = 0$ ersetzen. Daher ergibt sich auf Grund von (V.7) und (V.10) folgende Darstellung für die Absorption:

$$\alpha_{11} = \alpha_{11}^{\mathrm{I}} + \alpha_{12}^{\mathrm{II}} \tag{V.67}$$

mit

$$\alpha_{11}^{\mathrm{I}} = \frac{1}{4\,\pi^2\,\mu\,v_s\,|u|^2}\int \operatorname{Re}\coth z\,\left|G_A^{(0)}\right|^2 \delta(\boldsymbol{q}\,\boldsymbol{v})\,\delta(\varepsilon_0 - \zeta_0)\,d^3\boldsymbol{k}\,, \tag{V.68}$$

$$\alpha_{11}^{\mathrm{II}} = \frac{1}{2\,\pi^2\,\hbar^2\,\mu\,v_s\,|u|^2}\sum_\lambda m_c^{(\lambda)} \operatorname{Re}\coth z^{(\lambda)}\,\frac{\left|G_A^{(0)}\right|^2}{\sqrt{|(\boldsymbol{q}\,\boldsymbol{v}_1')^{(\lambda)}\,(\boldsymbol{q}\,\boldsymbol{v}_2')^{(\lambda)}|}}$$

$$\times\sqrt{\frac{\pi}{|q\,R_{12}^{(\lambda)}|}}\sin\left(2\,q\,|R_{12}^{(\lambda)}| + \frac{\pi}{4}\operatorname{sgn} R_{12}''^{(\lambda)}\right), \tag{V.69}$$

wobei die Summation über $\lambda$ über die durch $R'_{12} = 0$ gekennzeichneten Extremalschnitte der Fermifläche läuft.

Für transversale Polarisation liegen die Verhältnisse wesentlich ungünstiger, da wir nicht $Q_A$ durch seinen Wert $Q_A^{(0)}$ für $\boldsymbol{B}_0 = 0$ ersetzen dürfen. Um auch in diesem Falle zu einer gewissen Orientierung über das Verhalten des Absorptionskoeffizienten zu gelangen, stützen wir uns auf den Ausdruck (IV.22), welcher für den Fall, daß wir den Beitrag des Deformationspotentials vernachlässigen können, wofür im Bereich der transversalen Stromneutralität etliches zu sprechen scheint, übergeht in

$$\alpha_{1j} = \frac{n_0 m}{\mu \tau v_s} [\varkappa_0^2 \operatorname{Re} \varrho'_{jj} - \varkappa_0] \qquad (j = 2, 3) . \tag{V.70}$$

Es ist $\varrho'_{jj} = \frac{1}{\varrho_0} \varrho_{jj}$ und, wie ein Blick auf (V.24, 25) sowie (V.28, 29) lehrt, für freie Elektronen in niedrigster Näherung $\varrho_{jj} \approx \frac{1}{\sigma_{jj}}$ für nicht zu kleine $q R > 1$. Vergleichen wir nun (V.21) mit (V.1) und verwenden (V.5), so sehen wir, daß wir näherungsweise schreiben können

$$\sigma_{jj} \approx \frac{e^2}{8\pi^3 \hbar^2} \int \frac{m_c}{\omega_c} \operatorname{Re} \coth z \int_0^{2\pi} v_j(k_z, \Theta) \int_0^{2\pi} v_j(k_z, \Theta) \exp\left\{ \int_{\Theta}^{\Theta'} \frac{i \boldsymbol{q} \boldsymbol{v}}{\omega_c} d\Theta'' \right\} d\Theta' \, d\Theta \, dk_z \, .$$

Die weitere Auswertung gibt nach dem Muster von (V.7) und (V.8)

$$\sigma_{jj} = \sigma_{jj}^{\mathrm{I}} + \sigma_{jj}^{\mathrm{II}} \tag{V.71}$$

mit

$$\sigma_{jj}^{\mathrm{I}} = \frac{e^2}{4 \pi^2} \int \coth z \, v_j \, v_j \, \delta(\boldsymbol{q} \boldsymbol{v}) \, \delta(\varepsilon_0 - \zeta_0) \, d^3\boldsymbol{k} \, , \tag{V.72}$$

$$\sigma_{jj}^{\mathrm{II}} = \frac{e^2}{4\pi^2 \hbar^2} \sum_{\mu \neq \nu} \int \coth z \frac{v_j(k_z, \Theta_\mu) \, v_j(k_z, \Theta_\nu)}{\sqrt{|(\boldsymbol{q} \boldsymbol{v}'_\mu) \, (\boldsymbol{q} \boldsymbol{v}'_\nu)|}} \exp\left\{ \int_{\Theta_\nu}^{\Theta_\mu} \frac{i \boldsymbol{q} \boldsymbol{v}}{\omega_c} d\Theta + \frac{i \pi}{4} (s_\mu - s_\nu) \right\} m_c \, dk_z \, . \tag{V.73}$$

Halten wir an der Voraussetzung einer konvexen Fermifläche fest, so können wir (V.73) weiter auswerten und finden

$$\sigma_{jj}^{\mathrm{II}} \approx \frac{e^2}{2\pi^2 \hbar^2} \sum_{\lambda} m_c^{(\lambda)} \coth z^{(\lambda)} \frac{v_j\left(k_z^{(\lambda)}, \Theta_1\right) v_j\left(k_z^{(\lambda)}, \Theta_2\right)}{\sqrt{|(\boldsymbol{q} \boldsymbol{v}'_1)^{(\lambda)} (\boldsymbol{q} \boldsymbol{v}'_2)^{(\lambda)}|}} \sqrt{\frac{\pi}{|q R_{12}^{(\lambda)}|}} \sin\left(2 q \left|R_{12}^{(\lambda)}\right| + \frac{\pi}{4} \operatorname{sgn} R_{12}^{\prime\prime(\lambda)}\right). \tag{V.74}$$

Wir verzichten darauf, unter Beibehalten der Voraussetzung $\varrho_{jj} \approx 1/\sigma_{jj}$ (V.74), (V.72) und (V.71) in (V.70) einzusetzen und diskutieren nur das qualitative Verhalten der Absorption im Bereich der geometrischen Resonanzen, wo wir das oszillatorische Verhalten von $\operatorname{Re} \coth z$ außer acht lassen können. Beginnen wir mit $\alpha_{13}$. In diesem Falle ist (V.74) grob qualitativ vergleichbar mit (V.69). Da $v_z^{(\lambda)}(\Theta_1) \, v_z^{(\lambda)}(\Theta_2) > 0$ und da (V.74) in die Absorption über das Reziproke von $\sigma_{zz}$ eingeht, führt das gerade dazu, daß die Maxima von $\alpha_{13}$ dort liegen, wo $\alpha_{11}$ Minima hat und umgekehrt, wie schon anhand der Diskussion in Abschnitt V.2 anschaulich dargestellt wurde. Hingegen ist $v_y^{(\lambda)}(\Theta_1) \, v_y^{(\lambda)}(\Theta_2) < 0$, so daß wegen des reziproken Eingehens von $\sigma_{yy}$ in die Absorption $\alpha_{12}$ deren Extrema an denselben Stellen liegen wie die von $\alpha_{11}$, ebenfalls in Übereinstimmung mit den Resultaten der Diskussion im Abschnitt V.2.

Bei verletzter Stromneutralität verwickelt sich die Situation weiter infolge des Umstandes, daß man möglicherweise den Beitrag des Deformationspotentials, welcher nun nicht mehr nur über die Differenz $\lambda_{ij} - \bar{\lambda}_{ij}$, sondern in seiner absoluten Größe in die Absorption eingeht, berücksichtigen muß. Da man ohnehin in einem realen Metall nur in den Richtungen hoher Symmetrie mit rein transversalem bzw. longitudinalem Schall arbeiten kann, wachsen die Komplikationen derart, daß es ziemlich hoffnungslos erscheint, irgendwelche geschlossenen Ausdrücke für die Absorption angeben zu wollen. Man beschränkt sich bei der Interpretation von Messungen daher auf die Analyse der verschiedenen Periodizitäten, welche der Absorptionskoeffizient erkennen läßt und ordnet denselben über die Relation (V.11) entsprechende Bestimmungsstücke der Fermifläche zu und versucht, durch Vergleich mit nach anderen Methoden [9] bzw. theoretischen Berechnungen gewonnenen Informationen über die Gestalt der Fermifläche deren Kenntnis zu vervollkommnen.

Wie Pippard [45] betont hat, besteht durchaus Grund zu Skepsis gegenüber der Hoffnung, daß sich die beobachteten Perioden der geometrischen Resonanzen in allen Fällen extremalen Bahnen auf der Fermifläche zuordnen lassen. Ebenso empfiehlt sich durchaus Zurückhaltung gegenüber dem von uns mehrfach hervorgehobenen Argument, daß das Deformationspotential $\lambda_{ij} - \bar{\lambda}_{ij}$ im Bereich der Stromneutralität vergleichsweise unwesentlich sei. Es stützt sich dies vor allem auf die von Morse, Bohm und Gavenda [4] beobachtete Abhängigkeit der Lage der Extrema von der Polarisationsrichtung transversalen Schalls bei polykristallinem Kupfer. Man sollte in jedem Falle den Messungen an Einkristallen bei der Entscheidung dieser Frage den Vorrang geben, welche sie eher im entgegengesetzten Sinne zu beantworten scheinen. Die Beobachtung von Morse, Myers und Walker [58] (1960), daß die deutlichsten Oszillationen bei den Edelmetallen von Bahnen herrühren, welche die Begrenzungen der Brillouin-Zone durchdringen, wird von Pippard [45] auf einen besonders großen Wert des Deformationspotentials für diese Bahnen zurückgeführt. Es wäre durchaus denkbar, daß bei starker Variabilität des Deformationspotentials auf der Fermifläche auch nichtextremale Bahnen für $\boldsymbol{q} \perp \boldsymbol{B}_0$ wesentlich zur Absorption beitragen, obwohl dieses bislang noch nicht beobachtet worden zu sein scheint. In diesem Zusammenhang ist auch die mögliche Anisotropie von $\tau$ bzw. $l$ zu bedenken; so können durchaus extremale Bahnen keinen Beitrag zu den Oszillationen liefern, wenn für sie die Bedingung $l \gg R$ nur schlecht erfüllt ist.

## VI. Der Bereich hoher Magnetfelder im Rahmen der halbklassischen Theorie

### *VI.1 Diskussion der allgemeinen Absorptionsformel im Bereich $q\,R \ll 1$*

Der Frage nach dem Verhalten des Absorptionskoeffizienten für hohe Magnetfelder, für welche $q\,R \ll 1$ wird, sind außer speziellen Kapiteln in einigen umfassenderen Arbeiten (Pippard [45], CHH [48], Mertsching [57]), auch ausführliche gesonderte Untersuchungen [38, 40, 41] gewidmet worden. Dabei sind unter hohen Feldern solche zu verstehen, welche noch im Rahmen der halbklassischen Theorie zu behandeln sind, für die also die Quantisierung der Elektronenzustände noch keine Rolle spielt. Es muß also nach wie vor $\hbar\,\omega_c \ll k\,T$ sein, jedoch soll der „Bahndurchmesser“ $R$ im Ortsraum klein gegen die Schallwellenlänge sein, also $q\,R \ll 1$. Wie wir sogleich sehen werden, gestaltet sich unter dieser Bedingung die Auswertung unserer allgemeinen Formeln für die Absorption um nichts weniger kompliziert als im Falle der geometrischen Resonanzen und der Zyklotronresonanzen, so daß wir auch in diesem Kapitel eine vollständige Diskussion der zahlreichen möglichen Fälle (beschränkt auf $\boldsymbol{q} \perp \boldsymbol{B}_0$) nur für freie Elektronen geben können und uns bei der Besprechung der Erscheinungen für allgemeine Fermiflächen auf die wesentlichsten Gesichtspunkte beschränken und bezüglich der Mehrzahl der Details und Spezialfälle auf die zitierte Originalliteratur verweisen müssen.

Es erweist sich nun zur ersten Orientierung als zweckmäßig, nicht von der Formel (VI.30) auszugehen, sondern von (VI.26) unter Verwendung von (II.44,45). Wir schreiben also mit (III.24)

$$\alpha = \frac{1}{4\pi^3 \hbar^2 \mu v_s |u|^2} \operatorname{Re} \int \frac{m_c}{\omega_c} \frac{1}{e^{2\pi(i\bar{\vartheta}+\bar{\nu})} - 1} \int_0^{2\pi} G_A^*(k_z, \Theta) \int_0^{2\pi} G_A(k_z, \Theta')$$

$$\times \exp\left\{ \int_\Theta^{\Theta'} \frac{i(\boldsymbol{q}\boldsymbol{v} - \omega)}{\omega_c} + \frac{1}{\omega_c \tau} d\Theta'' \right\} d\Theta' \, d\Theta \, dk_z . \tag{VI.1}$$

Falls nun, wie wir voraussetzen, $\boldsymbol{q}\,\bar{\boldsymbol{v}} = 0$ ist, gilt für $\left|\frac{\omega_c \tau}{1 - i\omega}\right| \gg 1$

$$\frac{1}{e^{2\pi(i\bar{\vartheta}+\bar{\nu})} - 1} = \frac{1}{2\pi} \frac{\omega_c \tau}{1 - i\omega\tau} \left\{ 1 - \pi \frac{1 - i\omega\tau}{\omega_c \tau} + \cdots \right\}. \tag{VI.2}$$

Machen wir davon Gebrauch und führen noch eine Variablentransformation aus, so erhalten wir

$$\alpha \approx \frac{\tau}{8\pi^4 \mu v_s \hbar^2 |u|^2} \operatorname{Re} \frac{1}{1 - i\omega\tau} \int m_c \int_0^{2\pi} G_A^*(k_z, \Theta) \int_0^{2\pi} G_A^*(k_z, \Theta + \Theta')$$

$$\times \exp\left\{ \int_\Theta^{\Theta+\Theta'} \frac{i\boldsymbol{q}\boldsymbol{v}}{\omega_c} d\Theta'' \right\} e^{\frac{1-i\omega\tau}{\omega_c \tau}\Theta'} d\Theta' \, d\Theta \, dk_z . \tag{VI.3}$$

Die weiteren Betrachtungen beruhen nun darauf, daß man alle magnetfeldabhängigen Größen in (VI.3) nach Potenzen von $1/B_0$ entwickelt. Dabei entstehen die Komplikationen durch die Magnetfeldabhängigkeit von $G_A$. Ehe wir uns deren Behandlung zuwenden, können wir jedoch für longitudinalen Schall ein erstes qualitativ informierendes Resultat gewinnen. Nehmen wir nämlich an, daß für longitudinalen Schall mit $qR \to 0$ $G_A$ einem endlichen Grenzwert der Größenordnung $G_A^{(0)}$ zustrebt und berücksichtigen wir ferner von den Exponentialtermen in (VI.3) nur die nullte Ordnung in $1/B_0$, so können wir schreiben

$$\alpha \approx \frac{\tau}{2\pi^2 \mu v_s |u|^2 \hbar^2} \frac{1}{1 + \omega^2 \tau^2} \int m_c \left|\widetilde{G}_A^{(0)}\right|^2 dk_z$$

bzw.

$$\alpha \approx \frac{\tau}{4\pi^3 \mu v_s |u|^2 (1 + \omega^2 \tau^2)} \int \left|\widetilde{G}_A^{(0)}\right| \delta(\varepsilon_0 - \zeta_0)\, d^3\boldsymbol{k} . \tag{VI.4}$$

Beachten wir nun, daß nach (V.7) der Wert $\alpha_0$ der Absorption für verschwindendes Magnetfeld gegeben ist durch

$$\alpha_0 = \frac{1}{4\pi^2 \mu v_s |u|^2} \int \left|G_A^{(0)}\right|^2 \delta(\boldsymbol{q}\boldsymbol{v}) \cdot \delta(\varepsilon_0 - \zeta_0)\, d^3\boldsymbol{k} , \tag{VI.5}$$

so zeigt der Vergleich von (VI.4) und (VI.5), daß zwischen dem Wert $\alpha_\infty$ der Absorption für starkes Magnetfeld und $\alpha_0$ eine Beziehung der Art

$$\alpha_\infty \sim \frac{q\,l}{\pi} \frac{\alpha_0}{1+\omega^2\tau^2} \tag{VI.6}$$

besteht. Dieses Resultat wird für longitudinalen Schall und ausgebildete Stromneutralität von der genaueren Theorie bestätigt. Die Experimente ergeben jedoch für $\alpha_\infty$ Werte, welche teils oberhalb, teils unterhalb $\alpha_0$ liegen. So fanden z. B. GALKIN, KANER und KOROLJUK [59] (1960) im Bereich $q\,l \sim 10$ weder für Indium noch für Zinn Werte von $\alpha_\infty$, welche oberhalb von $\alpha_0$ liegen, sondern im Gegenteil wesentlich geringere. Sie vermuten als Ursache eine starke Reduktion von $q\,l$ im Magnetfeld. RAYNE und CHANDRASEKHAR [60] (1961) hingegen fanden für Indium bei $q\,l \sim 400$ mit Ausnahme des Falles $\boldsymbol{q} \parallel (001)$ stets Werte $\alpha_\infty \gg \alpha_0$. In beiden Arbeiten wurde eine starke Anisotropie von $\alpha_\infty/\alpha_0$ in Abhängigkeit von der Orientierung von $\boldsymbol{B}_0$ relativ zum Kristall bei fester Richtung von $\boldsymbol{q}$ gefunden. Diese sowohl als auch die Abweichungen in den Resultaten deuten darauf hin, daß in Wahrheit der Sättigungswert der Absorption eine äußerst verwickelte Größe ist, bei deren Bestimmung wahrscheinlich Faktoren eine Rolle spielen, die außerhalb des Rahmens unserer einfachen Theorie liegen.

Über das Sättigungsverhalten der Absorption transversalen Schalls können wir nichts aussagen, ohne genau die Magnetfeldabhängigkeit von $G_A$ zu diskutieren, über die wir schon bei der Ableitung von (VI.6) unübersichtliche Voraussetzungen machen mußten, welche angesichts der Rolle, die das elektrische Feld bei der transversalen Absorption spielt, nur aufrecht erhalten werden könnten, wenn die dominierenden Terme in $G_A$ die des Deformationspotentials wären, wofür wir jedoch zunächst keine Anhaltspunkte haben. Gleichzeitig läßt sich nicht übersehen, welche Rolle der CD und die Stromneutralität im Bereich $q\,R \ll 1$ spielen, so daß wir uns, dem Vorgehen im vorigen Kapitel folgend, zunächst mit dem Modell freier Elektronen beschäftigen und sehen, ob wir von den für dieses gewonnenen Resultaten Schlüsse auf die Situation bei allgemeinen Fermiflächen ziehen können.

### *VI.2 Der Leitfähigkeitstensor für freie Elektronen im Bereich $q\,R \ll 1$*

Wir schreiben den Leitfähigkeitstensor in ähnlicher Weise um wie den Ausdruck für $\alpha$, wobei wir wieder von (VI.2) Gebrauch machen:

$$\sigma_{ij} \approx \frac{e^2\,\tau}{8\,\pi^4\,\hbar^2\,(1-i\,\omega\,\tau)} \int m_c \int_0^{2\pi} v_i(k_z,\Theta) \int_0^{2\pi} v_j(k_z,\Theta+\Theta')$$

$$\times \exp\left\{\int_\Theta^{\Theta+\Theta'} \frac{i\,\boldsymbol{q}\,\boldsymbol{v}}{\omega_c}\,d\Theta''\right\} e^{\frac{1-i\,\omega\,\tau}{\omega_c\,\tau}\Theta'}\,d\Theta'\,d\Theta\,dk_z\,. \quad (\boldsymbol{q} \perp \boldsymbol{B}_0) \tag{VI.7}$$

Wir entwickeln nun die Exponentialfunktionen in Potenzreihen und führen die entsprechenden Integrationen gliedweise aus, was elementar ist, wenn wir freie Elektronen annehmen, aber recht umständlich, da man eine größere Zahl von Termen zu betrachten und etliche Integralumformungen vorzunehmen hat. Wir verzichten daher darauf, die Berechnung von $\sigma_{ij}$ in der angegebenen Weise hier darzustellen und geben die Resultate für freie Elektronen, $\boldsymbol{q} \perp \boldsymbol{B}_0$ an [48]:

$$\left.\begin{aligned} \sigma_{xx} &\approx \frac{\sigma_0}{(\omega_c \tau)^2}(1 - i\,\omega\,\tau)\,, & \sigma_{yy} &\approx \frac{\sigma_0}{(\omega_c \tau)^2}\left\{\frac{2}{5}\,\frac{(q\,l)^2}{1 - i\,\omega\,\tau} + (1 - i\,\omega\,\tau)\right\}, \\ \sigma_{zz} &\approx \frac{\sigma_0}{1 - i\,\omega\,\tau}\,, & \sigma_{xy} &= -\,\sigma_{yx} \approx -\frac{\sigma_0}{\omega_c \tau}\,. \end{aligned}\right\} \qquad \text{(VI.8)}$$

Daraus ergibt sich der Widerstandstensor in niedrigster Ordnung in $1/\omega_c \tau$:

$$\left.\begin{aligned} \varrho_{xx} &\approx \varrho_0 \cdot \frac{2\,(q\,l)^2}{5\,(1 - i\,\omega\,\tau)}\,, & \varrho_{yy} &\approx \varrho_0\,(1 - i\,\omega\,\tau)\,, \\ \varrho_{xy} &= -\,\varrho_{yx} \approx \varrho_0\,\omega_c\,\tau\,, & \varrho_{zz} &\approx \varrho_0\,(1 - i\,\omega\,\tau)\,. \end{aligned}\right\} \qquad \text{(VI.9)}$$

### *VI.3 Absorptionsformeln für freie Elektronen im Bereich $q\,R \ll 1$ bei Stromneutralität und ausgebildetem collision drag*

Mit Hilfe der Ausdrücke (VI.9) für den Widerstandstensor können wir nun wieder im Bereich der Stromneutralität und unter der Annahme des voll ausgebildeten collision drags nach (III.47) $G_A$ für freie Elektronen berechnen. Wir beginnen mit longitudinalem Schall. Mit $\frac{n_0}{N} = \frac{2}{3}\,\xi_0$ erhalten wir

$$G_A \approx n_0\,e^2\,(\varrho_{xx}\,u_x\,v_x + \varrho_{yx}\,v_y\,u_x) + \{1 + i\,(q_x\,v_x - \omega)\,\tau\} \\ \times \left\{\frac{2}{3}\zeta_0\,\frac{i\,q_x\,u_x}{1 - i\,\omega\,\tau} - \frac{m\,v_x\,u_x}{\tau}\right\} - \frac{e}{c}\,B_{0z}\,v_y\,u_x\,. \qquad \text{(VI.10)}$$

Mit dem asymptotischen Wert $\varrho_{yx} \approx -\,\varrho_0\,\omega_c\,\tau$ sieht man, daß

$$n_0\,e^2\,\varrho_{yx}\,v_y\,u_x - \frac{e}{c}\,B_{0z}\,v_y\,u_x \approx 0\,,$$

das transversale elektrische Feld wird also im Bereich des hohen Magnetfeldes vom Induktionsfeld kompensiert. Daher ist (VI.10) in niedrigster Näherung vom Magnetfeld unabhängig, und wir finden den Sättigungswert der Absorption nach (VI.3) aus

$$\alpha_{11}^{\infty} = \frac{\tau}{8\,\pi^4\,\hbar^2\,\mu\,v_s\,|u|^2}\,\mathrm{Re}\,\frac{1}{1 - i\,\omega\,\tau}\int m_c \int_0^{2\pi} G_A^*(k_z, \Theta) \int_0^{2\pi} G_A(k_z, \Theta + \Theta')\,d\Theta'\,d\Theta\,dk_z\,, \qquad \text{(VI.11)}$$

wobei natürlich $G_A$ auf der Fermifläche einzusetzen ist. Setzen wir (VI.10) ein und beachten $\tilde{v}_x = \tilde{v}_y = 0$, so erhalten wir

$$\int_0^{2\pi} G_A\,(k_z, \Theta + \Theta')\,d\Theta' = \frac{4\,\pi\,i}{3}\zeta_0\,q_x\,u_x - i\,m\,u_x\,q_x \int_0^{2\pi} v_x^2\,d\Theta' \\ = i\,\frac{2\,\pi\,m\,v_F^2}{3}\,q_x\,u_x\left\{1 - \frac{3}{2}\sin^2\vartheta\right\} \qquad \text{(VI.12)}$$

mit $\cos\vartheta = \frac{k_z}{k_F}$. Damit wird

$$\alpha_{11}^{\infty} = \frac{m^4\,v_F^5\,q^2}{9\,\pi^2\,\hbar^3\,\mu\,v_s}\,\frac{\tau}{1 + \omega^2\,\tau^2}\int_0^{\pi/2}\left\{1 - 3\sin^2\vartheta + \frac{9}{4}\sin^4\vartheta\right\}\sin\vartheta\,d\vartheta\,.$$

Dies rechnet man aus zu

$$\alpha_{11}^{\infty} = \frac{n_0 m}{\mu v_s \tau} \frac{(q l)^2}{15 (1 + \omega^2 \tau^2)} . \tag{VI.13}$$

Daraus findet man durch Vergleich mit (V.36)

$$\frac{\alpha_{11}^{\infty}}{\alpha_{11}^{(0)}} = \frac{5}{2 \pi} \frac{q l}{1 + \omega^2 \tau^2} \tag{VI.14}$$

in Übereinstimmung mit dem Resultat von CHH.

Wir bemerken, daß für dieses Ergebnis zwar nicht der Beitrag des longitudinalen elektrischen Feldes zu $G_A$, wohl aber neben dem Term $\sim n_0/N$ der collision-drag-Term $m \boldsymbol{v} \boldsymbol{u}/\tau$ wesentlich ist sowie die Kompensation des mit dem CD verknüpften Induktionsfeldes durch das transversale elektrische Feld.

Betrachten wir nun transversalen Schall, senkrecht zu $\boldsymbol{B}_0$ polarisiert. Nach (III.47) finden wir

$$G_A = n_0 e^2 \{\varrho_{xy} v_x u_y + \varrho_{yy} v_y u_y\} - \{1 + i (q_x v_x - \omega) \tau\} \frac{m v_y u_y}{\tau} + \frac{e B_{0z}}{c} v_x u_y .$$

Wieder ist mit (VI.9)

$$\varrho_{xy} v_x u_y + \frac{e B_{0z}}{c} v_x u_y \approx 0 .$$

Mit $\bar{v}_x = \bar{v}_y = 0$ und $\widetilde{v_x v_y} = 0$ wird jetzt

$$\int_0^{2\pi} G_A (k_z, \Theta + \Theta') \, d\Theta' = 0$$

und damit $\alpha_{12}^{\infty} = 0$. Um die Magnetfeldabhängigkeit von $\alpha_{12}$ im Limes $q R \to 0$ zu finden, müssen wir daher die Entwicklung der Exponentialterme in (VI.3) betrachten. Das führt auf eine zwar elementare, jedoch ziemlich umständliche Rechnung, da man die Beiträge etlicher Terme aus den Entwicklungen zu untersuchen hat. Das Ergebnis ist [45, 57, 61]

$$\frac{\alpha_{12}^{\infty}}{\alpha_{12}^{(0)}} \sim \frac{1}{B_0^2} .$$

Für transversalen Schall, parallel zur Richtung von $\boldsymbol{B}_0$ polarisiert, findet man

$$G_A = n_0 e^2 \varrho_{zz} v_z u_z - \{1 + i (q_x v_x - \omega) \tau\} \frac{m v_z u_z}{\tau} .$$

Hier kompensieren sich mit (VI.9) die Terme

$$n_0 e^2 \varrho_{zz} v_z u_z - (1 - i \omega \tau) \frac{m v_z u_z}{\tau} \approx 0 ,$$

und da $v_z$ unabhängig von $\Theta$ und $\bar{v}_x = 0$, erhält man wieder

$$\int_0^{2\pi} G_A (k_z, \Theta + \Theta') \, d\Theta' = 0 .$$

Es gibt also auch in diesem Falle keinen endlichen, von Null verschiedenen Sättigungswert der Absorption. Die Diskussion der höheren Terme der Entwicklung liefert auch hier

$$\frac{\alpha_{13}^{\infty}}{\alpha_{13}^{(0)}} \approx \frac{1}{B_0^2} .$$

### *VI.4 Die Bedeutung des collision drag und der Stromneutralität im Bereich $q\,R \ll 1$*

Wie wir bereits im Abschnitt V.5 diskutiert haben, hat man, wenn man annimmt, daß der CD nicht ausgebildet, die Gleichgewichtsverteilungsfunktion $f_{eq}$ also nicht verschoben ist, aus $G_A$ die Terme (V.53) wegzulassen. Das führt, wie wir sofort sehen werden, zu einer Modifikation des Verhaltens der Absorption in der Grenze $q\,R \to 0$ bei transversalem Schall, während der Sättigungswert für longitudinalen ungeändert bleibt. Lassen wir die Terme (V.53) aus dem Ausdruck für $G_A$ für longitudinalen Schall fort, so erhalten wir zunächst

$$G_A = n_0\,e^2\,(\varrho_{xx}\,u_x\,v_x + \varrho_{yx}\,u_x\,v_y) + \{1 + i\,(q_x\,v_x - \omega)\,\tau\}\,\frac{2\,i\,\zeta_0\,q_x\,u_x}{3\,(1 - i\,\omega\,\tau)}\,.$$

Mit (VI.9) bekommt man daraus

$$G_A = i\,\frac{m\,v_F^2\,q\,u}{3}\left\{1 - \frac{i\,q\,l\cos\Theta}{5\,(1 - i\,\omega\,\tau)}\sin\vartheta + \frac{3\,i\,\omega_c}{q\,v_F}\sin\Theta\sin\vartheta\right\}. \qquad \text{(VI.15)}$$

Das Wesentliche zum Unterschied gegenüber ausgebildetem CD ist nun, daß der Beitrag $n_0\,e^2\,\varrho_{yx}\,u_x\,x_y$ des transversalen Feldes nicht mehr durch das Induktionsfeld $\frac{u}{c} \times \boldsymbol{B}_0$ kompensiert wird. Daher entsteht in (VI.15) ein Term $\sim \omega_c$, so daß wir zur Auswertung von (VI.1) die Terme $\sim \frac{1}{\omega_c}$ der Entwicklungen (VI.2) sowie des Exponentialtermes in (VI.3) berücksichtigen müssen. Es ist daher einfacher, die Absorption aus den Formeln (V.54—58) zu berechnen [57]. Im Bereich der Stromneutralität erhält man danach die Absorptionskoeffizienten $\alpha_{1i}^{\infty}$ bei abwesendem CD, indem man zu den bei vorhandenem CD berechneten $\frac{n_0\,m}{\mu\,v_s\,\tau}$ addiert. Da $q\,l \gg 1$ sein soll, liefert dies für longitudinalen Schall eine Korrektur der Größenordnung $\frac{1}{(q\,l)^2}$, welche wir fortlassen, so daß die Resultate (VI.13, 14) unverändert auch bei abwesendem CD gelten. Für transversalen Schall erhalten wir die Sättigungswerte

$$\alpha_{12}^{\infty} = \alpha_{13}^{\infty} = \frac{n_0\,m}{\mu\,v_s\,\tau} \qquad \text{(CD abwesend)}\,. \qquad \text{(VI.16)}$$

Beachten wir (V.52), so sehen wir, daß

$$\frac{\alpha_{1j}^{\infty}}{\alpha_{1j}^{(0)}} = \frac{3\,\pi}{4\,q\,l} \qquad (j = 2.\,3)\,. \qquad \text{(VI.17)}$$

Während bei abwesendem CD sich für longitudinalen Schall das Resultat (VI.14) reproduziert, der Sättigungswert also um einen Faktor $\sim q\,l$ oberhalb der Absorption für $\boldsymbol{B}_0 = 0$ liegt, liegt er nach (VI.17) für transversalen Schall um den Faktor $(q\,l)^{-1}$ unterhalb des Wertes für $\boldsymbol{B}_0$.

Wir wollen nun betrachten, welche Rolle die Voraussetzung der Stromneutralität im Bereich $q\,R \ll 1$ spielt. Der Vergleich der bei CHH angegebenen Ausdrücke für $\sigma'_{ij}$ mit den Resultaten (VI.8) für $\sigma_{ij}/\sigma_0$ zeigt, daß sich erstere von letzteren höchstens um Terme der Größenordnung $\frac{(q\,R)^2}{\omega\,\tau}$ unterscheiden. Wir können daher, wenn wir annehmen, daß dieser Ausdruck klein ist, die Kriterien (III.12) zur Diskussion der Stromneutralität heranziehen. Sie führen auf

$$\frac{1}{(\omega_c\,\tau)^2} \gg \gamma\,, \qquad (q\,R)^2 \gg \beta\,, \qquad 1 \gg \beta \qquad \text{(VI.18)}$$

für $q\,l \gg 1$, $\omega\,\tau \ll 1$. Die transversale Stromneutralität wird also verletzt, wenn $(q\,R)^2 \lesssim \beta$ ist, denn die Näherungen für hohe Feldstärken verlangen $q\,R \ll 1$.

Nehmen wir etwa $q\,R \sim 10^{-1}$ an, so muß $\beta < 10^{-2}$ sein, damit die transversale Stromneutralität realisiert ist. Die Forderung $\beta < 10^{-2}$ führt auf $\omega < 10^9$ Hz, so daß der Bereich hoher Feldstärken $q\,R \ll 1$ im Gebiet der experimentell vorwiegend verwendeten Frequenzen von einigen $10^7$ Hz bei Stromneutralität erreicht werden kann. Für diese Frequenzen ist $\beta \approx 10^{-4}$, und man findet, daß die transversale Stromneutralität erst verletzt wird für magnetische Feldstärken von einigen 100000 Gauß. Für höhere Frequenzen genügen entsprechend geringere Feldstärken zur Verletzung der transversalen Stromneutralität. Für $\beta \approx 10^{-4}$ ist mit $\tau \sim 10^{-10}$ s die longitudinale Stromneutralität bis zu $B_0 \lesssim 10^{10}$ Gauß, also stets, erfüllt. Für $\beta \approx 1$ muß $B_0 \lesssim 10^8$ Gauß sein, was ebenfalls stets erfüllt ist bei den entsprechenden Messungen. Die longitudinale Stromneutralität wird erst bei extrem hohen Feldstärken $> 10^8$ Gauß verletzt.

Es ist nun wiederum zweckmäßiger, zur Berechnung der Absorption bei verletzter Stromneutralität die Ausdrücke (V.54), (V.56—58) heranzuziehen. Wertet man dieselben mit (VI.8) bezw. (VI.9) aus, so findet man nach CHH sowie Mertsching [57]

$$\alpha_{11}^{\infty} \approx \frac{n_0\,m}{\mu\,v_s\,\tau}\,\frac{(\omega_c\,\tau)^2}{1+\omega^2\,\tau^2}\,, \qquad \alpha_{1j}^{\infty} \approx \frac{n_0\,m}{\mu\,v_s\,\tau}\,\frac{1-\xi_0\,(1-(\beta\,\omega\,\tau)^2)}{\beta^2+(1+\beta\,\omega\,\tau)^2} \qquad (j=2{,}3)\,. \tag{VI.19}$$

Es ergibt sich also für longitudinalen Schall keine Sättigung, sondern eine Divergenz der Absorption mit $B_0^2$, während die transversale Absorption einem Sättigungswert zustrebt, dessen Größe jedoch von $\xi_0$, also von dem Grad der Ausbildung des collision-drag abhängt.

### *VI.5 Verallgemeinerung der Resultate auf beliebige Fermiflächen mit ausschließlich geschlossenen Bahnen*

Wir wollen nun die Frage nach dem Verhalten der Ultraschallabsorption für hohe Magnetfelder, charakterisiert durch $q\,R \ll 1$, für den allgemeinen Fall eines Metalles mit einer Fermifläche, auf welcher es keine offene Bahn geben soll, untersuchen und müssen dazu naturgemäß zunächst den Leitfähigkeitstensor betrachten. Für den Fall $\boldsymbol{q} = 0$, $\omega = 0$ wurde er von Lifschiz, Asbel und Kaganow [62] (1956) berechnet, wir müssen jedoch hier den allgemeineren Fall $\boldsymbol{q} \neq 0$, $\omega \neq 0$ studieren und gehen dazu von (VI.7) aus. Die Herleitung der asymptotischen Formeln für $\sigma_{ij}$ im Bereich hoher Felder erfolgt nach denselben Prinzipien, wie wir sie im vorigen Abschnitt für die Auswertung der Formel (VI.1) erläutert haben, beruht also auf der Entwicklung der Exponentialausdrücke in (VI.7) nach fallenden Potenzen von $\omega_c\,\tau$. Die einzelnen Schritte sind mühsam und mit längeren Umformungen und Integraldiskussionen verknüpft, deren Reproduktion wir hier übergehen müssen. Wir verweisen daher auf die für $\boldsymbol{q} \neq 0$, $\omega \neq 0$ in der Literatur [38, 40, 41] angegebenen Resultate und skizzieren hier nur die Berechnung von $\sigma_{xy}$ wegen der Besonderheit des entstehenden Resultates. Die Berechnung der übrigen Komponenten verläuft dann ganz ähnlich. Wir setzen wie bisher $\boldsymbol{q} \perp \boldsymbol{B}_0$ voraus und $\bar{v}_x = \bar{v}_y = 0$. Nach (VI.7) ist für $\left|\frac{1-i\,\omega\,\tau}{\omega_c\,\tau}\right| \ll 1$

$$\sigma_{xy} \approx \frac{e^2\,\tau}{1-i\,\omega\,\tau}\,\frac{1}{8\,\pi^4\,\hbar^2}\int m_c \int_0^{2\pi} v_x(k_z,\Theta)\int_0^{2\pi} v_y\,(k_z,\Theta+\Theta') \times \exp\left\{\int_{\Theta}^{\Theta'+\Theta}\frac{i\,\boldsymbol{q}\,\boldsymbol{v}}{\omega_c}\,d\Theta''\right\} e^{\frac{1-i\,\omega\,\tau}{\omega_c\,\tau}\Theta'}\,d\Theta'\,d\Theta\,dk_z\,. \tag{VI.20}$$

Wegen $\bar{v}_y = 0$ liefern die Glieder nullter Ordnung der Reihenentwicklungen der Exponentialausdrücke keinen Beitrag. In erster Näherung ist nach (V.9)

$$\exp\left\{\int_{\Theta}^{\Theta'} \frac{i\,q\,v}{\omega_c}\,d\Theta''\right\} \approx 1 - \frac{\hbar\,c\,q}{e\,B_{0z}}\,\{k_y\,(\Theta + \Theta') - k_y(\Theta)\} \tag{VI.21}$$

und

$$e^{\frac{1-i\,\omega\,\tau}{\omega_c\,\tau}\,\Theta'} \approx 1 + \frac{1 - i\,\omega\,\tau}{\omega_c\,\tau}\,\Theta'\,. \tag{VI.22}$$

Geht man damit in (VI.20) ein, so stößt man zunächst auf das Integral

$$\int_0^{2\pi} k_y\,(\Theta + \Theta')\,v_y\,(\Theta + \Theta')\,d\Theta'\,.$$

Es ist aus Gründen der Periodizität des Integranden unabhängig von $\Theta$, so daß wegen $\bar{v}_x = 0$ sein Beitrag zu $\sigma_{yx}$ verschwindet. Der Term $\sim k_y(\Theta)$ aus (VI.21) liefert ebenfalls keinen Beitrag, da die $\Theta'$-Integration wegen $\bar{v}_y = 0$ zu einem verschwindenden Resultat führt. Der erste Beitrag zu $\sigma_{xy}$ kommt also vom Term 1. Ordnung in (VI.22). Nun ist nach (II.33) und (II.37)

$$v_y\,d\Theta = -\frac{\hbar}{m_c}\,dk_x\,, \qquad v_x\,d\Theta = \frac{\hbar}{m_c}\,dk_y\,. \tag{VI.23}$$

Daher können wir schreiben

$$\int_0^{2\pi} v_y\,(\Theta + \Theta')\,\Theta'\,d\Theta' = -\frac{\hbar}{m_c}\int_0^{2\pi} \frac{dk_x\,(\Theta + \Theta')}{d\Theta'}\,\Theta'\,d\Theta'$$

$$= -\frac{2\,\pi\,\hbar}{m_c}\,k_x(\Theta) + \frac{\hbar}{m_c}\int_0^{2\pi} k_x\,(\Theta + \Theta')\,d\Theta'\,. \tag{VI.24}$$

Das Integral im zweiten Term rechts ist unabhängig von $\Theta$. Man erhält daher, wenn wir eine Vorzeichendiskussion für einen Moment verschieben,

$$\sigma_{xy} \approx -\frac{e^2\,\tau}{4\,\pi^3\,\hbar}\int\int_0^{2\pi} \frac{1}{\omega_c\,\tau}\,k_x(\Theta)\,v_x(\Theta)\,d\Theta\,dk_z\,.$$

Benutzt man nochmals (VI.23), so findet man

$$\sigma_{xy} \approx \frac{e\,c}{B_{0z}}\,\frac{1}{4\,\pi^3}\int\oint k_x\,dk_y\,dk_z\,. \tag{VI.25}$$

Hier müssen wir uns erinnern, daß die $\boldsymbol{k}$-Integration stets eine Summation über die Bänder einschließt, durch welche die Fermifläche verläuft. Wir haben also zu untersuchen

$$\sum_\nu \frac{1}{4\,\pi^3}\int\oint k_x\,dk_y\,dk_z\,,$$

wobei jeder Summand über das Innere des von der Fläche $\varepsilon_\nu(\boldsymbol{k}) = \zeta_0$ umschlossenen Volumens zu integrieren ist. Ist dieses mit Elektronen besetzt, so gibt das Integral die Zahl der Elektronen in dem entsprechenden Band an. Enthält das Volumen unbesetzte Zustände $\varepsilon_\nu(\boldsymbol{k}) > \zeta_0$, so ergibt das Integral die Zahl der „Löcher" in dem betrachteten Band. Da der Durchlaufungssinn der Lochbahnen dem der Elektronenbahnen entgegengesetzt ist, müssen diese Beiträge ein Minuszeichen erhalten, so daß

$$\sigma_{xy} \approx \frac{e\,c}{B_{0z}}(n_e - n_h)\,. \tag{VI.26}$$

Falls nun $n_e = n_h$ ist, erfordert dies eine erneute Diskussion unter Berücksichtigung höherer Terme der Entwicklungen (VI.21) und (VI.22). Wegen der Periodizitätseigenschaften von $v_x$, $v_y$, $k_x$, $k_y$ sieht man leicht, daß

$$\int_0^{2\pi} v_x(\Theta) \int_0^{2\pi} v_y(\Theta + \Theta')\,\{k_y(\Theta + \Theta') - k_y(\Theta)\}^2\, d\Theta'\, d\Theta = 0$$

ist. Der Term zweiter Ordnung von (VI.21) liefert daher keinen Beitrag. Betrachten wir als nächstes das Integral, welches vom Produkt der beiden Terme 1. Ordnung von (VI.21) bzw. (VI.22) herrührt:

$$I_{11} = \int_0^{2\pi} v_x(\Theta) \int_0^{2\pi} v_y(\Theta + \Theta')\,\{k_y(\Theta + \Theta') - k_y(\Theta)\}\,\Theta'\, d\Theta'\, d\Theta\,.$$

Mit Hilfe von (VI.23) findet man durch partielle Integration

$$I_{11} = \frac{\hbar}{m_c} \int_0^{2\pi} v_x(\Theta) \int_0^{2\pi} k_x(\Theta + \Theta')\,\frac{dk_y(\Theta + \Theta')}{d\Theta'}\,\Theta'\, d\Theta'\, d\Theta$$

$$+ \frac{\hbar}{m_c} \int_0^{2\pi} v_x(\Theta) \int_0^{2\pi} k_x(\Theta + \Theta')\,\{k_y(\Theta + \Theta') - k_y(\Theta)\}\, d\Theta'\, d\Theta\,.$$

Der zweite Term verschwindet, wenn man beachtet, daß $\bar{v}_x = 0$ und

$$\int_0^{2\pi} v_x(\Theta)\, k_y(\Theta)\, d\Theta = \frac{\hbar}{m_c} \oint k_y\, dk_y = 0\,.$$

Den ersten Term kann man durch weitere partielle Integrationen umformen, so daß schließlich

$$I_{11} = -\frac{\hbar^2}{m_c^2}\{2\pi \oint k_x k_y\, dk_y - 2\pi \bar{k}_y \oint k_x\, dk_y\}\,. \tag{VI.27}$$

Dieser Ausdruck ist im allgemeinen von Null verschieden. Schließlich haben wir den Beitrag des Gliedes 2. Ordnung von (VI.22) zu $\sigma_{xy}$ zu betrachten, welcher ebenfalls nicht verschwindet. Mit diesem und (VI.27) sehen wir, daß für $n_e = n_h$

$$\sigma_{xy} \approx \sigma_0 \left\{ a'_{xy} \frac{(1 - i\,\omega\,\tau)^2}{(\omega_c\,\tau)^2} + a''_{xy} \frac{1 - i\,\omega\,\tau}{(\omega_c\,\tau)^2}\, q\, l \right\} \tag{VI.28}$$

sein muß. Durch ähnliche Rechnungen findet man die asymptotischen Ausdrücke für die übrigen Komponenten von $\boldsymbol{\sigma}$:

$$\boldsymbol{\sigma} \approx \begin{pmatrix} a'_{xx} \dfrac{1 - i\,\omega\,\tau}{(\omega_c\,\tau)^2}\,, & \dfrac{e\,c\,(n_e - n_h)}{B_{0z}}\,, & \dfrac{a'_{xz}}{\omega_c\,\tau}\,, \\ -\dfrac{e\,c\,(n_e - n_h)}{B_{0z}}\,, & \dfrac{1}{(\omega_c\,\tau)^2} \left\{ \dfrac{a'_{yy}\,(q\,l)^2}{1 - i\,\omega\,\tau} + a''_{yy}\,(1 - i\,\omega\,\tau) \right\}, & \dfrac{a_{yz}}{\omega_c\,\tau}\,, \\ \dfrac{a'_{zx}}{\omega_c\,\tau}\,, & \dfrac{a'_{zy}}{\omega_c\,\tau}\,, & \dfrac{a'_{zz}}{1 - i\,\omega\,\tau}\,, \end{pmatrix} \tag{VI.29}$$

für $n_e \neq n_h$ für $n_e = n_h$ ist (VI.28) für $\sigma_{xy}$ einzusetzen. Betrachten wir zunächst den Fall $n_e \neq n_h$ und schreiben $\boldsymbol{\sigma}$ kürzer

$$\boldsymbol{\sigma} = \begin{pmatrix} \frac{a_{xx}}{(\omega_c \tau)^2} & \frac{a_{xy}}{\omega_c \tau} & \frac{a_{xz}}{\omega_c \tau} \\ \frac{a_{yx}}{\omega_c \tau} & \frac{a_{yy}}{(\omega_c \tau)^2} & \frac{a_{yz}}{\omega_c \tau} \\ \frac{a_{zy}}{\omega_c \tau} & \frac{a_{zy}}{\omega_c \tau} & a_{zz} \end{pmatrix}. \tag{VI.30}$$

Da $\sigma_{ij}(\boldsymbol{B}_0) = \sigma_{ji}(-\boldsymbol{B}_0)$ sein muß, gilt $a_{ij} = -a_{ji}$ $(i \neq j)$, wenn wir vereinbaren, daß hier $\omega_c$ mit $B_{0z}$ sein Vorzeichen umkehrt. Aus (VI.30) findet man in niedrigster Ordnung den Widerstandstensor [62]

$$\boldsymbol{\rho} = \begin{pmatrix} b_{xx} & \omega_c \tau\, b_{xy} & b_{xz} \\ \omega_c \tau\, b_{yx} & b_{yy} & b_{yz} \\ b_{zx} & b_{zy} & b_{zz} \end{pmatrix} \tag{VI.31}$$

mit

$$b_{xx} = \frac{a_{yy}\, a_{zz} + a_{yz}^2}{a_{zz}\, a_{xy}^2}, \qquad b_{xy} = -\, b_{yx} = \frac{1}{a_{yx}},$$

$$b_{xz} = -\, b_{zx} = \frac{a_{zy}}{a_{zz}\, a_{xy}}, \qquad b_{yy} = \frac{a_{xx}\, a_{zz} + a_{xz}^2}{a_{zz}\, a_{xy}^2},$$

$$b_{yz} = -\, b_{zy} = \frac{a_{zx}}{a_{zz}\, a_{yx}}, \qquad b_{zz} = \frac{1}{a_{zz}}.$$

Da wir zur Untersuchung von $\alpha$ letztlich eine Näherung für $G_A$ bei hohen Feldern brauchen, müssen wir als nächstes den Anteil $n_0\, e^2\, \mathsf{D}\, \boldsymbol{u}$ untersuchen. Mit (III.31) erhalten wir bei Beachtung von (VI.2)

$$\mathsf{D}\boldsymbol{u} = \frac{\tau}{8\pi^4 \hbar^2 n_0 (1 - i\omega\tau)} \int m_c \int\limits_0^{2\pi} \boldsymbol{v}(k_z, \Theta) \int\limits_0^{2\pi} \delta\lambda_{ij}(k_z, \Theta + \Theta')\, \dot{s}_{ij}$$

$$\times \exp\left\{ \int\limits_{\Theta}^{\Theta'+\Theta} \frac{i\, \boldsymbol{q}\, \boldsymbol{v}}{\omega_c}\, d\Theta'' \right\} e^{-\frac{1 - i\omega\tau}{\omega_c \tau}\Theta'}\, d\Theta'\, d\Theta\, dk_z$$

mit

$$\delta\lambda_{ij}(k_z, \Theta) = \lambda_{ij}(k_z, \Theta) - \bar{\lambda}_{ij}. \tag{VI.32}$$

Diesen Ausdruck berechnen wir nun wieder näherungsweise, indem wir die beiden Exponentialterme in Potenzreihen entwickeln. Außerdem setzen wir $q\, l \gg 1$ voraus, vernachlässigen also Terme der Ordnung $1/q\, l$. Wir erhalten dann

$$\left.\begin{aligned} (\mathsf{D}\boldsymbol{u})_x &= -\frac{\tau}{1 - i\omega\tau} \frac{\hbar^2 c^2 q_x^2}{n_0 e^2 B_{0z}^2} \frac{1}{4\pi^3} \int v_x\, k_y^2\, \delta\bar{\lambda}_{ij}\, \dot{s}_{ij} \frac{df}{\hbar v}, \\ (\mathsf{D}\boldsymbol{u})_y &= \frac{\tau}{1 - i\omega\tau} \frac{i\hbar c q_x}{n_0 e B_{0z}} \frac{1}{4\pi^3} \int v_y\, k_y\, \delta\bar{\lambda}_{ij}\, s_{ij} \frac{df}{\hbar v}, \\ (\mathsf{D}\boldsymbol{u})_z &= -\frac{\tau}{1 - i\omega\tau} \int \frac{i\hbar c q_x}{n_0 e B_{0z}} \frac{1}{4\pi^3} \int \left\{ v_z\, \overline{(k_y\, \delta\lambda_{ij})} - v_z\, k_y\, \delta\bar{\lambda}_{ij} \right\} \dot{s}_{ij} \frac{df}{\hbar v}. \end{aligned}\right\} \tag{VI.33}$$

Nunmehr wenden wir uns der Berechnung der Grenzwerte der Absorption zu und verwenden dazu den Ausdruck (III.16) für $G_A$ in Anlehnung an eine Arbeit von

Kaner [40], in der die Ausdrücke $\sim m\,\boldsymbol{v}\,\boldsymbol{u}$ vernachlässigt werden, was jedoch nicht zulässig ist. Wir betrachten also, etwas umgeschrieben

$$G_A = (\Lambda_{ij} - m\,v_i\,v_j)\,\dot{s}_{ij} - \frac{e^2}{4\,\pi^3}\boldsymbol{v}\,\boldsymbol{\rho}\int \boldsymbol{v}\,\check{R}\,\{\Lambda_{ij} - m\,v_i\,v_j\}\,\dot{s}_{ij}\,\frac{df}{\hbar\,v}. \quad \text{(VI.34)}$$

Nun ist mit (II.17), (III.22), (III.14) und (III.31)

$$\frac{e^2}{4\,\pi^3}\int \boldsymbol{v}\,\check{R}\,\Lambda_{ij}\,\dot{s}_{ij}\,\frac{df}{\hbar\,v} = -\,m\,\boldsymbol{\sigma}\,\dot{\boldsymbol{u}} + n_0\,e^2\,\tau\,v_s\,\delta_{ij}\,\dot{s}_{ij}\,\vec{\mathsf{R}} + n_0\,e^2\,\mathbf{D}\,\boldsymbol{u} \quad \text{(VI.35)}$$

und mit (III.30)

$$\boldsymbol{\rho}\,\vec{\mathsf{R}} = -\,\frac{1}{N\,e^2\,v_s\,(1 - i\,\omega\,\tau)}\,i\,\boldsymbol{q}\,. \quad \text{(VI.36)}$$

Setzt man (VI.36) und (VI.35) in (VI.34) ein und beachtet nochmals (II.17), so erhält man

$$G_A = \left\{\frac{1 + i\,(\boldsymbol{q}\,\boldsymbol{v} - \omega)\,\tau}{1 - i\,\omega\,\tau}\,\frac{n_0}{N}\,\delta_{ij} - m\,v_i\,v_j + \delta\,\lambda_{ij}\right\}\dot{s}_{ij} - n_0\,e^2\,\boldsymbol{v}\,\boldsymbol{\rho}\,\mathbf{D}\,\boldsymbol{u}$$
$$+ \frac{e^2}{4\,\pi^3}\,m\,\boldsymbol{v}\,\boldsymbol{\rho}\int \boldsymbol{v}\,\check{R}\,v_i\,v_j\,\dot{s}_{ij}\,\frac{df}{\hbar\,v}. \quad \text{(VI.37)}$$

Wir untersuchen nun den in (VI.37) verbliebenen Integralausdruck, welchen wir unter Beachtung von (VI.2) umschreiben in die Form

$$\vec{\mathsf{S}}_{ij} = \frac{e^2\,m}{4\,\pi^3}\int \boldsymbol{v}\,\check{R}\,v_i\,v_j\,\frac{df}{\hbar\,v} \approx \frac{e^2\,m\,\tau}{8\,\pi^4\,\hbar^2\,(1 - i\,\omega\,\tau)}\int m_c\int_0^{2\pi}\boldsymbol{v}(k_z,\Theta)\int_0^{2\pi} v_i\,(k_z,\Theta + \Theta')$$
$$\times \exp\left\{\int_{\Theta}^{\Theta' + \Theta}\frac{i\,\boldsymbol{q}\,\boldsymbol{v}}{\omega_c}\,d\Theta''\right\}e^{\frac{1 - i\,\omega\,\tau}{\omega_c\,\tau}\,\Theta'}\,d\Theta'\,d\Theta\,dk_z\,. \quad \text{(VI.38)}$$

Da nun $\int_0^{2\pi} v_i\,(\Theta + \Theta')\,v_j\,(\Theta + \Theta')\,d\Theta'$ unabhängig von $\Theta$ ist, sieht man mit $\tilde{v}_x = \tilde{v}_y = 0$ unmittelbar, daß in niedrigster Ordnung

$$\vec{S}_{ij} = \{0, 0, S_{ij}\} \quad \text{(VI.39)}$$

gilt, die $x$- und die $y$-Komponenten sind mindestens von der Ordnung $1/B_0$.

Nun ist für $n_h \neq n_e$ nach (VI.31) und (VI.33) in niedrigster Ordnung

$$n_0\,e^2\,\boldsymbol{v}\,\boldsymbol{\rho}\,\mathbf{D}\,\boldsymbol{u} = n_0\,e^2\,v_x\,\varrho_{xy}\,(\mathbf{D}\,\boldsymbol{u})_y \quad \text{(VI.40)}$$

unabhängig von $B_{0z}$. Nach (II.44) ist bei Beachtung von (VI.2)

$$\chi = \frac{\tau}{2\,\pi\,(1 - i\,\omega\,\tau)}\int_0^{2\pi} G_A\,(k_z,\Theta + \Theta')\,\exp\left\{\int_{\Theta}^{\Theta' + \Theta'}\frac{i\,\boldsymbol{q}\,\boldsymbol{v}}{\omega_c}\,d\Theta''\right\}e^{\frac{1 - i\,\omega\,\tau}{\omega_c\,\tau}\,\Theta'}\,d\Theta', \quad \text{(VI.41)}$$

so daß mit (VI.40) und (VI.39) auf Grund von (VI.37) für $n_e \neq n_h$

$$\chi \approx \frac{\tau}{1 - i\,\omega\,\tau}\left\{\frac{n_0}{N}\,\delta_{ij} - m\,\widetilde{v_i\,v_j} + \delta\tilde{\lambda}_{ij} + \tilde{v}_z\,\varrho_{zz}\,S_{ij}\right\}\dot{s}_{ij}\,. \quad \text{(VI.42)}$$

Dieser Ausdruck für $\chi$ stimmt mit Kaners Resultat [40] überein bis auf den 2. und 4. Term, welche bei ihm fehlen. Für freie Elektronen verschwindet der vierte Term denn es ist $S_{11} = S_{12} = S_{13} = 0$ in diesem Falle. Vergleicht man (VI.42) mit dem Ausdruck (VI.12) für $2\,\pi\,\widetilde{G}_A$, so findet man bei Berücksichtigung der Vorfaktoren Übereinstimmung, wobei es durchaus auf den Term $m\,\bar{v}_x^2$ in (VI.42) ankommt. Für transversalen Schall ist $\chi \sim 1/B_0$, (VI.42) verschwindet in niedrigster Näherung in Übereinstimmung mit den in VI.3 gewonnenen Ergebnissen. Berechnet man nun unter Verwendung von (VI.42) $\alpha$ nach

$$\alpha = \frac{1}{4\,\pi^3 \mu\, v_s\, |u|^2} \int \frac{1}{\tau}\, |\chi|^2\, \frac{df}{\hbar\, v},$$

so ergibt sich in allen drei Fällen stets eine Sättigung der Absorption für $q\,R \to 0$. Für longitudinalen Schall erhält man das Resultat (VI.6) und ebenfalls für transversalen Schall, falls nicht die Symmetrieverhältnisse so sind, daß $\chi = 0$ wird in niedrigster Näherung, womit man rechnen muß, wie GUREWITSCH [38] betont hat. In diesem Falle ist $\chi$ mindestens $\sim 1/B_0$ und daher $\alpha$ mindestens $\sim 1/B_0^2$. Nach PIPPARD [45] soll für transversalen Schall stets $\alpha \sim 1/B_0^2$ sein, wir erkennen jedoch keine Möglichkeit, dieses Resultat aus unseren Betrachtungen zu bestätigen.

Wenden wir uns nun der Diskussion des Falles $n_e = n_h$ zu. Jetzt ist [62]

$$\boldsymbol{\sigma} \approx \begin{pmatrix} (\omega_c \tau)^2\, b'_{xx} & (\omega_c \tau)^2\, b'_{xy} & \omega_c \tau\, b'_{xz} \\ (\omega_c \tau)^2\, b'_{yx} & (\omega_c \tau)^2\, b'_{yy} & \omega_c \tau\, b'_{yz} \\ \omega_c \tau\, b'_{zx} & \omega\, \tau_c\, b'_{zy} & b'_{zz} \end{pmatrix} \tag{VI.43}$$

und zunächst

$$n_0\, e^2\, \boldsymbol{v}\, \boldsymbol{\rho}\, \mathsf{D}\boldsymbol{u} \sim \frac{\tau}{1 - i\,\omega\,\tau} \left[\omega_c \tau\, (q_x v_x + q_x v_y) + q_x v_z\right] \delta\tilde{\lambda}_{ij}\, \dot{s}_{ij} \tag{VI.44}$$

(nur größenordnungsmäßig). Es ist daher $n_0\, e^2\, \bar{\boldsymbol{v}}\, \boldsymbol{\sigma}\, \mathsf{D}\boldsymbol{u} \approx \frac{\tau\, q_x\, \bar{v}_z}{1 - i\,\omega\,\tau}\, \delta\tilde{\lambda}_{ij}\, \dot{s}_{ij}$ unabhängig vom Magnetfeld. Ferner ist

$$\frac{e^2}{4\,\pi^3}\, m\, \bar{\boldsymbol{v}}\, \boldsymbol{\rho} \int \boldsymbol{v}\, \check{R}\, v_i\, v_j\, \frac{df}{\hbar\, v} = e\, \bar{v}_z\, \varrho_{zk}\, S_{ij,k}$$

ebenfalls unabhängig vom Magnetfeld, denn die Komponenten $S_{ij,1}$ und $S_{ij,2}$, welche mindestens $\sim 1/B_0$ sind, werden nach (VI.43) mit $\omega_c$ multipliziert. Daher ergibt sich nach (VI.41) wiederum $\chi$ als unabhängig von $\boldsymbol{B}_0$ und damit auch für $n_e \neq n_h$ ein endlicher Sättigungswert. Die Verhältnisse sind jedoch hier so unübersichtlich, daß wir auf eine Abschätzung desselben verzichten. In Übereinstimmung mit GUREWITSCH [38] und KANER [40] stellen wir also fest, daß für geschlossene Fermiflächen und $\boldsymbol{q} \perp \boldsymbol{B}_0$ die Absorption mit $B_0 \to \infty$ stets einem Sättigungswert zustrebt. Für longitudinalen Schall bzw. wenn das Deformationspotential einen Beitrag zur Absorption liefert, ist der Sättigungswert für $q\,l \gg 1$ von der Ordnung $\alpha_0 \cdot q\,l$, wobei $\alpha_0$ die Absorption für $\boldsymbol{B}_0 = 0$ ist.

Wir haben bei den vorstehenden Betrachtungen wesentlich von der Voraussetzung der Stromneutralität Gebrauch gemacht. Bei verletzter Stromneutralität gestalten sich die Überlegungen noch unübersichtlicher, so daß wir auf deren Durchführung hier verzichten müssen und den Leser auf die Spezialliteratur [38, 40, 41] verweisen. Auf die Verhältnisse bei Fermiflächen mit offenen Bahnen werden wir später gesondert eingehen, ebenso auf den Fall $\boldsymbol{q} \not\perp \boldsymbol{B}_0$.

## VII. Spezielle magnetoakustische Effekte im longitudinalen Magnetfeld ($\boldsymbol{q} \| \boldsymbol{B}_0$)

### *VII.1 Einleitende allgemeine Betrachtungen*

Ehe wir uns der Frage nach der Abhängigkeit der magnetoakustischen Erscheinungen vom Winkel zwischen $\boldsymbol{q}$ und $\boldsymbol{B}_0$ zuwenden, behandeln wir in diesem Kapitel, nachdem wir im vorigen $\boldsymbol{q} \perp \boldsymbol{B}_0$ angenommen hatten, den anderen Spezialfall

$\boldsymbol{q} \| \boldsymbol{B}_0$. Dabei werden wir methodisch wie bisher verfahren und nach einer einleitenden Inspektion der für die Absorption wesentlichen Ausdrücke uns zunächst am Modell freier Elektronen orientieren und von diesem ausgehend zu entsprechenden Aussagen für beliebige geschlossene Fermiflächen zu gelangen suchen.

Da nunmehr

$$\boldsymbol{q}\,\bar{\boldsymbol{v}} = q_z\,\bar{v}_z$$

ist, gehen wir von der Formel (IV.30) aus:

$$\alpha = \frac{\tau}{8\,\pi^4\,\hbar^2\,\mu\,v_s|u|^2}\,\mathrm{Re}\int\sum_{n=-\infty}^{\infty}\frac{m_c}{1 - i\,(\omega - \boldsymbol{q}\,\bar{\boldsymbol{v}} - n\,\omega_c)\,\tau}\int\limits_0^{2\pi} G_A^*(k_z,\Theta)\int\limits_0^{2\pi} G_A(k_z,\Theta')$$

$$\times \exp\left\{\int\limits_{\Theta}^{\Theta'} \frac{i\,(\boldsymbol{q}\,\boldsymbol{v} - \boldsymbol{q}\,\bar{\boldsymbol{v}} - n\,\omega_c)}{\omega_c}\,d\Theta''\right\} d\Theta'\,d\Theta\,dk_z\,. \qquad \text{(VII.1)}$$

Betrachten wir zunächst den Spezialfall, daß $\boldsymbol{q}\,\boldsymbol{v} = \boldsymbol{q}\,\bar{\boldsymbol{v}}$ ist, was z. B. bei Fermiflächen gilt, welche von der Form

$$\varepsilon_0(\boldsymbol{k}) = \varepsilon_1(k_x, k_y) + \varepsilon_2(k_z) = \zeta_0$$

sind. Führen wir dann ein

$$\frac{1}{2\pi}\int\limits_0^{2\pi} G_A(k_z,\Theta)\,e^{-in\Theta}\,d\Theta = g_A^{(n)}(k_z)\,, \qquad \text{(VII.2)}$$

so können wir schreiben

$$\alpha = \frac{\tau}{2\,\pi^2\,\hbar^2\,\mu\,v_s\,|u|^2}\sum_{n=-\infty}^{+\infty}\int\frac{m_c\,\left|g_A^{(n)}(k_z)\right|^2}{1 + (\omega - q_z\,\bar{v}_z - n\,\omega_c)^2\,\tau^2}\,dk_z\,. \qquad \text{(VII.3)}$$

Daran erkennt man, daß, falls $g_A^{(n)}(k_z)$ nicht verschwindet, nur diejenigen Elektronen wesentlich zur Absorption beitragen, für welche

$$q_z\,\bar{v}_z - \omega + n\,\omega_c = 0 \qquad \text{(VII.4)}$$

ist. Diese Bedingung formt man um in die durchsichtigere

$$\bar{v}_z\,T_c = v_s\,T_c + n\,\lambda \qquad \text{(VII.5)}$$

und man sieht, daß die wesentlich absorbierenden Elektronen diejenigen sind, die nach der Zeit $T_c$, also nach einem Umlauf durch die Bahn, wieder in eine Ebene senkrecht zu $\boldsymbol{q}$ kommen, auf der die Schallwelle dieselbe Phase hat wie auf derjenigen Ebene, auf der die Elektronen zu Beginn des betrachteten Umlaufs waren. Ferner sieht man: Ist nur $g_A^{(0)}(k_z)$ von Null verschieden, so hängt $\alpha$ nur über $g_A^{(0)}(k_z)$ vom Magnetfeld ab, unter Umständen gar nicht, wenn $g_A^0(k_z)$ unabhängig von $\boldsymbol{B}_0$ ist. Damit die Gleichungen (VII.4) bzw. (VII.5) für irgendwelche Werte von $k_z$ Lösungen haben, muß

$$\mathrm{Max}\left(\frac{\bar{v}_z}{v_s} - 1\right) > n\,\omega_c > \mathrm{Min}\left(\frac{\bar{v}_z}{v_s} - 1\right) \qquad \text{(VI.6)}$$

sein (Kjeldaas [63] (1959)). Daraus resultiert das Vorhandensein einer Absorptionskante: Für hinreichend hohe Magnetfelder, für welche (VII.6) nur für $n = 0$ erfüllt ist, hat die Absorption zunächst einen schwach vom Magnetfeld abhängigen Wert. Erreicht man nun $\left(\text{etwa für } \left|\frac{\tilde{v}_z^{\max}}{v_s} - 1\right| \approx \left|\frac{\tilde{v}_z^{\min}}{v_s} - 1\right| \gg 1\right)$ einen Wert der Feldstärke, so daß $\omega_c \lesssim \text{Max}\left|\frac{\tilde{v}_z}{v_s}\right|$ ist, so ist (VII.6) für $n \pm 1$ mit entsprechenden Werten von $k_z$ erfüllbar und wegen des damit verbundenen Auftretens eines Resonanznenners in (VII.3) erwartet man einen Anstieg der Absorption. Dieser ergibt sich tatsächlich nach KJELDAAS [63] für freie Elektronen und zirkular polarisierten transversalen Schall, wie wir noch sehen werden; für longitudinalen Schall ist $\alpha$ unabhängig von $B_0$. Bei weiterer Reduktion des Magnetfeldes erreicht man als nächstes einen kritischen Wert, für welchen (VII.6) mit $n = \pm 2$ erfüllbar wird usw. Was für diese Werte von $B_0$ mit der Absorption geschieht, kann am Modell freier Elektronen nicht untersucht werden, da für $n \geqq 2$ $g_A^{(n)}(k_z) = 0$ ist sowohl für longitudinalen als auch transversalen Schall. Wir kommen auf diese Frage noch in einem späteren Abschnitt zurück und betrachten zuvor den Fall freier Elektronen. Um (VII.3) genau diskutieren zu können, benötigen wir wieder zunächst den Leitfähigkeitstensor, den wir im folgenden Abschnitt berechnen.

### *VII.2 Der Leitfähigkeitstensor freier Elektronen im longitudinalen Magnetfeld ($q \| B_0$)*

Wir gehen aus von (V.21), beachten jedoch, daß $\boldsymbol{q}\,\boldsymbol{v} = q_z\,v_z$ und $\boldsymbol{q}\,\boldsymbol{v} = \boldsymbol{q}\,\tilde{\boldsymbol{v}}$ ist, führen ein

$$\frac{1}{2\pi}\int_0^{2\pi} v_i(k_z, \Theta)\, e^{-in\Theta}\, d\Theta = v_i^{(n)}(k_z)$$

und erhalten

$$\sigma_{ij} = \frac{e^2\,\tau}{2\,\pi^2\,\hbar^2}\int \sum_{n=-\infty}^{+\infty} \frac{m_c}{1 - i\,(\omega - q_z\,v_z - n\,\omega_c)\,\tau}\, v_i^{(n)}\, v_j^{(n)*}\, dk_z\,. \tag{VII.7}$$

Für freie Elektronen ist $v_x^{(n)} \pm i\, v_y^{(n)} = \delta_{n,\pm 1}\, v_F \sin\vartheta$, wobei $\vartheta$ der Winkel zwischen $\boldsymbol{v}_0$ und $\boldsymbol{B}_0$ ist, ferner ist $v_z^{(n)} = \delta_{n,0}\, v_F \cdot \cos\vartheta$. Daher wird $\sigma_{xx} = \sigma_{yy}$, $\sigma_{xz} = \sigma_{yz} = 0$ und

$$\sigma_{zz} = \frac{3\,\sigma_0}{2}\int_0^{\pi} \frac{\cos^2\vartheta\,\sin\vartheta}{1 - i\,(\omega - q\,v_F\cos\vartheta)\,\tau}\, d\vartheta = \sigma_{zz}^{(0)}\,. \tag{VII.8}$$

Statt $\sigma_{xx}$ und $\sigma_{xy}$ einzeln zu berechnen, ist es zweckmäßig, die Größe

$$\sigma_{xx} \pm i\,\sigma_{xy} = \sigma_0\, \mathsf{G}^{\pm}$$

zu betrachten. Man findet ohne größere Mühe

$$\mathsf{G}^{\pm} = \frac{3}{4}\int_0^{\pi} \frac{\sin^3\vartheta\, d\vartheta}{1 + i\,(q\,l\cos\vartheta + \omega_c\,\tau - \omega\,\tau)}\,. \tag{VII.9}$$

Damit gewinnt der Leitfähigkeitstensor folgende Gestalt

$$\boldsymbol{\sigma} = \sigma_0 \begin{pmatrix} \frac{1}{2}(\mathsf{G}^+ + \mathsf{G}^-) & \frac{1}{2i}(\mathsf{G}^+ - \mathsf{G}^-) & 0 \\ -\frac{1}{2i}(\mathsf{G}^+ - \mathsf{G}^-) & \frac{1}{2}(\mathsf{G}^+ + \mathsf{G}^-) & 0 \\ 0 & 0 & \sigma'_{zz} \end{pmatrix}, \tag{VII.10}$$

und der Widerstandstensor wird

$$\boldsymbol{\rho} = \varrho_0 \begin{pmatrix} \frac{\mathsf{G}^+ + \mathsf{G}^-}{2\,\mathsf{G}^+\,\mathsf{G}^-} & i\,\frac{\mathsf{G}^+ - \mathsf{G}^-}{2\,\mathsf{G}^+\,\mathsf{G}^-} & 0 \\ -i\,\frac{\mathsf{G}^+ - \mathsf{G}^-}{2\,\mathsf{G}^+\,\mathsf{G}^-} & \frac{\mathsf{G}^+ + \mathsf{G}^-}{2\,\mathsf{G}^+\,\mathsf{G}^-} & 0 \\ 0 & 0 & \varrho'_{zz} \end{pmatrix}. \tag{VII.11}$$

Wir betrachten sogleich noch den Bereich hoher Magnetfelder. Aus (VII.9) gewinnen wir

$$\mathsf{G}^{\pm}_{\infty} = \frac{1}{1 \pm i\,\omega_c\,\tau}$$

und damit

$$\boldsymbol{\sigma}_\infty = \sigma_0 \begin{pmatrix} (\omega_c\,\tau)^{-2} & (\omega_c\,\tau)^{-1} & 0 \\ -(\omega_c\,\tau)^{-1} & (\omega_c\,\tau)^{-2} & 0 \\ 0 & 0 & \sigma^{(0)\prime}_{zz} \end{pmatrix} \tag{VII.12}$$

$$\boldsymbol{\rho}_\infty = \varrho_0 \begin{pmatrix} 1 & -\omega_c\,\tau & 0 \\ \omega_c\,\tau & 1 & 0 \\ 0 & 0 & \varrho^{(0)\prime}_{zz} \end{pmatrix}. \tag{VII.13}$$

### *VII.3 Absorptionsformeln für freie Elektronen im longitudinalen Magnetfeld bei Stromneutralität*

Aus den im vorigen Abschnitt bereitgestellten Ausdrücken für $\boldsymbol{\rho}$ können wir nun die Absorptionsformeln für freie Elektronen im Falle $\boldsymbol{q} \| \boldsymbol{B}_0$ herleiten.

Für longitudinalen Schall ist nach (III.47)

$$G_A = n_0\,e^2\,v_{zz}\,\varrho^{(0)}_{zz}\,u_z + \{1 + i\,(q_z\,v_z - \omega)\,\tau\} \left[\frac{n_0}{N}\,\frac{i\,q_z\,u_z}{1 - i\,\omega\,\tau} - \frac{m\,v_z\,u}{\tau}\right]$$

und daher $g_A^{(n)} = 0$ für $n \geqq 1$. Daher hängt nach (VII.3) der Absorptionskoeffizient für longitudinalen Schall gar nicht vom Magnetfeld ab und wir finden ohne weitere Rechnung

$$\alpha = \alpha^{(0)}_{11} = \frac{\pi\,n_0\,m\,v_F}{6\,\mu\,v_s^2}\,\omega \qquad (q\,l \gg 1)$$

indem wir das Resultat der Theorie für $\boldsymbol{B}_0 = 0$ übernehmen, hinsichtlich dessen Ableitung, auch des strengen Ausdrucks für beliebige Werte von $q\,l$, wir den Leser auf die Literatur [11] verweisen.

Betrachten wir nun die Absorption transversaler zirkular polarisierter Wellen. Ist $\boldsymbol{e}_x$ ein Einheitsvektor in $x$-, $\boldsymbol{e}_y$ ein entsprechender Vektor in $y$-Richtung, so beschreiben wir die zirkulare Polarisation durch den komplexen Polarisationsvektor

$$\boldsymbol{e}^\pm = \frac{1}{\sqrt{2}}\,(\boldsymbol{e}_x \pm i\,\boldsymbol{e}_y)$$

und erhalten nach (III.47) mit $v^\pm = v_x \pm i\,v_y$

$$G_A^\pm = \frac{1}{\sqrt{2}} \left\{ n_0\,e^2\,(\varrho_{xx} \pm i\,\varrho_{xy})\,v^\pm\,u - \{1 - i\,(q_z\,v_z - \omega)\,\tau\}\,\frac{m\,v^{\pm}u}{\tau} + \frac{i\,e}{c}\,v^\pm\,B_{0z}\,u \right\}.$$

Mit (VII.11) formen wir dies um in

$$G_A^{\pm} = \frac{m\,u\,v^{\pm}}{\tau\sqrt{2}} \left\{\frac{1}{\mathsf{G}^{\pm}} - (1 + i\,(q_z\,v_z \pm \omega_c - \omega)\,\tau\right\}.$$

Damit erhalten wir

$$g_A^{\pm(n)} = \delta_{n,\,\pm 1}\,\frac{m\,u\,v_F \sin\vartheta}{\tau\sqrt{2}} \left\{\frac{1}{\mathsf{G}^{\pm}} - (1 + i\,q_z\,v_z \pm \omega_c - \omega)\,\tau\right\}$$

und bilden

$$|g_A^{\pm(n)}|^2 = \delta_{n,\,\pm 1}\,\frac{(m\,v_F\,u \sin\vartheta)^2}{2\,\tau^2} \left\{\left|\frac{1}{\mathsf{G}^{\pm}}\right|^2 - 2\,\mathrm{Re}\left\{\frac{1}{\mathsf{G}^{\pm}}\,[1 - i\,(q_z\,v_z \pm \omega_c - \omega)\,\tau]\right\} + (1 + [(q_z\,v_z \pm \omega_c - \omega)\,\tau]^2)\right\}.$$

Setzen wir dieses Resultat in (VII.3) ein, so erhalten wir nach einfacher Rechnung

$$\boxed{\alpha^{\pm} = \frac{n_0\,m}{\mu\,v_s\,\tau}\,\mathrm{Re}\left(\frac{1}{\mathsf{G}^{\pm}} - 1\right)}\,. \qquad \text{(VII.14)}$$

Etwas schneller bekommen wir dieses Resultat, wenn wir von (IV.24) ausgehen [48, 57], wobei wir zu beachten haben, daß $\varrho'_{xx} = \varrho'_{yy} = \frac{\varrho_{xx}}{\varrho_0}$ ist, da jetzt $\boldsymbol{q}$ in $z$-Richtung orientiert ist. Dann erhalten wir mit $\varkappa_0 = 1$ bei Beachtung der zirkularen Polarisation

$$\alpha^{\pm} = \frac{n_0\,m}{\mu\,v_s\,\tau}\,\mathrm{Re}\,[\varrho_{xx} \pm i\,\varrho_{xy} - 1]\,, \qquad \text{(VII.15)}$$

was mit (VII.11) sofort auf (VII.14) führt. Die Formel (VII.14) wurde zuerst von KJELDAAS [63] (1959) angegeben.

Aus der Ableitung von (VII.14) ersehen wir unmittelbar, daß der Term − 1 vom CD herrührt. Bei abwesendem CD haben wir ihn daher wegzulassen.

Für hohe Magnetfelder erhalten wir mit dem asymptotischen Ausdruck (VII.13) für den Widerstandstensor sofort

$$\alpha_{\infty}^{\pm} = \begin{cases} 0 & \text{mit CD} \\ \dfrac{n_0\,m}{\mu\,v_s\,\tau} & \text{ohne CD} \end{cases} \qquad \text{(VII.16)}$$

im Bereich der Stromneutralität [57].

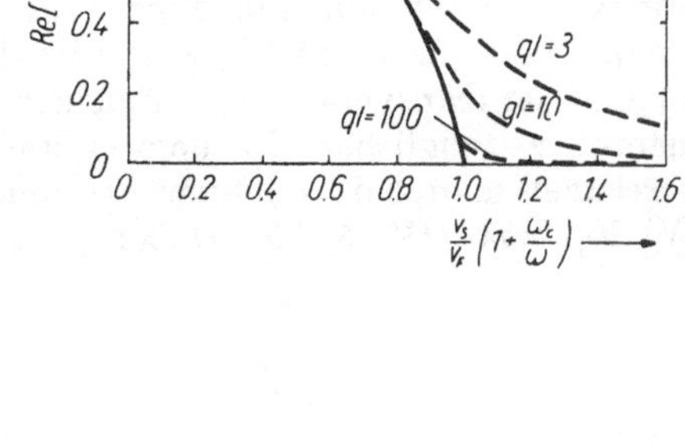


Fig. 9. Die Funktion $\mathrm{Re}\left(\frac{1}{\mathsf{G}^{+}} - 1\right)$ in Abhängigkeit von $\frac{v_s}{v_F}\left(1 + \frac{\omega_c}{\omega}\right)$ (Nach KJELDAAS [63])

Das Integral (VII.9) wurde von Kjeldaas [63] berechnet. Fig. 9 zeigt $\operatorname{Re}\left(\frac{1}{G^+} - 1\right)$ als Funktion von $\frac{v_s}{v_F}\left(1 + \frac{\omega_c}{\omega}\right)$ für verschiedene Werte von $q\,l$. Man erkennt die Absorptionskante an der Stelle $\frac{v_s}{v_F}\left(1 + \frac{\omega_c}{\omega}\right) = 1$, welche um so schärfer ausgebildet ist, je größer $q\,l$ ist.

### *VII.4 Die Bedeutung des collision-drags und der Stromneutralität für die Absorption im longitudinalen Magnetfeld*

Benutzen wir wieder den Parameter $\xi_0$ zur Beschreibung der Bedeutung des CD, derart, daß $\xi_0 = 1$ bei ausgebildetem, $\xi_0 = 0$ bei abwesendem CD, so sehen wir anhand der Rechnungen im vorigen Abschnitt, daß bei strenger Stromneutralität

$$\boxed{\alpha^{\pm} = \frac{n_0\, m}{\mu\, v_s\, \tau} \operatorname{Re}\left(\frac{1}{G^{\pm}} - \xi_0\right)} \tag{VII.17}$$

und

$$\boxed{\alpha^{\pm}_{\infty} = \frac{n_0\, m}{\mu\, v_s\, \tau}\, \xi_0} \,. \tag{VII.18}$$

Wenn wir die Bedingungen für die Stromneutralität untersuchen wollen, müssen wir beachten, daß $\boldsymbol{q}$ jetzt in $z$-Richtung orientiert ist. Daher treten jetzt an die Stelle der Bedingungen (III.12) die Ungleichungen

$$\frac{\sigma_{zz}}{\sigma_0} \gg \gamma\,, \qquad \frac{\sigma_{yy}}{\sigma_0} \gg \beta\,, \qquad \frac{\sigma_{xx}}{\sigma_0} \gg \beta\,. \tag{VII.19}$$

Für hohe Magnetfelder ist nach (VI.8) (dort war $\boldsymbol{q}$ parallel zur $x$-Achse) jetzt

$$\sigma_{zz} \approx \frac{\sigma_0}{(\omega_c \tau)^2} (1 - i\,\omega\,\tau)\,,$$

und für die Verletzung der longitudinalen Stromneutralität gilt das bereits im Abschnitt VI.4 Gesagte, sie würde extrem hohe Magnetfelder erfordern, welche im Rahmen unserer halbklassischen Theorie nicht betrachtet werden können. Beachten wir (VII.12) so sehen wir, daß die Bedingung für transversale Stromneutralität auf

$$\beta(\omega_c\,\tau)^2 \ll 1$$

führt. Für die höchsten Frequenzen, welche $\beta \approx 1$ werden lassen, kommt man mit $\tau \sim 10^{-10}$ s auf die Forderung $B_0 < 10^3$ Gauß, im Bereich der üblichen Frequenzen, für welche $\beta \sim 10^{-4}$ ist, liegt die Schwelle bei $10^5$ Gauß. Die Verletzung der transversalen Stromneutralität liegt also durchaus im Bereich experimentell zugänglicher Frequenzen und Magnetfelder. Wie in früheren Fällen berechnet man bei verletzter Stromneutralität die Absorption am besten aus (VI.20) bezw. (V.54, 55), wobei jetzt die zirkulare Polarisation zu beachten ist. Nach MERTSCHING [57] erhält man

$$\left.\begin{aligned} \alpha^{\pm} &\approx \frac{n_0\, m}{\mu\, v_s\, \tau} \{\xi_0 + (\xi_0 - \beta^{-2}) \operatorname{Re} \mathsf{G}^{\pm}\}, \\ \alpha^{\pm}_{\infty} &\approx \frac{n_0\, m}{\mu\, v_s\, \tau} \frac{(1 - \xi_0) + \xi_0 (\beta\, \omega_c\, \tau)^2}{(1 \mp \beta\, \omega_c\, \tau)^2 + \beta^2}, \qquad \text{für} \quad \beta \gg |\mathsf{G}^{\pm}|. \end{aligned}\right\} \tag{VII.20}$$

(Die Nenner der Formel (21) in [57] sind fehlerhaft).

#### *VII.5 Elektronen auf beliebigen Fermiflächen mit ausschließlich geschlossenen Bahnen im longitudinalen Magnetfeld ($q \| B_0$)*

Ausgehend von (VII. 1) definieren wir folgende Funktionen

$$H_A(k_z, \Theta) = G_A(k, \Theta) \exp\left\{\int\limits_0^{\Theta} \frac{i\,(\boldsymbol{q}\,\boldsymbol{v} - \boldsymbol{q}\,\bar{\boldsymbol{v}})}{\omega_c}\, d\Theta'\right\} \tag{VII.21}$$

und

$$h_A^{(n)}(k_z) = \frac{1}{2\pi} \int\limits_0^{2\pi} H_A(k_z, \Theta)\, e^{-in\Theta}\, d\Theta\,.$$

Dann erhalten wir in Analogie zu (VII.3)

$$\alpha = \frac{\tau}{2\,\pi^2\,\hbar^2 \mu\, v_s |u|^2} \sum_{n=-\infty}^{+\infty} \int \frac{m_c |h_A^{(n)}(k_z)|^2}{1 + (\omega - q_z\, \bar{v}_z - n\, \omega_c)^2\, \tau^2}\, dk_z\,. \tag{VII.22}$$

Wir wollen annehmen, daß die Fourierkomponenten $h_A^{(n)}(k_z)$ im Vergleich zu den Nennern in (VII.22) nur langsam mit $k_z$ variieren, was insbesondere erfordert, daß $\boldsymbol{q}\boldsymbol{v} \approx \boldsymbol{q}\bar{\boldsymbol{v}}$ ist, was wir fürs erste annehmen wollen. Später werden wir uns von dieser Einschränkung befreien. Dann sehen wir wieder, daß die Absorption vorwiegend von denjenigen Elektronen herrührt, für die

$$|\bar{\vartheta}| = \left|\frac{q_z\, \bar{v}_z - \omega}{\omega_c}\right| \approx n \qquad n = 0, 1, 2, \ldots \tag{VII.23}$$

ist, oder etwa anders geschrieben

$$|\bar{\vartheta} - n| \sim \frac{1}{\omega_c\, \tau} \qquad n = 0, \pm 1, \pm 2. \tag{VII.24}$$

Zur Veranschaulichung der Verhältnisse nehmen wir eine Fermifläche an, die nur schwach von der Kugelgestalt abweicht, z. B. ein Ellipsoid. Für ein vorgegebenes Magnetfeld $B_0$ ist $\bar{\vartheta}$ eine Funktion von $k_z$, wobei $k_z$ in dem Intervall $\underline{k}_z < k_z < \bar{k}_z$ variiert. Ist nun das Magnetfeld so stark, daß Max $|\bar{\vartheta}| < 1$ ist, so hat (VII.23) bezw. (VII.24) nur eine Lösung für $n = 0$. Daher ist von allen Termen in (VII.22) nur der Term mit $n = 0$ wesentlich, und die Absorption rührt vorwiegend von denjenigen Elektronen her, für die $|\bar{\vartheta}| \approx 0$ ist. Diese befinden sich in der schmalen Zone der Fermifläche, für welche $|k_z| \lesssim \frac{\bar{k}_F}{q\, l}$, wobei $\bar{k}_F$ ein mittlerer Fermiimpuls ist (Fig. 10). Lassen wir nun das Magnetfeld abnehmen, bis Max $|\bar{\vartheta}| \gtrsim 1$ wird.

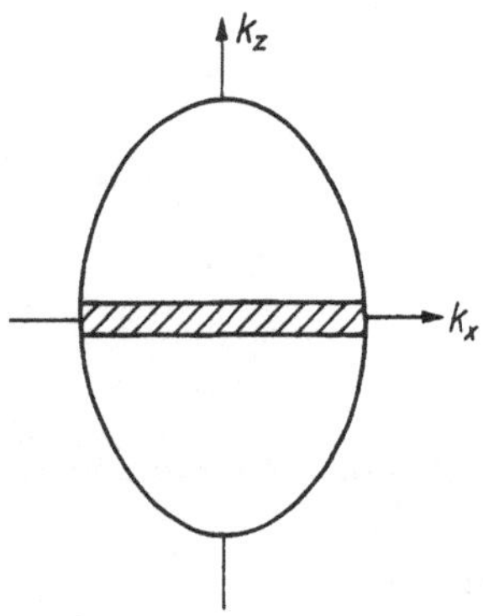


Fig. 10. Die absorbierenden Elektronen für Max $|\bar{\vartheta}| \ll 1$

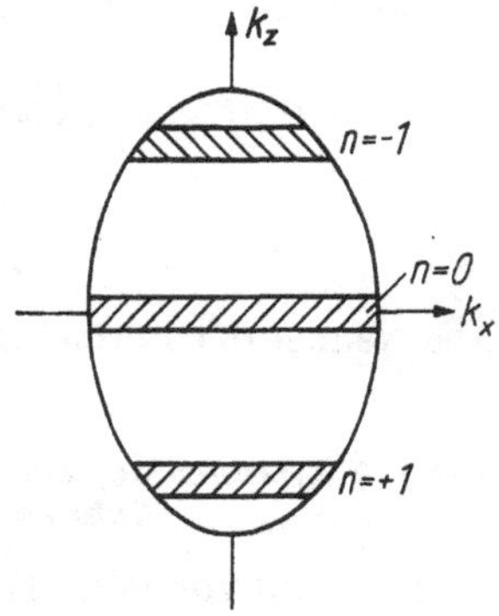


Fig. 11. Die absorbierenden Elektronen für $1 < \text{Max}\,|\bar{\vartheta}| < 2$

In dem Augenblick, in dem das Magnetfeld einen kritischen Wert $B_0^{(1)}$ erreicht hat, für den $\text{Max}\,|\bar{\vartheta}| = 1$ ist, erscheint auf der Fermifläche eine neue Gruppe absorbierender Elektronen, denn jetzt hat die Gleichung (VII.23) Lösungen mit $n = \pm 1$, wenn $\text{Max}\,|\bar{\vartheta}| \approx \text{Max}\left|\frac{q_z \bar{v}_z}{\omega_c}\right|$. Die absorbierenden Elektronen bevölkern also die Polkappen der Fermifläche. Die Intensität, mit welcher sie zur Absorption beitragen, wird reguliert durch die Fourierkomponenten $h_A^{(\pm 1)}(k_z)$, denn ihr Beitrag zur Absorption erfolgt über die Terme mit $n = \pm 1$ in (VII.22). Verringern wir die Magnetfeldstärke etwas, so daß

$$1 < \text{Max}\,|\bar{\vartheta}| < 2$$

ist, so rückt die Zone der absorbierenden Elektronen von den Polkappen fort in Richtung auf den Äquator. Da nach wie vor die Gleichung (VII.23) eine Lösung für $n = 0$ hat, tragen die Äquatorialelektronen ebenfalls zur Absorption bei (Fig. 11). Verringern wir $B_0$ weiter, so erscheint bei $\text{Max}\,|\bar{\vartheta}| = 3$ eine dritte Gruppe von absorbierenden Elektronen und damit werden nun auch die Terme mit $n = \pm 3$ in (VII.22) wesentlich. Dies geht mit abnehmendem Magnetfeld so fort, bis alle Terme der Summe (VII.22) wirksam geworden sind, für nicht gar zu komplizierte Fermiflächen bricht die Summe für irgendein $n$ ab, weil die höheren Fourierkomponenten verschwinden. Man erhält so eine Folge von periodischen Inkrementen der Absorption (Gurewitsch [37] (1960)). Die Inkremente liegen an den Stellen

$$\frac{1}{B_0} = \frac{n}{B_0^{(1)}}, \qquad n = 1, 2, \ldots, \tag{VII.25}$$

wobei $B_0^{(1)}$ diejenige Feldstärke ist, für die

$$\text{Max}\,|\bar{\vartheta}| = 1\,.$$

Es ist also

$$\frac{1}{B_0^{(1)}} = \left|\frac{e}{c\, m_c(\bar{k}_z)\, q_z\, \bar{v}_z(\bar{k}_z)}\right|^{4)} \tag{VII.26}$$

4) Es ist $\text{Max}\,|\bar{\vartheta}| \approx \text{Max}\left|\frac{q_z \bar{v}_z}{\omega_c}\right|$ bis auf einen Term $\sim \frac{v_s}{v_F}$ im Bereich, wo $\bar{\vartheta}$ von der Größenordnung 1 ist.

und damit die Periodizität der Inkremente

$$\boxed{\Delta\left(\frac{1}{B_0}\right)=\left|\frac{e}{c\,m_c(\bar{k}_z)\,q_z\,\bar{v}_z(\bar{k}_z)}\right|}\,. \tag{VII.27}$$

Daß immer gleich beide Terme $n = \pm |n|$ zur Absorption beitragen, ist nur der Fall, wenn Max $q_z \bar{v}_z = -$ Min $q_z \bar{v}_z$ ist, oder einfacher ausgedrückt, wenn die Fermifläche spiegelsymmetrisch in bezug auf die $xy$-Ebene ist. Ist Max $q_z \bar{v}_z \neq$ $-$ Min $q_z \bar{v}_z$, so gibt es eine Überlagerung von zwei Scharen periodischer Inkremente, wobei die eine Schar von Max $q_z \bar{v}_z$, die andere von Min $q_z \bar{v}_z$ erzeugt wird und in der Summe (VII.22) durch die Terme mit $n < 0$ bzw. $n > 0$ erfaßt wird, deren Perioden verschieden sind.

Untersuchen wir nun diese Inkremente etwas eingehender. Wir bezeichnen den Maximalwert von $k_z$ auf der Fermifläche mit $\bar{k}_z$, den Minimalwert mit $\underline{k}_z$. Dann gilt in der Nähe des Poles der Fermifläche für $\varepsilon_0(\boldsymbol{k})$ die Darstellung

$$\varepsilon_0(\boldsymbol{k}) = \zeta_0 + \frac{\partial \varepsilon_0}{\partial k_z}(k_z - \bar{k}_z) + \frac{1}{2}\frac{\partial^2 \varepsilon_0}{\partial k_x^2} k_x^2 + \frac{1}{2}\frac{\partial^2 \varepsilon_0}{\partial k_y^2} k_y^2 + \dots$$

bei geeigneter Wahl der $x$- und $y$-Richtung. Führen wir die Abkürzungen

$$k_z - \bar{k}_z = -\,\delta k_z, \quad \frac{1}{\hbar^2}\frac{\partial^2 \varepsilon_0}{\partial k_x^2} = m_x^{-1}, \quad \frac{1}{\hbar^2}\frac{\partial^2 \varepsilon_0}{\partial k_y^2} = m_y^{-1}$$

ein, so lautet demnach die Gleichung der Fermifläche

$$2\,\hbar\, v_z\, \delta k_z = \frac{\hbar^2 k_x^2}{m_x} + \frac{\hbar^2 k_y^2}{m_y} \qquad (m_x > 0,\ m_y > 0)\,. \tag{VII.28}$$

Daraus folgen die Bewegungsgleichungen für eine durch ein bestimmtes $\delta k_z$ bezeichnete Bahn:

$$\frac{dk_x}{d\Theta} = -\frac{m_c}{m_y} k_y\,, \qquad \frac{dk_y}{d\Theta} = \frac{m_c}{m_x} k_x\,. \tag{VII.29}$$

Die Lösungen lauten

$$k_x = a_x \cos\left(\frac{m_c}{\sqrt{m_x m_y}}\,\Theta\right), \qquad k_y = a_y \sin\left(\frac{m_c}{\sqrt{m_x m_y}}\,\Theta\right),$$

wobei die Koeffizienten durch Einsetzen in (VII.29) und (VII.28) zu bestimmen sind. Beachten wir noch, daß auf der Fläche (VII.28) $m_c^2 = m_x m_y$ ist, so erhalten wir schließlich

$$k_x = \sqrt{\frac{2\,m_x v_z}{\hbar}\,\delta k_z}\cos\Theta\,, \qquad k_y = \sqrt{\frac{2\,m_y v_z}{\hbar}\,\delta k_z}\sin\Theta\,, \tag{VII.30}$$

wobei $m_x$, $m_y$ und $v_z$ für $\delta k_z = 0$ einzusetzen sind.
In der Nähe von $k_z = \bar{k}_z$ gilt nun für $H_A(k_z, \Theta)$ die Darstellung:

$$H_A(k_z, \Theta) = H_A(0, 0, k_z) + \frac{\partial H_A}{\partial k_x} k_x + \frac{\partial H_A}{\partial k_y} k_y + \cdots,$$

wobei $H_A(0, 0, k_z)$ der Wert von $H_A(\boldsymbol{k})$ an der Stelle $\boldsymbol{k} = (0, 0, k_z)$ ist.

Benutzen wir (VII.30), so erhalten wir:

$$H_A(k_z, \Theta) = H_A(0, 0, k_z) + \frac{\partial H_A}{\partial k_x}\sqrt{\frac{2\, m_x v_z}{\hbar}\,\delta k_z}\cos\Theta + \frac{\partial H_A}{\partial k_y}\sqrt{\frac{2\, m_y\, v_z}{\hbar}\,\delta k_z}\sin\Theta + \dots . \tag{VII.31}$$

Damit ergibt sich für die Fourierkomponenten

$$h_A^{(0)}(k_z) = H_A(0, 0\,, k_z)\,,$$

$$h_A^{\pm(1)}(k_z) = \left\{\frac{\partial H_A}{\partial k_x}\sqrt{\frac{2\, m_x}{\hbar}\, v_x} \mp i\,\frac{\partial H_A}{\partial k_y}\sqrt{\frac{2\, m_y\, v_z}{\hbar}}\right\}\sqrt{\delta k_z} = c_A^{(\pm 1)}\sqrt{\delta k_z}\,,$$

und allgemein ist $h_A^{(\pm n)}(k_z)$ mindestens von der Ordnung $(\delta k_z)^{n/2}$. Um das Verhalten der Absorption in der Nähe der Feldstärke $B_0^{(1)}$, für welche $\omega - q_z\,\bar{v}_z(\bar{k}_z) + \omega_c = 0$ ist, zu übersehen, müssen wir daher das Integral

$$I = \tau \int \frac{m_c\,\delta\, k_z}{1 + (\omega - q_z\,\bar{v}_z + \omega_c)^2\,\tau^2}\, dk_z = \int \frac{m_c}{\omega_c}\,\frac{\nu\,\delta\, k_z}{\nu^2 + (\bar{\vartheta}(k_z) - 1)^2}\, dk_z$$

betrachten, wobei wir $(\omega_c \tau)^{-1} = \nu$ gesetzt haben und $\omega_c(k_z) = \omega_c(\bar{k}_z)$, da der wesentliche Beitrag zum Integral aus dem Bereich $k_z \approx \bar{k}_z$ stammt. Daher entwickeln wir

$$\bar{\vartheta}(k_z) = \bar{\vartheta}(\bar{k}_z) - b'\,\delta k_z\,,$$

$$b' = \left(\frac{d\bar{\vartheta}}{dk}\right)_{\bar{k}_z}.$$

Setzen wir noch

$$\bar{\vartheta}(\bar{k}_z) - 1 = \Delta\,,$$

so haben wir

$$I \approx \frac{m_c}{\omega_c}\int_0^{\delta k_z^*} \frac{\nu\cdot\delta\, k_z}{\nu^2 + (\Delta - b'\,\delta\, k_z)^2}\, d(\delta k_z)\,, \tag{VII.32}$$

wobei $\delta k_z^*$ ein nicht zu großer Wert $\sim k_F$ ist, nicht zu groß, damit im Integrationsbereich die Näherung (VII.31) noch anwendbar ist und nicht zu klein, damit der wesentliche Bereich des Integranden noch erfaßt wird. Die Integration in (VII.32) ist elementar und liefert

$$I = \frac{m_c}{\omega_c}\cdot\frac{\nu}{2\, b'^2}\left\{\log\frac{\nu^2 + (\Delta - b'\,\delta\, k_z^*)^2}{\nu^2 + \Delta^2} + 2\,\operatorname{sgn} b'\,\frac{\Delta}{\nu}\left[\operatorname{arctg}\frac{b'^2\,\delta\, k_z^* - b'\,\Delta}{\nu\,|b'|} + \operatorname{sgn} b'\,\operatorname{arctg}\frac{\Delta}{\nu}\right]\right\}.$$

Diesen Ausdruck können wir noch etwas umformen, wenn wir beachten, daß $b'\,\delta k_z^* \approx \bar{\vartheta}(\bar{k}_z) \approx 1$ ist im Bereich der Gültigkeit unserer Approximationen:

$$I \approx \frac{m_c}{\omega_c}\,\frac{\nu}{2\, b'^2}\left\{\log\frac{1}{\nu^2} + 2\,\operatorname{sgn} b'\,\frac{\Delta}{\nu}\left[\frac{\pi}{2} + \operatorname{sgn} b'\,\operatorname{arctg}\frac{\Delta}{\nu}\right]\right\}. \tag{VII.33}$$

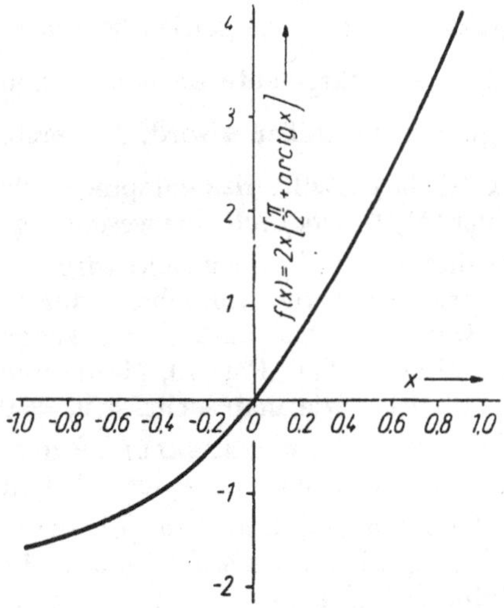


Fig. 12. Die Funktion $f(x) = 2\,x\,(\pi/2 + \operatorname{arctg} x)$

In Fig. 12 haben wir die Funktion

$$f(x) = 2\,x\left[\frac{\pi}{2} + \operatorname{arctg} x\right]$$

graphisch dargestellt.

Wir erkennen daher in Abhängigkeit vom Magnetfeld folgendes Verhalten der Absorption: Für $\operatorname{Max}|\tilde{\vartheta}| < 1$ liefert zunächst nur die nullte Fourierkomponente von $H_A$ einen Beitrag zur Absorption, welcher schwach von $B_0$ abhängt, wenn $h_A^{(0)}$ schwach vom Magnetfeld abhängt. Nähert man sich dem kritischen Feldstärkewert $B_0^{(1)}$, für den $\operatorname{Max}|\tilde{\vartheta}| = 1$ ist, so findet ein „glatter" Anstieg der Absorption statt, charakterisiert durch die in (VII.33) dargestellte Funktion. Senkt man das Magnetfeld weiter, so daß $1 < \operatorname{Max}|\tilde{\vartheta}| < 2$ ist, so rücken die Werte $k_z^{(\pm 1)}$, welche die absorbierenden Bahnen definieren und Lösungen von $\tilde{\vartheta}(k_z) = \pm 1$ sind, weiter auf den Äquator $k_z = 0$ zu, und man findet den Beitrag der ersten Fourierkomponente zur Absorption, indem man setzt

$$\frac{\tau}{1 + (\omega - q_z\,\tilde{v}_z - n\,\omega_c)^2\,\tau^2} \approx \pi\,\delta\,(\omega - q_z\,\tilde{v}_z - n\,\omega_c) \approx \pi\,m_c\,\frac{\delta\,(k_z - k_z^{(n)})}{|q_z(m_c\,\tilde{v}_z)'|}, \qquad \text{(VII.34)}$$

wobei

$$\omega - q_z\,\tilde{v}_z\,(k_z^{(n)}) - n\,\omega_c = 0 \qquad \text{(VII.35)}$$

die Bestimmungsgleichung für die $k_z^{(n)}$ ist. Benutzt man nun die Entwicklung (VII.31) mit allen höheren Termen, so sieht man, daß infolge des Auftretens der $\delta$-Funktion $\delta(\omega - q_z\,\tilde{v}_z - n\,\omega_c)$ nach (VII.34) jeweils nur der Term $n$-ter Ordnung ausgewählt wird und zum $n$-ten Summanden in (VII.22) beiträgt. Setzt man (VII.31) und (VII.34) in (VII.22) ein und integriert, so erhält man

$$\alpha \approx \sum_{n=0}^{\bar{n}} \frac{m_c^2\,|c_A^{(n)}|^2}{\pi\,\hbar^2\,\mu\,v_s\,|u|^2}\,\frac{|\bar{k}_z - k_z^{(n)}|^n}{|q_z\,(m_c\,\tilde{v}_z)'|}, \qquad \bar{n} = \left[\frac{B_0^{(1)}}{B_0}\right], \qquad B_0 \neq B_0^{(n)}. \qquad \text{(VII.36)}$$

Setzen wir der Einfachheit halber eine kugelförmige Fermifläche voraus, so können wir $k_z^{(n)}$ aus (VII.35) berechnen. Das Ergebnis läßt sich am besten in der Form

$$\bar{k}_z\left(1 - \frac{k_z^{(n)}}{\bar{k}_z}\right) = \bar{k}_z\left(1 - \frac{B_0}{B_0^{(n)}}\right) \qquad B_0^{(n+1)} < B_0 < B_0^{(n)}$$

ausdrücken, so daß wir erhalten

$$\alpha \approx \sum_{n=0}^{\bar{n}} \alpha_0^{(n)}\left|\frac{B_0^{(n)} - B_0}{B_0^{(n)}}\right|^n, \qquad B_0 \neq B_0^{(n)}, \qquad \bar{n} = \left[\frac{B_0^{(1)}}{B_0}\right]. \qquad \text{(VII.37)}$$

Dies ist GUREWITSCH's Resultat [37], als Funktion von $\frac{B^{(1)}}{B_0}$ zeigt die Absorption das in Fig. 13 dargestellte Verhalten, also „glatte" Inkremente an den Stellen $\frac{B^{(1)}}{B_0} = n$. Diese Inkremente werden immer glatter, je größer $n$ wird. Das erste Inkrement haben wir durch das Integral (VII.32) dargestellt, das entsprechende Integral für das $n$-te Inkrement enthält im Zähler $(\delta k_z)^n$, wodurch eine wesentliche Reduktion des Anstiegs bei $B_0 = B_0^{(n)}$ mit abnehmendem $B_0$ verursacht wird.

Wie wir an der Formel (VII.34) erkennen, setzt die vorstehend durchgeführte Diskussion voraus, daß $|q_z (m_c \bar{v}_z)'| \neq 0$ ist. Das hatten wir schon stillschweigend angenommen, als wir die Fermifläche der Fig. 10, 11 unseren qualitativen Betrachtungen zugrunde legten, für die, wie man sieht, $q_z v'_z \neq 0$ ist für den ganzen Bereich $\underline{k}_z < k_z < \bar{k}_z$. Wie KANER, PESTSCHANSKI und PRIVOROTSKI [42] (1961) gezeigt haben, tritt ein neuartiger und bemerkenswerter Effekt auf, wenn $\tilde{\vartheta}$ innerhalb des Variationsbereichs Extrema hat, d. h. $\tilde{\vartheta}'$ im Innern des Bereiches verschwindet. Dies tritt z. B. bei einer speziellen Fermifläche auf, die man oft betrachtet, dem sog. „gerunzelten Zylinder" (Fig. 14). Hier gibt es zwei symmetrisch liegende Werte $\hat{k}_z^{(1)} = -\hat{k}_z^{(2)}$, für welche $\tilde{\vartheta}'$ verschwindet, und zwar ist $\tilde{\vartheta}$ maximal für $k_z = \hat{k}_z^{(2)}$ und minimal für $k_z = \hat{k}_z^{(1)}$, außerdem sei $|\tilde{\vartheta}(\hat{k}_z^{(1)})| \approx |\tilde{\vartheta}(\hat{k}_z^{(2)})|$.

Nach den bisherigen Überlegungen ist es klar, daß die absorbierenden Elektronen für Max $|\tilde{\vartheta}| = 1$ jetzt bei den Werten $k_z = \hat{k}_z^{(1)}$ bzw. $k_z = \hat{k}_z^{(2)}$ erscheinen und ebenfalls alle weiteren Gruppen für $B_0 = \frac{1}{n} B_0^{(1)}$, $n = 1, 2, 3, \ldots$ Das bedeutet aber, daß gerade für diese Werte der Feldstärke unsere früheren Betrachtungen ungültig sind, weil $\tilde{\vartheta}'(k_z^{(n,\lambda)}) = 0$ ist, da für $B_0 = \frac{1}{n} B^{(1)}$ die Wurzeln der Gleichung (VII.35) die Werte $\hat{k}_z^{(1)}$ und $\hat{k}_z^{(2)}$ sind, für die $\tilde{\vartheta}$ extremal ist. Wir müssen also für die Umgebungen der Feldstärkewerte $B_0^{(n)}$ eine neue Darstellung der Absorption zu gewinnen suchen.

Betrachten wir die Funktion

$$d_n(\tilde{\vartheta}) = \frac{\nu}{\nu^2 + (\tilde{\vartheta} + n)^2}, \tag{VII.38}$$

so sehen wir, daß ihre Halbwertsbreite in bezug auf die Variable $k_z$ gegeben ist durch

$$\delta k_z \approx \frac{1}{\omega_c \tau} |\tilde{\vartheta}'|^{-1},$$

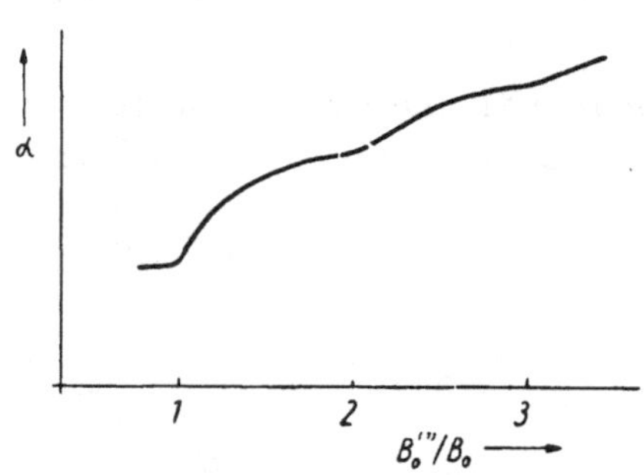


Fig. 13. Die Absorption für $q \| B_0$ und $\tilde{\vartheta}' > 0$ (nach GUREWITSCH [37])

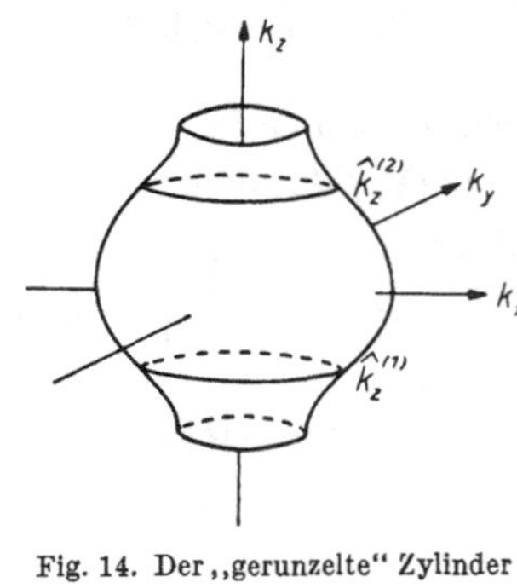


Fig. 14. Der „gerunzelte" Zylinder

d. h. in der Umgebung von $k_z = \hat{k}_z^{(i)}$ hat $d_n(\tilde{\vartheta})$ als Funktion von $k_z$ ein Maximum, welches wesentlich breiter ist als für Werte $k_z = k_z^{(n,\lambda)} \neq \hat{k}_z^{(i)}$, an denen $\tilde{\vartheta}$ nicht extremal ist. Die Idee ist nun die [42], daß die Absorption für $B_0 = B_0^{(n)}$, da für sie das breite Maximum in $d_n(\tilde{\vartheta})$ wirksam wird, wesentlich höher liegen wird als in den Zwischenbereichen, wo die schmaleren Maxima von $d_n(\tilde{\vartheta})$ an den Stellen $k_z = k_z^{(n,\lambda)} \neq \hat{k}_z^{(i)}$ den wesentlichen Beitrag zu den Integralen in (VII.22) liefern. Dieses Resultat wollen wir im folgenden herausarbeiten.

Wir entwickeln zunächst die Funktion $\tilde{\vartheta}$ an den Stellen $\hat{k}_z^{(i)}$:

$$\tilde{\vartheta}(k_z) = \tilde{\vartheta}(\hat{k}_z^{(i)}) + \frac{1}{2}\frac{d^2\tilde{\vartheta}}{dk_z^2}(k_z - \hat{k}_z^{(i)})^2 + \dots \qquad (k_z \approx \hat{k}_z^{(i)}) \tag{VII.39}$$

Führen wir noch die Abkürzungen $(\omega_c(\hat{k}_z^{(i)})\,\tau)^{-1} = \nu_i$ ein, sowie

$$\tilde{\vartheta}(\hat{k}_z^{(i)}) + n = \Delta_n^{(i)}, \qquad \left(\frac{d^2\tilde{\vartheta}(k_z)}{dk_z^2}\right)_{\hat{k}_z^{(i)}} = b_i'',$$

so können wir schreiben

$$d_n^{(i)} \approx \frac{\nu_i}{\nu_i^2 + \left|(\Delta_n^{(i)}) + \frac{1}{2} b_i'' (k_z - \hat{k}_z^{(i)})^2\right|^2}. \tag{VII.40}$$

Die durch (VII.40) dargestellte Näherung ist nur gut geeignet zur Berechnung des Integrals

$$\hat{I}_n = \int_{\underline{k}_z}^{\bar{k}_z} d_n(\tilde{\vartheta}(k_z))\, dk_z\,,$$

wenn der wesentliche Beitrag zu demselben von $k_z$-Werten kommt, für die die Entwicklung (VII.39) gut ist, d.h. falls der Nenner von (VII.38) für $\tilde{\vartheta}(k_z) \approx \tilde{\vartheta}(\hat{k}_z^{(i)})$ klein wird und außerdem die Entwicklung (VII.33) innerhalb der Halbwertsbreite $\delta\tilde{\vartheta}$ des Integranden (VII.30) die Funktion $\vartheta(k_z)$ gut approximiert. Daher gilt die Näherung (VII.33) nur in der Umgebung von $B_0 = \frac{1}{n} B_0^{(1)}$. Wir denken uns also in (VII.40) in allen magnetfeldabhängigen Größen außer in $\Delta_n^i$ $B_0 = B_0^{(n)}$ eingesetzt. Die Halbwertsbreite von (VII.40) ist charakterisiert durch

$$|k_z - \hat{k}_z^{(i)}|^2 \lesssim \frac{2}{|b_i''|\,\omega_c\tau}.$$

Das Restglied der Entwicklung (VII.39) ist von der Ordnung

$$\frac{|k_z - \hat{k}_z^{(i)}|^3}{3!}\,|b'''|.$$

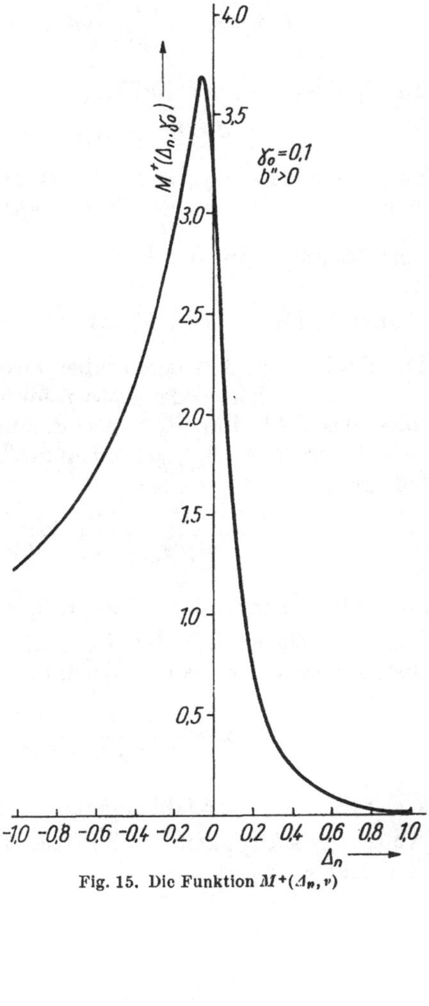

Fig. 15. Die Funktion $M^+(\Delta_n, \nu)$

d. h. es muß gelten

$$\frac{1}{\omega_c \tau} \gg \frac{1}{3!} |b'''| \left(\frac{2}{|b'' \omega_c \tau|}\right)^{3/2},$$

also

$$(\omega_c \tau)^{1/2} \gg \frac{2^{3/2}}{3!} \frac{|b'''|}{|b''|^{3/2}},$$

was sich über die Definition von $\tilde{\vartheta}$ ausdrücken läßt in der Form

$$\omega \tau \gg \frac{8}{(3!)^2} \frac{m_c v_s |(m_c \bar{v}_z)'''|^2}{|(m_c \bar{v}_z)''|^3} \tag{VII.41}$$

unabhängig vom Magnetfeld. Die Näherungen sind also umso besser, je größer $\omega\tau$ ist. Wir lassen den Index $i$ zur Vereinfachung fort und schreiben mit (VII.40)

$$\hat{I}(\Delta_n) \approx \int_{-\infty}^{+\infty} \frac{\nu}{\nu^2 + \left(\frac{b''}{2}(k_z - \hat{k}_z)^2 + \Delta n\right)^2} dk_z . \tag{VII.42}$$

Die Berechnung des Integrals ist elementar, das Ergebnis lautet

$$\hat{I}(\Delta_n) \approx \frac{\pi \nu}{2\sqrt{|b''|}} \{(\nu^2 + \Delta_n^2)^{3/2} + \Delta_n (\nu^2 + \Delta_n^2) \operatorname{sgn} b''\}^{-1/2} . \tag{VII.43}$$

In Fig. 15 haben wir die Funktion

$$M^{\pm}(\Delta_n, \nu) = \nu \{(\nu^2 + \Delta_n^2)^{3/2} \pm \Delta_n (\nu^2 + \Delta_n^2)\}^{-1/2} \tag{VII.44}$$

dargestellt für $\nu = \gamma_0 = 0.1$. Die Kurve $M^-(\Delta_n, \nu)$ erhält man durch Spiegelung der Kurve $M^+(\Delta_n, \nu)$ an der Ordinatenachse. Die Funktionen $M^{\pm}(\Delta_n, \nu)$ besitzen ein Maximum an der Stelle $\mp \frac{\nu}{\sqrt{3}}$, und es ist Max $M^{\pm}(\Delta_n, \nu) = 3^{3/4}\, 2^{-1} (\nu)^{-1/2}$. Ferner ist für $\frac{\Delta_n}{\nu} \gg 1$ $M^+ \approx \nu (2)^{-1/2} \Delta_n^{-3/2}$ und für $\frac{\Delta_n}{\nu} \ll -1$ $M^+ \approx 2^{1/2} |\Delta_n|^{-1/2}$. Die Funktionen $M^{\pm}$ beschreiben also eine asymmetrische Resonanzlinie.

Für das Verhalten der Absorption in Abhängigkeit von $B_0$ ergibt sich demnach folgendes Bild: Für $B_0 > B_0^{(1)}$ dominiert in (VII.22) der Term mit $n = 0$. Nähert sich $B_0$ dem Wert $B_0^{(1)}$, so können die Terme mit $n = \pm 1$ näherungsweise geschrieben werden

$$\frac{1}{4 \pi \hbar^2 \mu v_s |u|^2} \frac{m_c}{\omega_c} \cdot \frac{|h_A^{(\pm 1)}|^2}{\sqrt{|b''|}} \{M^+(\Delta_1, \nu) + M^-(\Delta_{-1}, \nu)\}, \tag{VII.45}$$

und $\alpha$ durchläuft in der Nähe von $B_1^{(0)}$ die durch (VII.45) dargestellte Resonanzlinie. In den Bereichen $B_0^{(n+1)} < B_0 < B_{(n)}^0$ können wir (VII.34) unmittelbar in (VII.22) einsetzen und integrieren. Wir finden dann

$$\alpha \approx \frac{1}{\pi \hbar^2 \mu v_s |u|^2} \sum_{n=0}^{\bar{n}} \sum_{\lambda} \frac{m_c^2(k_z^{(\lambda, n)}) |h_A^{(n)}(k_z^{(\lambda, n)})|^2}{|q_z (m_c \bar{v}_z)'|}, \tag{VII.46}$$

wobei die Magnetfeldabhängigkeit der Absorption in diesen Bereichen durch die explizite Abhängigkeit von $h_A^{(n)}$ von $B_0$ und durch die über $k_z^{(\lambda, n)}$ hereinkommende bestimmt wird.

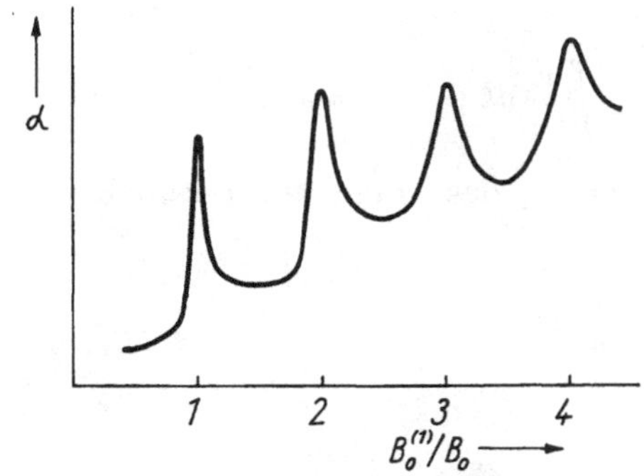


Fig. 16. Die Absorption für $\boldsymbol{q}\|\boldsymbol{B}_0$ bei einer Fermifläche der in Fig. 14 dargestellten Art

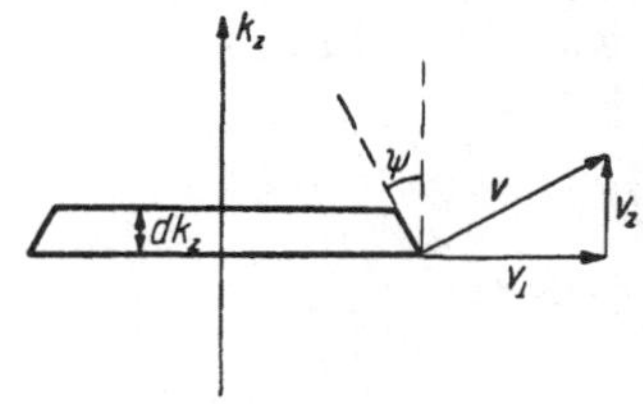


Fig. 17. Zur Ableitung der Formel (VII.48)

An den Stellen $B_0 = B_0^{(n)}$ liegen scharfe Maxima der durch (VII.45) für $n = 1$ dargestellten Art. Die Höhe des Maximums für $B_0 = B_0^{(n)}$ ist annähernd

$$\alpha^{(n)} \approx \alpha_0 (q\,l)^{1/2} \left| \frac{h_A^{(n)}}{h_A^{(0)}} \right|^2 . \qquad \text{(VII.47)}$$

Vergleicht man dies mit (VII.46), so sieht man, daß die Maximalwerte der Absorption um einen Faktor der Größenordnung $(ql)^{1/2}$ oberhalb der Werte zwischen den Resonanzen liegen, die Abschätzung ist natürlich nur ganz grob. Die Unsymmetrie der Resonanzlinie kommt in (VII.45) infolge der Symmetrie der Fermifläche nicht zur Wirkung. Die trotzdem in der Umgebung von $B_0^{(n)}$ vorhandene Unsymmetrie der Absorptionskurve ist eine Folge des sprunghaften Anstiegs der Absorption durch das Wirksamwerden der höheren Summanden in (VII.22). Es ergibt sich daher qualitativ etwa das in Fig. 16 dargestellte Verhalten der Absorption in Abhängigkeit von $B_0$. Da die Halbwertsbreite der Resonanzen von der Ordnung $\sim \frac{1}{\omega_c \tau}$ ist, nimmt sie mit abnehmendem Magnetfeld zu.

Die Periodizität der Resonanzen als Funktion von $\frac{1}{B_0}$ ist dieselbe wie die der Inkremente, sie gestattet also unmittelbar die Bestimmung der Größe $m_c\, q_z\, \bar{v}_z$ für die Werte von $k_z$, an denen $m_c\, q_z\, \bar{v}_z$ extremal wird. Wie nach einer Idee Pippards von Daniel und Mackinnon [64] (1963) gezeigt wurde, steht die Größe $m_c\, q_z\, \bar{v}_z$ in enger Beziehung zu einem Schnitt durch die Fermifläche, ähnlich wie die Zyklotronmasse $m_c$. Bezeichnen wir wie früher mit $S(\varepsilon_0, k_z)$ den Flächeninhalt des Schnittes der Ebene $k_z = \text{const}$ mit der Fermifläche $\varepsilon_0(\boldsymbol{k}) = \zeta_0$, so ist (vergl. Fig. 17)

$$-\frac{\partial S}{\partial k_z} = \oint \operatorname{tg} \psi \, dk ,$$

und da

$$\operatorname{tg} \psi = \pm \frac{v_z}{v_\perp} \qquad \left(v_\perp = \sqrt{v_x^2 + v_y^2}\right).$$

gilt

$$-\frac{\partial S}{\partial k_z} = \pm \oint \frac{v_z}{v_\perp}\, dk\,,$$

wobei das obere Vorzeichen für Elektronen-, das untere für Lochbahnen gilt (s. Kap. II). Nun ist

$$\frac{dk}{v_\perp} = \frac{m_c}{\hbar}\, d\Theta\,,$$

so daß

$$m_c\, q_z\, \bar{v}_z = \mp \frac{\hbar}{2\pi}\, q_z \frac{\partial S}{\partial k_z}\,. \tag{VII.48}$$

Kombinieren wir dies mit (VII.27), so finden wir die folgende Relation zwischen der Periode $\Delta\left(\frac{1}{B_0}\right)$ der Inkremente bzw. Resonanzen und der Größe $\frac{\partial S}{\partial k_z}$ für denjenigen Schnitt durch die Fermifläche, für welche $\frac{\partial S}{\partial k_z}$ extremal ist:

$$\boxed{\Delta\left(\frac{1}{B_0}\right) = \left|\frac{\hbar\, c\, q_z}{2\pi\, e}\frac{\partial S}{\partial k_z}\right|^{-1}}\,. \tag{VII.49}$$

Oszillationen der hier behandelten Art wurden von MacKinnon und Daniel [65] (1962) an Cadmium beobachtet.

Bei der Anwendung der Näherung (VII.34) mußten wir annehmen, daß die übrigen Terme des Integranden von (VII.22) nicht zu stark von $k_z$ abhängen. Diese Annahme erfordert jedoch eine besondere Diskussion, wenn $v_z(k_z, \Theta)$ wesentlich von $\bar{v}_z(k_z)$ verschieden ist, so daß $v_z - \bar{v}_z$ sowohl als Funktion von $\Theta$ als auch als Funktion von $k_z$ stärker variieren kann.
Dann ist

$$h_A^{(n)}(k_z) = \frac{1}{2\pi}\int_0^{2\pi} G_A(k_z, \Theta)\, \exp\left\{\int_0^{\Theta} \frac{i\,(q_z\, v_z - q_z\, \bar{v}_z)}{\omega_c}\, d\Theta' - i\, n\, \Theta\right\} d\Theta\,, \tag{VII.50}$$

und wir müssen die Variation des Integrals mit $k_z$ untersuchen. Es ändert sich offenbar stark in einem Intervall, gegeben durch

$$\frac{d}{dk_z}\left\{\mathrm{Max}^{(\Theta)}\left|\frac{q_z\, v_z - q_z\, \bar{v}_z}{\omega_c}\right|\right\} \delta k_z \approx \pi\,,$$

also

$$\delta k_z \approx \pi \frac{k_F}{q\, R}\,.$$

Die Funktion

$$d_n = \frac{\omega_c\, \tau}{1 + (\omega - q_z\, \bar{v}_z - n\, \omega_c)^2\, \tau^2}$$

hat Maxima der Breite $\delta k_z \approx \frac{k_F}{q\,l}$. Daher dürfen wir, falls wir $q\,l \gg q\,R$, also $\omega_c\tau \gg 1$ voraussetzen, nach wie vor die Approximationen (VII.34) benutzen. Dann können wir aber unter dem Integral (VII.22) anstelle von (VII.50) schreiben

$$h_A^{(n)}(k_z) \approx \frac{1}{2\pi}\int\limits_0^{2\pi} G_A(k_z, \Theta)\,\exp\left\{\int\limits_0^{\Theta} \frac{i\,(q_z v_z - \omega)}{\omega_c}\,d\Theta'\right\} d\Theta$$

und erhalten damit statt (VII.22)

$$\alpha = \frac{\tau}{8\,\pi^3\,\hbar^2\,\mu\,v_s\,|u|^2}\sum_{n=-\infty}^{+\infty}\int \frac{m_c}{1+(\omega - q_z\bar{v}_z - n\,\omega_c)^2\,\tau^2}\int\limits_0^{2\pi} G_A^*(k_z, \Theta)\int\limits_0^{2\pi} G_A(k_z, \Theta')$$
$$\times \exp\left\{\int\limits_{\Theta}^{\Theta'} \frac{i\,(q_z v_z - \omega)}{\omega_c}\,d\Theta''\right\} d\Theta'\,d\Theta\,dk_z\,. \qquad \text{(VII.51)}$$

Die Diskussion dieses Ausdrucks nehmen wir erst im nächsten Kapitel vor, da er sich dann bequem als Spezialfall allgemeinerer Formeln für beliebige Winkel zwischen $\boldsymbol{q}$ und $\boldsymbol{B}_0$ behandeln lassen wird, nachdem wir einige spezielle für diese Situation charakteristische Erscheinungen behandelt haben werden, so daß wir dann im Besitz der zur Untersuchung von (VII.51) erforderlichen Kenntnisse sein werden.

## Anhang I

### *Nachtrag zu Teil I*

Von J. MERTSCHING wurde der Verfasser darauf hingewiesen, daß auf der rechten Seite der Gleichung (II.30) noch der Zusatzterm

$$e\,\boldsymbol{v}\left[\frac{\boldsymbol{v}^{ind}}{c}\times\boldsymbol{B}_0\right]$$

auftreten muß, welcher nur für freie Elektronen, nicht aber allgemein verschwindet, da nach (I.21)

$$\boldsymbol{v}^{ind} = \boldsymbol{u} - \frac{1}{\hbar}\frac{\partial}{\partial\boldsymbol{k}}\left(\frac{m\,\boldsymbol{u}}{\hbar}\frac{\partial\varepsilon_0}{\partial\boldsymbol{k}}\right).$$

Wir müssen daher überall $G_B$ ersetzen durch

$$G_B' = G_B + e\,\boldsymbol{v}\left[\frac{\boldsymbol{v}^{ind}}{c}\times\boldsymbol{B}_0\right].$$

Dann ändert sich auch der Ausdruck (III.21) für $\boldsymbol{j}_e^{eff}$ und erhält jetzt die Form

$$\boldsymbol{j}_e^{eff} = \boldsymbol{\sigma}\boldsymbol{E} + \frac{e^2}{4\,\pi^3}\int \boldsymbol{v}\,\check{R}\,\boldsymbol{v}\left[\frac{\boldsymbol{v}^{ind}}{c}\times\boldsymbol{B}_0\right]\frac{df}{\hbar\,v}$$
$$+ \frac{e}{4\,\pi^3}\int \boldsymbol{v}\,\check{R}\left\{\lambda_{ij}\,\dot{s}_{ij} + \frac{1}{\tau}\bar{\lambda}_{ij}\,s_{ij} + \frac{1}{\tau}\frac{n_0}{N}\right\}\frac{df}{\hbar\,v} + \boldsymbol{\sigma}\frac{m\,\boldsymbol{u}}{e\,\tau}\,.$$

Während die Terme der zweiten Zeile mit der Deformation des Mediums und dem CD zu tun haben, spiegelt der zweite Term der ersten Zeile den Einfluß der Bewegung des Mediums auf den Elektronenstrom wider in Anwesenheit des Magnetfeldes, wie es die Elektrodynamik bewegter Medien fordert. Nach seiner Definition ist nämlich $\boldsymbol{j}_e^{eff}$ der Leitungsstrom in einem Medium, welches das Elektron im Zustand $\boldsymbol{k}$ mit der Geschwindigkeit $\boldsymbol{v}_{\boldsymbol{k}}{}^{ind}$ mitnimmt. In dieser Sicht erweisen sich die beiden ersten Terme im Ausdruck für $\boldsymbol{j}_e^{eff}$ als die Verallgemeinerung des Ohmschen Gesetzes für dieses Medium.

In demselben Sinne wird auch der unter Verwendung von $G_B$ berechnete Ausdruck für die dissipierte Energie nach (IV. 19) verständlich, welcher jetzt lautet

$$-\left\langle\frac{dQ}{dt}\right\rangle_F = \langle \boldsymbol{j}^{ff} \boldsymbol{E}\rangle + \left\langle \frac{e^2}{4\pi^3} \int \boldsymbol{v}\left[\frac{\boldsymbol{v}^{ind}}{c} \times \boldsymbol{B}_0\right] f\, d^3\boldsymbol{k}\right\rangle + \frac{1}{4\pi^3}\int \langle \lambda_{ij}\, \dot{s}_{ij} f\rangle\, d^3\boldsymbol{k} - \left\langle \frac{m\,\boldsymbol{u}}{e\,\tau}(\boldsymbol{j}_e + \boldsymbol{j}_g)\right\rangle.$$

Die Auswirkung dieser Zusatzterme auf die Absorption ist schwer zu übersehen; da sie von der Größenordnung $\varkappa_0 - 1$ sind (vergl. (III. 19)) und für freie Elektronen verschwinden, kann man vielleicht hoffen, daß ihre Vernachlässigung keinen allzu schweren Fehler darstellt.

## Anhang II

### *Berichtigungen zu Teil I*

Seite 1154, sechste Zeile: Lies Gavenda

Seite 1161, in (I. 34): Lies

$$g = \mathrm{Det}\,\mathbf{D}^{-1}$$

Seite 1163, in (I. 46): Lies grad', ebenso vor (I. 47)

Seite 1165, in (I. 57): Ergänze $\Psi_{\boldsymbol{k}\nu}$

Seite 1167, dritte Formel von oben:

$$\sum_i \left\{\frac{\partial \dot{x}_i'}{\partial x_i'} + \frac{\partial \dot{k}_i'}{\partial k_i'}\right\} = 0$$

Im Formelfeld vor (II. 2): Lies

$$d^3\boldsymbol{r}'\, d^3\boldsymbol{k}' = d^3\boldsymbol{r}\, d^3\boldsymbol{k}\,,$$

zwei Zeilen weiter $\mathbf{D}\,\frac{\partial E_\nu}{\partial \boldsymbol{k}}$ und in (II. 2) rechts $\left(\frac{\partial f_\nu}{\partial t}\right)_{col}$

Seite 1170, Formel (II.9):

$$\zeta_1 = \bar{\lambda}_{ij}\, s_{ij} + \frac{n_1}{N}\,,$$

Formel (II.11):

$$\bar{\lambda}_{ij} = \frac{1}{4\pi^3 N}\int \lambda_{ij}(k)\left|\frac{\partial \varepsilon^{(0)}}{\partial\, \boldsymbol{k}}\right|^{-1} df\,,$$

in der siebenten Textzeile, nach (II.13): Lies „keinen",

zwei Zeilen später: Lies (II.7), in (II.13): Lies

$$-\frac{\partial f_0}{\partial \varepsilon^{(0)}} \approx \delta(\varepsilon^{(0)} - \zeta_0)$$

Seite 1171, in (II.15) rechts: Lies $\hat{f}_{eq}(\hat{\boldsymbol{k}}, \boldsymbol{v}, t)$

Seite 1174, in (II.30): Lies $\lambda_{ij}(\boldsymbol{k})\, \dot{s}_{ij}$

Seite 1178, Formeln (II.42) und (II.44):

Lies $\boldsymbol{v}$ statt $\boldsymbol{r}$,

Formel (II.45):

$$\tilde{\vartheta} = \frac{1}{2\pi} \int_0^{2\pi} \frac{(\boldsymbol{q}\,\boldsymbol{v} - \omega)}{\omega_c}\, d\Theta\,, \qquad \tilde{\nu} = \frac{1}{2\pi} \int_0^{2\pi} \frac{d\Theta}{\omega_c\,\tau}\,,$$

dritte Zeile nach (II.45): Lies $\tilde{\nu} = \frac{1}{\omega_c\,\tau}$

Seite 1183, viertletzte Formel von unten:

Lies

$$\lambda_{ij}\, \dot{s}_{ij} + \frac{1}{\tau}\, \bar{\lambda}_{ij}\, s_{ij} = \frac{1}{\tau}\,(1 - i\,\omega\,\tau)\, \bar{\lambda}_{ij} + (\lambda_{ij} - \bar{\lambda}_{ij})\, \dot{s}_{ij}\,,$$

drittletzte Formel von unten:

Im Integranden lies $\frac{1}{\tau}\,\bar{\lambda}_{ij}$ statt $\frac{1}{\tau}\,\lambda_{ij}$

Seite 1185: Der erste Term in (III.44) rechts erhält ein Minuszeichen. Der zweite Term in (III.46) rechts ebenfalls

Seite 1187, dritte Formel von oben:

Lies $\left\langle \frac{dS}{dt} \right\rangle =$ statt $\left\langle \frac{dS}{dt} \right\rangle_F =$

Seite 1191, in (IV.22): Lies $+\,\bar{\hat{\mathbf{C}}}\,\mathbf{M}$

Seite 1192, vorletzte Formel: Lies $m\,\frac{\partial \boldsymbol{u}^*}{\partial t}$

Seite 1193, Formel (IV.28):

Lies $\boldsymbol{q}$ statt $\boldsymbol{p}$

Seite 1196, erste Formel nach (IV.40): Lies $\alpha = \frac{2\,\omega''}{v_s}$

Seite 1197, achte Zeile: Lies $v_s^{(0)} = \left[\frac{1}{\mu}\,(\boldsymbol{e}_0, \boldsymbol{\Theta}_0\,\boldsymbol{e}_0)\right]^{-1/2}$

## Literatur

(Die Zitate [1] bis [56] beziehen sich auf Teil I)

[57] J. MERTSCHING, phys. stat. sol. **1**, 345 (1961).
[58] R. W. MORSE, A. MYERS, and C. T. WALKER, Phys. Rev. Letters **4**, 605 (1960).
[59] A. A. GALKIN, E. A. KANER, and A. P. KOROLJUK, Zh. eksper. teor. Fiz. **39**, 1517 (1960) (engl. Übers. Sov. Phys. JEPT **12**, 1055 (1961)).
[60] J. A. RAYNE and B. S. CHANDRASEKHAR, Phys. Rev. **125**, 1952 (1962).
[61] T. KJELDAAS und T. HOLSTEIN, Phys. Rev. Letters **2**, 340 (1959).
[62] J. M. LIFSCHIZ, M. J. ASBEL und M. J. KAGANOW, Zh. eksper. teor. Fiz. **31**, 63 (1956) (engl. Übers. Sov. Phys. JEPT **4**, 41 (1957)).
[63] T. KJELDAAS, Phys. Rev. **113**, 1473 (1959).
[64] M. R. DANIEL und L. MACKINNON, Phil. Mag. **8**, 537 (1963).
[65] L. MACKINNON und M. R. DANIEL, Phys. Lett. **1**, 157 (1962).

*(Received July 6, 1963)*

# *Original Papers*

phys. stat. sol. 3, 1547 (1963)

*Institut für Exp. Phys. der TH für Bauindustrie und Verkehrswesen, Budapest*

## Untersuchungen über das Schichtenwachstum von Kristallen

Von

L. Malicskó

Es wurden Mikrofilme über das Wachstum von Kristallen in Lösungs- und Schmelztropfen hergestellt. Die Geschwindigkeiten der Wachstumsschichten wurden gemessen, wobei sich Schwankungen ergaben. Zwischen Schichtdicken und Wachstumsgeschwindigkeiten wurde ein Zusammenhang gefunden, der mit Hilfe von Adsorptionsschichten auf der Kristalloberfläche erklärt wird.

The growth of crystals in drops of solutions and melts is studied. The velocities of growth layers are measured and oscillations of growth velocities established. A correlation is found between the thickness and growth velocity of the layers which is explained by adsorption layers on the crystal surfaces.

### Einleitung

Es ist bekannt, daß das Wachstum von Gleichgewichts- oder dichtest gepackten Flächen in Verbindung mit dem Vorhandensein von Wachstumsstufen vor sich geht. Diese Stufen entstehen durch zweidimensionale Oberflächenkeime [1, 2] oder durch Schraubenversetzungen [3, 4]. Nach mikroskopischen Untersuchungen sind die wirklichen Wachstumsschichten im allgemeinen nicht ein-, sondern vielatomar [5, 8]. Neuerdings wurde die Kinetik solcher Schichten eingehender untersucht [9 bis 11]. Man hat die Geschwindigkeit der Wachstumsschichten entlang der Fläche in Abhängigkeit von den Schichtdicken gemessen, und man hat gefunden, daß die Geschwindigkeit sich mit größeren Dicken hyperbolisch verminderte [12]. Ähnliche Ergebnisse erhielt man auch bei in Lösungen gewachsenen NaCl-, $KH_2PO_4$-, $CdJ_2$-, Saccharose- und $\beta$-Methylnaphthalin-Kristallen [13 bis 16]. In der vorliegenden Arbeit wird über einige neue Beobachtungen in Verbindung mit dem Schichtenwachstum von Kristallen berichtet.

### Experimentelles

Die Versuche wurden an KBr-Kristallen, die in übersättigten Lösungstropfen, und Fixiersalzkristallen ($Na_2S_2O_3 \cdot 5\,H_2O$), die in unterkühlten Schmelztropfen gewachsen waren, bei Zimmertemperatur durchgeführt. Nach Auftragen des Lösungstropfens auf den Objektträger begann das Lösungsmittel zu verdampfen und es bildeten sich im Tropfen Kristalle. Beim Fixiersalz war es möglich, den Beginn des Kristallisierens durch die Störung des Tropfenrandes zu bewirken. Der Wachstumsprozeß wurde dann durch das Mikroskop beobachtet und gefilmt. Die Aufnahmen wurden mit 24facher Vergrößerung und mit Filmgeschwindigkeiten von 8, 16, 24 auf 16 mm Afga Isopan F 15/10° Din Umkehrfilm gemacht. Mit Hilfe der Filme wurden die Geschwindigkeiten der Flächen oder der Schichten mit einem Größtfehler von $\pm$ 10% gemessen. Dieser Fehler ergab sich aus der Konturunschärfe und aus einem etwaigen Gleichlauffehler der Filmaufnahmekamera (Bolex Paillard, Fabr. Suisse).

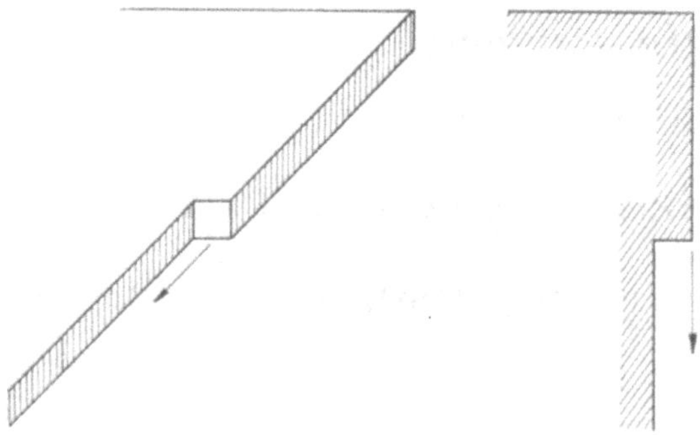

a b

Fig. 1. Wachstumsschichten entlang der Seitenfläche bei einem plattenförmigen Kristall
*a, b,* Schematische Zeichnungen
*c, d, e,* Einzelbilder aus dem Film (KBr, Vergrößerung: 160×)

## Ergebnisse

Der Großteil der Untersuchungen wurde an KBr-Kristallen durchgeführt. Entsprechend den experimentellen Bedingungen bildeten sich Kristalle mit kubischen, plattenförmigen oder feinen nadelförmigen (Whisker)-formen. Da unsere Messungen über das Wachstum der Nadelkristalle schon in vorigen Arbeiten veröffentlicht wurden [17], werden sie hier im weiteren nicht erwähnt. Die ⟨100⟩-, seltener ⟨110⟩- oder ⟨111⟩- Flächen bildeten die Grenzflächen der Kristalle. Uns interessierte besonderes das Wachstum der kubischen Flächen. Nach unseren Beobachtungen geschah das Wachstum der kubischen Flächen in der Richtung ihrer Normalen so, wie es bereits von Gyulai berichtet wurde [7], d. h. an der Ecke der glatten Fläche entstand plötzlich ein kleiner Kristallhaufen (eine Urlage der Wachstumsschicht) mit einem ungefähren Flächenraum von einigen $\mu m^2$, der sich zunächst auf den Rändern, danach entlang den inneren Teilen der Fläche zu verbreitern beginnt. Nach einer gewissen Zeit der Ausbildung des vorigen Haufens entwickelt sich an der Ecke ein neuer, der sich ähnlich dem vorigen verhält. Die Zeit, die zwischen den Entwick-

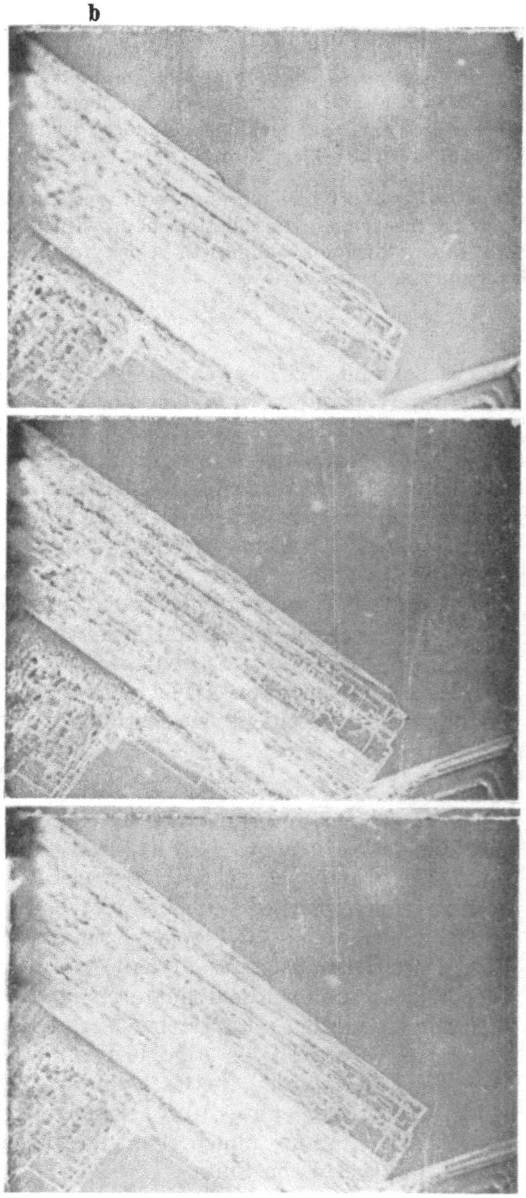

c d e

lungen aufeinanderfolgender Schichten abläuft, beträgt ungefähr 1 bis 10 s. Die Dicken der Schichten liegen in der Größenordnung von μm.

Am besten konnte man die Bewegung der Wachstumsschichten an plattenförmigen Kristallen studieren. Die Dicke dieser Plättchen lag größenordnungsmäßig um μm, ihre anderen Dimensionen anfangs um 5 bis 10 μm. Nach ihrer Entwicklung wuchsen diese Plättchen schnell in erster Reihe in Richtung der Normalen ihrer kleinen ⟨100⟩- und ⟨010⟩-Seitenflächen. In diesem Fall waren auf ihnen sich bewegende Stufen zu sehen (Fig. 1). Diese Stufen gingen von einer Ecke aus und ihre Geschwindigkeit verminderte sich auf dem Mittelteil der Fläche. Nachdem sie sich der anderen Ecke genähert hatten, nahm die Geschwindigkeit im allgemeinen erneut zu. Ein typisches Resultat der Messungen wird durch Fig. 2 veranschaulicht, wobei auch die Meßfehler eingezeichnet sind. So erscheint es eindeutig, daß sich die Schichtgeschwindigkeit entlang der Fläche nicht stetig verändert, sondern daß Schwankungen auftreten, die größer als die Meßfehler sind.

Es ergab sich eine interessante Tatsache: wenn eine solche Wachstumsschicht schon von irgendeiner Ecke des Kristalls ausgegangen war, spielte dann diese Ecke im weiteren eine ausgezeichnete Rolle, und zwar entwickelten sich auch die weiteren Schichten hauptsächlich an dieser Ecke. Andererseits traten nicht nur die Ecken, sondern auch die vorigen Stufen, die durch irgendeine Ursache verlangsamt oder vollständig zum Stillstand gebracht wurden, als Quellen von neuen Schichten auf. Ein solcher Prozeß wird durch Fig. 3 dargestellt. Aus der langsamen Schicht (1) tritt plötzlich ein Teil (3) aus, der eine größere Geschwindigkeit hat, und dann verlangsamt sich auch diese schnelle Stufe. Später vereinigen sich beide erneut (4).

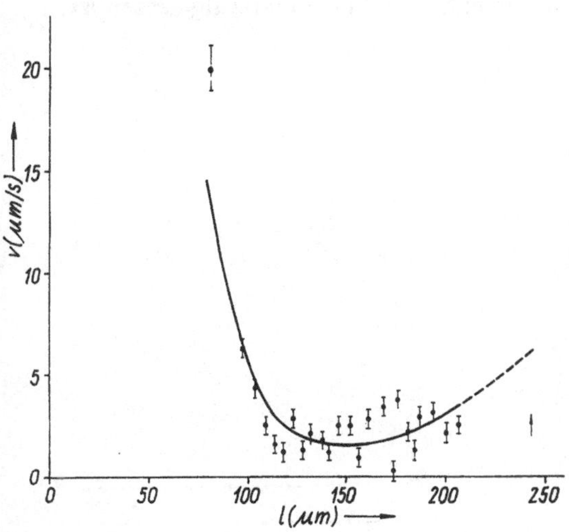


Fig. 2. Die Schichtengeschwindigkeit $v$ in Abhängigkeit vom Abstand $l$ entlang der Seitenfläche. Ecken bei $l = 0$ und beim Pfeil. (KBr)

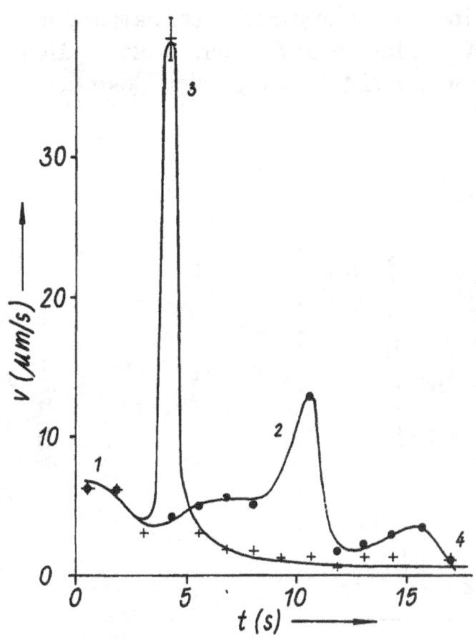


Fig. 3. Plötzliches Austreten einer schnelleren aus der vorigen langsameren Schicht (KBr)
$v$ Geschwindigkeit der einzelnen Schichten
$t$ Zeit
·—·—· langsamere Schicht
+—+—+ plötzlich austretende Schicht.

Es wurde beobachtet, daß aufeinanderfolgende Schichten, die von derselben Ecke ausgegangen waren und sich entlang derselben Seitenfläche bewegt hatten, eine Schwankung in ihren Durchschnittsgeschwindigkeiten zeigten. Das Resultat einer Meßreihe ist in der Fig. 4 wiedergegeben. Hier wurde die Durchschnittsgeschwindigkeit $v$ der einanderfolgenden Schichten in Abhängigkeit von der Laufzahl $n$ dargestellt. Wie auch die Fig. 4 zeigt, wurde beobachtet, daß schnellere Schichten den langsameren folgten und umgekehrt. Gleichzeitig änderten sich auch die Dicken dieser Schichten. Im allgemeinen hatten die dickeren Schichten kleinere Durchschnittsgeschwindigkeiten als die dünneren. Es ergab sich aus der ausführlichen Prüfung dieser Tatsache, daß folgender Zusammenhang zwischen der Dicke $d$ und der Durchschnittsgeschwindigkeit $\bar{v}(d)$ besteht (Fig. 5):

$$\bar{v}(d) = \frac{A}{d} + B\,. \tag{1}$$

Hierbei sind $A$ und $B$ konstant.

Auch aus Fig. 4 war es schon sichtbar, daß die Geschwindigkeit der Schichten mit großen Laufzahlen ($n > 8$), die also in der Zeit später folgten, kleiner als die der vorigen war. Es wurde allgemein bemerkt, daß die Wachstumsgeschwindigkeit (sowohl der Schichten, wie auch der Flächen) einen Abfall in der Zeit hatte. Das ist wahrscheinlich eine Folge der Verminderung von Konzentration und Anreicherung der Verunreinigungen um die Kristalle herum. Ein typisches Beispiel hierzu zeigt Fig. 6, wo die Geschwindigkeit der $\langle 101 \rangle$-Fläche eines Fixiersalzkristalls in Abhängigkeit von der Zeit aufgetragen wurde. Auch hier ist eine Schwankung gut zu bemerken.

Mehrmals wurde beobachtet: wenn sich das Wachstum eines Kristalls aus irgendeiner Ursache vermindert hatte, bildete sich an dessen Ecke ein neues selbständiges Kriställchen und wuchs weiter. In Fig. 7 ist ein Fall gezeigt, wo die Ausbildung neuer Kriställchen an der Ecke des vorigen zweimal nacheinander aufgetreten ist.

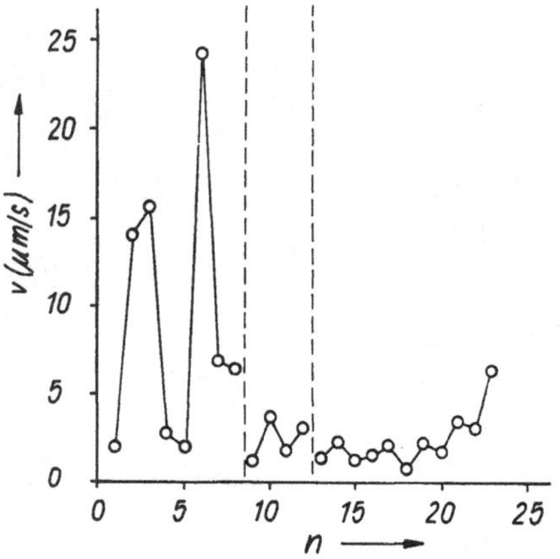


Fig. 4. Durchschnittsgeschwindigkeiten $v$ der nacheinander entwickelten Schichten (KBr)
$n$ Laufzahl der Schichten

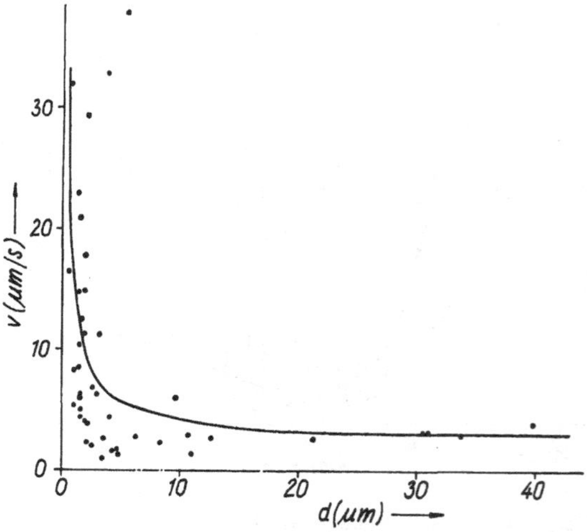


Fig. 5. Durchschnittsgeschwindigkeit $v$ der Wachstumschichten in Abhängigkeit von ihrer Dicke $d$. (KBr)

Die Messung wurde an Fixiersalz-Kristallen durchgeführt. $v$ zeigt jetzt die Geschwindigkeit der Kristallecke in der ⟨100⟩ Richtung abhängig von der Zeit.

Manchmal geschah es bei plattenförmigen Kristallen, daß selbständige Wachstumsschichten entlang den Seitenflächen nicht zu beobachten waren, obwohl die Plättchen sehr schnell wuchsen. In solchen Fällen wurde aber das vorher geradlinige Kristallprofil krummlinig.

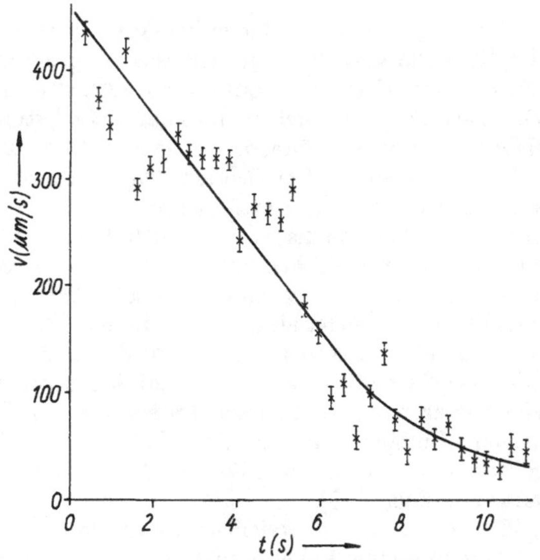


Fig. 6. Zeitliche Änderung der Geschwindigkeit der ⟨101⟩-Fläche eines Fixiersalzkristalles

## Diskussion

Aus unserer experimentellen Methode ergab sich, daß die Übersättigung des Lösungstropfens nicht meßbar war. Unter den erwähnten Umständen wurde die maximale Übersättigung in den Tropfen auf 30 bis 40% geschätzt.

Bei unseren Versuchen setzten sich die Geschwindigkeiten der Seitenflächen von den plattenförmigen Kristallen in der Richtung ihrer Normalen aus zwei Teilen zusammen. Der überwiegende Teil der Geschwindigkeiten ergab sich aus den mikroskopisch sichtbaren Wachstumsschichten, die von den Kristallecken ausgegangen waren. Der andere Teil war um eine Größenordnung kleiner als der erste, und er wurde wahrscheinlich durch die auf den Seitenflächen hervortretenden Schraubenversetzungen verursacht. Dieser Teil wurde jetzt nicht untersucht.

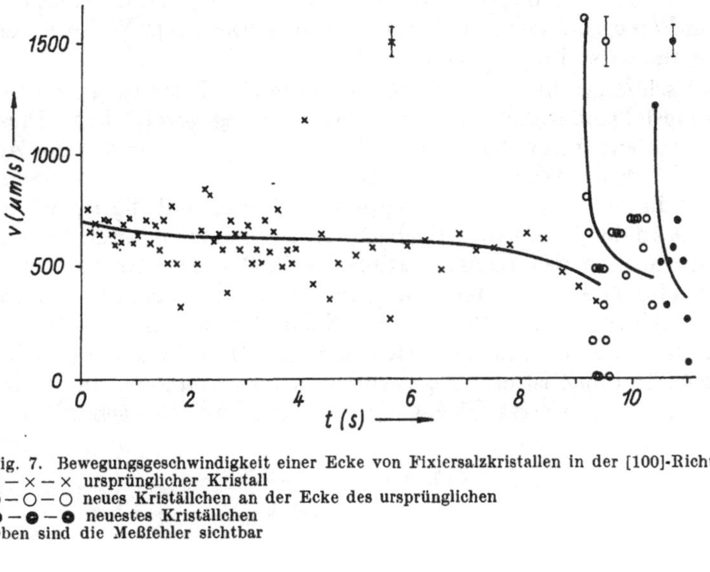


Fig. 7. Bewegungsgeschwindigkeit einer Ecke von Fixiersalzkristallen in der [100]-Richtung
× — × — × ursprünglicher Kristall
○ — ○ — ○ neues Kriställchen an der Ecke des ursprünglichen
● — ● — ● neuestes Kriställchen
Oben sind die Meßfehler sichtbar

Die Ausgangsstellen der mikroskopisch sichtbaren Wachstumsschichten waren die Kristallecken. Wegen der relativ größeren Übersättigungen war dies auf Grund der KOSSEL-STRANSKI-KAISCHEWschen Theorie zu erwarten [2, 18]. Die Tatsache, daß sich vielatomare Wachstumsschichten auf den Kristalloberflächen ausbilden können, wurde von GYULAI mit der Anwesenheit einer vielatomaren adsorbierten Schicht, einer sogenannten halbgeordneten Übergangsschicht (Grenzschicht), erklärt [19]. Wenn die Anlagerung der Ionen in dem mit der Kristalloberfläche sich unmittelbar berührenden, einatomaren Teil dieser adsorbierten Schicht beginnt, wird sie die Anlagerung weiterer atomarer Schichten aktivieren können. Nachdem die zur Anlagerung nötigen Ionen in der Grenzschicht schon vorhanden sind, können die elementaren Schichten sehr schnell nacheinander entstehen. Also wird die Bildung und Bewegung einer Schicht von mikroskopischer Dicke auf einmal bemerkt. Im Lauf der Ausbildung solcher vielatomaren Wachstumsschichten verdünnt sich die Lösung um die Kristallecke herum. Entsprechend kann die Entwicklung einer neuen Schicht erst nach einer gewissen Zeit beginnen. Dies hat den pulsierenden Charakter des Kristallwachstums zur Folge [20].

Es war aus Fig. 1 ersichtlich, daß die Schichten in der Umgebung der Ecken größere Geschwindigkeiten als die auf den Mittelteilen der Flächen hatten. Aus der Literatur ist es bekannt [4], daß der folgende Zusammenhang zwischen der Geschwindigkeit $v$ einer Oberflächenstufe und der relativen Übersättigung $\sigma$ besteht:

$$v = b\,\sigma\,. \tag{2}$$

Hier ist $b$ irgendeine Konstante. Nach interferenzmikroskopischen Untersuchungen [21] ergab sich es aber, daß die Übersättigung der Lösung in der Nähe der Ecken größer ist, als die in der Mitte der Flächen. Also ist unser Resultat in Übereinstimmung mit den vorigen Ergebnissen.

Die Schwankungen, die in der Geschwindigkeit der Schichten beobachtet wurden, existieren wahrscheinlich in Verbindung mit den Konzentrationsfluktuationen, die in der Grenzschicht auftreten, mit der Anwesenheit der Verunreinigungen und mit dem Wärmetransport. Ähnliche Geschwindigkeitsschwankungen wurden auch beim Wachstum der Nadelkristalle beobachtet [17]. Weitere Versuche sind im Gange, um diese Frage klären zu können.

Man hat schon gesehen (Fig. 4), daß auch die Durchschnittsgeschwindigkeit der nacheinanderfolgenden Schichten eine Schwankung gezeigt hat. Diese Schwankung hängt offenbar von Abnahme und Anhäufung der Ionen in der Adsorptionsschicht im Laufe des Wachstums ab. Diese Prozesse sind noch nicht exakt erklärt.

Auch der in der Gleichung (1) angegebene Zusammenhang ist mit der Adsorptionsschicht an der Kristalloberfläche zu erklären. Aus unseren Untersuchungen, bei denen die relativen Konzentrationen mit Phasenkontrastmikroskop um in Lösungstropfen gewachsene Kristalle gemessen wurden, ergab es sich, daß sich eine Adsorptionsschicht unmittelbar in der Nähe der sich mit der Mutterphase berührenden Kristalloberflächen entwickeln kann. Ihre Dicke kann mehrere µm erreichen [22]. In ihnen ist eine negative Diffusion vorhanden, und in erster Näherung kann man die relative Übersättigung folgendermaßen schreiben:

$$\sigma(z) = \sigma_\infty + \frac{\sigma_0 - \sigma_\infty}{1 + k\,\dfrac{z}{h}}\,. \tag{3}$$

Hier ist

$\sigma(z)$ relative Übersättigung im Abstand $z$ von der Kristalloberfläche,
$\sigma_\infty$ relative Übersättigung in großer Entfernung vom Kristall,
$\sigma_0$ relative Übersättigung unmittelbar auf der Oberfläche,
$h$ Höhe einer elementaren Stufe,
$k$ Konstante.

Die Geschwindigkeit $\bar{v}(d)$ einer aus mehreren elementaren Stufen bestehenden Wachstumsschicht — die bei den Versuchen bemerkbar ist — mit der Dicke $d$ wird von der durchschnittlichen Übersättigung $\bar{\sigma}(d)$ des Gebietes der Adsorptionsschicht mit der Dicke $d$ bestimmt (siehe (2)):

$$\bar{v}(d) = b\,\bar{\sigma}(d)\,. \tag{4}$$

Aus (3) folgt

$$\bar{\sigma}(d) = \frac{\sigma_0 + \sigma_\infty}{2} + \frac{\sigma_0 - \sigma_\infty}{2\left(1 + k\frac{d}{h}\right)} \tag{5}$$

und somit

$$\bar{v}(d) = b\,\frac{\sigma_0 + \sigma_\infty}{2} + b\,h\,\frac{\sigma_0 - \sigma_\infty}{2\,k\,d}\,. \tag{6}$$

Es wurde hier bemerkt, daß $k\,d \gg h$. Mit

$$A = \frac{\sigma_0 - \sigma_\infty}{2\,k}\,b\,h \quad \text{und} \quad B = \frac{\sigma_0 + \sigma_\infty}{2}\,b$$

kann man den Zusammenhang (1) zurückbekommen. Das heißt, der Zusammenhang (1), der in der Literatur schon bekannt war und auch von uns gefunden wurde, ist erklärbar mit Hilfe der Konzentrationsverteilung in der Grenzschicht (vergleiche (3)).

In Verbindung mit Fig. 4 und 6 wurde schon erwähnt, daß die Ursache des zeitproportionalen Wachstumsabfalls darin besteht, daß die Konzentration der Verunreinigungen um den Kristall herum in der Mutterphase größer wird. Diese Verunreinigungen können einen Teil der für die Anlagerung energetisch günstigen Plätze einnehmen und somit die Bewegung der elementaren Stufen hindern. Eine solche Wirkung der Verunreinigungen ist schon aus der Literatur bekannt [23]. Bezeichnen wir mit $v_0$ die Bewegungsgesschwindigkeit einer atomaren Stufe im Fall einer Übersättigung ohne Verunreinigungen, mit $v$ die in Anwesenheit der Verunreinigungen, mit $l$ den Durchschnittsabstand des verunreinigenden Teilchens unmittelbar vor der Stufe, mit $r_k$ die Dimension des kritischen Oberflächenkeimes, dann besteht der folgende Zusammenhang [24]:

$$v = v_0 \sqrt{1 - 2\,\frac{r_k}{l}}\,. \tag{7}$$

Hieraus folgt eindeutig, daß sich die Geschwindigkeit mit der Steigerung der Verunreinigungskonzentration vermindert. Wenn die Verunreinigungskonzentration einen Wert entsprechend $l = 2\,r_k$ erreicht, werden die Verunreinigungen das Wachstum abstellen.

## Zusammenfassung

1. Mit Hilfe von Filmen über das Kristallwachstum wurde die Kinetik der Wachstumsschichten untersucht.

2. Auf Grund unserer vorigen Messungen wurde eine mögliche Erklärung für den Zusammenhang zwischen der Geschwindigkeit und der Schichtendicke angegeben. Keine ähnliche oder andere quantitative Erklärung war in der Literatur zu finden.

Herrn Akademiker Dr. Z. GYULAI für die vielseitige Unterstützung und das stetige fördernde Interesse, weiterhin Herrn B. JESZENSZKY und E. HARTMANN für die wertvollen Diskussionen, Frau K. CSEH-SZOMBATHY für die gefällige Hilfe in der Herstellung der Filme und Fräulein E. MORLIN für die Anfertigung der Diagramme sei aufrichtiger Dank ausgesprochen.

## Literatur

[1] M. VOLMER, Kinetik der Phasenbildung, S. 93 bis 97, 100 bis 107. Dresden 1939.
[2] B. HONIGMANN, Gleichgewichts- und Wachstumsformen von Kristallen, S. 96 bis 123, Darmstadt 1958.
[3] F. C. FRANK, Disc. Farad. Soc. **5**, 48 (1949).
[4] W. BURTON, N. CABRERA und F. FRANK, Phil. Trans. A **243**, 299 (1951).
[5] M. VOLMER, J. ESTERMANN, Z. Phys. **7**, 13 (1921).
[6] M. STRAUMANIS, Z. phys. Chem. B **13**, 316 (1931), **19**, 63 (1932), **26**, 246 (1934), **30** 132 (1935).
[7] Z. GYULAI, Z. Krist. A **91**, 142 (1935).
[8] Siehe [2], S. 85 bis 86, Tabelle 5.
[9] C. W. BUNN und H. EMMETT, Disc. Farad. Soc. **5**, 119 (1949).
[10] Z. GYULAI, Acta phys. Hungar. **5**, 425 (1956).
[11] G. G. LEMMLEJN und E. D. DUKOVA, Kristallografiya (UdSSR) **1**, 112 (1956).
[12] G. G. LEMMLEJN und E. D. DUKOVA, Sbornik referatu III. konference o monokrystalech v Turnove **1959**, 215.
[13] W. KLEBER und G. GÜLZOW-QUAL, Wiss. Z. d. Humboldt-Univ. zu Berlin (Math.-Naturw.) **7**, 625 (1957–58).
[14] W. J. DUNNING und N. ALBON, Growth and Perfection of Crystals, New York 1958 (S. 446).
[15] W. J. DUNNING und N. ALBON, Acta cryst. **13**, 495 (1960).
[16] M. J. KOZLOVSZKIJ, Rost Kristallov. Moskau 1961 (S. 137).
[17] L. MALICSKÓ, Sbornik referatu IV. Konference o monokrystalech v Turnove 1961, 171. Magy. Fiz. Folyóirat **9**, 415 (1961).
[18] W. KOSSEL, Quantentheorie und Chemie. Leipziger Vorträge, 1928 (S. 1).
[19] Z. GYULAI und S. BIELEK, Acta phys. Hungar. **1**, 199 (1952).
[20] Z. GYULAI und F. BUKOVSZKY, Acta phys. Hungar., im Druck.
[21] W. BUNN, Disc. Farad. Soc. **5**, 132 (1949).
[22] G. DOMOKOS und L. MALICSKÓ, Acta phys. Hungar. **10**, 185 (1959).
[23] G. BLIZNAKOW, Fortschr. Min. **36**, 149 (1958).
[24] N. CABRERA und D. A. VERMILYEA, Growth and Perfection of Crystals, New York 1958 (S. 393).

*(Received May 29, 1963)*

phys. stat. sol. 3, 1555 (1963)

*Institute of Physics, Polish Academy of Sciences, Warsaw (a) and Institute of Physics, Warsaw University (b)*

# The Effect of Hydrostatic Pressure on the Thermoelectric Power in Indium Antimonide

By

S. Porowski (a), A. Duracz (b), and S. Żukotyński (b)

The thermoelectric power in InSb at 300° K is measured as a function of pressure up to 16000 atmospheres. The experimental data obtained for n-type samples is in good agreement with the Kane model of the conduction band; it also offers new evidence that ionized impurity scattering and optical mode scattering are dominant for electrons. It is shown that the results for p-type InSb can be explained fairly by assuming that the effective mass of holes is equal to 0.42 $m_0$ and that the dominant scattering is by optical phonons.

Es wurde die Thermospannung in InSb bei 300 °K als Funktion des Druckes bis zu 16000 atm gemessen. Die experimentellen Werte, die für n-leitende Proben erhalten wurden, sind in guter Übereinstimmung mit den von Kane entwickelten Modellvorstellungen für das Leitungsband von InSb. Diese Ergebnisse liefern neue Hinweise dafür, daß die Streuung an ionisierten Störstellen und die Streuung an optischen Gitterschwingungen die dominierenden Streuprozesse für Elektronen sind. Es wird gezeigt, daß die Ergebnisse für p-leitendes InSb gut erklärt werden können, wenn man annimmt, daß die effektive Löchermasse 0,42 $m_0$ beträgt und daß Streuung an optischen Gitterschwingungen der dominerende Streuprozeß ist.

## Introduction

The effect of hydrostatic pressure on the properties of semiconductors has been studied by a number of authors. The possibility of achieving significant changes in the energy gap and therefore in the concentration of current carriers, while keeping the temperature at a fixed value, is an especially interresting aspect of such experiments. The energy gap in InSb increases with pressure and this makes possible the elimination of intrinsic carriers in pure samples at relatively high temperature. Thus, an accurate study of the energy band in the high temperature range can be made. One can also examine the variation in transport phenomena as function of the concentration ratio of electrons and holes at a selected temperature.

In n-type InSb the effect of hydrostatic pressure on conductivity and Hall constant was measured by Long [1] and Keyes [2]. Their data enabled the determination of the energy gap's dependence on pressure. We chose the value $\left(\frac{\partial \varepsilon_T}{\partial P}\right)_T = 1.55 \times 10^{-5}$ eV/atm because, as it has been shown by a number of authors [3 to 5], it yields a fair agreement with experimental results for n-type InSb. Furthermore we assumed that $\left(\frac{\partial \varepsilon_T}{\partial P}\right)_T = \left(\frac{\partial \varepsilon_g}{\partial P}\right)_T$ where $\varepsilon_T$ is the thermal energy gap and $\varepsilon_g$ the mass energy gap [3].

In the first part of the present paper the experimental results for the thermoelectric power as a function of pressure for a few samples of InSb both n-type and p-type, in the pressure range up to 16000 atmospheres are given. In the second part these results are discussed. The conductivity band is assumed to be non-parabolic, i.e. in the form suggested by Kane [6]. The valence band of heavy holes is assumed to be parabolic and the effective mass of holes is taken as $0.42\ m_0$. The value $0.42\ m_0$ is given by KOŁODZIEJCZAK [7] for intrinsic InSb at 300 °K. As far as the effective mass of holes is concerned there is rather no agreement as to its value. VINOGRADOVA et al. [8] and STERN [9] suggest $0.40\ m_0$, GINTER and SZYMAŃSKA [10] $0.35\ m_0$ at 200 °K, HILLSUM and ROSE-INNES [11] set the value at $0.60\ m_0$. So, it seems quite reasonable to choose a higher value than $0.18\ m_0$ as indicated by cyclotron resonance measurement [12]. The valence band of light holes is not considered.

## 1. The Experimental Method

The steel pressure vessel in which the sample was placed is presented in Fig. 1. The piston was slightly conical so that no packing washers were needed. When dealing with big diameters of the pressure chamber, conical pistons are rather convenient. This is mainly due to troubles encountered when using washers. Although a conical piston has to transmit forces between 8 and 15% greater than a cylindrical one in an analogous apparatus, it might be found more suitable because the force distribution is favourable. In particular the risk of buckling is not of such amount. To reduce friction the piston may be coated with a layer of about 10 μm of electrolytically deposited lead and lubricated with graphite paste. However, the use of a conical piston has one disadvantage — the packing pressure is proportional to the depth of the piston,

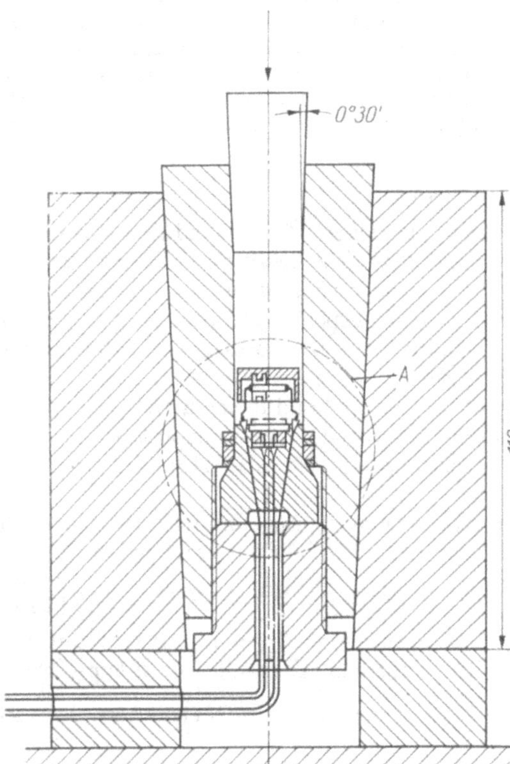


Fig. 1. Pressure vessel

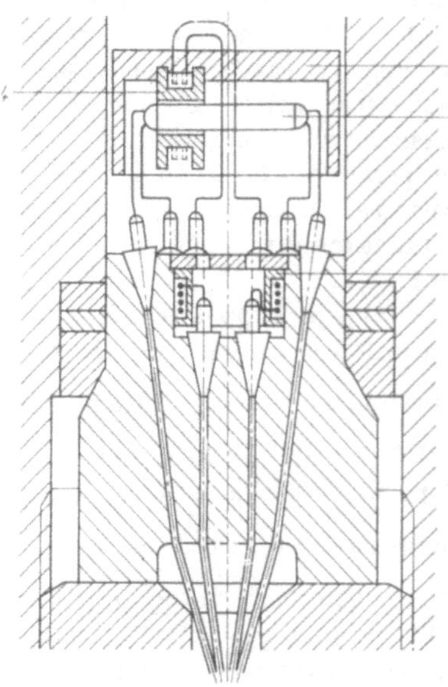


Fig. 2. Pressure chamber and plug
1 – sample, 2 – resistance gauge, 3 – sample holder, 4 – heater

while in the case of washers it depends on the pressure in the vessel only. So, when designing it one has to take into account the compressibility of the transmitting liquid to choose the proper convergence angle of the cone.

The pressure chamber was cylindrical with $\Phi = 20$ mm and $h = 20$ mm. Kerosene was used as the liquid transmitting pressure. The pressure was measured by a manganin wire resistance gauge set in "a pocket" in the plug (Fig. 2). The manganin wire was first annealed for about 24 hours at 200 °C and next submitted to high pressure for a few times. The resistance — as function of pressure was assumed to be given by the following relation

$$R_P = R_0 (1 + \beta P) . \tag{1}$$

Gallium melting point was used for calibration. The value of $\beta$ was found to be $2.22 \times 10^{-6}$ cm²/kg and was the same within 2% for all the coils used.

The dimensions of the InSb samples were about $15 \times 2 \times 3$ mm. A small heater-resistance coil wound on a copper spool, was fixed at one end of the sample. The temperature gradient did not exceed 2 deg/cm. The temperature was measured using copper-constantan thermocouples fixed in hollows at the ends of the sample. To assure good thermal and electrical contact the hollows were covered with electrolytically deposited copper [13]. The copper leads of the thermocouples were also used to measure the voltage across the sample. Conical steel electrodes with 0.08 — 0.15 mm plexiglas insulation were used to realize electrical connections into the pressure chamber. It was found to be unsignificant whether the thermocouple leads passed through the conical steel electrodes or whether they were cut and soldered to the ends.

The thermoelectric power was measured for two n-type and three p-type polycrystaline samples. The concentration of impurities (donors and acceptors) was found from the Hall constant at liquid nitrogene temperature. The values obtained are given in table 1.

Table 1

| | |
|---|---|
| sample No 1 | $N_d = 2.5 \times 10^{16}$ cm$^{-3}$ |
| sample No 2 | $N_d = 1.5 \times 10^{17}$ cm$^{-3}$ |
| sample No 3 | $P_a = 1.8 \times 10^{15}$ cm$^{-3}$ |
| sample No 4 | $P_a = 5.3 \times 10^{16}$ cm$^{-3}$ |
| sample No 5 | $P_a = 5.7 \times 10^{17}$ cm$^{-3}$ |

No hysteresis in the dependence of the thermoelectric power on pressure was observed. For example, values obtained for increasing and decreasing pressure are shown in Fig. 5.

Inaccuracies in the measurements are mainly due to changes in the value of mean temperature and determination of the voltage across the sample; they do not exceed 2%. The error involved in the determination of pressure is less than 2%.

## 2. Discussion of the Experimental Results

The experimental results obtained for the thermoelectric power measured at 300 °K are given in Fig. 4 to 7. In n-type samples at 300 °K mainly electrons contribute to the thermoelectric power. The increase of pressure will cause a decrease in hole concentration, but the change in thermoelectric power due to this fact is small. When donor concentration is greater than $\sim 10^{17}$ cm$^{-3}$, holes can be neglected even at zero pressure. The dependence of $\alpha$ on $P$ in this case is connected mainly with the change in the effective mass of electrons. This change is due to the fact that the structure of the conductivity band depends on the interaction of the conductivity band and the valence bands. The coupling is a function of the energy gap. For this reason the effective mass of electrons varies with the change in the energy gap due to pressure.

The sign and the absolute value of the thermoelectric power in p-type samples at 300 °K may be determined either by electrons or by holes depending on the impurity concentration; this is due to the great difference in the effective mass. In the case when there are more than $\sim 10^{17}$ cm$^{-3}$ acceptors, holes will dominate and so, the thermoelectric power at zero pressure will be positive. Therefore, in samples where the concentration of acceptors is smaller than intrinsic at 300 °K a change of sign in the thermoelectric power from negative to positive is observed with pressure arising. The coupling between the valence band of heavy holes and other energy bands is negligible within the first aproximation as indicated by Kane [6]. Due to this fact the dependence of the effective mass of holes on the width of energy gap should be rather unsignificant. The leveling out of the thermoelectric power in the high pressure region for sample No 5 seems to verify such a suggestion. Therefore, for lack of evidence as to any change in the effective mass of holes with pressure $m_h$ was assumed constant.

It is obvious that when the impurity concentration is of the same order of magnitude as intrinsic the change in pressure will affect the concentration of majority as well as minority carriers. This is the reason why we observe a relatively steep rise in the thermoelectric power for sample No 1 near $P = 0$. The maximum in the curve $\alpha(P)$ for sample No 3 is due to this fact. It was assumed that all the impurities are ionized in the whole pressure range.

To make a quantitative analysis it was necessary to find the dependence of the Fermi level on pressure. This can be done by solving the following equation

$$n + P_a = p + N_a\,, \tag{2}$$

where

$$\left.\begin{aligned} n &= \frac{4}{\sqrt{\pi}} \left(\frac{2\pi m_n k_0 T}{h^2}\right)^{3/2} \int\limits_0^\infty f_0(x-\eta)\,(x+\beta x^2)^{1/2}\,(1+2\beta x)\,\mathrm{d}x\,, \\ p &= \frac{4}{\sqrt{\pi}} \left(\frac{2\pi m_h k_0 T}{h^2}\right)^{3/2} \int\limits_0^\infty f_0(x+\eta+\eta^*)\,x^{1/2}\,\mathrm{d}x\,. \end{aligned}\right\} \tag{3}$$

$f_0$ is the Fermi-Dirac distribution function, $k_0$ the Boltzman constant, $\eta$ reduced Fermi level, $\varepsilon$ energy, $\varepsilon_T$ thermal energy gap, $\varepsilon_g$ mass energy gap, $m_n$ effective mass of electrons at the bottom of the conductivity band, $m_h$ effective mass of holes,

$$x = \frac{\varepsilon}{k_0 T}\,, \qquad \eta^* = \frac{\varepsilon_T}{k_0 T}\,, \qquad \beta = \frac{k_0 T}{\varepsilon_g}\,.$$

The effective mass of electrons at the bottom of the conductivity band depends both on pressure and temperature.

$$m_n(T, P) = m_n(0,0)\,\frac{\varepsilon_g(T, P)}{\varepsilon_g(0, 0)}\,, \tag{4}$$

where

$$\varepsilon_g(T, P) = \varepsilon_g(0,0) + \left(\frac{\partial \varepsilon_g}{\partial P}\right)_T P + \left(\frac{\partial \varepsilon_g}{\partial T}\right)_P T. \tag{5}$$

It was assumed that

$$m_n(0,0) = 0.013\, m_0, \qquad \varepsilon_g(0,0) = 0.2357 \text{ eV},$$

and

$$\left(\frac{\partial \varepsilon_g}{\partial T}\right)_P = -9.6 \times 10^{-5} \text{ eV/°K}, \qquad \left(\frac{\partial \varepsilon_g}{\partial P}\right)_T = 1.55 \times 10^{-5} \text{ eV/atm}$$

$$\left(\frac{\partial \varepsilon_T}{\partial T}\right)_P = 2.9 \times 10^{-4} \text{ eV/°K}.$$

The variation of the impurity concentration with pressure due to the compressibility of the sample was accounted for by setting.

$$N_d - P_a = (N_d - P_a)_{P=0}(1 + \varkappa P), \tag{6}$$

$\varkappa$ is the coefficient of compressibility equal to $2.3 \times 10^{-6}$/atm [14, 15]. This, however, affects the Fermi level very little.

The dependence of the Fermi level on pressure for a number of values of $N_d - P_a$ is given in Fig. 3. The curves were calculated for 300 °K. The effective mass of holes was assumed to be equal to $0.42\, m_0$. In the high pressure region for $N_d > P_a$ the slope of the thermoelectric power is due to the change of the effective mass of the electrons. This can be easily seen when comparing the curves for $N_d > P_a$ with those for $N_d < P_a$ (the effective mass of holes is constant).

The thermoelectric power was calculated by making use of the following equation [16]

$$\alpha = \frac{k_0 \sum_i (\langle x_i u_i \rangle - \eta_i \langle u_i \rangle)}{\sum_i \langle u_i \rangle}, \tag{7}$$

where $u$ is the mobility, $i$ denotes the energy band and the symbol $\langle A \rangle$ is defined as follows

$$\langle A \rangle = \int_0^\infty \left(-\frac{df_0}{d\varepsilon}\right) A\, k^3(\varepsilon)\, d\varepsilon. \tag{8}$$

For the conductivity band we have

$$\left.\begin{aligned} k &= \sqrt{\frac{2 m_n}{\hbar}} \left[\varepsilon \left(1 + \frac{\varepsilon}{\varepsilon_g}\right)\right]^{1/2}; \\ m^* &= m_n \left(1 + 2 \frac{\varepsilon}{\varepsilon_g}\right). \end{aligned}\right\} \tag{9}$$

The valence band is assumed to be spherical and parabolic.

The calculation was carried out for three different scattering mechanismes:

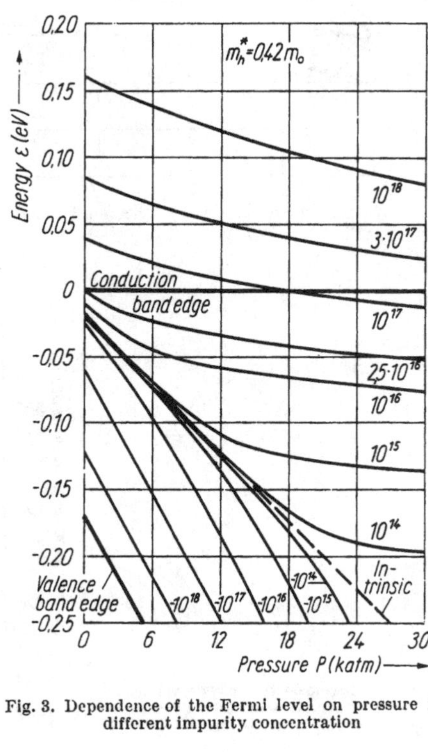


Fig. 3. Dependence of the Fermi level on pressure for different impurity concentration

ionized impurities, optical mode $T > \Theta$ (where $\Theta$ is the Debye characteristic temperature) and deformation potential scattering. The mobility in all three cases can be written in one simple form [5]

$$u_r = u_{r0}\, k^r \left(\frac{d\varepsilon}{dk}\right)^2 , \tag{10}$$

where

$r = 1$ for ionized impurities scattering

$r = -1$ for optical mode scattering

$r = -3$ for deformation potential scattering.

The same scattering mechanism was taken both for electrons and holes. In this way it was possible to avoid the introduction of material parameters which

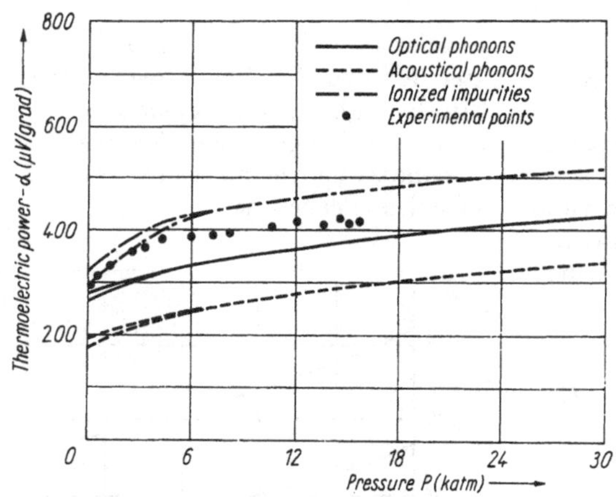


Fig. 4. Thermoelectric power versus pressure for sample with donor concentration $2.4 \times 10^{16}\,cm^{-3}$ the lower branches of the split curves correspond to the effective mass of holes $0.42\,m_0$, the higher to $0.18\,m_0$

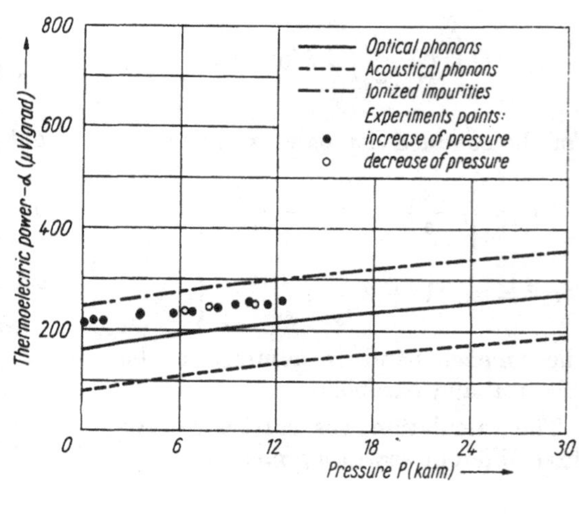


Fig. 5. Thermoelectric power versus pressure for sample with donor concentration $1.5 \times 10^{17}\ cm^{-3}$

determine the value of $u_{r0}$. The calculation was carried out assuming that the mass of holes is equal to 0.42 $m_0$ and 0.18 $m_0$. This was done especially to shown the influence of holes on the value of the thermoelectric power. The lower of each of the split curves corresponds to the mass 0.42 $m_0$ and the higher to 0.18 $m_0$. The results for n-type samples are given in Fig. 4 and 5. The experimental points lay between the curves for ionized impurity scattering and polar scattering, so that these mechanismes are evidently dominant.

Fig. 6 and 7 present the results obtained for p-type samples. If deformation potential scattering is taken for the dominant mechanism no satisfactory agreement is obtained. Also the assumption of polar scattering for electrons and deformation potential scattering for holes does not yield satisfactory agreement. But it can be easily seen that the theoretical curves calculated when assuming optical mode scattering are in good agreement with experimental data for all the samples and in the whole pressure range.

More experimental data is needed to determine whether optical mode scattering is actually dominant in p-type InSb; there are suggestions that acoustical phonons may play an important role [17]. It seems that for this purpose pressure experiments may be found very useful, especially at high temperatures, because applying hydrostatic pressure to a p-type sample one can get rid of electrons and thus significantly expose the role of holes.

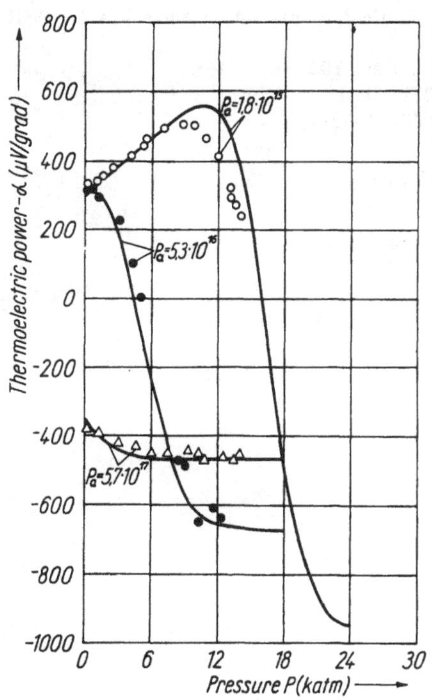


Fig. 6. Thermoelectric power versus pressure for three p-type samples. Solid curves were calculated assuming polar scattering. Effective mass of hole 0.42 $m_0$

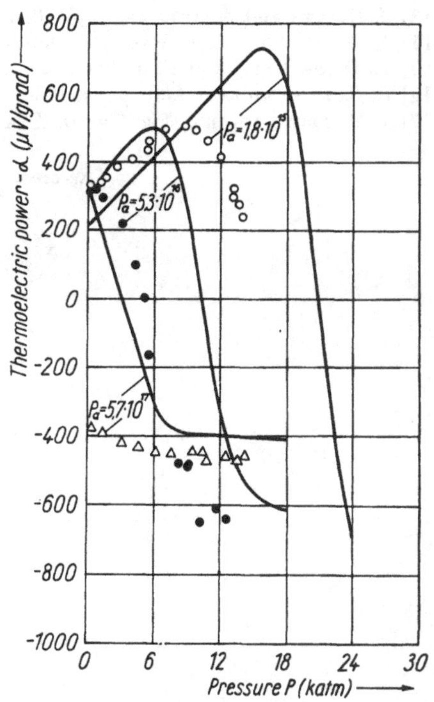


Fig. 7. Thermoelectric power versus pressure for three p-type samples. Solid curves were calculated assuming deformation potential scattering. Effective mass of holes 0.42 $m_0$

*Acknowledgements*

The authors are greatful to Professor L. SOSNOWSKI for his continued interest and encouragement in carrying out this work. The authors are also indebted to Dr. J. KOŁODZIEJCZAK for discussions and critical remarks in connection with this problem.

The authors would like to thank Mr. W. BUJNOWSKI for his help in constructing the apparatus and Mr. R. KOWALCZYK and Mr. B. ZAŁOGA for their help in numerical computation.

## References

[1] D. LONG, Phys. Rev. **99**, 388 (1956).
[2] R. H. KEYES, Phys. Rev. **99**, 490 (1956).
[3] H. EHRENREICH, J. Phys. Chem. Solids **2**, 131 (1957).
[4] J. KOŁODZIEJCZAK, Acta phys. Polon. **20**, 289 (1961).
[5] J. KOŁODZIEJCZAK and L. SOSNOWSKI, Acta phys. Polon. **21**, 399 (1962).
[6] E. KANE, J. Phys. Chem. Solids **1**, 249 (1957).
[7] J. KOŁODZIEJCZAK, Acta phys. Polon. **21**, 389 (1962).
[8] K. I. VINOGRADOWA, et al. Fiz. Tverd. Tela **4**, 1673 (1962).
[9] F. STERN, Proceedings of the International Conference on Semiconductor Physics, Prague 1960.
[10] J. GINTER and W. SZYMANSKA, phys. stat. sol., (to be published).
[11] C. HILLSUM and A. C. ROSE-Innes, Semiconducting III—V Compounds, Pergamon Press 1961 (p. 46).
[12] G. DRESSELHAUS et al., Phys. Rev. **98**, 556 (1955).
[13] J. GINTER and W. SZYMANSKA, Bull. de l'Acadamie Polonaise des Sciences **9**, 419 (1961).
[14] R. F. POTTER, Phys. Rev. **103**, 861 (1956).
[15] L. D. DE VAUX and F. A. PIZZARELLO, Phys. Rev. **102**, 86 (1956).
[16] J. KOŁODZIEJCZAK, Acta phys. Polon. **20**, 379 (1961).
[17] I. M. TSIDILKOVSKY, Fiz. Tverd. Tela. **4**, 2539 (1962).

*(Received May 31, 1963)*

phys. stat. sol. 3. 1563 (1963)

*Solid State Physics Department, S.C.K. — C.E.N., Mol*

# Electron Microscopic Images of Single and Intersecting Stacking Faults in Thick Foils

## Part I: Single Faults

By

R. GEVERS, A. ART, and S. AMELINCKX

## 1. Introduction

The bright- and dark-field images of single and intersecting stacking faults have been studied; including the effects of anomalous absorption. In this, the first part of the paper, single faults are discussed. It is shown that the expressions for the amplitudes of the transmitted and scattered waves can be simplified considerably by introduction of a simple approximation. The properties suggested by the numerical calculations of HASHIMOTO et al., can then be expressed and discussed in a more precise analytical way, and additional properties found. In particular, it is possible to show how the central part of the fringe pattern depends on the foil thickness. The practical method developed by ART et al. for the determination of the nature of a fault in f.c.c. crystals is re-examined, and it is shown that sufficient data can be obtained from the dark-field image alone. The above theory is in general agreement with experiment.

Die Hell- und Dunkelfeldbilder eines einzelnen und sich einander schneidender Stapelfehler werden diskutiert, wobei die anomale Absorption berücksichtigt wird. In dem vorliegenden Teil der Arbeit werden die Eigenschaften der Bilder eines einzelnen Stapelfehlers untersucht. Es wird gezeigt, daß die komplizierten Ausdrücke für die Amplituden der durchgelassenen und gestreuten Wellen durch Einführung einer einfachen Approximation vereinfacht werden können. Die Eigenschaften, die von HASHIMOTO und Mitarbeitern numerisch ermittelt wurden, können dadurch auf eine genauere, analytische Weise diskutiert werden. Außerdem wurden weitere Eigenschaften gefunden. Insbesondere ist eine Untersuchung darüber möglich, inwieweit der zentrale Teil des Streubildes von der Foliendicke abhängt. Die praktische Methode, die von ART und Mitarbeitern für kubisch flächenzentrierte Kristalle entwickelt wurde, wird noch einmal untersucht. Es wird festgestellt, daß diese Aussagen aus dem Dunkelfeldbild allein erhalten werden können. Beobachtete Hell- und Dunkelfeldbilder stimmen gut mit den Voraussagen überein.

The dynamical theory of the electron microscopic contrast at stacking faults has been developed first by WHELAN and HIRSCH [1] using the dispersion surface method. These authors [2] applied the theory to faults in f.c.c. crystals, inclined with respect to the foil surface. HASHIMOTO et al. [3, 4, 5, 6] could show, that certain important details of the fringe patterns could not be explained by the non-absorption theory as developed by WHELAN and HIRSCH [1, 2]. They took the anomalous absorption phenomenologically into account. The expressions for the transmitted and scattered waves then become very complicated, and it seems as if analytical discussion of the formulae is prohibitively difficult. Therefore, HASHIMOTO et al. made machine calculations for foils of different thickness. They found different aspects of the stacking fault fringe pattern, which agreed well with the observations. They suggested to accept these properties as being valid for sufficiently thick foils. In the first part of this paper, we shall show that the complicated expressions for the amplitudes can be simplified drastically by introducing a simple approximation. The properties indicated by HASHIMOTO et al. and some additional properties can then be proved, discussed and stated in a somewhat more precise way.

One of the most important properties deduced from the machine calculations of HASHIMOTO et al. is that the nature of the first fringe (bright or dark) does not depend, in thick crystals, on the crystal thickness. They suggested that these properties could be used to determine the type of the fault (intrinsic or extrinsic). ART et al. [7] have proved analytically this property, and worked out the details of a method. The latter will be again discussed here. It can be simplified and the conclusion can be drawn from the dark-field image alone.

Intersecting stacking faults have been observed in this laboratory [8]. The image to be expected will be calculated and discussed in the second part of this paper. Some details of the images cannot be explained on the basis of the non-absorption expressions. The anomalous absorption can be discussed if an approximation like for a single fault is again introduced.

## 2. Foils Containing a Single Stacking Fault

### 2.1 Exact expressions for the amplitudes of transmitted and scattered waves

Consider a fault in a plate-shaped crystal with thickness $z_0$, at distances $z_1$ and $z_2$ from the entrance and from the exit surface. The stacking fault is defined by the displacement $\boldsymbol{R}$ of the part which is met last by the electrons. The corresponding phase-factor is then

$$\alpha = 2\pi\, \boldsymbol{g}\cdot\boldsymbol{R}\ (\mathrm{mod.}\ 2\pi\ ;\ |\alpha| < \pi)\ ^{1)}, \tag{1}$$

where $\boldsymbol{g}$ is the diffraction vector.

Throughout this paper the attenuation factor describing the normal absorption is left out and the intensity of the incident beam is taken as unity. Apart from a phase-factor $\exp i\pi s z_0$ ($s$ excitation error) the amplitudes $T$ and $S$ of the transmitted and scattered waves are then given following GEVERS [9] by

$$\begin{pmatrix} T \\ S \end{pmatrix} = \begin{pmatrix} T_1 T_2 + S_1 S_2^- \exp i\alpha \\ S_1 T_2^- + T_1 S_2 \exp(-i\alpha) \end{pmatrix}, \tag{2}$$

where $T_i$, $S_i(s, z_i, t)$ are the well-known expressions for the amplitudes of the waves transmitted and scattered by a perfect plate-shaped crystal with thickness $z_i$, the excitation error being $s$; $1/t = 1/t_0 + i\,(1/\tau_0)$; $t_0$ extinction distance, $\tau_0$ absorption length. One has [13, 12]

$$T_i = \cos\pi\sigma z_i - i(s/\sigma)\sin\pi\sigma z_i\,, \qquad S_i = (i/\sigma t)\sin\pi\sigma z_i\,, \tag{3a, b}$$

$$\sigma = [1 + (s\,t)^2]^{1/2}/t \quad \text{or} \quad 1/(\sigma t)^2 = 1 - (s/\sigma)^2\,, \tag{3c, d}$$

$$\sigma = 1/t' = \sigma_r + i\sigma_i\,,$$

$$\sigma_r = 1/t_0' \approx [1 + (s\,t_0)^2]^{1/2}/t_0\,, \qquad \sigma_i = \frac{1}{\tau_0'} = \frac{1}{\tau_0\,[1 + (s\,t_0)^2]^{1/2}}\,. \tag{3 e, f, g}$$

The formulae (3e, f, g) follow from (3c) if one takes into account that the ratio $t_0/\tau_0$ is of the order of magnitude $10^{-1}$ [2]) [3 to 7].

Further, one has

$$T_i^-, S_i^-(s) = T_i, S_i(-s)\,. \tag{3h}$$

By making $\alpha = 0$, one obtains the amplitudes for a perfect foil with thickness $z_0$

$$\begin{pmatrix} T_0 \\ S_0 \end{pmatrix} = \begin{pmatrix} T_1 T_2 + S_1 S_2^- \\ S_1 T_2^- + T_1 S_2 \end{pmatrix}. \tag{4}$$

---

1) In many cases of practical interest $\alpha$ equals zero or $\pm 2\pi/3$: f.c.c. crystals, h.c.p. crystals, graphite structure, diamond structure, layer structures, etc. Throughout this paper $\alpha$ will be taken equal to $\pm 2\pi/3$.

2) Throughout this paper, we assume $\pi\, t_0/\tau_0 = 0.3$.

By subtracting (2) and (4), one finds

$$\begin{pmatrix} T \\ S \end{pmatrix} = \begin{pmatrix} T_0 - (1 - \exp i\,\alpha)\, S_1\, S_{\bar 2} \\ S_0 - (1 - \exp - i\,\alpha)\, T_1\, S_2 \end{pmatrix}. \tag{5}$$

### *2.2 Approximate expressions for the amplitudes of the transmitted and scattered waves*

As suggested by one of us [9], the following approximation can be introduced for thick crystals and small $s$

$$\cos \pi\,\sigma\, z \simeq \frac{1}{2} \exp(-i\,\pi\,\sigma\, z)\,, \qquad \sin \pi\,\sigma\, z \simeq \frac{i}{2} \exp(-i\,\pi\,\sigma\, z)\,,$$

$$\cos \pi\,\sigma\, z \simeq -i \sin \pi\,\sigma\, z \tag{6a, b, c}$$

provided:

$$|\exp i\,\pi\,\sigma\, z| \ll |\exp - i\,\pi\,\sigma\, z| \qquad \text{or} \qquad \exp\left(-\pi \frac{z}{\tau_0'}\right) \ll \exp \pi \frac{z}{\tau_0'}\,,$$

let us say

$$\exp\left(-2\,\pi \frac{z}{\tau_0'}\right) < \frac{1}{10}.$$

This puts a condition to the thickness:

$$z > (\ln 10/2\,\pi)\,\tau_0' \simeq 0.4\,\tau_0'\,. \tag{7}$$

Introducing the expressions (3a, b, h) for $T_0$, $S_0$, $T_i$, $S_i$, $T_{\bar i}$, $S_{\bar i}$ into (5) and applying the proposed approximations, one obtains

(i) for $T$

$$\left.\begin{aligned} T_0 = \cos \pi\,\sigma\, z_0 - i(s/\sigma) \sin \pi\,\sigma\, z_0 &\simeq \frac{1}{2}\left(1 + \frac{s}{\sigma}\right) \exp(-i\,\pi\,\sigma\, z_0) \\ &\simeq \left(1 + \frac{s}{\sigma}\right) \cos \pi\,\sigma\, z_0\,, \end{aligned}\right\} \tag{8}$$

if

$$\begin{aligned} z_0 \simeq 0.4\,\tau_0' - 2\, S_1\, S_{\bar 2} &= [1/(\sigma\, t)^2]\, 2 \sin \pi\,\sigma\, z_1 \sin \pi\,\sigma\, z_2 \\ &= \frac{1}{(\sigma\, t)^2} [\cos \pi\,\sigma\,(z_1 - z_2) - \cos \pi\,\sigma\, z_0]\,. \end{aligned}$$

Introducing these relations into (5) yields, if one considers also (3d) and (8)

$$\begin{aligned} T \simeq \left(1 + \frac{s}{\sigma}\right) \cos \pi\,\sigma\, z_0 - i \left(\exp i \frac{\alpha}{2}\left(\sin \frac{\alpha}{2}\left[1 - \left(\frac{s}{\sigma}\right)^2\right]\right.\right. \\ \times [\cos \pi\,\sigma\,(z_1 - z_2) - \cos \pi\,\sigma\, z_0] \end{aligned}$$

or finally, if one takes again (8) into account

$$T = \left(\exp i \frac{\alpha}{2}\right)\left[\left(\cos \frac{\alpha}{2} - i \frac{s}{\sigma} \sin \frac{\alpha}{2}\right) T_0 - \frac{i}{(\sigma\, t)^2} \sin \frac{\alpha}{2} \cos \pi\,\sigma\,(z_1 - z_2)\right]. \tag{9}$$

(ii) for $S$

$$2\, T_1\, S_2 = (i/\sigma\, t)\, 2 \sin \pi\,\sigma\, z_2 \left(\cos \pi\,\sigma\, z_1 - i \frac{s}{\sigma} \sin \pi\,\sigma\, z_1\right)$$

$$= (i/\sigma\, t) \left\{\left(\sin \pi\,\sigma\, z_0 + i \frac{s}{\sigma} \cos \pi\,\sigma\, z_0\right) - \left[\sin \pi\,\sigma\,(z_1 - z_2) + i \frac{s}{\sigma} \cos \pi\,\sigma\,(z_1 - z_2)\right]\right\}$$

or, if one takes (6c) into account

$$2\,T_1\,S_2 \simeq (i/\sigma\,t)\left\{\left(1+\frac{s}{\sigma}\right)\sin\pi\,\sigma\,z_0 - \left[\sin\pi\,\sigma\,(z_1-z_2) + i\,\frac{s}{\sigma}\cos\pi\,\sigma\,(z_1-z_2)\right]\right\}.$$

From (5) and (3b) with $i = 0$, one gets then

$$S \simeq \frac{i}{\sigma\,t}\left(\exp - i\,\frac{\alpha}{2}\right)\left\{\left(\cos\frac{\alpha}{2} - i\,\frac{s}{\sigma}\sin\frac{\alpha}{2}\right)\sin\pi\,\sigma\,z_0 + i\sin\frac{\alpha}{2}\left[\sin\pi\,\sigma\,(z_1-z_2) + i\,\frac{s}{\sigma}\cos\pi\,\sigma\,(z_1-z_2)\right]\right\}. \tag{10}$$

### 2.3 *Approximation valid for a stacking fault near to surface*

Consider now a fault close to the front surface, i.e. $z_1 \ll z_0$. One has then, according to (6a) and (8)

$$\cos\pi\,\sigma\,(z_1-z_2) =$$

$$\cos\pi\,\sigma\,(z_0-2\,z_1) \simeq \frac{1}{2}\exp - i\,\pi\,\sigma\,(z_0-2\,z_1) \simeq \frac{1}{1+s/\sigma}\,T_0\,(\exp i\,2\,\pi\sigma z_1)\,, \tag{11}$$

if

$$z_0 - 2\,z_1 > 0.4\,\tau_0'\,. \tag{12}$$

By introducing (11) into (9) and taking (3d) and (8) into account, one gets

$$T \simeq \left(\exp i\,\frac{\alpha}{2}\right) T_0\,f(s,\alpha,z_1) \tag{13 a}$$

with

$$f(s,\alpha,z) = \left(\cos\frac{\alpha}{2} - i\,\frac{s}{\sigma}\sin\frac{\alpha}{2}\right) - i\left(1-\frac{s}{\sigma}\right)\sin\frac{\alpha}{2}\left(\exp - 2\,\pi\,\frac{z}{\tau_0'}\right)\left(\exp i\,2\,\pi\,\frac{z}{t_0'}\right). \tag{13b}$$

In the same way, one has

$$\begin{aligned}
&\sin\pi\,\sigma\,(z_1-z_2) + i\,\frac{s}{\sigma}\cos\pi\,\sigma\,(z_1-z_2)\\
&= -\sin\pi\,\sigma\,(z_0-2\,z_1) + i\,\frac{s}{\sigma}\cos\pi\,\sigma\,(z_0-2\,z_1)\\
&\simeq -\frac{i}{2}\left(1-\frac{s}{\sigma}\right)[\exp - i\,\pi\,\sigma\,(z_0-2\,z_1)]\\
&= -\left(1-\frac{s}{\sigma}\right)\left[\frac{i}{2}\,(\exp - i\,\pi\,\sigma\,z_0)\right](\exp i\,2\,\pi\,\sigma\,z_1)\\
&\simeq -\left(1-\frac{s}{\sigma}\right)\sin\pi\,\sigma\,z_0\,(\exp i\,2\,\pi\,\sigma\,z_1)\,.
\end{aligned} \tag{14}$$

Combining the relations (14) and (10) yields

$$S \simeq \left(\exp - i\,\frac{\alpha}{2}\right) S_0\,f(s,\alpha,z_1)\,. \tag{15}$$

A separate calculation for a fault lying close to the back surface, i. e. $z_2 \ll z_0$, is not necessary, since one has [7]

$$T(z_2/z_1, s, \alpha) = T(z_1/z_2, s, \alpha)\,, \tag{16a}$$

$$S(z_2/z_1, s, \alpha) = (\exp - i\,\alpha)\,S(z_1/z_2, -s, -\alpha)\,. \tag{16b}$$

From (13a), (15) and (16a, b) it follows then

$$T \simeq \left(\exp i\,\frac{\alpha}{2}\right) T_0\,f(s,\alpha,z_2)\,, \qquad S \simeq \left(\exp - i\,\frac{\alpha}{2}\right) S_0\,f(-s,-\alpha,z_2)\,, \tag{17a, b}$$

if

$$z_0 - 2\,z_2 > 0.4\,\tau_0'\,. \tag{17c}$$

For the intensities of the transmitted and scattered beams, one has then

$$I_T \simeq I_T^{(0)} \, |f(s, \alpha, z_1)|^2 \quad (z_1 \ll z_0)\,, \quad I_T \simeq I_T^{(0)} \, |f(s, \alpha, z_2)|^2 \quad (z_2 \ll z_0)\,, \tag{18a, b}$$

$$I_S \simeq I_S^{(0)} \, |f(s, \alpha, z_1)|^2 \quad (z_1 \ll z_0)\,, \quad I_S \simeq I_S^{(0)} \, |f(-s, -\alpha, z_2)|^2 \quad (z_2 \ll z_0)\,, \tag{18c, d}$$

where $I_T^{(0)}$, $I_S^{(0)}$ are the values of these intensities in the perfect region.

### *2.4 Approximation valid for a stacking fault near the middle of the foil*

Let us note

$$u = (z_1 - z_2)/2\;; \tag{19}$$

$u$ is the distance of the fault plane from the middle of the foil, measured in the direction of propagation of the electrons.

For a fault such that $u \ll \tau_0'$, it is not a bad approximation to put

$$\cos \pi \sigma (z_1 - z_2) = \cos 2 \pi \sigma u \simeq \cos (2 \pi u/t_0')\,, \tag{21a}$$

and also

$$\sin \pi \sigma (z_1 - z_2) + i \frac{s}{\sigma} \cos \pi \sigma (z_1 - z_2) \simeq \sin (2 \pi u/t_0') + i(s/\sigma) \cos (2 \pi u/t_0')\,. \tag{21b}$$

## 3. Discussion

The formulae of 2. remain valid for a fault inclined with respect to the foil surface, if one applies the column approximation [11, 12] (see Fig. 1). The quantities $z_1$ and $z_2$ now become functions of $x$:

$$z_1 = x \operatorname{tg} \theta\,, \quad z_2 = (X - x) \operatorname{tg} \theta\,, \quad z_0 = X \operatorname{tg} \theta \quad (0 \leqq x \leqq X)\,. \tag{22a, b, c}$$

The meaning of the parameters $\theta$, $x$, $X$ is obvious from Fig. 1. In the region where the column intersects the stacking fault, the intensities will vary in a fluctuating manner. One observes a fringe pattern.

### *3.1 Anomalous absorption neglected*

In order to be able to compare the predictions of the theory without absorption with those of the theory which takes anomalous absorption into account, we shall now discuss the expressions obtained if one neglects the anomalous absorption, i. e. $t = t_0$, $t' = t_0'$, $\sigma = 1/t_0'$. This discussion will summarize and express analytically some properties reported by WHELAN and HIRSCH [2]. Since bright- and dark-field images are complementary in the case under consideration, it is sufficient to discuss the bright-field image.

If one introduces the expressions for $T_0$, $S_1$, $S_2^-$ given by (3a, b, h) into (5), one obtains

$$T = \left(\cos \pi \frac{z_0}{t_0'} - i \frac{s}{\sigma} \sin \pi \frac{z_0}{t_0}\right) + \frac{1}{(\sigma t_0)^2} \frac{1 - \exp i \alpha}{2} \left(\cos 2 \pi \frac{u}{t_0'} - \cos \pi \frac{z_0}{t_0'}\right)$$

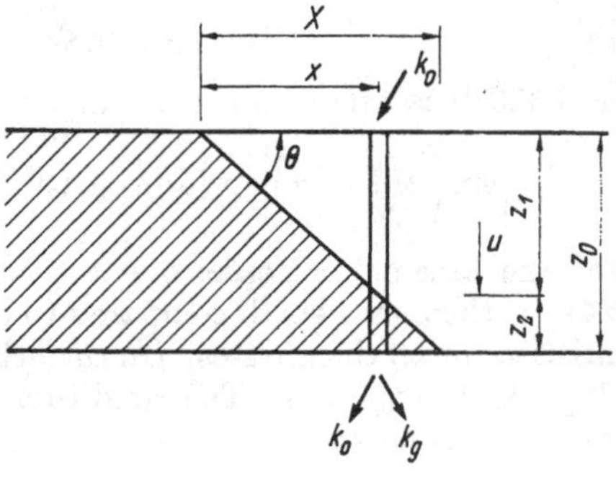


Fig. 1. Stacking fault in a plate-shaped crystal on a plane inclined with respect to the foil surface. Section normal to the intersection line of fault plane and foil surface. Scheme illustrating the significance of $\Theta, x, X, z_1, z_2, z_0$, and $u$

or,

$$\left(\exp - i\,\frac{\alpha}{2}\right) T = \boldsymbol{A} - i\,\frac{i}{(\sigma\,t)^2}\,\sin\frac{\alpha}{2}\,\cos 2\,\pi\,\frac{u}{t_0'}\,, \tag{23a}$$

where

$$\boldsymbol{A} = \left(\cos\frac{\alpha}{2}\,\cos\pi\,\frac{z_0}{t_0'} - \frac{s}{\sigma}\sin\frac{\alpha}{2}\sin\pi\,\frac{z_0}{t_0'}\right) - i\,\frac{s}{\sigma}\left(\cos\frac{\alpha}{2}\sin\pi\,\frac{z_0}{t_0'} + \frac{s}{\sigma}\sin\frac{\alpha}{2}\cos\pi\,\frac{z_0}{t_0'}\right). \tag{23b}$$

If one introduces the angle $\varphi$, depending on $s$, defined by the relations

$$\operatorname{tg}\varphi = -\,(s/\sigma)\operatorname{tg}\frac{\alpha}{2}\,, \qquad \operatorname{sgn}(\cos\varphi) = \operatorname{sgn}\left(\cos\frac{\alpha}{2}\right). \tag{23c}$$

$\boldsymbol{A}$ can be rewritten as

$$\boldsymbol{A} = \left[\cos^2\frac{\alpha}{2} + \left(\frac{s}{\sigma}\right)^2\sin^2\frac{\alpha}{2}\right]^{1/2}\left[\cos\left(\pi\,\frac{z_0}{t_0'} - \varphi\right) - i\,\frac{s}{\sigma}\sin\left(\pi\,\frac{z_0}{t_0'} - \varphi\right)\right]. \tag{23d}$$

If one notes:

$$\boldsymbol{A} = A\,\exp i\,\Phi, \tag{23e}$$

one has

$$A = \left\{\left[\cos^2\frac{\alpha}{2} + \left(\frac{s}{\sigma}\right)^2\sin^2\frac{\alpha}{2}\right]\left[\cos^2\left(\pi\,\frac{z_0}{t_0'} - \varphi\right) + \left(\frac{s}{\sigma}\right)^2\sin^2\left(\pi\,\frac{z_0}{t_0'} - \varphi\right)\right]\right\}^{1/2}, \tag{23f}$$

$$\operatorname{tg}\Phi = -\,\frac{s}{\sigma}\operatorname{tg}\left(\pi\,\frac{z_0}{t_0'} - \varphi\right), \qquad \operatorname{sgn}(\cos\Phi) = \operatorname{sgn}\left[\cos\left(\pi\,\frac{z_0}{t_0'} - \varphi\right)\right]. \tag{23g}$$

The second number of (23a) lends itself to a convenient graphical representation in the complex plane. $\boldsymbol{A}$ is represented by the constant vector $\boldsymbol{OA}$ with length $A$ and phase-angle $\Phi$. If $u$ varies the endpoint $P$ of the vector $\boldsymbol{AP}$ representing the second term, describes a segment $MM'$ with $A$ as centre, parallel to the imaginary axis and with length $2\left|\sin\frac{\alpha}{2}\right| / (\sigma\,t_0)^2$ (see Fig. 2 and 3). If the foil thickness varies, the point $A$ describes an ellips with semi-axes

$$\left[\cos^2\frac{\alpha}{2} + \left(\frac{s}{\sigma}\right)^2\sin^2\frac{\alpha}{2}\right]^{1/2} \quad \text{and} \quad |s/\sigma|\left[\cos^2\frac{\alpha}{2} + \left(\frac{s}{\sigma}\right)^2\sin^2\frac{\alpha}{2}\right]^{1/2}$$

(see Fig. 2 and 3).

### 3.1.1 "Kinematicallike" case

If the projection of 0 on $MM'$ falls outside the segment $MM'$, we shall say that the situation is "kinematicallike" (see Fig. 2).

The condition for this is

$$A\,|\sin\Phi| > \left|\sin\frac{\alpha}{2}\right| / (\sigma\,t_0)^2 \tag{24a}$$

or if (23d) is taken into account

$$\left|\sin\left(\pi\,\frac{z_0}{t_0'} - \varphi\right)\right| > [\sigma/|s|\,(\sigma\,t_0)^2]\left[\left|\sin\frac{\alpha}{2}\right| / \left[\cos^2\frac{\alpha}{2} + \left(\frac{s}{\sigma}\right)^2\sin^2\frac{\alpha}{2}\right]^{1/2}\right]. \tag{24b}$$

For the kinematical case, one has $(\sigma\,t_0)^2 \simeq (s\,t_0)^2 \gg 1$. The second member of (24a) is then very small compared to one. As a consequence, if $|s| \to \infty$, (24a) is satisfied for all thicknesses. On the other hand, one has for $s = 0$: $\sin\Phi = 0$ from (23g), and $(\sigma\,t_0)^2 = 1$. The condition (24a) is then never satisfied, whatever the crystal thickness.

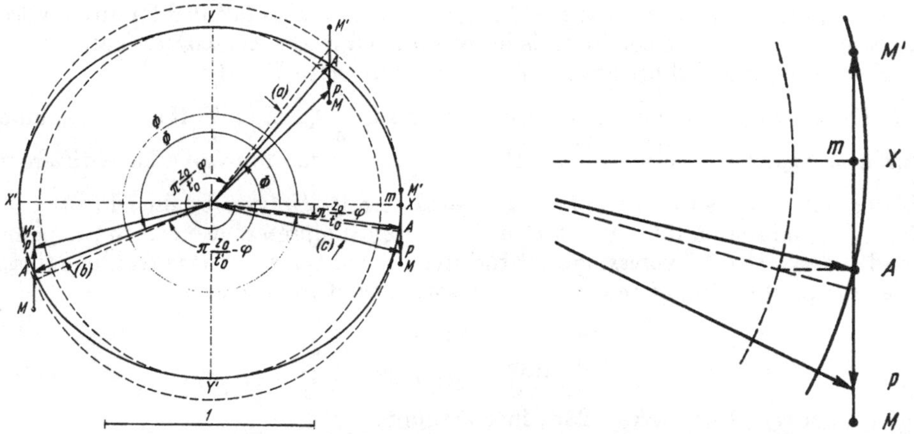


Fig. 2. Graphical representation of the amplitude $T = \boldsymbol{OP}$ of the transmitted wave for three different foil thicknesses for $|s\,t_0| > \sqrt{3}/2$. Anomalous absorption neglected; the attenuation due to the normal absorption is left out; the amplitude of the incident beam is taken as a unit. (a) and (b): "kinematicallike" case; (c): "dynamicallike" case. Rigths Enlarged clipping.

From this graphical representation, one deduces immediately the following properties:

(a) for $u = k\,t_0'$, i.e. $\cos 2\pi \frac{u}{t_0'} = 1$ [3]):

$I_T$ is minimum if

$$\sin \Phi \sin \frac{\alpha}{2} > 0 \left(\sin \frac{\alpha}{2} > 0, \text{ Fig. 2a}; \sin \frac{\alpha}{2} < 0, \text{ Fig. 2b}\right) \tag{25a}$$

(dark fringes)

$I_T$ is maximum if

$$\sin \Phi \sin \frac{\alpha}{2} < 0 \left(\sin \frac{\alpha}{2} > 0, \text{ Fig. 2a}; \sin \frac{\alpha}{2} < 0\,, \text{ Fig. 2b}\right) \tag{25b}$$

(bright fringes)

(b) for

$$u = \left(k + \frac{1}{2}\right) t_0'\,, \quad \text{i.e.} \quad \cos 2\pi \frac{u}{t_0'} = -1:$$

$I_T$ is maximum if (25a) is satisfied, and minimum if (25b) is true.
The depth periodicity is $t_0'$.

From this follows also the important result: a fringe will change its type (dark $\rightleftarrows$ bright) if $\alpha \to -\alpha$, i.e. if the fault changes its type, but also if $\sin \Phi$ changes its sign.

### 3.1.2 "*Dynamicallike*" case

If the projection of 0 on the line $MM'$ falls between the points $M$ and $M'$, we shall call the situation "dynamicallike" (see Fig. 3). The condition to be fulfilled is now:

$$A\,|\sin \Phi| < \frac{\sin \frac{\alpha}{2}}{(\sigma\,t_0)^2} \quad \text{or} \quad \left|\sin\left(\pi \frac{z_0}{t_0'} - \varphi\right)\right| < \frac{\sigma}{|s|\,(\sigma\,t_0)^2} \frac{\left|\sin \frac{\alpha}{2}\right|}{\left[\cos^2 \frac{\alpha}{2} + \left(\frac{s}{\sigma}\right)^2 \sin^2 \frac{\alpha}{2}\right]^{1/2}}. \tag{26a, b}$$

[3]) Throughout this paper $k$ will be zero or an integer.

For the purely dynamical case $s = 0$ the condition (26a) is fulfilled for any crystal thickness, whereas the condition is never satisfied in the kinematical case.

From the graphical construction, if follows now (see Fig. 3):

(a) The depth periodicity of the bright fringes is $\frac{1}{2} t_0'$, since $|T|$ is now maximum for $u = k t_0'$ and $u = \left(k + \frac{1}{2}\right) t_0'$. However, both sets of maxima have different intensities. The central line of the fringe pattern is always a bright fringe.

(b) $|T|$ is minimum if the point $P$ of the graphical representations is in the point $m$ of the real axis. Expressing that the second member of (23a) is real, one finds that the positions $u_m$ of the minima are solutions of the equation

$$A \sin \Phi = \frac{\sin \frac{\alpha}{2}}{(\sigma t_0)^2} \cos 2\pi \frac{u_m}{t_0'} \tag{27a}$$

or, explicitely, if one takes (23d) into account:

$$\cos 2\pi \frac{u_m}{t_0'} = - \frac{\left(\frac{s}{\sigma}\right) (\sigma t_0)^2 \left[\cos^2 \frac{\alpha}{2} + \left(\frac{s}{\sigma}\right)^2 \sin^2 \frac{\alpha}{2}\right]^{1/2}}{\sin \alpha/2} \sin\left(\pi \frac{z_0}{t_0'} - \varphi\right). \tag{27b}$$

From this last equation it follows that the positions of the dark fringes depend on $z_0$ and $s$. In one period $\left(-\frac{t_0'}{2}, \frac{t_0'}{2}\right)$ occur two dark fringes, i.e. for $u_m$ and $-u_m$. For $s = 0$: $u_m = \frac{1}{4} t_0 + k \frac{t_0}{2}$. For $s = 0$ the depth periodicity becomes $\frac{1}{2} t_0$ for the bright as well as for the dark fringes. Moreover, the positions of the dark fringes are independent of the thickness.

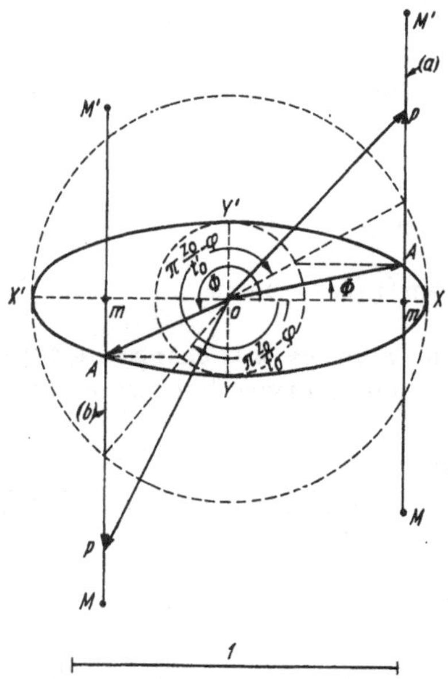

Fig. 3. Graphical representation of the amplitude $T = \boldsymbol{OP}$ of the transmitted wave for two different foil thicknesses for $|s t_0| < \sqrt{3}/2$. Anomalous absorption neglected; the attenuation due to the normal absorption is left out; the amplitude of the incident beam is taken as a unit

By expressing that the second member of (24b) has to be smaller than one, one obtains as a necessary condition, if $|\alpha| = 2\pi/3$, for the "kinematicallike" case

$$|s t_0| > \sqrt{3}/2 . \tag{28}$$

For $|s t_0| < \sqrt{3}/2$, one has always the "dynamicallike" case, whatever the crystal thickness be (see Fig. 3a and 3b). For $|s t_0| > \sqrt{3}/2$, one can have either the first (see Fig. 2a, b) or the second situation (see Fig. 2c). However, as $|s t_0|$ increases, the range of thicknesses corresponding to the "dynamicallike" situation becomes more and more restricted.

### *3.1.3 Fringe pattern for increasing thickness*

Let us examine now, for the case $|s t_0| > \sqrt{3}/2$, how the aspect of the fringe pattern will evolve if the foil thickness increases continuously. Let us assume that $s > 0$ and $\sin \frac{\alpha}{2} > 0$. The discussion for the three other sign combinations is similar. If the foil thickness $z_0$ increases, the point $A$ of Fig. 2 will describe the ellips in the clockwise sense. Suppose one starts with a thickness for which $\Phi = \frac{\pi}{2}$ (i. e. the point $A$ is in $Y$ in Fig. 2). The dark fringes are then at $u = k\,t_0'$ ($P$ in $M$) and the bright ones at $u = \frac{1}{2} t_0' + k\,t_0'$ ($P$ in $M'$). These fringes do not change their positions if the thickness increases ($A$ goes from $Y$ to $X$), until one reaches a value of $\Phi$ for which the condition (26a) starts being fulfilled. The dark and bright fringes at $u = k\,t_0'$ and $u = \left(k + \frac{1}{2}\right) t_0'$ become now bright. Every dark fringe at $u = k\,t_0'$ is replaced by two new ones. The positions $u_m$ of these are given by (27). They are at equal distances from $u = k\,t_0'$. If one sweeps now the "dynamicallike" thickness region, $\cos 2\pi \frac{u_m}{t_0'}$ decreases from 1 $t_0$ $-1$. This means that the positions of the dark fringes will vary continuously as the thickness increases. First, they are closely together, next they separate more and more. For a thickness for which one stops to fulfill the condition for the "dynamicallike" case, the dark fringes will join two by two. From this thickness on, one has again straight dark fringes and straight bright fringes with an interspacing $t_0'$. The dark ones are now at $u = \left(k + \frac{1}{2}\right) t_0'$ and the bright ones at $u = k\,t_0'$, i.e. a dark-bright reversal has taken place. If the foil thickness continues to increase, this feature will repeat itself periodically (period $t_0'$). Fig. 4 shows a scheme representing the described aspect. Splitting, resulting in the addition of a new fringe, occurs every time $\sin \Phi$ changes its sign.

For $|s\,t_0| < \sqrt{3}/2$, the aspect of Fig. 4 is not realized, since for all thickness the "dynamicallike" case is present. For such small $s$-values, it is, however, not realistic to neglect the anomalous absorption.

### *3.2 Faults near the surface taking into account anomalous absorption*

For thick crystals, the aspect of the fringe pattern sufficiently close to the surfaces can be predicted if one discusses the expression (13b) for $f$.

Since one has

$$\frac{s}{\sigma} = \frac{s}{\sigma_r + i\,\sigma_i} = \frac{s}{\sigma_r} \cdot \frac{1}{1 + i\,\frac{\sigma_i}{\sigma_r}} \simeq \frac{s}{\sigma_r}\left(1 - i\,\frac{\sigma_i}{\sigma_r}\right), \quad \text{where} \quad \frac{\sigma_i}{\sigma_r} = \frac{t_0}{\tau_0}\,\frac{1}{1 + (s\,t_0)^2} \ll 1$$

putting

$$s/\sigma \simeq s/\sigma_r = s\,t_0/[1 + (s\,t_0)^2]^{1/2}$$

only results in a very small quantitative error, which we propose to neglect.

One has then

$$f(s, \alpha, z_i) \simeq \left(\cos\frac{\alpha}{2} - i\,\frac{s}{\sigma_r}\sin\frac{\alpha}{2}\right) - i\left(1 - \frac{s}{\sigma_r}\right)\sin\frac{\alpha}{2}\left(\exp - 2\pi\,\frac{z_i}{\tau_0'}\right)\left(\exp i\,2\pi\,\frac{z_i}{t_0'}\right) \quad (29\text{a})$$

$$z_i < \frac{1}{2}(z_0 - 0.4\,\tau_0'), \qquad z_0 > 0.4\,\tau_0'. \quad (29\text{b})$$

The expression (29a) for $f(s, \alpha, z_i)$ lends itself to a convenient graphical representation. Let us first neglect the monotonically decreasing factor $\exp - 2\pi\,\frac{z_i}{\tau_0'}$ and put it equal to unity. One has then

$$\exp(-i\,\varphi)\,f \simeq a + \varrho \exp i\,2\pi\left(\frac{z_i}{t_0'} - \frac{1}{4} - \frac{\varphi}{2\pi}\right), \quad (30\text{a})$$

$$a = \left[\cos^2\frac{\alpha}{2} + \left(\frac{s}{\sigma_r}\right)^2 \sin^2\frac{\alpha}{2}\right]^{1/2}, \qquad \varrho = \left(1 - \frac{s}{\sigma_r}\right)\sin\frac{\alpha}{2}. \quad (30\text{b, c})$$

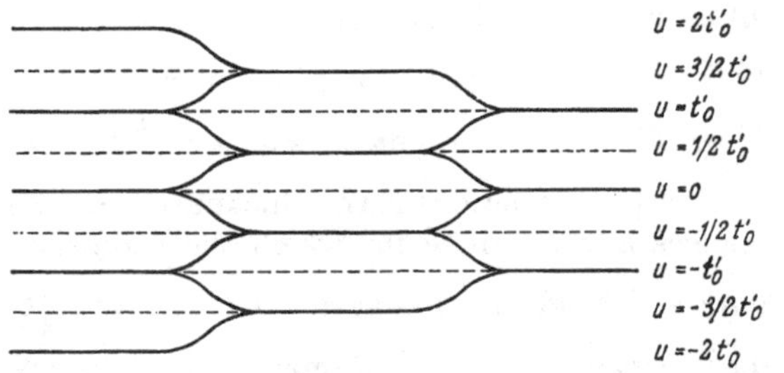


Fig. 4. Scheme representing the aspect of the bright-field fringe pattern due to a fault in a foil with continuously increasing thickness for $|s\,t_0| > \sqrt{3}/2$.
Full lines: dark fringes; broken lines: bright fringes. Anomalous absorption neglected. Dark-field image and bright-field image are complementary

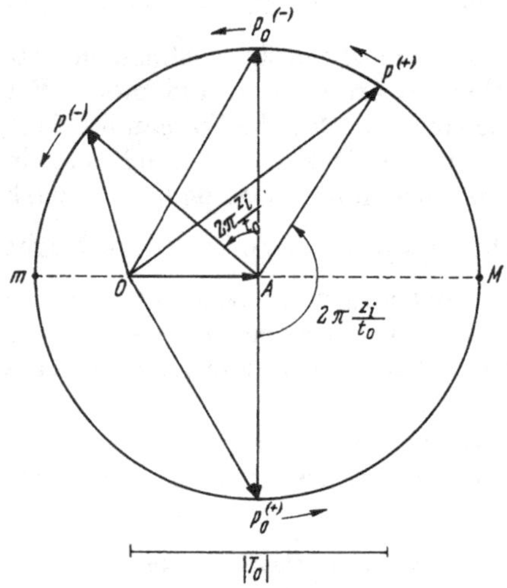


Fig. 5

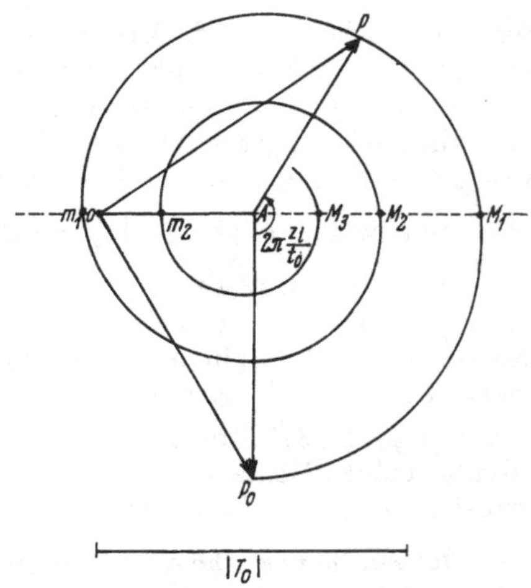


Fig. 6

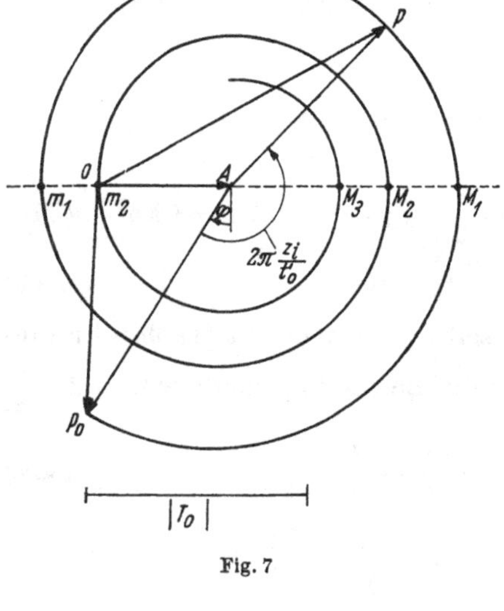


Fig. 7

Fig. 5. Graphical representation of the amplitude $T = \boldsymbol{OP}$ of the transmitted wave for a fault near front or back surface of the foil if the attenuation factor $\exp(-2\pi z_0/\tau_0)$ is left out. $s = 0$ ($P^{(+)}$ for $\sin\alpha > 0$, $P^{(-)}$ for $\sin\alpha < 0$). $P$ in $M$: maximum; $P$ in $m$: minimum. The figure represents also the amplitude $S$ of the scattered wave (if $T_0 \to S_0$) at the top surface, and also at the bottom surface if $\alpha \to -\alpha$

Fig. 6. Graphical representation of the amplitude $T = \boldsymbol{OP}$ of the transmitted wave for a fault near front or back surface of the foil; $s = 0$, $\alpha = 2\pi/3$. $P$ in $M_i$: maxima, $P$ in $m_i$ ($i = 1, 2, \ldots$): minima. The figure represents also the amplitude $S$ of the scattered wave (if $T_0 \to S_0$) at the top surface, and also at the bottom surface if $\alpha \to -\alpha$, i. e. for $\alpha = -2\pi/3$

Fig. 7. Graphical representation of the amplitude $T = \boldsymbol{OP}$ of the transmitted wave for a fault near front or back surface of the foil; $s\,t_0 = -0.4$, $\alpha = 2\pi/3$. $P$ in $M_i$ ($i = 1, 2, \ldots$): maxima, $P$ in $m_i$ ($i = 1, 2, \ldots$): minima. The figure represents also the amplitude $S$ of the scattered wave (if $T_0 \to S_0$) at the top surface, and also at the bottom surface if $s \to -s$ and $\alpha \to -\alpha$, i.e. for $s\,t_0 = 0.4$ and $\alpha = -2\pi/3$

As indicated in the Fig. 5, $a$ is represented by a vector $\boldsymbol{OA}$ along the real axis of the complex plane. As $z_i$ increases the endpoint $P^{(\pm)}$ of the vector $\boldsymbol{AP}^{(\pm)}$ representing the second term $\left(\pm \text{ if } \sin \frac{\alpha}{2} \gtrless 0\right)$ describes a circle with radius $|\varrho|$ and with $A$ as a centre. The final amplitude is given by the vector $\boldsymbol{OP}^{(\pm)}$. The background amplitude was taken as unity and the irrelevant phase-factors $\exp i\,\alpha/2$ and $\exp i\,\varphi$ are left out. It is clear from this graphical construction that $\boldsymbol{OP}$ fluctuates in length between two extreme values $a + |\varrho|$ and $||\varrho| - a|$.

Taking now the factor $\exp - 2\pi \frac{z_i}{\tau_0'}$ into account, i. e.

$$(\exp - i\,\varphi)\, f \simeq a + \varrho \left(\exp - 2\pi \frac{z_i}{\tau_0'}\right) \left[\exp i\, 2\pi \left(\frac{z_i}{t_0'} - \frac{1}{4} - \frac{\varphi}{2\pi}\right)\right], \tag{31}$$

one sees that the vector $\boldsymbol{AP}$ representing the second term of (31) decreases exponentially in length when turning around $A$. The endpoint $P$ describes a logarithmic spiral instead of a circle. This clearly means that successive fringes become less and less pronounced, or that the oscillations are damped. The bright fringe intensity and the mean intensity decrease monotonically according to the factor $\exp - i\, 2\pi \frac{z_i}{\tau_0'}$. The Fig. 6 to 11 show the graphical representation for $\alpha = \pm 2\pi/3$ and for different $s$-values.

The quasi-periodicity in depth is $t_0'$. For $s = 0$, this periodicity becomes $t_0$ as opposed to $\frac{1}{2} t_0$, predicted by the theory neglecting the anomalous absorption.

It should be emphasized that the positions of the first and last fringes depend only on $z_1$ or $z_2$; they are solely fixed by their distance to the nearby surface. The non-absorption theory on the other hand predicted that the fringes should be at constant distance from the middle of the foil.

From the curves of Fig. 5 to 11 follows, since $|\varphi| < \frac{\alpha}{2}$, the important property, deduced from their machine calculations by HASHIMOTO et al., that, for $\alpha = \pm 2\pi/3$, the nature of the first and last fringe of the bright-field pattern depends only on the sign of $\alpha$ and not on the foil thickness in sufficiently thick crystals. For $\sin \frac{\alpha}{2} > 0$, these fringes are bright, while for $\sin \frac{\alpha}{2} < 0$ they are dark. This property is an evident consequence of the structure of the expressions (31) for $f(s, \alpha, z_i)$. ART et al. [7] have been able to demonstrate this property analytically.

We shall now estimate the positions and intensities of the first (last) fringes and show that these are sufficiently differentiated from the background to allow an unambigeous determination of their nature.

### *3.2.1 Bright-field image*

We first discuss the bright-field pattern, assuming $\sin \frac{\alpha}{2} > 0$ $(\alpha = 2\pi/3)$. From (31), one concludes that $|f|$ reaches its maxima for

$$z_i \simeq \left(\frac{1}{4} + \frac{\varphi}{2\pi} + k\right) t_0' \tag{32a}$$

and its minima for

$$z_i \simeq \left(\frac{3}{4} + \frac{\varphi}{2\pi} + k\right) t_0'. \tag{32b}$$

One can compute more accurately the positions of the fringes by determining the zeros of the derivative of $|f|^2$. This procedure leads to a small correction only and the main conclusions remain valid. For the first two bright or dark fringes, these corrections nearly cancel. As a consequence, one is justified in identifying the depths distance between these two successive fringes of the same nature to the extinction distance $t_0'$.

The intensities of the bright fringes are given by ($\alpha = 2\pi/3$)

$$I_T^{(\max)} = I_T^{(0)} \left\{ \left[ \cos^2\frac{\alpha}{2} + \left(\frac{s}{\sigma_r}\right)^2 \sin^2\frac{\alpha}{2} \right]^{1/2} + \left(\sin\frac{\alpha}{2}\right)\left(1 - \frac{s}{\sigma_r}\right) \exp\left[-\frac{\pi}{2}\frac{t_0'}{\tau_0'}\left(1 + \frac{2\varphi}{\pi} + 4k\right)\right]\right\}^2. \quad (33\,\mathrm{a})$$

For $s = 0$, $I_T^{(\max)}$ becomes for $k = 0$: $1.55\, I_T^{(0)}$, for $k = 1$: $0.83\, I_T^{(0)}$ and for $k = 2$: $0.52\, I_T^{(0)}$ as one can see in Fig. 6. This means that the first fringe is a bright one with an intensity about 50% above the background intensity, whereas the second bright fringe is already slightly less bright than the background. The first fringe can therefore be distinguished very clearly from the background.

For negative $s$ the ratio $I_T^{(\max)}/I_T^{(0)}$ is larger, due to the factor $(1 - s/\sigma_r)$ in the expression (30c). As a consequence, the first fringe will show up in the electron-micrograph as a very bright fringe on the dark background. The example $s\,t_0 = -0.4$ is plotted in Fig. 7. On the other hand, for $s > 0$, this ratio will be suppressed, due to the same factor. However, one should keep in mind that $I_T^{(0)}$ is smaller for $s$ negative than for $s$ positive, since $s > 0$ corresponds to the "easy" transmission side [3]. In Fig. 8 the case $s\,t_0 = 0.4$ is represented. So, one has for instance for $|s\,t_0| = 0.4$, $\tau_0' = 1.08\,\tau_0$, i. e. the condition (29b) has become only slightly more severe than for $s = 0$. For $s\,t_0 = -0.4$, one gets $I_T^{(\max)}/I_T^{(0)} = 2.68$ for $k = 0$, 1.74 for $k = 1$, and 1.21 for $k = 2$. For $s\,t_0 = 0.4$, one gets 1.24 for $k = 0$, 0.95 for $k = 1$, and 0.72 for $k = 2$. One sees that, for $s\,t_0 < 0$, not only the first but also the second and the third bright fringe may have an intensity above the background value. The $s$-values for which this occurs are these for which $I_T^{(0)}$ will be low, i. e. near or in the broad extinction contour [3].

Let us inquire now whether or not the dark fringe which borders the first fringe has an intensity much lower than the background intensity.

The intensity of the dark fringes is given by ($\alpha = 2\pi/3$):

$$I_T^{(\min)} \simeq I_T^{(0)} \left\{ \left[ \cos^2\frac{\alpha}{2} + \left(\frac{s}{\sigma_r}\right)^2 \sin^2\frac{\alpha}{2} \right]^{1/2} - \sin\frac{\alpha}{2}\left(1 - \frac{s}{\sigma_r}\right) \left[\exp -\frac{\pi}{2}\frac{t_0'}{\tau_0'}\left(3 + \frac{2\varphi}{\pi} + 4k\right)\right]\right\}^2. \quad (33\,\mathrm{b})$$

In units $I_T^{(0)}$, one obtains the following values for $I_T^{(\min)}$ for the three different values of $s\,t_0$:

| | | | |
|---|---|---|---|
| for $s\,t_0 = 0$ | $k = 0$ | 0.00 | (see Fig. 6) |
| | $k = 1$ | 0.04 | |
| for $s\,t_0 = -0.4$ | $k = 0$ | 0.08 | (see Fig. 7) |
| | $k = 1$ | 0.00 | |
| for $s\,t_0 = 0.4$ | $k = 0$ | 0.03 | (see Fig. 8) |
| | $k = 1$ | 0.09 | |

The dark fringe is in fact always much darker than the background, its centre corresponds practically to a region of zero intensity.

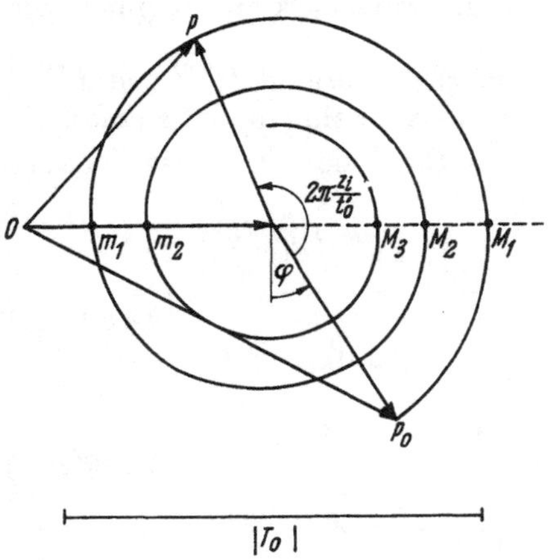


Fig. 8. Graphical representation of the amplitude $T = \boldsymbol{OP}$ of the transmitted wave for a fault near front or back surface of the foil; $s\,t_0 = 0.4$, $\alpha = 2\,\pi/3$. $P$ in $M_i$: maxima, $P$ in $m_i$ ($i = 1, 2, \ldots$): minima. The figure represents also the amplitude $S$ of the scattered wave (if $T_0 \to S_0$) at the top surface, and also at the bottom surface if $s \to -s$ and $\alpha \to -\alpha$, i.e. for $s\,t_0 = -0.4$ and $\alpha = -2\,\pi/3$

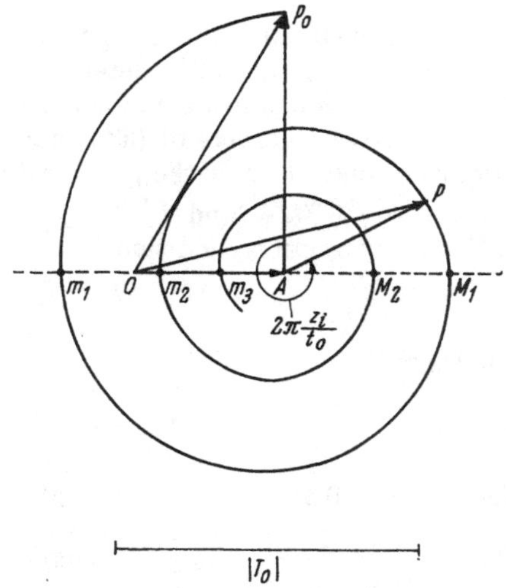


Fig. 9. Graphical representation of the amplitude $T = \boldsymbol{OP}$ of the transmitted wave for a fault near front or back surface of the foil; $s = 0$, $\alpha = -2\,\pi/3$. $P$ in $m_i$: minima, $P$ in $M_i$ ($i = 1, 2, \ldots$): maxima. The figure represents, also the amplitude $S$ of the scattered wave (if $T_0 \to S_0$) at the top surface, and also at the bottom surface if $\alpha \to -\alpha$, i.e. for $\alpha = 2\,\pi/3$

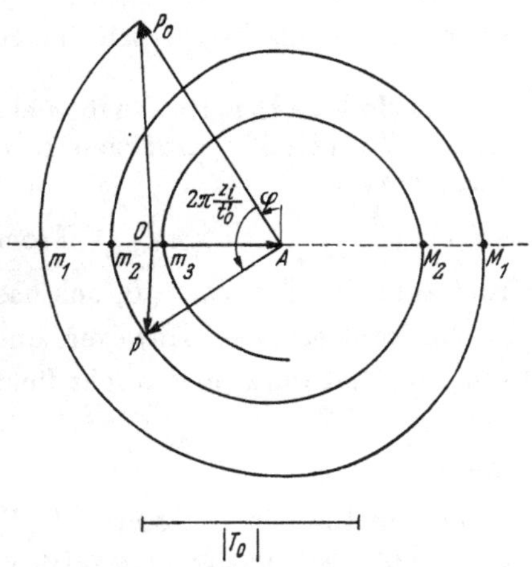


Fig. 10. Graphical representation of the amplitude $T = \boldsymbol{OP}$ of the transmitted wave for a fault near front or back surface of the foil; $s\,t_0 = -0.4$, $\alpha = -2\,\pi/3$; $P$ in $m_i$ ($i = 1, 2, \ldots$): minima, $P$ in $M_i$ ($i = 1, 2, \ldots$): maxima. The figure represents also the amplitude $S$ of the scattered wave (if $T_0 \to S_0$) at the top surface, and also at the bottom surface if $\alpha \to -\alpha$ and $s \to -s$, i.e. for $\alpha = 2\,\pi/3$ and $s\,t_0 = 0.4$

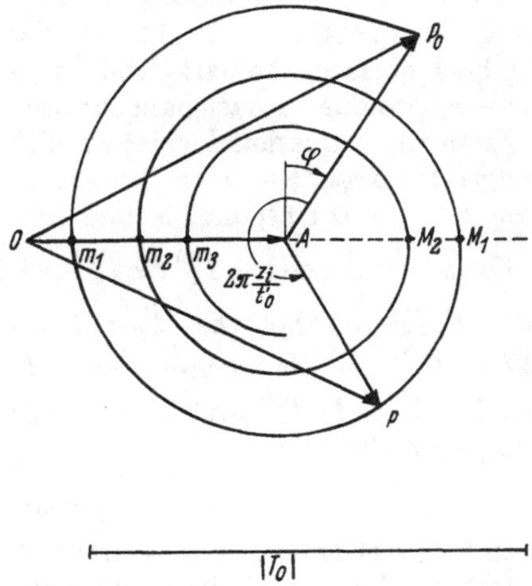


Fig. 11. Graphical representation of the amplitude $T = \boldsymbol{OP}$ of the transmitted wave for a fault near front or back surface of the foil; $s\,t_0 = 0.4$, $\alpha = -2\,\pi/3$. $P$ in $m_i$ ($i = 1, 2, \ldots$): minima, $P$ in $M_i$ ($i = 1, 2, \ldots$): maxima. The figure represents also the amplitude $S$ of the scattered wave (if $T_0 \to S_0$) at the top surface, and also at the bottom surface if $\alpha \to -\alpha$ and $s \to -s$, i. e. for $\alpha = 2\,\pi/3$ and $s\,t_0 = -0.4$

We now assume $\sin\frac{\alpha}{2} < 0$ ($\alpha = -2\pi/3$). From (31) it follows that the first fringe will be a dark one, its position is given again by (32a) with $k = 0$. The equations (32a) and (32b) determine now the successive dark and bright fringes if one neglects again a small correction.

The second members of (33a) and (33b) give the values of $I_T^{(\min)}$ and $I_T^{(\max)}$. Fig. 9, 10 and 11 show the graphical representations for three specific cases. For the ratios $I_T^{(\min)}/I_T^{(0)}$ and $I_T^{(\max)}/I_T^{(0)}$, one obtains the following values, for three different diffraction conditions:

| | | $I_T^{(\min)}/I_T^{(0)}$ | | $I_T^{(\max)}/I_T^{(0)}$ | |
|---|---|---|---|---|---|
| for $s\,t_0 = 0$ | | | | | (see Fig. 9) |
| | $k = 0$ | 0.06 | $k = 0$ | 1.07 | |
| | $k = 1$ | 0.01 | | | |
| | $k = 2$ | 0.08 | $k = 1$ | 0.64 | |
| for $s\,t_0 = -0.4$ | $k = 0$ | 0 29 | | | (see Fig. 10) |
| | $k = 1$ | 0.04 | $k = 0$ | 2.36 | |
| | $k = 2$ | 0.00 | $k = 1$ | 1.56 | |
| for $s\,t_0 = 0.4$ | $k = 0$ | 0.01 | | | |
| | $k = 1$ | 0.07 | $k = 0$ | 1.00 | (see Fig. 11) |
| | $k = 2$ | 0.13 | $k = 1$ | 0.76 | |

From this table follow the same conclusions as for the case $\sin\frac{\alpha}{2} > 0$.

### 3.2.2 *Dark-field image*

According to the relations (18a, b, c, d) a separate discussion of the dark-field image is superfluous. Bright- and dark-field are similar at the front surface. At the back surface, the dark-field image for $\alpha$ is the same as the bright-field image for $-\alpha$, provided $s$ has changed into $-s$.

From the discussion developed in this paragraph, it follows that the bright-field images for $\alpha$ and, $-\alpha$ are pseudo-complementary. By this is meant that to a bright fringe corresponds a dark fringe and vice versa.

For $s\,t_0 = 0$, one has $I_T^{(0)} \simeq I_S^{(0)} \simeq \left|\frac{1}{2}\exp - i\,\pi\,\sigma\,z_0\right|^2 = \frac{1}{4}\exp 2\,\pi\frac{z_0}{\tau_0}$. From (18a, c) follows then that $I_T \simeq I_S$ near the front surface. For $s\,t_0 \neq 0$, one has $I_T^{(0)} \neq I_S^{(0)}$, and, as a consequence, $I_S \neq I_T$ at the front surface. However, one has $I_T/I_T^{(0)} \simeq I_S/I_S^{(0)}$ and this is expressed by saying that dark- and bright-field images are "similar".

## 3.3 *Faults near the middle of the foil*

In this section, we shall examine the central part of the fringe pattern. In 5. it will be shown that the predictions are very well born out by the observations.

### 3.3.1 *Bright-field image*

From (9) and (21a), it follows

$$\left(\exp - i\,\frac{\alpha}{2}\right) T \simeq \left(\cos\frac{\alpha}{2} - i\,\frac{s}{\sigma_r}\sin\frac{\alpha}{2}\right) T_0 - i\,\frac{\sin\frac{\alpha}{2}}{(\sigma_r t_0)^2}\cos 2\,\pi\,\frac{u}{t_0'} \qquad (34)$$

for sufficiently small $u$, where one has put again $\frac{s}{\sigma} \simeq \frac{s}{\sigma_r}$, $(\sigma\,t)^2 \simeq (\sigma_r\,t_0)^2$.

The expression (34) lends itself also to a convenient graphical representation in the complex plane. The first term is represented by a constant vector $\boldsymbol{OA}$ with length $OA$, and phase-angle $\Phi$, given, if one applies the approximation (8) and (6a) and the definition (23g) by

$$OA = \left|\left(\cos\frac{\alpha}{2} - i\frac{s}{\sigma_r}\sin\frac{\alpha}{2}\right)T_0\right| \simeq \left[\cos^2\frac{\alpha}{2} + \left(\frac{s}{\sigma_r}\right)^2\sin^2\frac{\alpha}{2}\right]^{1/2}\frac{1}{2}\left(1+\frac{s}{\sigma_r}\right)\exp\pi\frac{z_0}{\tau_0'} \tag{35a}$$

and

$$\Phi \simeq -\pi\frac{z_0}{t_0'} + \varphi\,. \tag{35b}$$

If $|u|$ increases the endpoint $P$ of the vector $\boldsymbol{AP}$ representing the second member of (34) describes a straight segment $MM'$. This segment of which $A$ is the centre is parallel to the imaginary axis and has a length $2\,\varrho$ given by

$$\varrho = \left|\sin\frac{\alpha}{2}\right| \Big/ (\sigma_r\,t_0)^2\,. \tag{35c}$$

The vector $\boldsymbol{OP}$ joining the origin of the complex plane to the point $P$ of the segment $MM'$ represents then the amplitude of the transmitted wave, if the irrelevant phase-factor $\exp i\frac{\alpha}{2}$ is left out. Fig. 12 shows the graphical construction for three different foil thicknesses.

If $\sin\frac{\alpha}{2} > 0$, the endpoints $M$ and $M'$ of the segment correspond respectively to $u = 0$ and $u = \pm\frac{1}{2}t_0'$, whereas $P$ coincides with the midpoint $A$ for $u = \pm\frac{1}{4}t_0'$. If $\sin\frac{\alpha}{2} < 0$, the roles of the points $M$ and $M'$ are reversed.

For a thick crystal the second term of (34) is much smaller than the modulus of the first term. If one neglects then this second term, one finds that the intensity near the middle of the foil is approximately given by

$$I_T \simeq \left[\cos^2\frac{\alpha}{2} + \left(\frac{s}{\sigma_r}\right)^2\sin^2\frac{\alpha}{2}\right]I_T^{(0)}\,. \tag{36a}$$

For the small values of $s$ under consideration, one has for $\alpha = \pm 2\pi/3$

$$I_T \simeq \frac{1}{4}I_T^{(0)}\,. \tag{36b}$$

The central fringes of the pattern in a thick crystal, have poor contrast.

Depending on the foil thickness, two different situations can arise:

(i) The projection $m$ of the origin $O$ on the line $MM'$ falls outside the segment as shown in Fig. 12a and 12b.

The condition for this to happen is:

$$|\boldsymbol{Am}| = OA\sin\Phi > |\boldsymbol{AM}| = \varrho$$

or, if one takes (35a, b, c) into account:

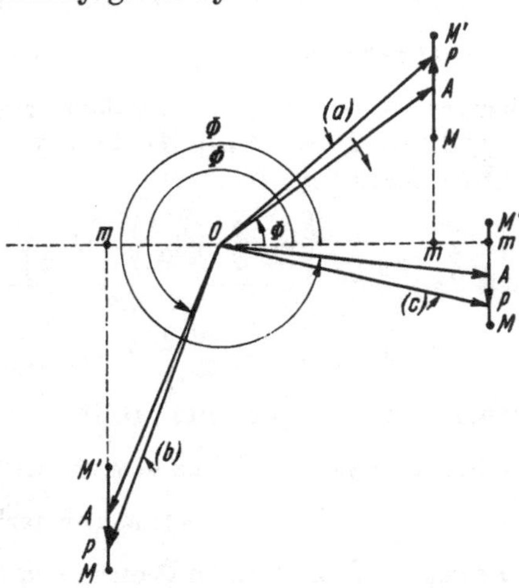


Fig. 12. Graphical representation of the amplitude $T = \boldsymbol{OP}$ of the transmitted wave for a fault near the middle of the foil

$$\left|\sin\left(\pi\frac{z_0}{t_0'}-\varphi\right)\right| > \frac{|\sin\alpha/2|}{\left[\cos^2\frac{\alpha}{2}+\left(\frac{s}{\sigma_r}\right)^2\sin^2\frac{\alpha}{2}\right]^{1/2}}\, 2\left(1-\frac{s}{\sigma_r}\right)\exp-\pi\frac{z_0}{\tau_0'}. \quad (37\text{a})$$

For the central line of the fringe pattern, i.e. for $u = 0$, the point $P$ is in $M$ if $\sin\frac{\alpha}{2} > 0$ and in $M'$ if $\sin\frac{\alpha}{2} < 0$. The line $u = 0$ corresponds to an extreme value for the amplitude. It can be a maximum as well as a minimum: this depends on the phase-angle $\Phi$, i.e. on $z_0$ and $s$.

Fig. 12a and 12b show that the centre will be a bright fringe if $\sin\frac{\alpha}{2}\sin\Phi<0$ and a dark fringe if this product is positive.

This condition means that the central fringe changes its character if $\sin\left(\pi\frac{z_0}{t_0'}-\varphi\right)$ changes its sign. If the type of the fault changes, one expects also that the central fringe reverses its type (dark ⇄ bright), since $\sin\frac{\alpha}{2}$ changes now its sign.

If the centre $u = 0$ is a bright (dark) fringe, the bordering dark (bright) fringes will be at $u = \pm\frac{1}{2}t_0'$, and the next bright (dark) fringes at $u \simeq \pm t_0'$. For $s = 0$, this reduces to $u \simeq t_0$, as opposed to the prediction of the non-absorption theory which leads to a distance $\frac{1}{2}t_0$ for two successive similar fringes.

(ii) If the phase angle $\Phi$ is sufficiently small, it is possible that the projection of $O$ falls between the points $M$ and $M'$ like in figure 12c.

The condition for this to occur is obviously

$$|\sin\Phi| = \left|\sin\left(\pi\frac{z_0}{t_0'}-\varphi\right)\right| < \frac{|\sin\alpha/2|}{\left[\cos^2\frac{\alpha}{2}+\left(\frac{s}{\sigma_r}\right)^2\sin^2\frac{\alpha}{2}\right]^{1/2}}\, 2\left(1-\frac{s}{\sigma_r}\right)\exp-\pi\frac{z_0}{\tau_0'}; \quad (37\text{b})$$

$u = 0$ and $u = \pm\frac{1}{2}t_0'$ yield now maxima. This clearly means that $u = 0$ is a bright fringe and that the distance between two successive bright fringes in the centre of the foil is $\frac{1}{2}t_0'$, i.e. half the distance found for the case (i). These bright fringes are bordered by two dark fringes at positions defined by, as follows from Fig. 12c, $\boldsymbol{OP} = \boldsymbol{OA} + \boldsymbol{AP} = OA\cos\Phi$, or, explicitely if one takes (34) and (35) into account, by

$$\cos 2\pi\frac{u_m}{t_0'} = \frac{\left[\cos^2\frac{\alpha}{2}+\left(\frac{s}{\sigma_r}\right)^2\sin^2\frac{\alpha}{2}\right]^{1/2}}{\sin\alpha/2}\;\frac{-1}{1-(s/\sigma)}\left(\frac{1}{2}\exp\pi\frac{z_0}{\tau_0'}\right)\sin\left(\pi\frac{z_0}{t_0'}-\varphi\right). \quad (38)$$

If $u_m$ is close to 0 or $\pm\frac{1}{2}t_0'$, the contrast of these fringes and the nearby bright fringes will be poor since $OM^2 - Om^2$ or $OM'^2 - Om^2$ are then small.

For a crystal thickness such that $\pi\frac{z_0}{t_0'} - \varphi = k\pi$, one has $OM^2 = OM'^2$, $|u_m| = \frac{1}{4}t_0'$. This means that the dark fringes are at a depth distance $\pm\frac{1}{4}t_0'$ from the centre of the foil, and consequently at a distance $\frac{1}{2}t_0'$ from each other. Moreover, they are midway between the bright fringes at $u = 0$ and at $u = \pm\frac{1}{2}t_0'$.

This aspect of the fringe pattern near the centre is as predicted by the non-absorption theory for $s = 0$.

For a thick crystal $z_0$ is large. The condition (37b) expresses then that $\left|\sin\left(\pi \frac{z_0}{t_0'} - \varphi\right)\right|$ has to be smaller than a small number. This means that the situation (ii) occurs for a limited range of thicknesses.

The graphical constructions of Fig. 2 and of Fig. 12 ressemble each other closely. An important restriction is that the construction of Fig. 12 is only valid for sufficiently small values of $u$, i.e. near the centre of the fringe pattern ($|u| < \frac{1}{2} t_0'$). One might therefore be inclined to conclude that the geometrical aspect of the fringe pattern for continuously increasing foil thickness should be as discussed in 3.1.3 and schematically represented in Fig. 4. There are, however, important differences which ought to be commented. The expected geometrical aspect is shown on the scheme of Fig. 13. In 5. observed patterns will be discussed.

(1) The aspect of Fig. 4 will only be true for the central part of the fringe pattern. As indicated in Fig. 13, only either the two central dark fringes, or the central dark fringe, will split into two new dark fringes on reversing into a bright fringe. The "transition" regions I and II are now those for which the condition (37b) is satisfied.

(2) The splitting occurs also for $|s\, t_0|$-values smaller than $\sqrt{3}/2$; even for $s = 0$.

(3) The region II corresponds to a larger thickness. From the condition (37b) follows, since $z_0$ has become larger, that the region II must be smaller than the region I in projected thickness difference.

(4) The bright-field image has to be strictly symmetrical in $u$, also if anomalous absorption is taken into account. The fringes $a_1$ and $b_2$, $a_2$ and $b_1$ and $c_1$ and $c_2$ have then to be strictly symmetrical with respect to the line $u = 0$, and must have the same contrast. If the anomalous absorption is taken into account the periodicity in $u$ is lost: $a_1$ and $b_1$, as well as $a_2$ and $b_2$ are no longer similar neither in position nor in contrast. The approximate formulae of this section are only very good approximations for the fringes at positions such that $|u| < \sim \frac{1}{4} t_0'$. In fact, one can expect that the fringes $a_1$, $a_2$, $a'$ will be observed as a single one with smoothly varying direction. $b$, $b_1$, $b'$ then form the symmetrical fringe. The fringe $c$ appears as a supplementary fringe, due to the thickness increase, born in the

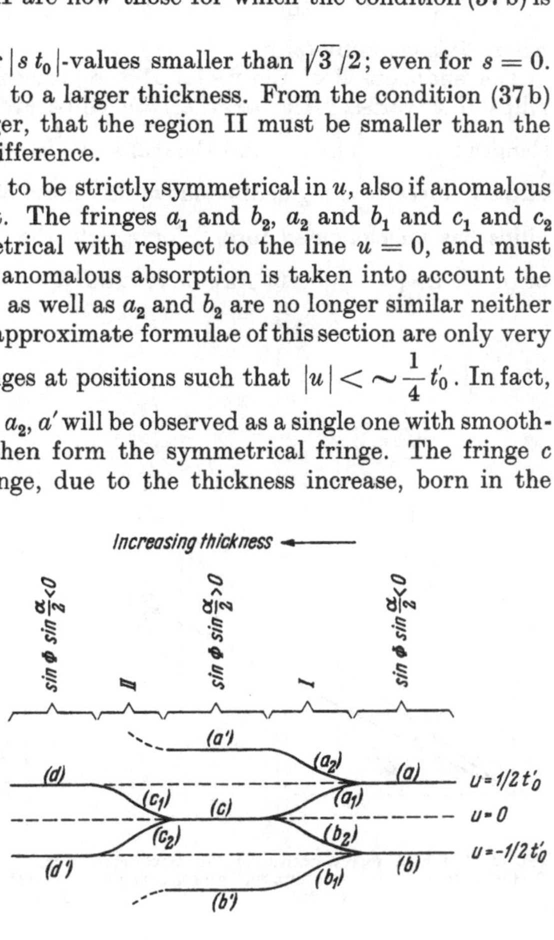


Fig. 13. Schematical representation of the aspect of the central part of the bright-field pattern due to a stacking fault in a foil with continuously increasing thickness. Full lines: dark fringes; broken lines: bright fringes. The anomalous absorption is taken into account

centre of the pattern out of the two central fringes, which have moved outwards to make space for the new dark fringe. When passing through region II, the central dark fringe splits actually into two similar dark fringes, the other fringes moving somewhat outwards to create the required space.

### *3.3.2 Dark-field image*

From (10) and (21b), it follows

$$\left(\exp i\frac{\alpha}{2}\right)S \simeq \frac{i}{\sigma t}\left\{\left(\cos\frac{\alpha}{2} - i\frac{s}{\sigma_r}\sin\frac{\alpha}{2}\right)\sin\pi\sigma z_0 + i\sin\frac{\alpha}{2}\left(\sin 2\pi\frac{u}{t_0'} + i\frac{s}{\sigma_r}\cos 2\pi\frac{u}{t_0'}\right)\right\} \quad (39)$$

for sufficiently small $u$.

Like for the bright-field image, the right-hand part of (39) can be graphically represented in the complex plane as shown in Fig. 14. If one applies the approximation (6b), the first term is represented by a constant vector $\boldsymbol{OA}$. Its length $OA$ and its phase-angle $\Phi'$ are given by

$$OA \simeq \left[\cos^2\frac{\alpha}{2} + \left(\frac{s}{\sigma_r}\right)^2\sin^2\frac{\alpha}{2}\right]^{1/2}\frac{1}{2}\exp\pi\frac{z_0}{t_0'}, \qquad \Phi' = \Phi + \frac{\pi}{2}, \quad (40\text{a, b})$$

where $\Phi$ is given by (35b).

The endpoint $P$ of the vector $\boldsymbol{AP}$, representing the second term describes an ellips if $u$ varies. The axes of the ellips are parallel to the imaginary axis $\left(\text{length } 2a, a = \left|\sin\frac{\alpha}{2}\right|\right)$ and the real axis $\left(\text{length } 2b, b = \frac{|s|}{\sigma_r}a\right)$. For $s = 0$, this ellips reduces to a segment as shown in Figure 15. For the $s$-values of interest, the ellips has an elongated form. For $u = 0$, the point $P$ is in $m$, if $s\left(\sin\frac{\alpha}{2}\right) > 0$, or in $m'$, if $s\left(\sin\frac{\alpha}{2}\right) < 0$. As $u$ increases $P$ describes the ellips in the clockwise sense

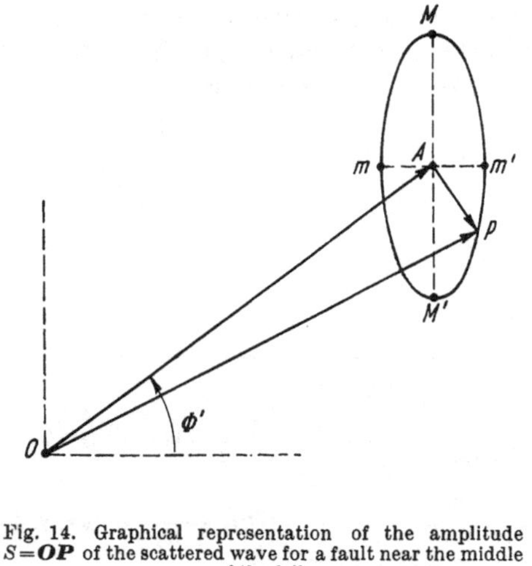


Fig. 14. Graphical representation of the amplitude $S = \boldsymbol{OP}$ of the scattered wave for a fault near the middle of the foil

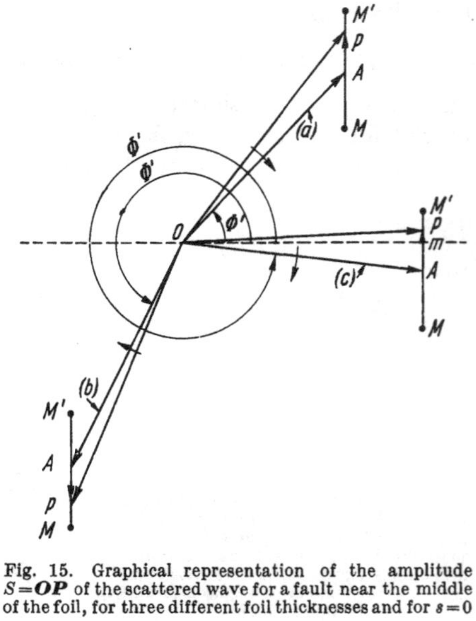


Fig. 15. Graphical representation of the amplitude $S = \boldsymbol{OP}$ of the scattered wave for a fault near the middle of the foil, for three different foil thicknesses and for $s = 0$

if $s > 0$ and in the counterclockwise sense if $s < 0$. $P$ will be in $M$ and $M'$ for $|u| = \frac{1}{4} t_0'$.

For a thick crystal the second term of (39) has a modulus much smaller than the modulus of the first term. To a first approximation, one might state that the mean intensity in the centre of the fault is given by

$$I_S \simeq \left[\cos^2 \frac{\alpha}{2} + \left(\frac{s}{\sigma_r}\right)^2 \sin^2 \frac{\alpha}{2}\right] I_S^{(0)} \tag{41a}$$

or for small $s$ and $\alpha = \pm 2\pi/3$

$$I_S \simeq \frac{1}{4} I_S^{(0)}. \tag{41b}$$

The approximation (21b) is only acceptable for small values of $u$. The conclusions drawn in this section are then only true for the first fringe at both sides of the foil centre.

Let us consider first the important case $s = 0$. Fig. 15a, b and c show the graphical representation for three different thicknesses. As the thickness increases the vector $\boldsymbol{OA}$ rotates in the sense indicated by the arrows. Its length increases also slowly; the point $A$ describes an arc of a logarithmic spiral.

A discussion as for the bright-field can again be developed.

(1) The projection of $O$ on the line $M\,M'$ falls outside the segment $MM'$ like in Fig. 15a and 15b. This will be so, if ($\varphi = 0$ for $s = 0$):

$OA\ |\sin \Phi'| > \left|\sin \frac{\alpha}{2}\right|$, or if (35a), (40) and (35b) are taken into account, if

$$|\sin \Phi'| = \left|\cos\left(\pi \frac{z_0}{t_0'} - \varphi\right)\right| > \frac{|\sin \alpha/2|}{\left[\cos^2 \frac{\alpha}{2} + \left(\frac{s}{\sigma_r}\right)^2 \sin^2 \frac{\alpha}{2}\right]^{1/2}}\, 2 \exp - \pi \frac{z_0}{\tau_0'}. \tag{42a}$$

For the foils under consideration, $z_0$ is sufficiently large to make the second member of (42a) smaller than one. From the Fig. 15a and b, one concludes:

(a) If $(\sin \Phi')\left(\sin \frac{\alpha}{2}\right)$ is positive, $u = \frac{1}{4} t_0'$ represents a maximum (for $\sin \alpha/2 > 0$, $P$ is in $M'$ on Fig. 15a, and for $\sin \frac{\alpha}{2} < 0$, $P$ is in $M$ on Fig. 15b). A minimum is reached for $u = -\frac{1}{4} t_0'$ (for $\sin \frac{\alpha}{2} > 0$, $P$ is in $M$ on Fig. 15a; for $\sin \frac{\alpha}{2} < 0$, $P$ is in $M'$ on Fig. 15b).

(b) If $(\sin \Phi')\left(\sin \frac{\alpha}{2}\right)$ is negative, $u = \frac{1}{4} t_0'$ corresponds to a dark, and $u = -\frac{1}{4} t_0'$ to a bright fringe. The central line $u = 0$ is not a fringe: there is a bright fringe at one side and a dark one at the other side. Once again, a change of the type of fault ($\alpha \to -\alpha$), or a sufficiently large change in thickness ($\sin \Phi' \to -\sin \Phi'$) results in fringe reversal.

(2) If the thickness increases from a value for which $\sin \Phi' \gtrless 0$, to a value for which $\sin \Phi' \lessgtr 0$, one passes through a thickness interval for which the projection $m$ of $O$ on the line $MM'$ falls between the points $M$ and $M'$ as shown in Fig. 15c. This will happen if

$$OA\ |\sin \Phi'| < \left|\sin \frac{\alpha}{2}\right|,$$

or,

$$|\sin \Phi'| = \left|\cos\left(\pi \frac{z_0}{t_0'} - \varphi\right)\right| < \frac{\sin \frac{\alpha}{2}}{\left[\cos^2 \frac{\alpha}{2} + \left(\frac{s}{\sigma_r}\right)^2 \sin^2 \frac{\alpha}{2}\right]^{1/2}} 2\left(\exp - \pi \frac{z_0}{\tau_0'}\right). \tag{42b}$$

This thickness interval is centered around $z_0 \simeq \left(k + \frac{1}{2} + \frac{\varphi}{\pi}\right) t_0'$ and it becomes smaller if the foil thickness increases.

From Fig. 15c follows immediately:

(a) The points $M$ and $M'$ of Fig. 15c, corresponding to $u = \pm \frac{1}{4} t_0'$ now both lead to maxima.

(b) The minima, i. e. the positions of the dark fringes, are now defined by

$$O\,A \sin \Phi' + \sin \frac{\alpha}{2} \sin 2\pi \frac{u_m}{t_0'} = 0 ,$$

or

$$\sin 2\pi \frac{u_m}{t_0'} = - \frac{O\,A \sin \Phi'}{\sin \frac{\alpha}{2}} = - \frac{\left[\cos^2 \frac{\alpha}{2} + \left(\frac{s}{\sigma_r}\right)^2 \sin^2 \frac{\alpha}{2}\right]^{1/2}}{\sin \frac{\alpha}{2}} \frac{1}{2} \left(\exp \pi \frac{z_0}{\tau_0'}\right) \cos\left(\pi \frac{z_0}{t_0'} - \varphi\right). \tag{43}$$

Let us examine again how the geometrical aspect of the central part of the fringe pattern will be, if the fault occurs in a foil with continuously increasing thickness. The expected aspect is schematically represented in Fig. 16. Observations will be discussed in 5.

The dark fringe closest to the centre, i.e. at $u = \frac{1}{4} t_0'$ or $u = -\frac{1}{4} t_0'$ disappears and becomes a bright one at a thickness $z_0$ for which condition (42b) starts to be satisfied. Instead of this dark fringe, two new dark fringes of which the positions are given by (43) appear. For the thickness at which (42b) starts to be satisfied $\left|\sin 2\pi \frac{u_m}{t_0'}\right|$ is close to one, and the two new dark fringes are close to the former dark one; there is one at each side in positions symmetrical with respect to the bright fringe. One can say, that the formerly dark fringe has split into two new ones. From the graphical construction follows also in a straightforward way that the contrast of these new fringes is at first poor. If the thickness continues to increase, $m$ describes the segment $MM'$, going from $M$ to $M'$ and the two dark fringes will separate more and more. For a thickness such that the second member of (43) is zero, the two dark fringes are at $u = 0$ and at $u = \frac{1}{2} t_0'$ or $-\frac{1}{2} t_0'$. Their distance is then $\frac{1}{2} t_0'$; this is the value predicted by the theory neglecting anomalous absorption for $s = 0$. For a thickness for which the condition (42b) stops to be satisfied, their separation is again $t_0'$. One notices again that, after having swept the thickness region defined by (42b), fringe reversal has taken place, and also that in the centre of the pattern a dark fringe has been added.

The formulae on the basis of which this discussion is developed are only valid if $|u|$ is sufficiently small. One can expect then the splitting to occur only for the most central fringe, at $u = \frac{1}{4} t_0'$ or at $u = -\frac{1}{4} t_0'$. For the fringe numbered 1

(Fig. 16), $|u|$ remains smaller than $\frac{1}{4} t'_0$: the approximation is very good. For the fringe numbered 2, the approximation, although very good near the branching point, will become worse farther away. Fringe 2 might not have the same form and the same contrast as fringe 1. In fact, we believe that the original dark fringe $a$, fringe 2 and the new dark fringe $a'$ will be observed as one fringe with smoothly changing direction. The fringes 1 and $a''$ will then show up as a supplementary new dark fringe born in the central part of the pattern.

Another interesting detail will now be emphasized. The branching of the central dark fringe(s) occurs for the bright-field image as well as for the dark-field images. However, for the bright-field it will happen at a thickness in the vicinity of $z_0 \simeq \left(k + \frac{\varphi}{\pi}\right) t'_0$, while for the dark-field the branching occurs in a thickness range around $z_0 \simeq \left(k + \frac{1}{2} + \frac{\varphi}{\pi}\right) t'_0$. One concludes that the described phenomena of branching will show up at different thicknesses in bright- and dark-field, the difference being about half an extinction distance. Since $\varphi$ is small, one might expect that the splitting will occur in a bright extinction contour as well in the bright-, as in the dark-field images. In 5. it will be shown that this prediction is born out by the observation.

If $s$ is small but different from zero, the situation is more complicated. One can see, however, that the central part of the fringe pattern has to resemble closely the scheme of Fig. 16, provided $s$ is small. Fig. 17a, b, c, show the graphical representation for $s\, t_0 \neq 0$ and respectively for thicknesses such that $\Phi' = \frac{\pi}{2}$, 0 and $-\frac{\pi}{2}$. Moreover, we shall assume that the foil is not extremely thick, such that

$$O\,A < \frac{\sigma_r}{|s|\,(\sigma_r\, t_0)^2} \left|\sin \frac{\alpha}{2}\right|, \tag{44}$$

but also such that $z_0 > 0.4\, \tau'_0$.

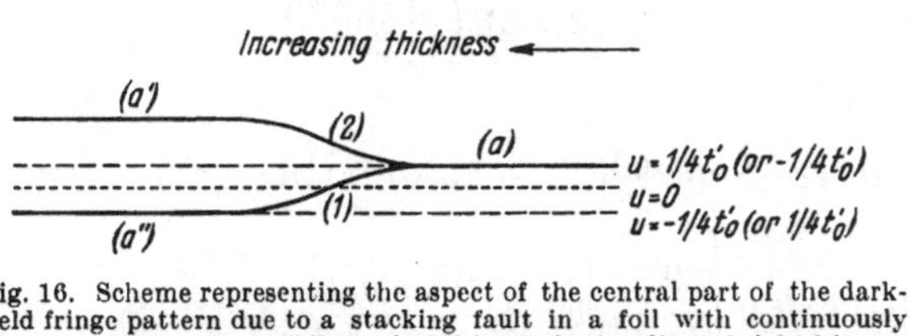


Fig. 16. Scheme representing the aspect of the central part of the dark-field fringe pattern due to a stacking fault in a foil with continuously increasing thickness. Full lines: dark fringes; broken lines: bright fringes; dotted line: central line of the image. Anomalous absorption is taken into account

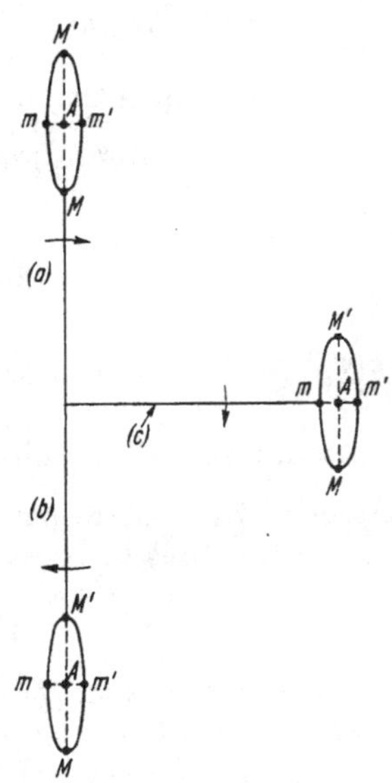


Fig. 17. Graphical representation of the amplitude $S$ of the scattered wave for a fault near the middle of the foil, for $s \neq 0$ and for three particular thicknesses

The first condition can always be satisfied provided one takes $s$ sufficiently small. If the second condition is fulfilled, one has surely $OA > AM = AM' = \left|\sin\frac{\alpha}{2}\right|$. Let us suppose that $s\,t_0 > 0$ and $\sin\frac{\alpha}{2} > 0$. The discussion for all other sign combinations is similar. Suppose first $\Phi' = \frac{\pi}{2}$. The bright fringe is then at a depth distance $u = \frac{1}{4}t_0'$ (point $M$ in Fig. 17a) and the dark fringe is at $u = -\frac{1}{4}t_0'$ (point $M'$ on Fig. 17a). If the thickness has increased by one extinction distance, one has $\Phi' = -\frac{\pi}{2}$ (Fig. 17b). The bright fringe is now at $u = -\frac{1}{4}t_0'$ (point $M'$) and the dark one at $u = \frac{1}{4}t_0'$. Fringe reversal has taken place. During this increase in thickness, one has passed the point where $\Phi' = 0$ (Fig. 17c). With $u = -\frac{1}{4}t_0'$ does not correspond any longer a minimum like for $\Phi' = \frac{\pi}{2}$. The dark fringe has disappeared. However, for $\Phi = 0$, two new minima appear at $u = 0$ and $u = \frac{1}{2}t_0'$, provided the condition (44) is satisfied. This can be demonstrated as follows. From (39) we deduce for $u = 0$ and $u = -\frac{1}{2}t_0'$:

$$S = (i/\sigma\,t)\left(\exp - i\,\frac{\alpha}{2}\right)\left(OA \mp \frac{s}{\sigma_r}\sin\frac{\alpha}{2}\right),$$

$$\mathrm{d}S/\mathrm{d}u = (i/\sigma\,t)\left(\exp - i\,\frac{\alpha}{2}\right)(2\,\pi/t_0)\left(\pm i\sin\frac{\alpha}{2}\right)$$

(the upper sign applies for $u = 0$, the lower sign for $u = -\frac{1}{2}t_0'$).
From this follows

$$\mathrm{d}|S|^2/\mathrm{d}u = S(\mathrm{d}S^*/\mathrm{d}u) + S^*(\mathrm{d}S/\mathrm{d}u) = 0\,.$$

In the same way, one obtains

$$\mathrm{d}^2S/\mathrm{d}u^2 = (i/\sigma\,t)\,(\exp - i\,\alpha/2)\,(2\,\pi/t_0)^2\left(\pm\sin\frac{\alpha}{2}\right).$$

One has consequently

$$\mathrm{d}^2|S|^2/\mathrm{d}u^2 = S(\mathrm{d}^2S^*/\mathrm{d}u^2) + S^*(\mathrm{d}^2S/\mathrm{d}u^2) + 2(\mathrm{d}S/\mathrm{d}u)\,(\mathrm{d}S^*/\mathrm{d}u)$$

$$= [2/(\sigma_r t_0)^2]\,(2\pi/t_0)^2\left[\frac{\sin^2\frac{\alpha}{2}}{(\sigma_r\,t_0)^2}\right]\left[1 \pm \frac{OA\,s\,(\sigma_r\,t_0)^2}{\sigma_r\sin\alpha/2}\right].$$

$\mathrm{d}^2|S|^2/\mathrm{d}u^2$ is always positive, whatever the signs of $\sin\frac{\alpha}{2}$ and of $s$ are, provided the condition (44) is fulfilled. This proves that $u = 0, -\frac{1}{2}t_0'$ are minima. An aspect of the central part of the fringe pattern equivalent to the one described for $s = 0$ is thus to be expected.

## 4. The Nature of Stacking Faults

In a previous paper [7] a practical method was described to determine the nature of stacking faults in f.c.c. crystals, in sufficiently thick foils. The method was based on a comparison between bright- and dark-field images. If one is only interested

Table 3

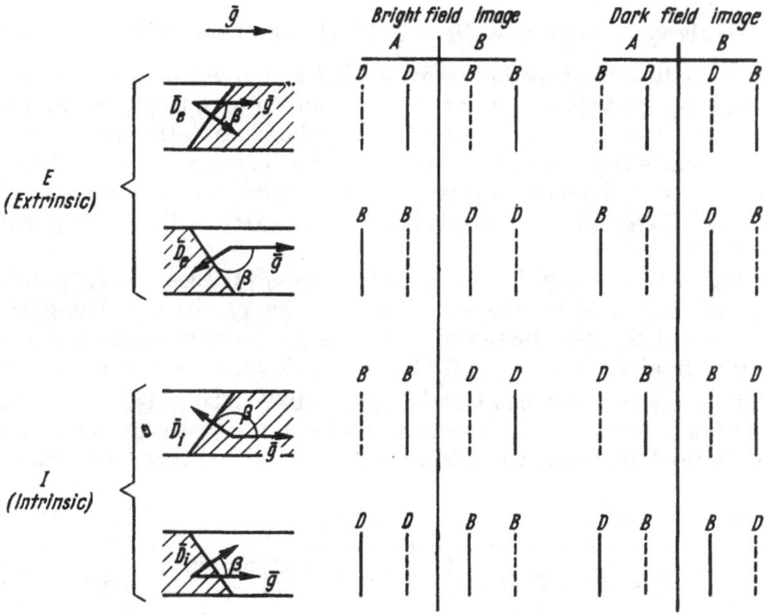


in the nature of the fault, one can obtain this information from the *dark-field image alone*. It is the purpose of this paragraph to show this.

In fact it is sufficient to reformulate the results of table 1 and 2 in reference [7] in a different manner. In this way we can construct table 3, in which all possible geometrical cases are considered.[4]) It is assumed that the diffraction vector is pointing to the right. This means no loss in generality since it is always possible to orient the image in such a way.

The first fringe at the top surface is indicated by a full line while the bottom fringe is represented as a dotted line. *B* means bright, while *D* means dark. If one notes that $\boldsymbol{g} = \boldsymbol{g}_0 + \boldsymbol{g}_p$, where $\boldsymbol{g}_p$ is the projection of $\boldsymbol{g}$ on the plane of the drawing, which is the plane normal to the intersection line of the fault plane and the foil surface, and which contains the displacement vector $\boldsymbol{D}$, one has:

$$\alpha^* = 2\pi\, \boldsymbol{g}\cdot\boldsymbol{D} = 2\pi\,(\boldsymbol{g}_0 + \boldsymbol{g}_p)\cdot\boldsymbol{D} = 2\pi\,\boldsymbol{g}_p\cdot\boldsymbol{D} = 2\pi\,|\boldsymbol{g}_p|\cdot|\boldsymbol{D}|\cos\beta\,.$$

In the Fig. of table 3 the vector $\boldsymbol{g}_p$ has been indicated together with the angle $\beta$. The vector $\boldsymbol{g}$ being parallel to the foil surface, $\boldsymbol{g}_p$ will be parallel to the intersection line of the foil surface and the plane of the drawing. The situations shown in table 3 will be labelled one to four from top of bottom of the table. It is sufficient to find out the sign of $\sin\frac{\alpha}{2}$ $[|\alpha| < \pi,\ \alpha = \alpha^* \pmod{2\pi}]$ for one of the situations, for instance situation one. For symmetry reasons, it is clear that $\beta$ is the same for situations one and four, and also for the situations two and three. The second value of the angle will be the supplement of the first. Obviously $\sin\frac{\alpha}{2}$ has the

[4]) Although only the dark-field image is needed, we also represent the bright-field image in case the slope of the fault plane is wanted.

same sign for the case four as for the case one, and for the two other cases the opposite sign.

One can always assume that $\boldsymbol{D}_e = \frac{1}{3}$ [111]. From the diffraction pattern one can always deduce the type of the active diffraction vector $\boldsymbol{g} = [h\,k\,l]$, i.e. one knows the absolute values of $h$, $k$ and $l$, but not the sign to put in front of them. In view of the special form of vector $\boldsymbol{D}_e$, a cyclic permutation of the indices $h$, $k$ and $l$ is obviously irrelevant. We will show now that one can nevertheless determine the nature of the fault, if $\boldsymbol{g}$ is one of the commonly encountered diffraction vectors [200], [400], [220], [440], [111] or [222], each with all its possible sign combinations.

Since one has $\alpha^* = 2\pi \boldsymbol{g}\cdot\boldsymbol{D}_e = 2\,\pi\,\boldsymbol{g}_p\cdot\boldsymbol{D}_e = 2\pi\,|\boldsymbol{g}|\,|\boldsymbol{D}_e|\cos\gamma = 2\pi|\boldsymbol{g}_p|\,|\boldsymbol{D}_e|\cos\beta$. the sign of $\cos\beta$ will be the same as the sign of $\cos\gamma$, $\gamma$ being the angle formed by $\boldsymbol{g}$ and $\boldsymbol{D}_e$. For the situation one, $\cos\beta$ is positive, i.e. $\cos\gamma$ is positive, or $\boldsymbol{g}\cdot\boldsymbol{D}_e > 0$ or finally $h + k + l > 0$. For the diffraction vectors under consideration, this means that one has to take [200], [400], [220], [440], [11$\bar{1}$], [22$\bar{2}$], all other sign combinations yield a value of $h + k + l$, either negative or a multiple of three; in the latter case, there is no fringe pattern. One can construct now the table 4.

Table 4

| Differaction vector $\boldsymbol{g}$ | $\alpha^* = 2\,\pi\,\boldsymbol{g}\cdot\boldsymbol{D};\ \boldsymbol{D} = \frac{1}{3}$ [111] | $\alpha = \alpha^*$ (mod $2\,\pi$), $\lvert\alpha\rvert < \pi$ | $\operatorname{sgn}\left(\sin\frac{\alpha}{2}\right)$ | Class |
|---|---|---|---|---|
| [200] | $4\,\pi/3$ | $-2\,\pi/3$ | — | A |
| [22$\bar{2}$] | $4\,\pi/3$ | $-2\,\pi/3$ | — | A |
| [440] | $16\,\pi/3$ | $-2\,\pi/3$ | — | A |
| [400] | $8\,\pi/3$ | $2\,\pi/3$ | + | B |
| [11$\bar{1}$] | $2\,\pi/3$ | $2\,\pi/3$ | + | B |
| [220] | $8\,\pi/3$ | $2\,\pi/3$ | + | B |

Consequently we have to consider two classes of diffraction vectors:

(1) Class A: $\sin\frac{\alpha}{2}$ is negative for the cases one and four, but positive for the cases two and three.

(2) Class B: $\sin\frac{\alpha}{2}$ is positive for situation one and four, negative for situations two and three.

Table 3 can now be constructed easily. The results of this table can be summarized in one rule: Orient the image in such a way that the diffraction vector points to the right of the intersection line of the fault plane and the foil plane. If the reflection belongs to class A, and if the bright fringe in the dark-field image is at the right the fault is intrinsic; if the right fringe is a dark one, the fault is extrinsic. The reverse is true for reflections belonging to class B. This rule becomes evident when looking at table 3.

## 5. Observations

Fig. 18a and 18b show the bright- and the dark-field image of a stacking fault in a wedge-shaped foil of a Cu-15% Ga alloy. The wedge character is indicated by the thickness extinction contours. A partial dislocation, $AB$ on the photograph, is present. When crossing this line, the type of the fault changes since $\alpha + \alpha = 2\,\alpha = -\,\alpha \pmod{2\,\pi}$ for $\alpha = \pm\,2\,\pi/3$. It is plausible to accept that the two faults occur in planes at a relative distance very small compared to the extinction distance. Summing up the phase factors is then allowed.

The properties discussed in 3. shall now be illustrated with the help of these figures. Some of these properties have already been observed by Hashimoto et al. [3 to 6]. However, different details of the stacking fault images, in particular those associated with thickness changes, have, to the best of our knowledge never been reported. An accurate determination of the $s$-value has been impossible. We are however sure that this value is very small and does not change significantly over the region of the stacking fault.

### *5.1 The nature of the first and last fringe*

One notes immediately that in the part below the line $AB$, which we will call $X$, the two outer fringes of the bright-field image are bright with an intensity well above the background intensity. The bordening dark fringe has, as predicted,

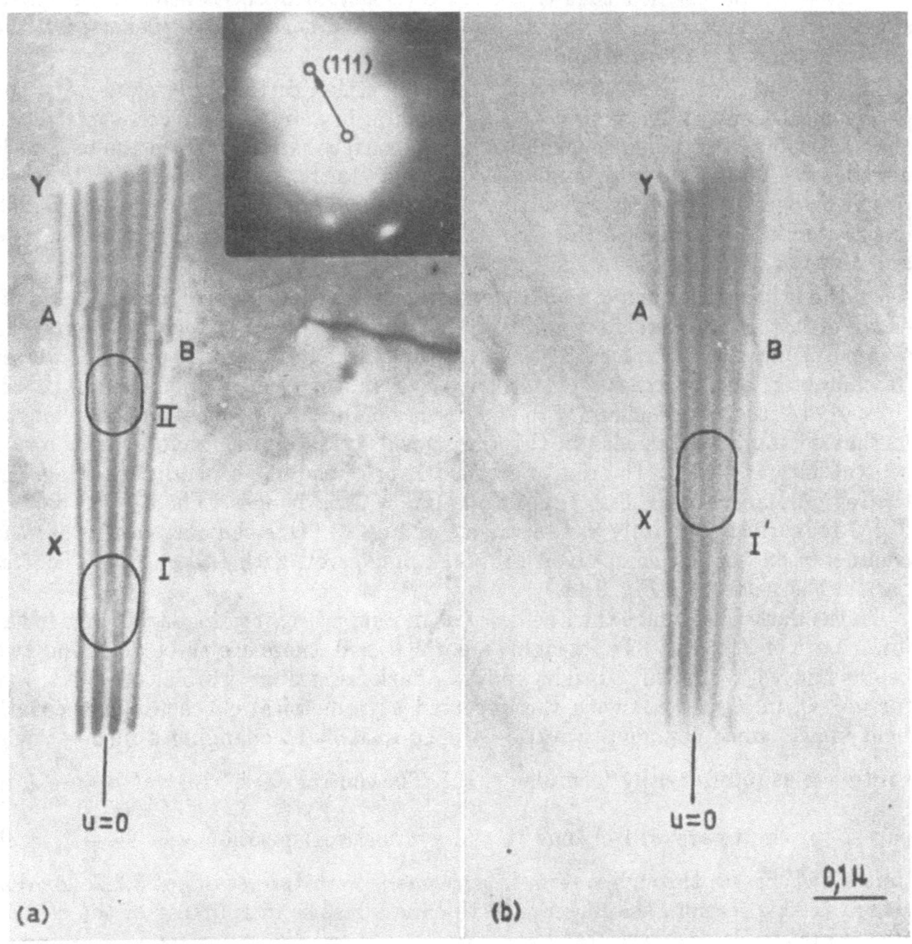


Fig. 18. Image of a stacking fault in a wedge-shaped part of a Cu-15% Ga foil. (a) Bright-field image. Diffraction pattern as an inset. (b) Dark-field image. $AB$: partial dislocation

a low intensity, while the next bright fringe is less bright than the first one. As discussed, one has $\sin \frac{\alpha}{2} > 0$. Above $AB$, in the part which we will call $Y$, the outer fringes are dark. The fault has changed its character, one has $\sin \frac{\alpha}{2} < 0$. The diffraction pattern is given as an inset in Fig. 18a. The active diffraction spot is of the (111)-type. According to the convention given in 4., the right first fringe of the dark-field image is dark in region $Y$ and bright in region $X$. As a consequence, it follows from the rule, stated in 4., that the fault is intrinsic in $Y$, whereas it is extrinsic in $X$ or, stated otherwise, that in $X$ two overlapping faults on nearby planes are present.

The two outer fringes of the dark-field image are different. At the left, the bright- and dark-field images are similar; this region corresponds to the intersection of the fault plane with the entrance surface.

### *5.2 Central part of the patterns*

It can also be verified that the mean intensity near the centre of the foil is small with respect to the background intensity, and that, in the thicker part, the central fringes have poorer contrast.

The central line of the pattern is the intersection of the fault plane with the geometrical locus of the points $u = 0$, which is in general a curved surface. In the particular case under consideration, this surface is plane, since the crystal is a wedge with a small wedge angle. If one neglects the anomalous absorption the bright fringes of the bright-field image and the dark fringes of the dark-field image should be parallel to this line. The line $u = 0$ is indicated in the Fig. 18a and 18b.

On the bright-field image, $u=0$ corresponds, in part $X$, to a bright fringe, flanked at either side by two dark and two bright fringes, in accord with the expected symmetry in $u$ for this image. The central fringe which is bright in part $X$, reverses its character, and becomes alternatively dark and bright, each time $\sin \Phi$ passes through a zero, in agreement with the discussion of 3.3.1. As discussed at length in that section, the increase in thickness results in a splitting either of the two central dark fringes, in the region marked I, or of the one central dark fringe, in the region marked II in Fig. 18a, into two new dark fringes. The central part of Fig. 18a, corresponds fully to the scheme of Fig. 13. One can also verify that the comments on this scheme, given in 3.3.1., agree well with the observed central part of the pattern of Fig. 18a.

On the dark-field image the line $u = 0$ is neither a bright nor a dark fringe in the lower part of Fig. 18b. To its right, i. e. for $u > 0$, there are three dark and two bright fringes, while three bright and two dark fringes are visible to its left, i. e. for $u < 0$, in agreement with the expected asymmetrical character of the dark field image, since changing $u$ into $-u$ is equivalent to changing $\alpha$ into $-\alpha$ and $s$ into $-s$ as indicated by formulae (16b). The central dark fringe at $u = \frac{1}{4} t_0'$ in part $X$ of the figure will change to the symmetrical position $u = -\frac{1}{4} t_0$, each time $\sin \Phi'$ passes through a zero, in agreement with the results of 3.3.2. As discussed in this section, the increase in thickness results in splitting of the central fringe, at $u = \frac{1}{4} t_0'$, into two components as shown in region I′ of Fig. 18b. The central part of the observed dark-field image agrees well with the scheme of Fig. 16 and with the comments on this scheme in 3.3.2.

The regions I and II of the bright-field image are centered around a thickness satisfying $\sin \Phi = 0$, while the region I′ of the dark-field image falls around a thickness for which $\sin \Phi' = \cos \Phi = 0$. Since $\Phi = -\pi \frac{z_0}{t_0'} + \varphi$ ($\varphi$: small), this means clearly that the region I′ should be displaced with respect to the region I over an amount $\frac{1}{2} t_0'$, and, in particular, that I′ should be midway between I and II. This is observed, as well as the prediction that I, II and I′ occur in bright extinction contours, and that II is not so extended in projected thickness increase as I.

To the region II of the bright-field image should correspond a region II′ of the dark-field image where splitting should occur again. However, this region should be displaced with respect to II in the direction of increasing thickness over an amount $\frac{1}{2} t_0'$. This region II′ is not observed. This clearly means that the foil is not thick enough for this region to be present.

### *5.3 Patterns close to the surfaces*

The geometry of the fringe patterns close to the surfaces deviates from the theoretical geometry predicted by the theory ignoring anomalous absorption. However, the observations are quite easily explained if one reexamines the conclusions of the discussion of 3.2. One has found that the positions of the outer fringes are determined by their distance to the nearby foil surface. As a consequence, they should be parallel to the intersection of the surface and the fault plane. Since the crystal is wedge-shaped the two surfaces are in fact non parallel. As a consequence, the first and last fringe (top and bottom surface) should form a small angle and be, in particular, non parallel to the central fringe $u = 0$. One sees immediately in Fig. 18 that this is so in the thicker part of the foil.

Fig. 19a and 19b (diffraction pattern as inset) show the bright- and the dark-field image of a stacking fault in a thicker region of the same foil. There are some interesting details:

(i) It will be shown that several significant details of the images can be explained if one assumes that $s\,t_0$ has a small positive value.

The background intensity of the bright-field is then high, as observed, since for $s\,t_0 > 0$ we have "easy" transmission. The first fringe of the bright-field image is dark. As a consequence: $\sin \frac{\alpha}{2} < 0$. From the graphical construction of $f(s, \alpha)$, for $\alpha = -2\pi/3$ and $s\,t_0 = 0.4$, given in 3.2. (Fig. 11), it follows that the intensity of the first bright fringe of the bright-field image should be of the ordre of magnitude of the intensity of the background intensity, while the second bright fringe should be less bright than the background. This is immediately verified on Fig. 19a.

The intersection of the fault plane and the bottom surface is at the left side in Fig. 19, where bright- and dark-field images are pseudo-complementary. The fringe intensities of the dark-field image at that side are now defined by $f(-s, -\alpha)$ (see 2.3.). The parameter $-s\,t_0$ (for instance $-0.4$) is now negative, while $-\alpha = \frac{2\pi}{3}$. To this case correspond, as discussed in 3.2 (Fig. 7), large values for $I_T^{(\max)}/I_T^{(0)} = 2.68; 1.74; 1.21$ for the first three bright fringes. The third has still

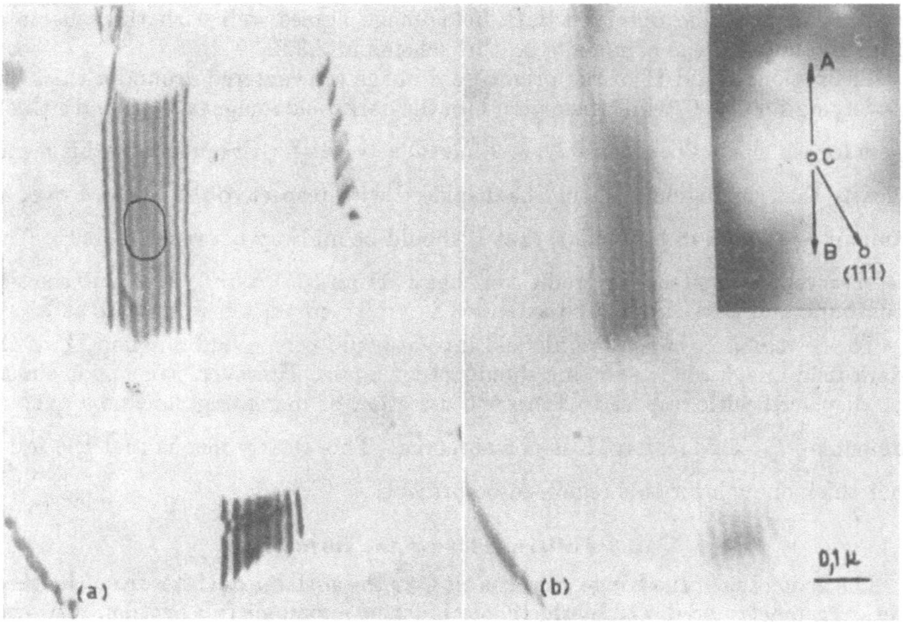


Fig. 19. Image of a stacking fault in a Cu-15% Ga foil: (a) Bright-fieldi mage, (b) Dark-field image. Diffraction pattern as an inset

an intensity comparable with the background intensity. This prediction agrees very well with the dark-field fringe image shown in Fig. 19b.

(ii) The thickness changes only slightly over the region where the stacking fault is present. Nevertheless, one observes in Fig. 19a that at the top end of the fault there is one dark fringe more than at its lower end. This proofs that an extra fringe can be added even if the total change in thickness is only a relatively small fraction of an extinction distance. However, this feature can be explained on the basis of the discussion of 3.3.1. At the thinner part, one has $\sin \Phi > 0$ and at the thicker part $\sin \Phi < 0$. The region where the splitting occurs is defined by (37b). Since $s$ is rather large and positive and since the foil is thick, this region extends only over a small thickness interval. It is then possible that a rather small thickness increase covers completely this interval.

(iii) The same reasoning should apply to the dark-field image, but at a thickness which is half an extinction distance larger than for the bright-field image. The total increase in thickness is obviously smaller than $\frac{1}{2} t'_0$. As a consequence, no splitting occurs in the dark-field. The number of dark fringes should be the same at the thin and at the thick end, as observed in Fig. 19b.

Fig. 20a and 20b show a further example of a bright- end dark-field image of a stacking fault exhibiting this feature. At the lower end of Fig. 20a, there are nine dark fringes, whereas ten dark fringes are visible at the upper end. The region where splitting occurs is marked in the figure. On the other hand, in the dark-field image, the number of dark fringes, nine, remains the same over the full length of the fault.

We think that this feature is another striking example of the fact that bright- and dark-field images are not complementary. The interest is, we believe, that

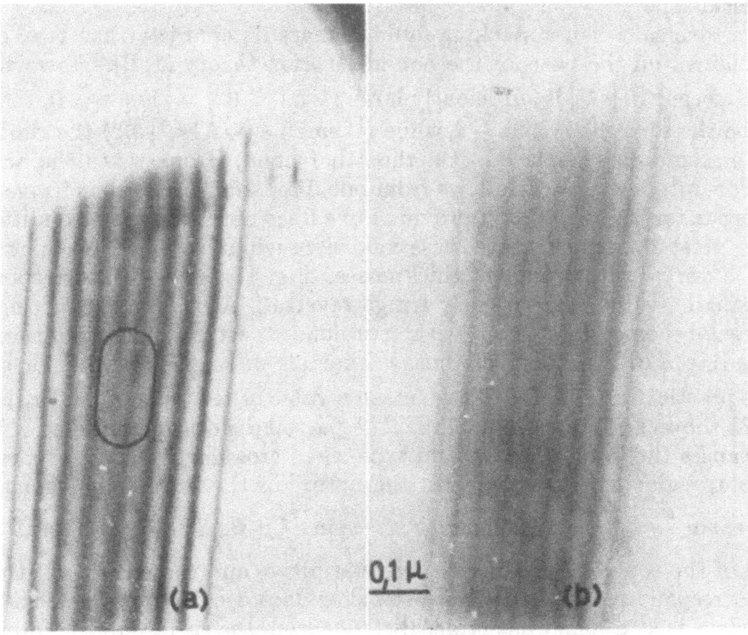


Fig. 20. Image of a stacking fault in a Cu-15% Ga foil:
(a) Bright-field image; (b) Dark-field image

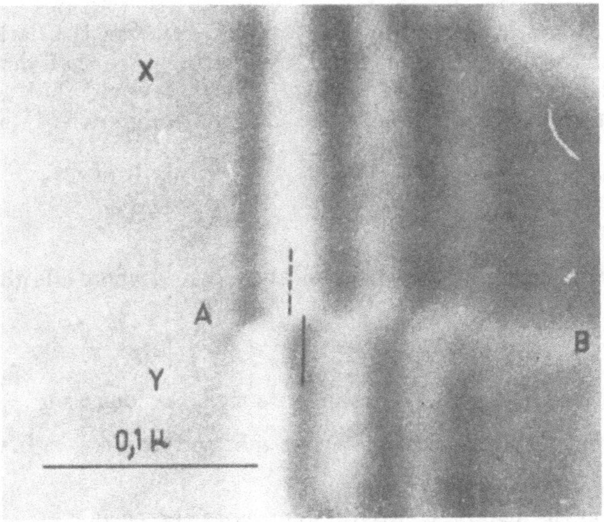


Fig. 21. Bright-field image of a stacking fault in a Cu-15% Ga foil showing fringe reversal where the fault changes its type due to a partial dislocation. Notice the shift of outer fringes on reversing

it proves that the dark- and bright-field images can be different even in their geometrical aspect.

Fringe reversal when a stacking fault changes its character has been observed and explained on the basis of the non-absorption theory [1, 2]. However, it can then only occur if $|s\,t_0|$ is sufficiently large ($|s\,t_0| > \sqrt{3}/2$). For $s = 0$, the pattern should be the same for $\alpha$ and $-\alpha$, while for small $s$ ($|s\,t_0| < \sqrt{3}/2$) the dark fringes should be somewhat displaced. On the other hand, if one takes the anomalous absorption into account, it follows from our discussions in 3., that fringe reversal has to occur for all values of $s$, provided one does not satisfy the condition (37b) or (42b). Most important is that these conditions will be satisfied, for thick crystals, only for a very limited range of thicknesses. Fig. 18a and 18b, corresponding to a very small $s$-value, show clearly fringe reversal. A bright (dark) fringe below the line $AB$ becomes dark (bright) when prolonged, without changing its direction, over the line $AB$. Fig. 21 gives another example of such a reversal for a $s$-value which is practically zero. By this we mean a value of $|s\,t_0|$ much smaller than $\sqrt{3}/2$.

Fig. 21 shows an interesting detail. The partial dislocation, marked $AB$ on the figure, causes the fault to change its type when crossing $AB$ from top, region $X$, to bottom, region $Y$. As should be, the nature of the first fringe changes: dark in $X$, i. e. $\sin\frac{\alpha}{2} < 0$, and bright in $Y$, i. e. $\sin\frac{\alpha}{2} > 0$. The figure reveals that the position of the centre of the dark fringe just above and the position of the centre of the corresponding bright fringe just below do not coincide. The centre of the bright fringe is at a somewhat larger distance from the surface of the foil than the corresponding dark fringe. As remarked in 3.2.1, one is justified in identifying $t_0'$ to the depth distance of the first fringe and the next one of the same nature. One can estimate then that the difference in depth position of the first fringe just above and below $AB$ is about $\frac{1}{7}\,t_0'$. The same is true for the positions of the first of the bright fringes in $X$ and the position of the first of the dark fringes in $Y$. Their approximate centres are marked on Fig. 21. We shall demonstrate now that this shift in position can be explained by theory and that the observation enables the determination of the sign of $s\,t_0$ and the estimation of its numerical value.

According to 3.2.1, the depth position of the first fringe is

$$z_i = \left(\frac{1}{4} + \frac{\varphi}{2\pi}\right) t_0' \,, \tag{45}$$

where $z_i$ is the distance from the surface of the foil, and where $\varphi$ is given by formula (23c), i. e.

$$\operatorname{tg}\varphi = -\frac{s}{\sigma_r}\operatorname{tg}\frac{\alpha}{2}\left(|\varphi| < \left|\frac{\alpha}{2}\right|\right)(|\alpha| < \pi)\,. \tag{46}$$

If $\alpha$ changes its sign, $\varphi$ will also change its sign. As long as $\varphi \neq 0$, i. e. $s \neq 0$, $z_i$ will be different for $\sin\frac{\alpha}{2} < 0$, i. e. above $AB$, and for $\sin\frac{\alpha}{2} > 0$, i. e. below $AB$: theory explains the observed shift.

Depending on the sign of $s$, two different cases can occur:

(i) $s < 0$. One has then $\varphi > 0$ if $\sin\frac{\alpha}{2} > 0$ (region $Y$) and $\varphi < 0$ if $\sin\frac{\alpha}{2} < 0$ (region $X$). As a consequence: $z_i(Y) > z_i(X)$: the first bright fringe in $Y$ is further from the surface than the first dark one in $X$. The situation of Fig. 21 gives rise

to this type of shift. As a consequence, one has $s < 0$ in Fig. 21. This is consistent with the fact that the background is low and with the fact that the first bright fringe in $Y$ is very bright as compared to the background.
(ii) $s > 0$. One concludes now that the first dark fringe is at a greater distance from the foil surface than the corresponding first bright fringe.

Let us now estimate the value of $s\,t_0$. From (45) it follows that the observed shift $\Delta z_i \simeq \frac{1}{7} t_0'$ must be equal to $\frac{\varphi}{\pi} t_0'$, i. e. $\varphi \simeq \pi/7$. From this and (46) follows then in a straightforward way

$$|s/\sigma_r| = |s\,t_0|/[1 + (s\,t_0)^2]^{1/2} \simeq [\sqrt{3}/3]\,(\mathrm{tg}\,\pi/7) \qquad \text{or} \qquad s\,t_0 \simeq -0.3\,.$$

The phenomenological method commonly used for taking into account the anomalous absorption leads to a large number of predictions for the finer details of the stacking fault images which are very well born out by the observations. We think this should give us confidence in the method.

## References

[1] M. J. Whelan and P. B. Hirsch, Phil. Mag. **2**, 1121 (1957).
[2] M. J. Whelan and P. B. Hirsch, Phil. Mag. **2**, 1303 (1957).
[3] H. Hashimoto, A. Howie, and M. J. Whelan, Proc. of the European Regional Conf. on Electron Micr., **1**, 207, de Nederlandse Vereniging voor Elektronenmikroskopie, Delft 1960.
[4] H. Hashimoto, A. Howie, and M. J. Whelan, Phil. Mag. **5**, 967 (1960).
[5] H. Hashimoto, A. Howie, and M. J. Whelan, Proc. Roy. Soc. **A 259**, 80 (1962).
[6] A. Howie, Met. Rev. **6**, 467 (1961).
[7] A. Art, R. Gevers, and S. Amelinckx, phys. stat. sol. **3**, 697 (1963).
[8] A. Art, R. Gevers, and S. Amelinckx, to be published.
[9] R. Gevers, phys. stat. sol. **3**, 415 (1963).
[10] A. Howie and M. J. Whelan, Proc. of the European Regional Conf. on Electron Micr. **1**, 181, de Nederlandse Vereniging voor Elektronenmikroskopie, Delft 1960.
[11] A. Howie and M. J. Whelan, Proc. of the European Regional Conf. on Electron Micr. **1**, 194, de Nederlandse Vereniging voor Elektronenmikroskopie, Delft 1960.
[12] A. Howie and M. J. Whelan, Proc. Roy. Soc. **A 263**, 217 (1961).
[13] C. H. McGillavry, Physica, **7**, 329 (1940).

*(Received July 8, 1963)*

phys. stat. sol. 3, 1594 (1963)

*Physikalisch-Technisches Institut der Deutschen Akademie der Wissenschaften zu Berlin, Bereich elektronische Halbleiter*

# Zur Frage der Photoleitung in CdS-Spaltzellen bei Gamma-Anregung

Von

E. Schnürer

Im Zusammenhang mit Kontaktierungsfragen wird über die Oberflächenreaktion an CdS-Einkristallen bei anodischer Beglimmung berichtet. Aus dem Photostrom-Spannungsverhalten von CdS-Spaltzellen bei Gamma-Anregung wird auf eine Mitwirkung von negativen Raumladungen beim Photoleitungsmechanismus geschlossen. Von den Vorstellungen von Mott und Gurney über raumladungsbegrenzte Ströme in Isolatoren ausgehend wird der Versuch unternommen, den raumladungsbegrenzten Photostromanteil in CdS-Kristallen bei Gamma-Anregung quantitativ abzuschätzen.

On décrit la réaction superficielle de monocristaux de sulfure de cadmium exposés à une décharge à lueur pour préparer des contacts ohmiques. On suppose que l'allure des caractéristiques électriques statiques des cellules photoconductrices symétriques au sulfure de cadmium irradiées par des rayons gamma est due à des charges d'espace négatives. On cherche à évaluer l'intensité du photocourant limité par ces charges d'espace en employant les résultats de Mott et Gurney obtenus pour le cas d'une injection de porteurs de charge majoritaires dans un solide ayant une résistivité élevée.

## 1. Einleitung

Frerichs [1] züchtete aus der Gasphase CdS-Einkristalle, die ihre Leitfähigkeit auch bei Gamma- und Röntgenanregung u. U. merklich ändern [1 bis 3]. Es wird sowohl angenommen, daß die durch Gamma- oder Röntgenanregung erzeugte Photoleitfähigkeit gegenüber der bei Lichteinstrahlung erzeugten keine Besonderheiten aufweist [2, 4], als auch vermutet, daß qualitativ unterschiedliche Leitungsmechanismen auftreten können [5, 6]. Zur Klärung dieses Verhaltens wird das photoelektrische Verhalten von „ohmsch" kontaktierten Kristallen [7] bei Licht- und Gamma-Anregung besonders unter Berücksichtigung der Spannungsabhängigkeit des Photostromes verglichen [19, 33].

## 2. Herstellung und Kontaktierung der CdS-Kristalle

Die verwendeten CdS-Kristalle werden aus der Dampfphase [1] entweder durch Cd-Verdampfung oder durch Sublimation von CdS-Kristallen in einer ($H_2S + H_2$)-Atmosphäre gezüchtet. Spektralanalytisch wurden nur eben nachweisbare Spuren von Cu, Fe, Ca, Na, K und Si festgestellt. Für einige Chargen wird die Cd-Verdampfungsgeschwindigkeit variiert; diese Kristalle waren bis auf Spuren von Na, K und Si spektralrein. Die Blättchenkristalle haben Dicken von 0,01 bis 0,1 mm[1]).

[1]) Die Züchtung der Kristalle wurde von Herrn Dr. Hildisch durchgeführt, dem wir auch an dieser Stelle für die Unterstützung herzlich danken.

Fig. 1a. CdS-Kristall (durch Sublimation von CdS in $H_2$ + $H_2S$ hergestellt) 150′ beglimmt in Luftatmosphäre (0,1 Torr) bei 500 V; rechte Seite war abgedeckt

Fig. 1b. CdS-Kristall (durch Cd-Verdampfung in $H_2$ + $H_2S$ hergestellt) beglimmt wie Kristall Fig. 1a

Diese einkristallinen Blättchen werden auf Glasträgern mit 2 eingeschmolzenen Kontaktstiften mit Silikonlack aufgeklebt, der an Luft getrocknet und $^1/_2$ Stunde bei 280 °C an Luft ausgehärtet wird. Die Kristalle werden mit 0,3 bis 0,5 mm breiten Metallstreifen in der Mitte abgedeckt und die beidseitigen freien Kontaktflächen nach vorheriger Beglimmung im Hochvakuum mit Goldelektroden bedampft.

Die Beglimmung wird durchgeführt, um möglichst sperrfreie Kontakte zu erhalten [5, 7, 8]. Die Kathode ist eine Reinstaluminiumscheibe im Abstand von 9 cm vom Al-Träger der Zellen, der auf Anodenpotential liegt.

Die Beglimmung erfolgt in nicht strömender Gasatmosphäre in 2 Stufen:

1. 45′ bei 0,2 Torr Luft und 550 V/10 mA [2])
2. Erniedrigung des Drucks auf $5 \cdot 10^{-2}$ Torr Luft und 1,2 kV/10 mA[3])

Werden trägerfreie Kristalle auf Anode gelegt (Reinst-Al-Scheibe), die für die erste Beglimmungsstufe charakteristischen Gasentladungsparameter eingestellt und beglimmt, so tritt mit zunehmender Dauer eine zunächst bräunliche, dann braune (Fig. 1a) und schließlich eine metallisch graue Verfärbung (Fig. 1b) der Oberflächen auf [4, 5, 6]).

Bei CdS-Kristallen aus Züchtungschargen mit höherer Cd-Verdampfungsgeschwindigkeit tritt diese Verfärbung schon bei geringerer Beglimmungsdauer auf. Durch Sublimation gewonnene Kristalle verhalten sich in diesem Sinne wie Cd-ärmere[7]).

Die anodische Beglimmung führt demnach entgegen anderen Ansichten [7] zweifellos zu einer stofflichen Veränderung der Kristalloberfläche, in der thermisch leicht dissoziierbare S-Lücken erzeugt werden [8, 9], die zur Entstehung von Anreicherungsrandschichten führen [8, 11, 12]. Für die Entstehung solcher Randschichten sprechen auch Versuche an CdS-Sandwichzellen, die, nach vorheriger Beglimmung mit Au-Elektroden bedampft, sich ähnlich verhalten wie CdS-Zellen mit formierten In-Elektroden [13, 14].

In der 2. Beglimmungsstufe werden Anode und Kristall aufgeheizt, so daß leicht adsorbierte Oberflächenschichten abdampfen[8]).

---

[2]) Unter den vorliegenden geometrischen Verhältnissen taucht bei den angegebenen Bedingungen die Anode eben in das negative Glimmlicht der Gasentladung ein.

[3]) Nach etwa 45′ erlischt die Entladung infolge Gasaufzehrung.

[4]) Mit dieser fortschreitenden Oberflächenreaktion nimmt die Oberflächenleitfähigkeit zu [8, 15]. Die metallisch graue Schicht läßt sich in einer gesättigten Ammoniumnitratlösung, dem spezifischen Lösungsmittel für Cd, sehr leicht auflösen.

[5]) Rot lumineszierende Kristalle werden bei der Beglimmung mit Beginn der Braunfärbung grün lumineszierend. Mit fortschreitender Reaktion verschwindet jegliche Lumineszenz.

[6]) Möglicherweise entsteht bei der Oberflächenreaktion gleichzeitig CdO, und es ist möglich, daß der Reaktionsmechanismus durch Mitwirkung von an der Kristalloberfläche adsorbierten $H_2O$-Schichten einer photolytischen Reaktion [10] entspricht.

[7]) Leider ist es nicht möglich, aus dem früheren oder späteren Einsetzen dieser Oberflächenreaktion Rückschlüsse auf das Cd/S-Verhältnis der Kristalle bzw. der Kristalloberfläche zu machen, da diese Reaktion nicht immer homogen und die Entladungsbedingungen nicht einwandfrei reproduzierbar sind.

[8]) Die in der ersten und zweiten Stufe beschriebenen Oberflächenreaktionen konnten selbst bei sechsstündiger Beglimmungsdauer nicht erzielt werden, wenn die Kristalle nicht vom negativen Glimmlicht erreicht werden.

Auf Kathode befindliche CdS-Kristalle werden oberflächlich zerstäubt. Die Kontaktflächen sind stark aufgerauht und sehen zitronengelb aus. Verschiedentlich konnten aber auch lokale Verfärbungen beobachtet werden.

## 3. Experimentelle Durchführung und Ergebnisse

Für die Untersuchungen wurden nur solche CdS-Spaltzellen verwendet, deren Photostrom bei Lichteinstrahlung von 550 nm und einer Intensität von $5 \cdot 10^{16}$ eV/ s · cm² im Spannungsbereich von $5 \cdot 10^{-2}$ bis 50 V der Spannung proportional und unabhängig von der Polung war[9]).

Zur Gamma-Anregung werden Radium-Präparate mit Aktivitäten zwischen 10 und 50 mC benutzt, wobei die vom Radium emittierte Strahlung durch das Behältermaterial (0,3 mm Pt/Ir) und durch 1 mm Pb bzw. 3,5 mm Al gefiltert wird. Die Zellen befinden sich während der Messungen an Luft.

### *3.1 Empfindlichkeit bei Gamma- und Licht-Anregung*

Für einen relativen Empfindlichkeitsvergleich wurden die Photoströme sowohl bei 550 nm-Anregung (s. 3.) als auch bei Gamma-Anregung (Dosisleistung am Zellenort: 0,12 r/s) bei einer Zellenspannung von 10 V gemessen. Von etwa 100 CdS-Zellen variieren die Photoströme $i_\gamma$ bei Gamma-Anregung um 4, jene bei Lichtanregung $i_L$ um 2 Zehnerpotenzen, wobei etwa $i_\gamma \sim i_L^2$, sofern Zellen gleichen Intensitätsverhaltens verglichen werden [16].

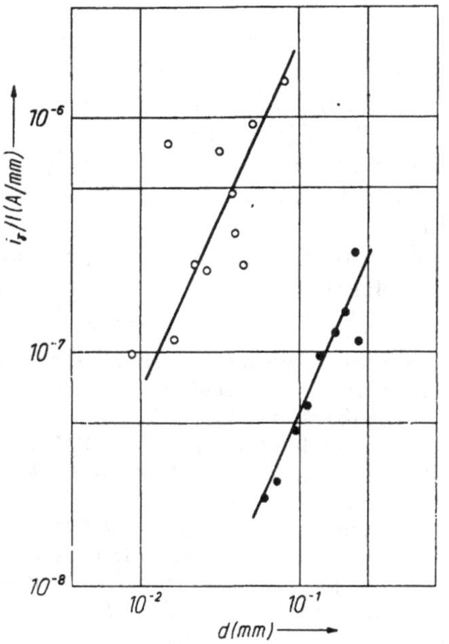


Fig. 2. Abhängigkeit der Ra-γ-Ströme $i_\gamma$ zweier CdS-Zellengruppen (Kristallänge $l$) von der Stärke der Kristalle ($d$).
● Kristalle einer Züchtungscharge: CdS-Sublimation in ($H_2S$ + $H_2$)-Atmosphäre.
○ Kristalle einer Züchtungscharge: Cd-Verdampfung in ($H_2S$ + $H_2$)-Atmosphäre

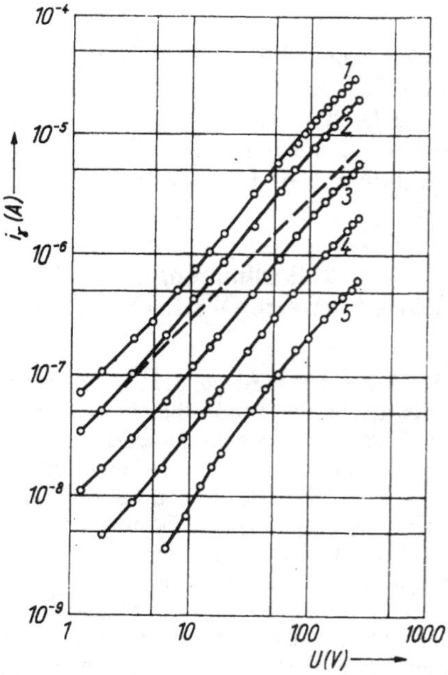


Fig. 3. Photostrom-Spannungscharakteristikenschar einer CdS-Spaltzelle bei Ra-γ-Anregung. Die Parameter 1, 2, 3, 4, 5 charakterisieren die Anregungsintensität; es ist der Abstand Zelle — 10 mC Ra-Präparat bei 1: 1 cm; 2: 1,5 cm; 3: 3 cm; 4: 5 cm; 5: 9 cm

[9]) Die Toleranzgrenze betrug max. ± 5%.

Die angenäherte quadratische Abhängigkeit des auf die Kristallänge $l$ bezogenen Gamma-Stromes von der Dicke $d$ der hier verwendeten Kristalle (Fig. 2) führt zur Annahme, daß die von ihnen absorbierte Gamma-Energie und damit ihr Photostrom $i_\gamma$ durch sekundäre Anregungsprozesse wesentlich mitbestimmt werden.

Cd-reichere und gut rotlumineszierende Kristalle sind im allgemeinen die sowohl bei Gamma- als auch bei Lichtanregung empfindlicheren [2, 17, 18]. Die durch CdS-Sublimation im $(H_2S + H_2)$-Strom gezüchteten zeigen, obwohl im allgemeinen dicker, stets die kleineren $i_\gamma$-Werte (Fig. 2).

### 3.2 Stromspannungscharakteristik bei Gamma- und Lichtanregung

Bei Ausläuferanregung ($\lambda \geqq 550$ nm) ist stets $i_L \sim U$. Bei Gamma-Anregung ist für $U < 3$ V: $i_\gamma \sim U$[10]), für $U > 3$ V superlinear: $i_\gamma \sim U^\alpha$ mit $\alpha(U) > 1$ (Fig. 3), [19]. $\alpha$ nimmt mit $U$ zunächst zu, erreicht maximale Werte $\alpha(\approx 1{,}6)$ bei $U = 40$ bis 50 V, nimmt dann wieder ab und nähert sich dem Wert 1. Bei kleineren Anregungsintensitäten und unempfindlicheren Zellen wird $\alpha$ oberhalb 100 V mitunter auch $< 1$.

Beim Einschalten, Erhöhen und Umpolen der Spannung schwingt $i_\gamma$ über, beim Erniedrigen der Spannung stellt sich $i_\gamma$ dagegen monoton ein.

Bei Grundgitteranregung ($\lambda = 439$ nm) und sehr geringer Intensität wurde verschiedentlich ein ähnliches Verhalten wie bei Gamma-Anregung beobachtet, sofern $i_L \approx i_\gamma$; mit zunehmender Intensität war jedoch $i_L \sim U$, und zwar bereits in einem Stromspannungs-Bereich, in dem für $i_\gamma$ noch keine ähnlichen Anzeichen vorliegen.

### 3.3 Intensitätsabhängigkeit des Gamma-Stromes

Bei kleineren Intensitäten $I_\gamma$ der Gamma Anregung ist $i_\gamma$ proportional $I_\gamma$; bei größeren sublinear von $I_\gamma$ abhängig (Fig. 4), entspricht demnach der bei Lichtanregung gefundenen Abhängigkeit.

Entsprechend Fig. 3 wird der Verlauf $i_\gamma = f(I_\gamma)$ von der Zellenspannung mitbestimmt. Besonders bei unempfindlichen Zellen findet man für $U < 1$ V einen superlinearen Verlauf von $i_\gamma$ mit $I_\gamma$, der bei größeren Spannungen, $U > 10$ V, in einen linearen bzw. mitunter in einen sublinearen Verlauf übergeht (Fig. 5).

## 4. Diskussion

Die Ergebnisse legen nahe, $i_\gamma$ durch eine Superposition von 2 Stromanteilen $i_{0\gamma}$ und $\Delta i_\gamma$ zu beschreiben, wobei $i_{0\gamma} \sim U$ und $\Delta i_\gamma \sim U^\beta$, $\beta > 1$, ist. Bei genügend großen Anregungsintensitäten ist für $U > 1$ V $\Delta i_\gamma$ strombestimmend und für $U < 1$ V $i_{0\gamma}$. Beide Stromanteile können aus den $(i_\gamma, U)$-Kennlinien mit deutlich linearem Anteil durch Extrapolation von $i_{0\gamma} = i_\gamma \sim U$ zu größeren $U$ bestimmt werden:

$$\Delta i_\gamma = i_\gamma - i_{0\gamma}\,\text{extr} \sim U^\beta \tag{1}$$

Diese Werte sind in Fig. 6 in Abhängigkeit von $U$ aufgetragen. Im Bereich $U < 50$ V ist $\beta = 1{,}8 \cdots 2{,}2$; bei 200 V etwa 1[11]). Fig. 7 zeigt $\Delta i_\gamma$ und $i_\gamma$ als Funktion von $I_\gamma$. $\Delta i_\gamma$ ist durchweg linear bzw. schwach sublinear, $i_\gamma$ linear bzw.

---

[10]) Der lineare Bereich ist von der Intensität abhängig und gegen um so kleinere Spannungen verschoben, je kleiner die Intensität und um so empfindlicher die Kristalle.

[11]) In einigen Fällen ist $\beta$ auch kleiner 1.

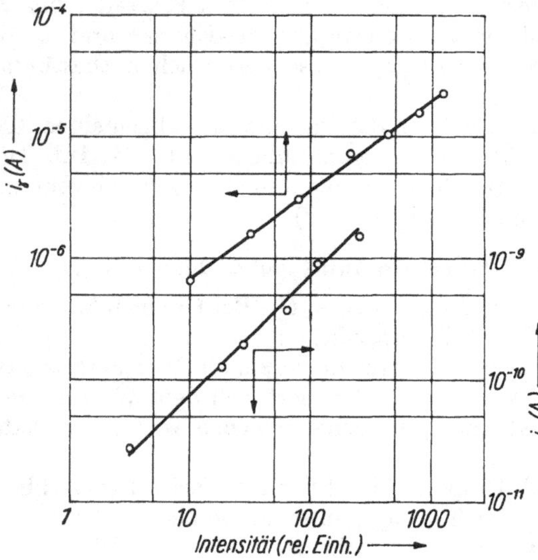


Fig. 4. Intensitätsabhängigkeit des Photostromes einer CdS-Spaltzelle in zwei Intensitätsbereichen der $\gamma$-(Ra)-Einstrahlung. Bei Int. [rel.] 10 ist die Dosisleistung der Strahlung am Zellenort $\approx 2{,}2 \cdot 10^{-6}$ r · s$^{-1}$

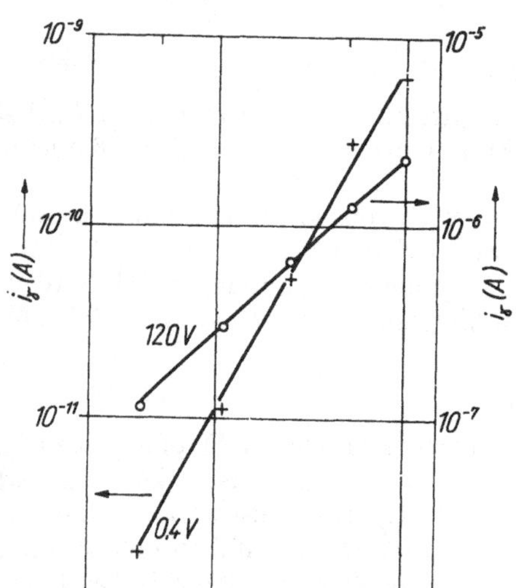


Fig. 5. Extrem unterschiedliches Intensitätsverhalten einer CdS-Zelle bei verschiedenen Spannungen. (CdS-Kristall spektralrein, $\gamma$-unempfindlich). Dosisleistung der $\gamma$-Strahlung bei Int. [rel.] = 1 ca. $2{,}2 \cdot 10^{-2}$ r·s$^{-1}$. Kurven sind nach Angaben bestimmt, die der Dipl.-Arbeit von PATSCHEKE [20] entnommen wurden

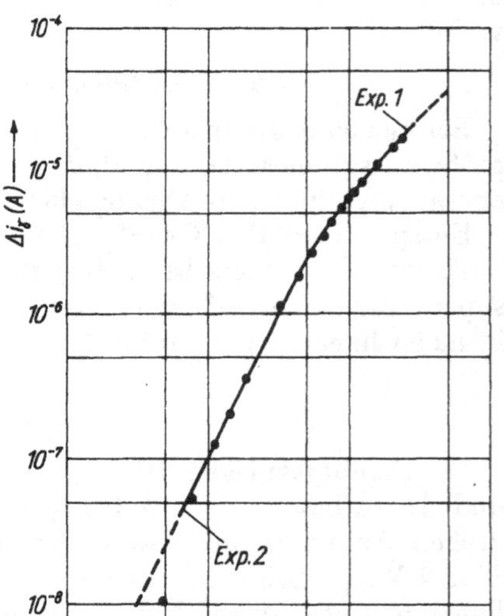


Fig. 6. Spannungsverlauf des spannungsabhängigen Anteiles $\Delta i_\gamma$ des $\gamma$(Ra)-Stromes ($i_\gamma$) einer CdS-Spaltzelle; $\Delta i_\gamma = i_\gamma - i_{0\gamma\,\text{extr.}}$; $i_{0\gamma} \sim U$. Die Dosisleistung der $\gamma$-Strahlung am Ort der CdS-Zelle beträgt ca. $2{,}3 \cdot 10^{-2}$ r · s$^{-1}$

Fig. 7. Intensitätsabhängigkeit des spannungsabhängigen Photostromanteiles $\Delta i_\gamma = i_\gamma - i_{0\gamma\,\mathrm{extr.}}$ im Vergleich zu der des $\gamma$-(Ra)-Stromes ($i\gamma$). $U = 32$ V. Intensitätsskala: $1 \approx 5 \cdot 10^{-3}\,\mathrm{r} \cdot \mathrm{s}^{-1}$ am Zellenort. Stromskala: 1 Skt $\approx 1{,}9 \times 10^{-9}$ A

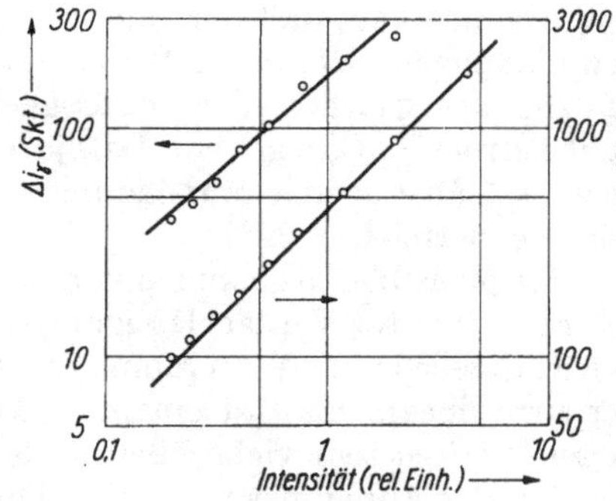


superlinear und demzufolge $i_{0\gamma}$ linear bzw. in der Regel superlinear von $I_\gamma$ abhängig. Können $i_{0\gamma}$ und $\Delta i_\gamma$ nicht getrennt werden, ist $i_\gamma$ für $U < 1$ V stärker superlinear von $I_\gamma$ abhängig (Fig. 5). Es wird vermutet, daß dies vornehmlich auf die superlineare Intensitätsabhängigkeit von $i_{0\gamma}$ zurückzuführen ist. Im Bereich größerer Spannungen wird wieder $\Delta i_\gamma$ bestimmend, d. h. $i_\gamma \sim I_\gamma$.

Die wenigen Schrifttumsangaben über superlinear von der Spannung abhängige Photoströme sind recht uneinheitlich [12, 21, 22]. Über das superlineare Verhalten des Dunkelstromes, das ausschließlich nach dem MOTT-GURNEY-Modell [32] diskutiert wird, liegen dagegen zahlreiche Arbeiten vor [13, 14, 23 bis 31]. Danach können in einem Isolator bei „ohmscher Kontaktierung" durch Feldwirkung Majoritätsladungsträger injiziert werden.

Für ein lineares Leitermodell und Elektronenleitung ist die Dichte $\Delta j$ des raumladungsbegrenzten Stromes bei vernachlässigbarem Einfluß von Haftstellen

$$\Delta j = \frac{9}{8}\,\varepsilon\,\varepsilon_0\,\mu \cdot \frac{U^2}{[(L + x_0)^{3/2} - x_0^{3/2}]^2} \tag{2}$$

und

$$x_0 = \frac{\varepsilon_0 \cdot \varepsilon\,\Delta j}{2\,\mu\,e^2\,\Delta n_R^2}, \tag{2'}$$

wenn $U$ Spannung,

$L$ Elektrodenabstand,

$\mu$ Elektronenbeweglichkeit,

$\Delta n_R$ Elektronendichte am Kathodenrand.

Für den Fall kleiner Stromdichten und Spannungen ($x_0 \ll L$) ist

$$\Delta j = \frac{9}{8} \cdot \varepsilon\,\varepsilon_0\,\mu\,U^2/L^3 \tag{2a}$$

und großer Stromdichten bzw. Spannungen ($x_0 \gg L$)

$$\Delta j = e\,\Delta n_R\,\mu\,U/L\,. \tag{2b}$$

Bei einer Lokalisierung injizierter Majoritätsladungsträger in Haftstellen werden diese Raumladungsgesetze modifiziert, die ($U$, $i$)-Stromspannungscharakteristik ist stärker als quadratisch und die Stromdichte $\Delta j$ wesentlich kleiner.

Über Untersuchungen raumladungsbegrenzter Dunkelströme und die Gültigkeit der MOTT-GURNEY-Beziehungen an mit Kontakt-Anreicherungsrandschichten versehenen CdS Sandwich Zellen, die in gleicher Weise hergestellt und kontaktiert waren wie die hier verwendeten CdS Spaltzellen, ist bereits berichtet worden [14].

Wir nehmen an, daß der superlineare Photostromanteil $\Delta i_\gamma$ ein durch negative Raumladungen begrenzter Strom ist. In beschränktem Maße sollten demnach für $\Delta i_\gamma$ die gleichen Gesetzmäßigkeiten wie für den raumladungsbegrenzten Dunkelstrom im CdS gelten. Daß jedoch $\Delta i_\gamma$ z. B. nicht einfach der einem Photostrom $i_{0\gamma}$ überlagerte raumladungsbegrenzte Dunkelstrom-Anteil ist, zeigt das folgende Beispiel.

Unter plausiblen Annahmen von Leitungsquerschnitt, Beweglichkeit u. a. ergibt sich aus (2) unter Vernachlässigung des Haftstelleneinflusses für eine repräsentative Spaltzelle bei 11 V ein raumladungsbegrenzter Dunkelstrom $\Delta i$ von $3 \cdot 10^{-8}$ A. Der superlineare Photostromanteil $\Delta i_\gamma$ beträgt jedoch bei 11 V etwa $2 \cdot 10^{-6}$ A. Dieser Wert ist sehr viel größer als der nach Mott-Gurney berechnete und überdies von der Anregungsintensität abhängig.

Modifiziert man zunächst die von Mott-Gurney benutzten Ausgangsgleichungen (unter Vernachlässigung des Diffusionsgliedes) dadurch, daß im linearen Leiterelement eine ortsunabhängige Konzentration $n_0$ durch lokalisierte Defektelektronen ladungskompensierte Leitungselektronen vorhanden ist, dann gelten

$$j = e\,\mu\,[\Delta n(x) + n_0]\,E(x)\,, \tag{3}$$

$$\frac{dE(x)}{dx} = \frac{e}{\varepsilon \cdot \varepsilon_0}\,\Delta n(x)\,, \tag{4}$$

wenn $E(x)$ ortsabhängige Feldstärke.

Wird das elektrische Potential linear angenähert, also nur eine geringe Verzerrung des elektrischen Feldes, d. h. $\Delta n(x) < n_0$ angenommen, dann folgt durch zweimalige Integration von (3)

$$j = e\,n_0\,\mu\,\frac{U}{L} + \frac{9}{8}\,\varepsilon\,\varepsilon_0\,\mu\,U^2/[(L + w\,x_0)^{3/2} - (w\,x_0)^{3/2}]^2\,, \tag{5}$$

wobei

$$w = \frac{j}{j - j_0}\,, \qquad \text{wenn } j_0 = e\,n_0\,\mu\,U/L$$

und

$$x_0 = \frac{\varepsilon\,\varepsilon_0\,j}{2\,\mu\,e^2\,(n_0 + \Delta n_R)^2}\,, \qquad \text{wenn } \Delta n_R \text{ Elektronenranddichte.} \tag{5a}$$

Gleichung (5) beschreibt zunächst die Superposition eines ohmschen und eines raumladungsbegrenzten Stromes. Im Fall der Photoanregung entspricht $n_0$ einer mittleren homogenen Leitungselektronendichte, die durch die mittlere Anregungsdichte und durch die Reaktionskinetik bestimmt wird. Ist diese mittlere homogene Ladungsträgerdichte groß gegen die Haftstellendichte, so werden die Haftstellen praktisch raumladungsfrei aufgefüllt sein, so daß ihr Einfluß auf den raumladungsbegrenzten Stromanteil entfällt.

Es wird nun weiter angenommen, daß durch die Absorptionsprozesse der Gammaquanten örtlich begrenzte Kristallbereiche größerer Erregungsdichte entstehen, die im stromlosen Fall raumladungsfrei sind, sofern von einer Elektronendiffusion abgesehen wird. Beim Anlegen eines elektrischen Feldes werden die Elektronen in Richtung zur Anode fließen. Sie bauen an der anodenseitigen Grenze eines jeden hocherregten Bereiches ein negatives Raumladungsgebiet auf, führen also zu einer inneren Anreicherungsschicht, deren Randdichte $\Delta n_R$ entsprechen soll. Am kathodenseitigen Rand des hocherregten Bereiches soll wegen des vorausgesetzten hinreichenden Nachschubes an Elektronen keine positive

Raumladung entstehen. Bei einer hinreichenden Lebensdauer für einen hocherregten Bereich existiert also von diesen eine mittlere effektive Anzahl im Kristall, die entlang der Strombahnen als äquidistant angenommen werden. Dies entspricht einer Hintereinanderschaltung von inneren Anreicherungsgebieten. Die hocherregten Bereiche sowie die inneren Anreicherungsgebiete sollen gleichwertig sein, darüber hinaus seien letztere dem Anreicherungsgebiet am Kathodenkontakt äquivalent. Vernachlässigt man die Ausdehnung der hocherregten Bereiche sowie den Spannungsabfall an ihnen, so wird entsprechend ihrer Zahl $k$ ($k \gg 1$) die Gesamtspannung $U$ in Teilspannungen $\frac{U}{k}$ zwischen 2 im Abstand $\frac{L}{k}$ aufeinanderfolgenden Gebieten aufgeteilt. Wegen der Divergenzfreiheit des Stromes erhält man die Stromdichte $j$ in einem derart aufgeteilten linearen Leiterelement, in dem man in (5) für $U$: $\frac{U}{k}$ und für $L$: $\frac{L}{k}$ einsetzt:

$$j = e\, n_0\, \mu \frac{U}{L} + \frac{9}{8} \varepsilon\, \varepsilon_0 \mu \cdot \frac{k\, U^2}{[(L + k\, w\, x_0)^{3/2} - (k\, w\, x_0)^{3/2}]^2} \,. \tag{6}$$

Beschreibt man darüber hinaus den Gamma-angeregten Kristall als eine Parallelschaltung von $m$ derartigen Leiterelementen, deren Querschnitt $q \approx d^2$ ($d$ Kristalldicke) betrage und wobei $m \cdot q \approx$ Leitungsquerschnitt ($Q$) des Kristalls sei, so folgt für den Photostrom, der durch eine Gamma-angeregte Spaltzelle fließt:

$$i_\gamma = e\, n_0\, \mu\, Q \cdot U/L + \frac{9}{8} \varepsilon\, \varepsilon_0\, \mu\, U^2\, m\, k\, q/[(L + k\, w\, x_0)^{3/2} - (k\, w\, x_0)^{3/2}]^2 \tag{7}$$

bzw.

$$i_\gamma = i_{0\gamma} + \Delta i_\gamma \,.$$

Der Parameter $m \cdot k = Z$, die mittlere Anzahl der im Kristall hocherregten Bereiche, ist nunmehr für den raumladungsbegrenzten Photostromanteil mitbestimmend, wobei $Z$ der je Zeiteinheit im Kristall stattfindenden Absorptionsakte und damit der Gamma-Intensität proportional ist.

Für kleine Stromdichten ($L \gg k\, w\, x_0$) ist

$$i_\gamma = e\, n_0\, \mu\, Q \cdot U/L + \frac{9}{8} \varepsilon\, \varepsilon_0\, \mu\, m\, k\, q\, U^2/L^3 \tag{7a}$$

und für große Stromdichten ($L \ll k\, w\, x_0$)

$$i_\gamma = e\, (n_0 + \Delta n_R)\, \mu\, Q\, U/L \,. \tag{7b}$$

Im obigen Beispiel ergibt sich mit (7a) für die erwähnte mit 50 mC Ra aus 1 cm Abstand erregte Zelle $k \approx 45$, $m \approx 118$ und $m\, k = Z \approx 5 \cdot 10^3$.

Die Anzahl der bei Anregung stattfindenden Absorptionsprozesse wird zu $9 \cdot 10^3\, s^{-1}$ abgeschätzt, so daß eine mittlere Lebensdauer eines hocherregten Bereiches von etwa 1 s angenommen werden müßte. Dieser Wert ist plausibel, wenn man annimmt, daß die Leitungselektronendichte im hocherregten Bereich noch etwa $10^2 \cdot n_0$ (im gewählten Beispiel ist $n_0 \approx 10^{12}\, cm^{-3}$) betragen soll, damit dieser wie beschrieben wirkt und eine einfache bimolekulare Rekombination der erzeugten Elektronen-Loch-Paare stattfindet[12]).

---

[12]) Der Koeffizient der bimolekularen Rekombination wird zu $\approx 10^{-14}\, cm^3\, s^{-1}$ angenommen.

Bei der Berechnung von $\Delta j$ sind Haftstellen, wie erwähnt, nicht berücksichtigt, was allerdings besonders bei kleinen Erregungsdichten nicht immer zulässig ist.

Herrn Dr. F. ECKART danke ich sehr herzlich für sein stets förderndes Interesse am Fortgang der Arbeit, für seine Unterstützung sowie für viele anregende Diskussionen.

Herrn Dr. G. O. MÜLLER danke ich für zahlreiche Diskussionen.

## Literatur

[1] R. FRERICHS, Phys. Rev. **72**, 594 (1947).
[2] R. FRERICHS, Phys. Rev. **76**, 1869 (1949).
[3] R. FRERICHS und R. WARMINSKY, Naturwissenschaften **33**, 251 (1946).
[4] J. FASSBENDER und O. HACHENBERG, Ann. Phys. **6**, 229 (1949).
[5] I. BROSER und R. WARMINSKY, Ann. Phys. **7**, 289 (1950).
[6] H. SIMON, Ann. Phys. **12**, 45 (1953).
[7] W. M. BUTTLER und W. MUSCHEID, Ann. Phys. **14**, 215 (1954), Ann. Phys. **15**, 82 (1954).
[8] J. FASSBENDER, Z. Phys. **145**, 301 (1956).
[9] A. A. VUYLSTEKE und Y. T. SIHVONEN, Phys. Rev. **113**, 40 (1959).
[10] E. NIEKISCH, V. PFLAUM und R. ROMPE, Z. phys. Chem. **205**, 146 (1955).
[11] F. KRÖGER, G. DIEMER und KLASENS, Phys. Rev. **103**, 279 (1956).
[12] F. STÖCKMANN, Z. Phys. **147**, 544 (1956).
[13] R. W. SMITH, Phys. Rev. **97**, 1525 (1955).
[14] G. O. MÜLLER, J. Phys. Chem. Solids **23**, 1503 (1962).
[15] H. SCHULZ, Dipl.-Arb., Humboldt-Univ., Math.-Nat. Fak., Berlin 1960.
[16] E. SCHNÜRER, Monatsber. Deutschen Akad. Wiss. **1**, 218 (1959).
[17] H. KALLMANN und R. WARMINSKY, Ann. Phys. **4**, 69 (1949).
[18] H. KALLMANN und R. WARMINSKY, Ann. Phys. **4**, 57 (1949).
[19] E. SCHNÜRER, Z. Naturf. **15a**, 644 (1960).
[20] E. PATSCHEKE, Dipl.-Arb., Humboldt-Univ., Math.-Nat. Fak., Berlin 1960.
[21] G. WLERICK, Dissertation, Université de Paris, faculté des sciences, Serie A, No 2890, No d'ordre 3761.
[22] S. W. SWETSCHNIKOW, Zh. tekh. Fiz. **26**, 1646 (1956).
[23] R. W. SMITH und A. ROSE, Phys. Rev. **97**, 1531 (1955).
[24] A. ROSE, Phys. Rev. **97**, 1538 (1955).
[25] M. A. LAMPERT, Phys. Rev. **103**, 1648 (1956).
[26] W. RUPPEL, Helv. phys. Acta **31**, 311 (1958).
[27] W. RUPPEL, Abhlg. der DAW zu Berlin, Reaktionskinetik von Elektronenprozessen in Festkörpern, Akad. Verl. 1960.
[28] R. W. SMITH, RCA Rev., März 1959, S. 69.
[29] G. T. WRIGHT, Nature [London] **182**, 1296 (1958).
[30] A. M. COMMING, A. A. KAYALI und G. T. WRIGHT, J. I. E. E. **5**, Okt. 1959.
[31] A. ROSE und M. A. LAMPERT, Phys. Rev. **113**, 1227 (1959).
[32] N. F. MOTT und R. W. GURNEY, Electronic processes in ionic crystals, S. 168, 2nd Edition, Oxford at the Clarendon Press, 1950.
[33] E. SCHNÜRER, Festkörperphyik und Physik der Leutstoffe, Akad.-Verl. Berlin (1958).

*(Received June 4, 1963)*

phys. stat. sol. 3, 1603 (1963)

*Department of Materials Science Stanford University, Palo Alto*

# The Effect of Atomic Order and Ferromagnetism on the Elastic and Anelastic Properties of Fe – 25 Atom % Al.

By

J. A. HREN[1])

Measurements of the temperature dependence of the dynamic elastic modulus $E$ and internal friction $Q^{-1}$ are reported from 25—900 °C at frequencies near 1 kHz for an alloy of Fe - 24.8 atom% Al. The influence of ferromagnetism on $E$ and $Q^{-1}$ is investigated using a variable direct current magnetic field of 0—1500 Oe. Ambient temperature measurements as a function of field strength exhibit an influence from macro-eddy current damping and magneto-elastic hysteresis in agreement with theory. A $\Delta E$ effect, of maximum magnitude 0.06, is reported for measurements of $E$ (for $H = 0$ and $H = 1500$ Oe) as a function of temperature. This modulus defect disappears at approximately 500 °C in agreement with reported measurements of the longitudinal magnetostriction. A small modulus maximum at 540 °C is reported with even the highest applied fields. Two possible explanations are presented. Anelastic measurements show three damping maxima: a Snoek peak due to interstitial carbon at $\sim$ 250° C, a Zener peak and a grain boundary peak near 700 °C. The values of $Q$ for the first two are 23 kcal/mol and 61 kcal/mol respectively, and corresponding $\tau_0$ -values are $3.1 \times 10^{-13}$ s and $3.9 \times 10^{-18}$ s.

Es wurde die Temperaturabhängigkeit des dynamischen Elastizitätsmoduls $E$ und der inneren Reibung $Q^{-1}$ zwischen 25 und 900 °C bei einer Frequenz nahe 1 kHz in einer Fe-Al-Legierung mit 24,8 Atomprozent Al-Gehalt gemessen. Der Einfluß des Ferromagnetismus auf $E$ und $Q^{-1}$ wird mit Hilfe eines zwischen 0 und 1500 Oe variablen magnetischen Gleichfeldes untersucht. Messungen als Funktion der Feldstärke zeigen bei Raumtemperatur in Übereinstimmung mit der Theorie einen Einfluß der Wirbelstromdämpfung und der magnetoelastischen Hysterese. Bei $E$-Messungen als Funktion der Temperatur mit dem Magnetfeld als Parameter wird für Feldstärken $\neq 0$ eine Änderung $\Delta E$ des Moduls gefunden. Die maximale Änderung gegenüber dem Wert bei $H = 0$ beträgt bei $H = 1500$ Oe $\Delta E = 0{,}06$. Diese Moduländerung $\Delta E$ verschwindet bei etwa 500 °C in Übereinstimmung mit bereits veröffentlichten Messungen der longitudinalen Magnetostriktion. Ein kleines Maximum des Moduls wird auch bei den höchsten benutzten Feldstärken bei 540 °C gefunden. Es werden zwei Deutungsmöglichkeiten angegeben. Unelastische Messungen ergeben drei Dämpfungsmaxima: Ein durch Kohlenstoff auf Zwischengitterplatz hervorgerufenes Snoek-Maximum bei etwa 250 °C, ein Zener-Maximum und ein Korngrenzen maximum nahe 700 °C. Die $Q$-Werte für die ersten beiden Maxima sind 23 kcal/mol bzw. 61 kcal/mol und die entsprechenden $\tau_0$-Werte sind $3{,}1 \cdot 10^{-13}$ s und $3{,}9 \cdot 10^{-18}$ s.

## Introduction

Alloys of Fe and Al, especially those in the neighborhood of 25 atom % Al, have been the object of considerable research activity in the recent past. A search of the literature reveals investigations on magnetic properties [1 to 8], plastic properties [9 to 15], anelastic properties [3, 4, 16 to 18], and of course the property that undoubtedly is most determinant in making the system experimentally interesting, the order-disorder transformation [7, 11, 14, 19, 20]. On the other hand, one of the properties that has not been extensively pursued, other than at room temperature, [8], is the elastic modulus.

[1]) Present address: Max-Planck-Institut für Metallforschung, Stuttgart

It is one purpose of the present paper to supply information in this last area for an alloy of very nearly 25 atom % Al as a function of temperature. Inextricable experimentally from such a study is some concern over ferromagnetic effects. This paper will therefore also concern itself with these latter as well; however, only insofar as they directly affect the elastic and anelastic properties. In addition measurements of the anelastic properties are conveniently and usefully performed in the course of elastic property measurements, and these will also be reported. Finally, any correlation between the present findings and those of past investigations will be explored at some length.

## Materials and Heat Treatments

The specimens used for the present studies were of nominal composition: Fe- 24.8 atom % Al with less than 0.03% Cby weight. A portion of the phase diagram near this composition is given in Fig. 1 after TAYLOR and JONES [7]. The structures of $Fe_3Al$ (ordered) and FeAl (ordered) are shown for reference in Fig. 2, after BRADLEY and JAY [19]. The as-received specimens (courtesy Ford Motor Co., Scientific Laboratory) were machined into cylinders of 6—10 mm diameter and approximately 130 mm length. They were then heat treated as follows: one was annealed at 900 °C in vacuo for one hour, a second was annealed at 1000 °C in vacuo for one hour, and a third was annealed in wet hydrogen at 1350 °C for 36 hours. All were then slowly cooled, i.e. 200 °C/h, to ambient temperature. The resulting grain sizes, measured as the median grain diameter, were respectively 0.1 mm, 0.3 mm and 8—10 mm, i.e. slightly larger than the diameter of the specimen. Besides serving the obvious purpose of substantially changing the grain diameter, the last cited heat treatment also reduced the carbon content significantly.

## Experimental Apparatus and Techniques

The method selected for the measurement of the elastic and anelastic properties was that of forced resonance in the transverse mode. The technique is well known, and the present apparatus was patterned after several published descriptions [21, 22]. In addition, a detailed description of the apparatus is given in another source [23]. For the specimen dimensions of the present investigation the fundamental frequency was about 1 kHz. The measurement of the anelastic properties was made in two ways: (a) using free decay from the resonant condition and (b) determining the peak width under forced vibration. The decay technique made use of the switching circuit shown in Fig. 3, while the peak width could be read directly off a voltmeter. Both techniques are well established and complement each other nicely, as discussed by ZENER [24].

Finally, the influence of ferromagnetism was experimentally investigated (or eliminated as the situation dictated) by surrounding the specimen with a constant magnetic field of up to approximately 1500 oersteds. The construction of this magnet and its relation to the specimen and furnace is described by Fig. 4.

All of the measurements were made in air, since the excellent oxidation resistance of this alloy up to 800 °C made it unnecessary to provide an artificial environment. Some of the tests were carried up to 900 °C, and even at this temperature surface oxidation was apparently insignificant. During the course of all investigations, reasonable precautions were taken to assure the measurement of equilibrium properties. Thus, the specimens were slowly cooled from their initial

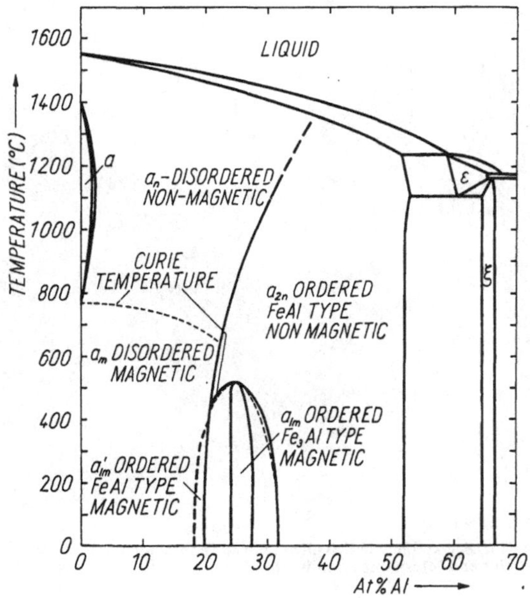


Fig. 1. Aluminium-rich end of Fe—Al equilibrium phase diagram after TAYLOR and JONES [7]

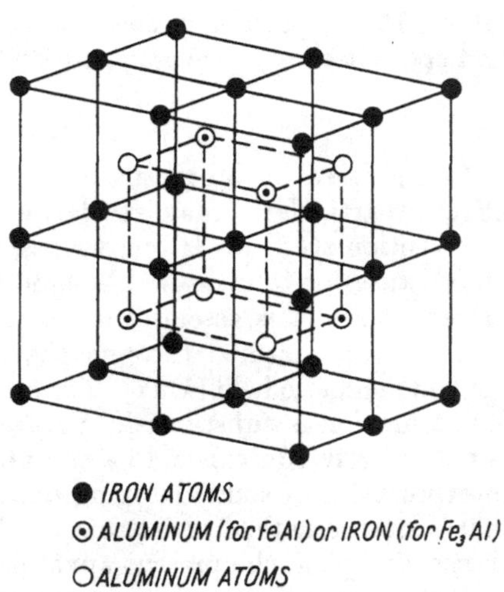


Fig. 2. Structure of ordered Fe—Al alloys, after BRADLEY and JAY [19]

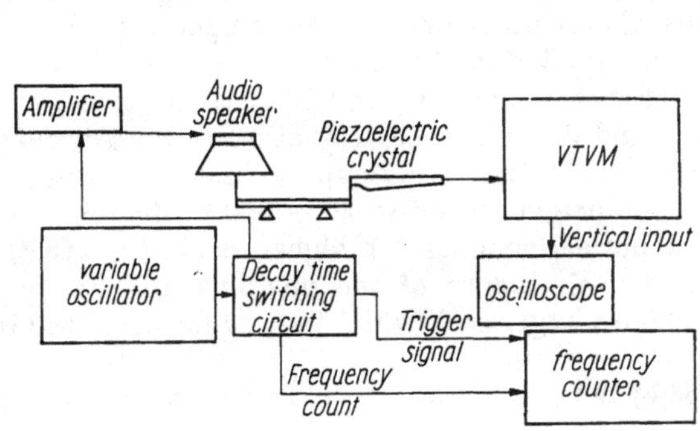


Fig. 3. Block diagram of electronic components used in the measurement of the dynamic modulus and internal friction

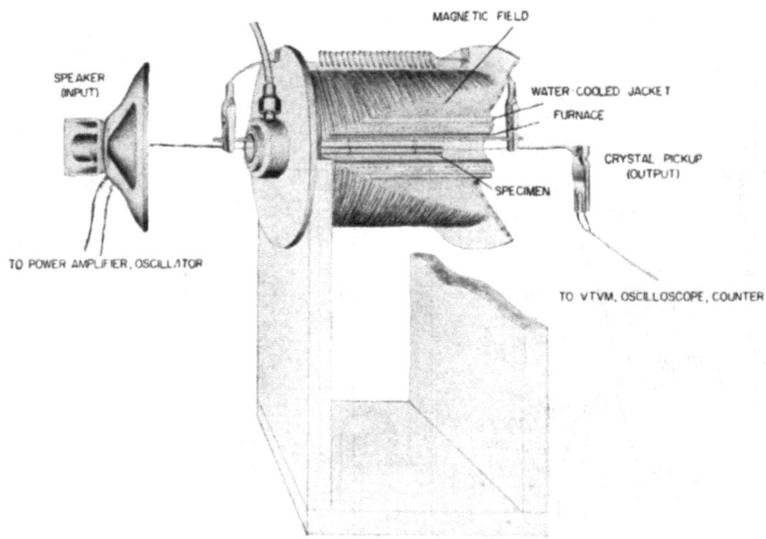


Fig. 4. Assembly drawing of resistance furnace and magnetic coil employed in measurement of dynamic modulus and internal friction in air

heat treatments (see above), heated slowly during the course of all measurements (about 150 °C per hour), checked against descending temperature measurements and spot-checked at several temperatures after rapid heating or cooling.

## Experimental Results

As discussed by other authors [4, 16, 17], the influence of magnetic damping effects (particularly magnetoelastic damping) is very strong in alloys near the composition studied. If one wishes, therefore, to measure internal friction from other causes or to measure a magnetically unrelaxed modulus (or both, as in the present case), it is essential to eliminate the influence of ferromagnetism. This may be accomplished through the application of an applied stress [16] or an applied magnetic field [4, 17]. The latter is more desirable, since the stress required for saturation is substantial. Furthermore, the use of a constant applied stress is not entirely equivalent to a saturating d. c. magnetic field and complicates the interpretation of some damping phenomena. Although it has been reported [17] that a magnetic field of approximately 500 Oe is sufficient to eliminate magnetoelastic damping, the present apparatus was designed to give field strengths of up to 1500 Oe (see Fig. 4). The results of measurements at room temperature shown in Fig. 5 indicate that this maximum applied field strength was not overly conservative. One sees in this Fig. that the modulus and internal friction were still respectively increasing slightly and decreasing slightly at 1500 Oe. Another immediately striking feature of this Fig. is the *decrease* in modulus and *increase* in damping at a field strength in the neighborhood of 200–300 Oe before continuing in what one might call a normal manner for higher field strengths[2]). A still further peculiarity is the noncoincidence of the modulus minima and damping maxima in the 200–300 Oe region. Within the strain amplitudes

[2]) Similar effects have been observed by the author in an alloy of Fe–Co with an atomic ratio of 1 : 1.

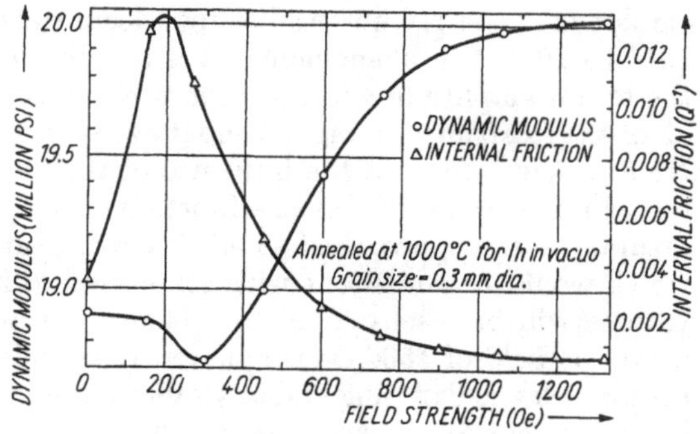


Fig. 5. The dynamic modulus and damping of Fe-24.8 atom % Al as a function of field strength at room temperature ($f \sim 1000$ Hz)

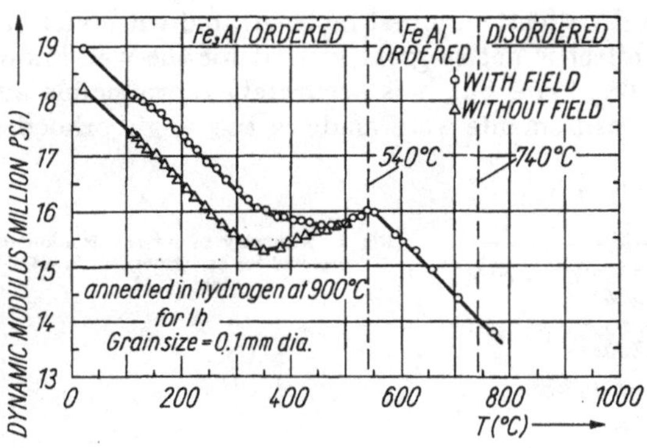


Fig. 6. The dynamic modulus of Fe-24.8 atom % Al as a function of temperature with and without an applied magnetic field of about 1500 Oe ($f \sim 1100$ Hz)

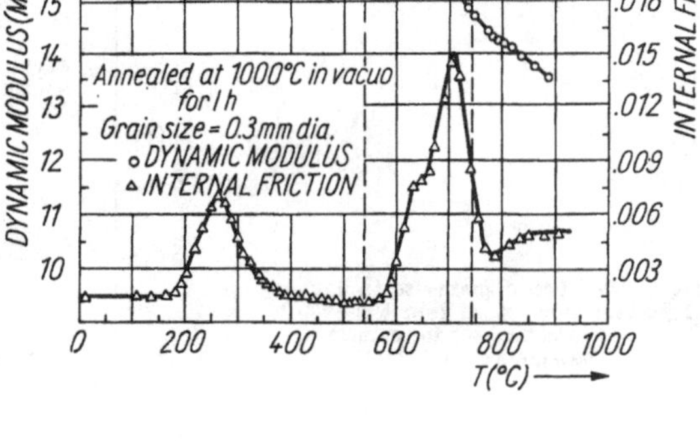


Fig. 7. The dynamic modulus and internal friction of Fe-24.8 atom % Al as a function of temperature with applied magnetic field of about 1500 Oe ($f \sim 1000$ Hz)

employed in the present studies (not accurately measureable, but estimated to be $10^{-4}$ to $10^{-5}$) the phenomenon was amplitude independent. Incidentally, since the strain amplitude was not accurately measureable, the procedure followed in all of the experiments was to keep it as low as possible and substantially constant. No extensive study of the influence of the magnetic field strength as it affected the damping and modulus as a function of temperature was undertaken; however, saturation was approached at much lower field strengths for higher temperatures which would be consistent with some kind of ferromagnetic effect. These observations will be discussed further below. In any case, the application of a d.c. magnetic field of 1500 Oe is apparently sufficient to all but completely eliminate magnetoelastic damping and any other damping effects related to ferromagnetism in the present alloy (with one possible exception to be discussed below). Henceforth, all references to measurements made with a magnetic field will refer to a field strength of 1500 Oe.

The difference in the measured modulus with and without an applied magnetic field, commonly referred to as the $\Delta E$ effect, may best be illustrated with reference to Fig. 6. The magnitude of the effect is not so great as that for the well known case of nickel, being only about 6% here, but it is accurately reproducible and clearly present. A great many measurements were made in the neighborhood of

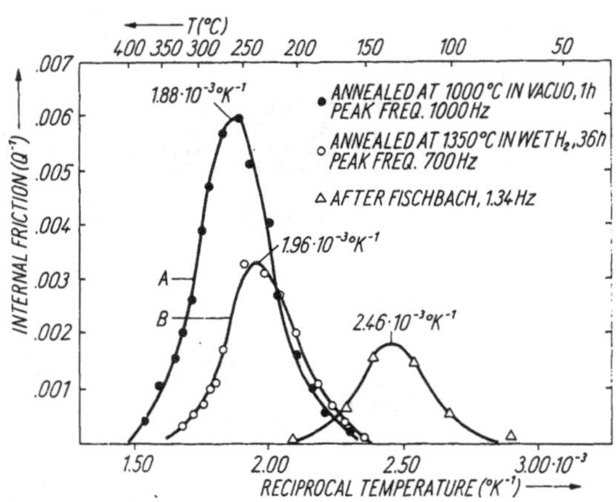


Fig. 8. Summary of internal friction data corrected for background of Fe-24.8 atom % Al

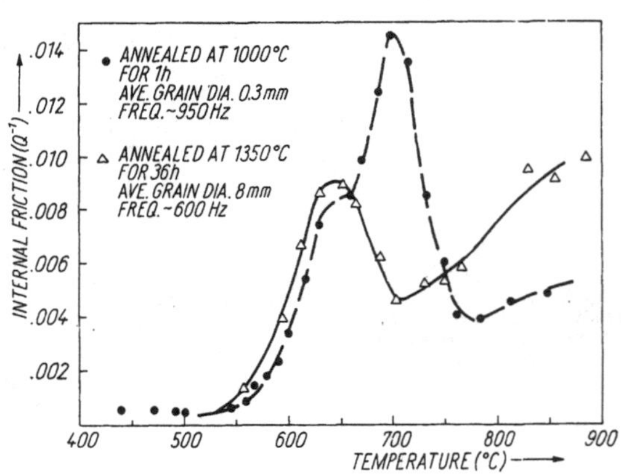


Fig. 9. The effect of grain size on damping of Fe-24.8 atom % Al from 500—900 °C. Data normalized to common background at 500 °C

450–500 °C, where the two moduli are seen to converge gradually. The temperature of convergence is 500 ± 5 °C. A second interesting feature of the data is the small, but distinct, peak in the modulus at 540 °C. This temperature is also seen to be at a somewhat higher temperature than the transformation from $Fe_3Al$ type order to FeAl Type order (see Fig. 1); however, this will also be discussed further. The maximum occurs both with and without the applied field, but the unusual feature is in the former. The maximum may also be seen in Fig. 7 which also gives the corresponding internal friction data.

Turning to the anelastic measurements, Fig. 7 is typical for the raw data taken concurrent with the modulus measurements. There are apparently two damping peaks in the Fig., one near 250 °C and the other near 700 °C. The frequency of measurement was very nearly 1000 Hz as noted in the Fig. In an attempt to identify the relaxation mechanisms, the specimen used to obtain Fig. 7 was annealed at 1350 °C in wet hydrogen for 36 hours. The intention was to obtain an extremely large grain size and to decrease the carbon content significantly. The effect of this treatment was very striking, as shown by Fig. 8 and 9. Fig. 8 shows the resulting decrease in magnitude and slight temperature shift of the 250 °C peak, along with some unpublished data of Fischbach. Fig. 9 gives the uncorrected data for the peak at 700 °C, showing how it has been split into what are probably two peaks. Both of these will be discussed further below.

## Discussion

The modulus decrease (and damping increase) in the vicinity of 200–300 Oe shown in Fig. 5 may be attributed tentatively to macro-eddy current damping. Following Zener [24] this hypothesis may be tested as follows: The effective time $\tau$ for magnetic diffusion is given to good approximation by

$$\tau = 0.3\, a^2/D \tag{1}$$

for the case of transverse vibrations of a uniform cylindrical rod. Here $a$ is the specimen diameter and $D$ the magnetic diffusion coefficient, is given by

$$D = \frac{10^8}{0.4\, \pi\, \varkappa\, \mu}\,, \tag{2}$$

where $\varkappa$ is the electrical conductivity in $\Omega^{-1}\,cm^{-1}$ and $\mu$ is the reversible permeability. Substituting (2) into (1) and using values of $a^2 = 4 \times 10^{-2}\,cm^2$, $\varkappa = 10^4\,\Omega^{-1}\,cm^{-1}$ and $\mu = 5 \times 10^2$[3]), gives $\tau \cong 10^{-4}$ s. Since $\omega\,\tau = 1$ at the damping maximum, and $\omega = 2\,\pi\,f$, $f$ is about $10^3$ Hz. The actual frequency of the test was very nearly 1 kHz, so that it appears quite reasonable to assume that macro-eddy current damping is the responsible relaxation mechanism.

The other magnetic feature of the data presented in Fig. 5 and 6 is, of course, the $\Delta E$ effect. This effect has been attributed by some [30] as being due to either or both micro-eddy current damping and magnetoelastic hysteresis. In either case one would expect that a strong applied field would eliminate the effect, so that the responsible mechanism may not be distinguished in this manner. In view of the known high values of longitudinal magnetostriction, however, one may calculate what magnitude of modulus defect to expect from magnetoelastic

[3]) Values of $\varkappa$ and $\mu$ were estimated from Bozorth [29].

damping alone. Following KERSTEN [30], the expression for the modulus defect, $\Delta E/E_0$, of a polycrystalline metal whose energy of internal strain is large compared to the energy of crystal anisotropy, is given by

$$\Delta E/E_0 = \frac{9\,\mu_0\,E_s\,\lambda_s^2}{20\,\pi\,I_s^2}\,, \tag{3}$$

where $\Delta E = (E_s - E_0)$ ($E_s$ and $E_0$ being the moduli at saturation and zero magnetization respectively); $\mu_0$ is the initial permeability, $\lambda_s$ the longitudinal magnetostriction and $I_s$ the saturation magnetization (all cgs). Using values of $I_s$, $\lambda_s$ and $\mu_0$ from BOZORTH [31] of 900, $40 \times 10^{-6}$ and $5 \times 10^2$ respectively and a measured $E_s$ of $1.3 \times 10^{12}$ dyn/cm², $\Delta E/E_0 = 0.18$. The measured defect at room temperature is actually only 0.06. Taking into account the possible effect of mechanical work and heat treatment on the specimen and the not completely saturating applied field, the agreement is fair. In any event the theoretical value suggests that the modulus defect could be substantially larger than measured; therefore it appears reasonable to ascribe the great majority of the $\Delta E$ effect in the present alloy to magnetoelastic hysteresis. Furthermore, one may calculate the internal stress accompanying this defect. Following KERSTEN [30] once again

$$\Delta E/E_0 = \frac{2\,\lambda_s\,E_s}{5\,\sigma_i}\,, \tag{4}$$

where all quantities except $\sigma_i$, the internal stress, have been previously defined. Solving for $\sigma_i$, a value of $\sim 3$ kg/mm² is obtained, which agrees well with KÖSTER's findings on annealed nickel of similar (although negative) $\lambda_s$. Thus, the model of large internal strains assumed by KERSTEN appears suitable for the present studies and magnetoelastic damping seems to be the principal cause of the observed modulus defect. Another strong argument in favor of magnetomechanical damping is the disappearance of the modulus defect at about 500 °C, the same temperature at which the longitudinal magnetostriction is reported to go to zero [1]. Furthermore, the $\Delta E$ effect disappears gradually as 500 °C is approached from below in agreement with the gradual approach of $\lambda_s$ to zero at the same temperature. In nickel, on the other hand, both the $\Delta E$ effect and $\lambda_s$ approach zero sharply at the Curie temperature.

A more difficult task is the explanation of the peculiarity in modulus with an applied field, that is, the small but distinct modulus maximum at about 540 °C. No absolutely satisfactory explanation is known to the author; however, several distinct, but inconclusive possibilities exist. (a) The effect may be totally attributable to volume magnetostriction as discussed for the case of Fe-42% Ni by BOZORTH [28], (following the observations of ENGLER [26] and the interpretation of DÖRING [27]). For this explanation to be valid the following conditions must be satisfied in the present alloy:

(I) It must possess a high volume magnetostriction near the Curie temperature. This property has not been measured to the author's knowledge.

(II) The Curie temperature must be near 540 °C, contrary to all known investigations to date, but nonetheless disputable enough to be a permissable assumption.

(III) The volume magnetostriction must be sensitive to strain amplitudes of $10^{-4}$ or so *over and above* an applied field of 1500 Oe. This seems unlikely, although ENGLER [26] observed a modulus defect in Fe-42% Ni with an applied field of 575 Oe.

All three requirements are entirely possible, but of course (I) must be verified experimentally and (II) is still open to dispute. Another more serious objection is the disappearance of the conventional $\Delta E$ effect at approximately 500 °C. This implies that the longitudinal magnetostriction also goes to zero. Since the volume magnetostriction has a longitudinal component, it should lead to a small $\Delta E$ effect independent of the longitudinal magnetostriction. Within the accuracy of the current measurements (about 1 part in $10^3$), this was not observed. Nonetheless, it must pointed out that $\Delta E/E \sim \left(\frac{\lambda_\omega}{3}\right)^2$, where $\lambda_\omega$ is the volume magnetostriction, and this may be beyond the range of accuracy of the current experiments.

(b) What is considered a more probable explanation of this anomaly may be based on the following considerations:

It is well known that the elastic modulus of a crystal is depressed by the presence of dislocations which move reversibly under the influence of even small applied stresses. Conversely, one expects a small modulus increase to follow either the elimination of dislocations or the operation of some process which makes dislocation motion more difficult. Indeed this latter has been observed in some studies of irradiation damage and even used to understand the recovery process [32]. In the present case there is no question that significant numbers of dislocations are present even in the well annealed samples since the specimens are polycrystals; therefore, a logical approach is to seek some mechanism which makes it more difficult for dislocations to move as the temperature is raised just below $T_c$, even over the small distances that would accompany the stresses from the dynamic modulus measurements. What is more, this mechanism should make dislocation motion more and more difficult up to $T_c$ (i.e. 540 °C) and then decrease.

A similar problem is encountered when one attempts to explain the increase in flow stress as a function of long-range order occuring in a number of systems [33 to 36], including $Fe_3Al$. The flow stress is observed to be higher at some temperature below $T_c$ than either lower temperatures in the ordered region or higher temperatures extending into the disordered region. A number of authors have attempted to explain these flow stress maxima, and these theories have been rather well summarized by LAWLEY, VIDOZ and CAHN [12], who found the same effect in $Fe_3Al$ as well. MARCINKOWSKI and MILLER [36], in a similar study on $Ni_3Mn$, also considered these earlier theories in explaining their results, but used additional information to show that one theory, the FISHER theory of short-range order hardening [37], was most satisfactory. It is felt that their application of the FISHER theory to explain the flow stress anomaly is also best suited (with some expansion and alteration) to the presently observed modulus maximum in $Fe_3Al$.

In essence, MARCINKOWSKI and MILLER argue that the maximum in the flow stress found in $Ni_3Mn$ is due to a maximum in the short-range order strengthening effect just below $T_c$ while the effect of long-range order hardening in this same region is unimportant. Their argument is based on experimental findings that long- and short-range order coexist in this alloy below $T_c$ and that superlattice dislocations exist up to very near the critical temperature. On the other hand, the degree of short-range order is known to decrease above $T_c$.

It is of interest here to expand and interpret this argument a bit further and apply it to the present modulus maximum anomaly.

In the first place, the *degree* of long-range order is well known to decrease most rapidly in the immediate vicinity of the critical temperature. Theories of order based on short-range order alone indicate that the *degree* of short-range order, while also decreasing just below $T_c$, does not decrease so sharply as the *degree* of long-range order and of course exists even well above $T_c$. On the other hand, if long- and short-range order coexist below $T_c$, as shown qualitatively by Marcinkowski and Miller, then it is to be expected that the volume fraction of the specimen exhibiting short-range order increases proportionately. In other words, the *amount* of short-range order in the specimen increases rather significantly. Thus if short-range order hardening is responsible for the maximum in the flow stress in $Ni_3Mn$, then it is because a larger fraction of the dislocations participating in the deformation process are in regions of short-range order as the amount of long-range order decreases. It should be noted that this does not preclude the concomitant decrease of the *degree* of short-range order with increasing temperature, but only assumes that this occurs more slowly than the corresponding decrease in the *degree* of long-range order. Assuming, as do Marcinkowski and Miller, that the character of the deformation process in this same temperature region is not significantly altered (e.g. the stacking fault energy does not change significantly), then this type of mechanism would explain the flow stress maximum. It would be well to include here a statement of the obvious, that when one tests a specimen, as for example to measure the dynamic modulus, one measures an external property of the whole sample and for this reason not only the *degree*, but also the *amount* of the specimen in any particular state of order is important.

If one applies the above arguments to explain the modulus maximum in $Fe_3Al$, then one must assume: first, that short-range order does indeed coexist with long-range order below 540 °C and secondly, that it is a sufficent additional deterent, even to relatively small and reversible dislocation movements, to account for the modulus increase. The former has not been shown to the author's knowledge; if it is a fact, however, the latter is quite reasonable since the length of dislocations "threading" through regions of short-range order would have to increase as the *amount* of short-range order increases. It should also be pointed out that, although it is difficult to see on the scale of Fig. 7, the internal friction of the present specimens decreased slightly as the modulus leveled out and in fact had a shallow, but recognizeable, minimum at the modulus maximum. This would agree with the model just presented.

A perplexing further difficulty is the upper limit of the $Fe_3Al$ phase given by Taylor and Jones (see Fig. 1). These authors show the $Fe_3Al$ phase to be stable only up to about 510 °C. The present studies and those of Lawley et al. [12], Kayser [13] and others seem to indicate that 540 °C is the transformation temperature. On the other hand, the magnetic Curie temperature seems to be about 500 °C, as indicated by Taylor and Jones. In the present studies we have taken the Curie temperature as 500 °C and the transformation temperature from $Fe_3Al$ order to FeAl order as 540 °C. It is clear, in any event, that this point is not unambiguously resolved.

Finally, the results of anelastic measurements must be discussed. For convenience each relaxation will be discussed separately, beginning with the 250 °C peak. The results of these measurements before and after heat treatment with wet hydrogen have already been seen in Fig. 8. It is immediately evident that the effect of this treatment is pronounced. The magnitude of the maximum has been approximately halved and the peak temperature shifted some 20 °C.

The decrease in magnitude is easily understood if one ascribes the damping maximum to the presence of interstitial carbon. In fact the wet hydrogen anneal was specifically designed to remove carbon and test the hypothesis that this relaxation was in fact a Snoek relaxation. In addition, FISCHBACH [38], has tentatively identified an interstitial peak due to carbon in a similar alloy (very nearly 25 atom % Al) at frequencies ~ 1 Hz and some of his unpublished data is presented in Fig. 7. If one assumes a single relaxation, then, as is well known,

$$\tau = \tau_0 \exp (Q/R\,T)\,, \tag{5}$$

and one may solve for $Q$ at two different frequencies provided $\tau_0$ is constant. Using the data of the present studies before the wet hydrogen anneal ($f = 990$ Hz, $1/T = 1.88 \times 10^{-3}$ °K$^{-1}$), one obtains $Q = 23$ kcal/mol. This value is quite reasonable in view of the results in pure iron, which give $Q = 20$ kcal/mol [39]. Furthermore, it is known that alloying iron increases $Q$ as one might expect [40]. This result may also be checked to some extent by comparing the experimental and calculated half-width using the relation

$$(1/T_2 - 1/T_1) = \frac{2.63\ R}{Q}\,, \tag{6}$$

where $R$ is the gas constant and $1/T_2$ and $1/T_1$ are the reciprocal temperatures at half maximum. The calculation yields $(1/T_2 - 1/T_1) = 2.4 \times 10^{-4}$ °K$^{-1}$, and the measurement of experimental results gives $(1/T_2 - 1/T_1) = 2.9 \times 10^{-4}$ °K$^{-1}$ in both cases. This gives a half-width about 20% broader than the hypothetical single relaxation mechanism. This finding is, however, in good agreement with other measurements on iron alloys [40]. It thus appears probable that several relaxations with slightly different $\tau_j$ are responsible for this damping mechanism.

The problem of the shift in peak temperature after wet hydrogen anneal (see Fig. 8) may now be plausibly explained. Part of this shift is undoubtably due to the difference in test frequencies (brought about by a necessary small change in specimen diameter). This may be then compensated for to good approximation by (5), using $Q = 23$ kcal/mol. The peak is thus shifted as shown in Fig. 10 by curve $B$. In this Fig., then, curves $A$ (before wet hydrogen anneal) and $B$ (after wet hydrogen anneal) are normalized to the same frequency, 990 Hz. If one now constructs $A - B$, that is substracts $B$ from $A$, one observes the effect of the de-

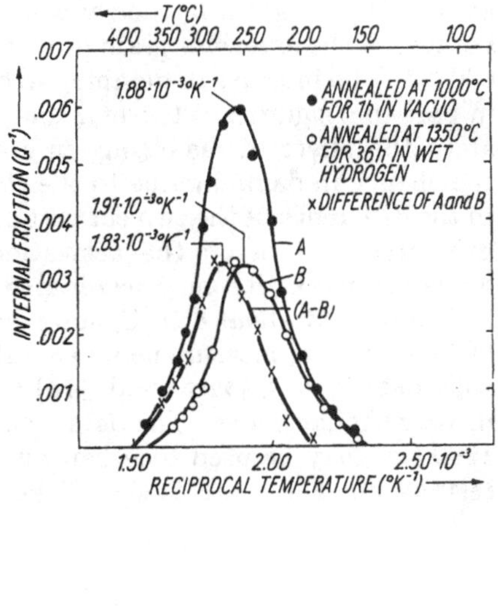


Fig. 10. (a) Curves $A$ and $B$: Same as Fig. 8 except $B$ normalized to 1000 Hz. (b) Curves $A - B$: graphical difference of $A$ and $B$ showing influence of wet hydrogen anneal

carburization treatment alone. The half-widths of both $B$ and A -- B are the same, $2.9 \times 10^{-4}$ °K$^{-1}$ and also identical with that of curve $A$ and FISCHBACH's results. The implication is therefore strong that the activation energy is in fact constant, but that curve A (and FISCHBACH's data) is composed of at least two relaxations with slightly different $\tau_j$. There are insufficient data to calculate a more accurate $Q$ for the individual relaxations, but it is clear that it is slightly greater than 23 kcal/mol. One may postulate that $B$ and $A-B$ are due to the two types of interstitial sites in $Fe_3Al$ with positions of the type $(0\,0\,{}^1/_2)$, that is, sites with Fe-Fe and Fe-Al nearest neighbors. If this be the case curves $B$ and $A-B$ are each due to single relaxations, and the ratio of $\tau_j$ is given to good approximation by

$$\frac{\tau_B}{\tau_{A-B}} = \exp\left[Q/R\,(1/T_B - 1/T_{A-B})\right], \tag{7}$$

where $\tau_B$ and $\tau_{A-B}$ are the relaxation times for curves $B$ and $A-B$ respectively, and $1/T_B$ and $1/T_{A-B}$ are the corresponding peak temperatures. Using $Q = 23$ kcal/mol and taking $1/T_B$ and $1/T_{A-B}$ from Fig. 9, $\tau_B/\tau_{A-B} = 2.5$. Furthermore, since $\tau_B = 1.6 \times 10^{-4}$ s, then $\tau_{A-B} = 4 \times 10^{-4}$ s. These values are of course only as precise as the assumptions employed, the most important of which was $Q = 23$ kcal/mol = constant. One final quantity that may be calculated from the available data is the constant $\tau_0$. If the data of FISCHBACH and curve $A$ are used for this purpose the result is $\tau_0 = 3.1 \times 10^{-13}$ s.

The last damping phenomena is the one occurring in the vicinity of 700 °C. Once again the effect of heat treatment is striking. The same wet hydrogen anneal at 1350 °C that decarburized the specimen also brought about considerable grain growth. The grain size was in fact changed by more than an order of magnitude from 0.3 mm ave. dia. to 8 mm ave. dia. (the specimen was only about 4 mm in diameter). The grain boundary area was therefore reduced by factor of about $10^3$ by this treatment. It is well known that grain boundary damping is significantly decreased in magnitude and the peak temperature shifted to higher temperatures by such a change in grain size. The data of Fig. 9 show just such an effect. The dashed curve (grain dia. 0.3 mm) shows one large skewed peak, while the full curve (grain dia. 8 mm) resolves this into a distinct single peak and a general increase in damping up to 850 °C or so. The most plausible explanation would attribute the 700 °C maximum to grain boundary relaxation and some other, yet to be identified, relaxation process to the dashed curve. Upon annealing at 1350 °C, the grain boundary peak is shifted to higher temperatures (~ 850 °C) because of the extensive grain growth and a second relaxation is resolved at about 650 °C. The increase in damping above 700 °C in the full curve must also be due in part to a significant thermal contribution, so that it is difficult to assess accurately the effect of the change in grain boundary area alone. Roughly however, the change in damping due to the change in grain boundary area is proportional to the difference of the two curves above 750 °C or so. Needless to add, no reliable quantitative data on the activation energy or relaxation constant for grain boundary relaxation may be obtained from these data.

The peak at about 650 °C, however, may be studied in more detail. The results of two series of measurements at different frequencies are given in Fig. 11 along with data from SHYNE et al. [16] and FISCHBACH [38] of the Zener relaxation in very similar alloys. The data from the present two studies (at $f = 650$ Hz and 1900 Hz) may be used together with (5) to deduce an activation energy for the relaxation. The result is $Q = 61$ kcal/mol in excellent agreement with the inde-

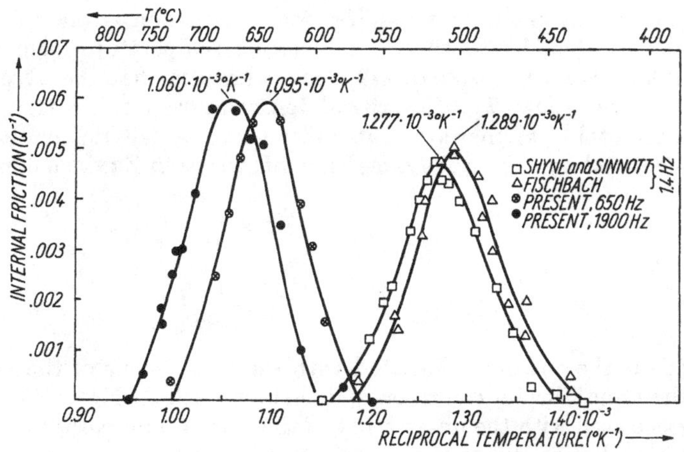


Fig. 11. Summary of internal friction data, corrected for background, for Zener relaxation in iron-aluminum alloys near stoichiometric $Fe_3Al$

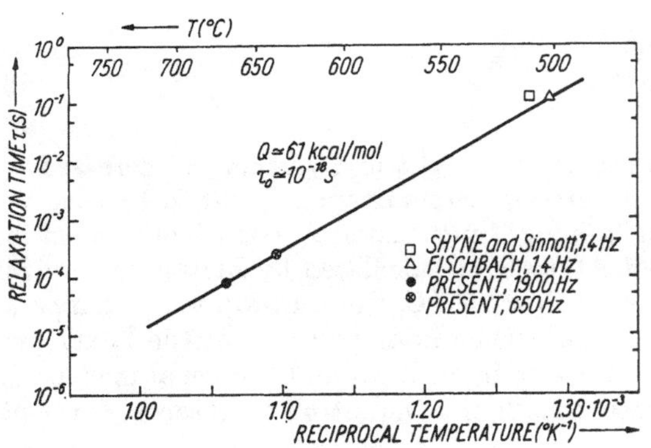


Fig. 12. Summary of relaxation times for data of Fig. 11

pendent studies of Shyne et al. [16] and Fischbach [17]. If the data from all four investigations are plotted together, as in Fig. 11, the agreement is even more striking. The line has been plotted through the measurements of Fischbach because this investigator used an applied d.c. field as was done in the present study, while Shyne and Sinnott used a large applied static stress to eliminate the influence of ferromagnetic damping. The value of the constant $\tau_0$ calculated from these data is $3.9 \times 10^{-18}$ s, also in good agreement with the other investigations, although not well understood because of its low magnitude [16]. The difference between the calculated (with (6)) and measured half-widths is about 20%, the measured value being greater. This corresponds with the findings of other investigators of the Zener relaxation very well [41] and has been no doubt already been correctly explained as being due to the spectrum of relaxations involved in alloys of high solute content. The only forseeable major objection to these conclusions is the unknown influence of long-range order. The peaks of Shyne and Sinnott and Fischbach occurred at temperatures in the $Fe_3Al$ region, whereas the present peaks were in the FeAl region. It is thought, however, that the significant effect of this difference would be in the peak magnitude and not its temperature. In any event the influence is apparently small, a conclusion that the excellent agreement of the data would seem to support. That this relaxation is indeed due to the Zener mechanism seems to be rather clearly established.

One final point that requires some discussion is the absence of any damping increase just below the transformation temperature from $Fe_3Al$ order to FeAl order. Following ZENER [42], one concludes that the absence of any damping increase below $T_c$ (the critical temperature for the transformation) must be attributable to the fact that under nearly adiabatic conditions $T_M$ and $T_L$ are increased by nearly the same amount, where in ZENER's nomenclature,

$$T_L = \left(\frac{\partial H}{\partial S_L}\right)_\sigma,$$

and

$$T_M = \left(\frac{\partial H}{\partial S_M}\right)_\sigma. \tag{8}$$

($S_L$ is the entropy associated with the uncertainty of the atoms with respect to their equilibrium condition and therefore called the "lattice entropy", and $S_M$ is associated with the uncertainty of the equilibrium positions of the atoms themselves and is therefore the "entropy of mixing".) Since the relaxation strength is proportional to the difference

$$\left[\left(\frac{\partial e}{\partial S_M}\right)\sigma,\ T_L - \left(\frac{\partial e}{\partial S_L}\right)\sigma,\ T_M\right], \tag{9}$$

(where $e$ is strain and $\sigma$ stress as usual) then $T_M$ and $T_L$ must be increased by nearly the same amount under the present circumstance. That is to say, the exchange of energy between the "mixing" and "lattice" coordinates must be about equal. This is also the case for $Cu_3Au$, as calculated by ZENER. One might also look for a similar relaxation just below 750 °C, the transformation temperature from FeAl order to disorder. The concomitant presence of the Zener and grain boundary relaxations at the present frequencies and the usual increase in background damping with temperature make this impossible to observe, however.

## Conclusions

The study of the temperature dependence of the dynamic elastic modulus and anelastic properties of Fe – 24.8 atom % Al at frequencies near 1 kHz in conjunction with studies of the influence of ferromagnetism, yields the following conclusions:

(1) The dependence of damping and the modulus on the applied magnetic field strength at room temperature shows two ferromagnetic damping phenomena: (a) macro-eddy current damping at 200—300 oersteds, (b) magnetoelastic hysteresis, involving a modulus defect of .06 between zero field and 1500 Oe.

(2) Theoretical predictions of ZENER [24] compare favorably with the experimental results for macro-eddy current damping.

(3) The model of KERSTEN [30], assuming large internal strains, explains the observed magnetoelastic damping ($\Delta E$ effect) satisfactorily.

(4) Micro-eddy current damping appears to play little or no part in the $\Delta E$ effect, especially since $\lambda_s$ is reported to gradually approach zero near the observed disappearance of the modulus defect.

(5) The modulus maximum at 540 °C with an applied field cannot be unambiguously explained at present. Two possible models are presented, one assuming high volume magnetostriction near the Curie temperature and the other based on a theory of short-range order hardening after FISHER [37].

(6) The phase diagram of TAYLOR and JONES [7] is disputed as to the exact temperature of the Curie temperature and $Fe_3Al$–FeAl transformation temperature. The former is taken as 500 °C and the latter as 540 °C in the present paper.

(7) Anelastic measurements near 1 kHz yield the following results:

(a) A Snoek relaxation due to interstitial carbon is identified near 250 °C. Using the data of FISCHBACH [38], values of $Q = 23$ kcal/mol and $\tau_0 = 3.1 \times 10^{-13}$ s are caculated. The peak is shown to be well described by two separate relaxations with $\tau_j$ differing by a factor of 2.5. A model based on carbon atoms with Fe–Fe and Fe–Al nearest neighbors is proposed.

(b) A Zener relaxation at about 680 °C is identified, corroborating the earlier work of SHYNE et al. [16] and FISCHBACH [17]. Values of $Q = 61$ kcal/mol and $\tau_0 = 3.9 \times 10^{-18}$ s are calculated from the measurements at two frequencies.

(c) A grain boundary relaxation is tentatively identified at temperature slightly higher than the ZENER relaxation. No quantitative data are obtained.

(d) The absence of any increase in damping below the transformation temperature due to a decrease in the degree of long-range order is explained following ZENER's proposals [42].

### *Acknowledgements*

The author wishes to express his gratitude to Profs. O. SHERBY and J. SHYNE for many useful discussions during the course of this work. Thanks are also due to Dr. D. FISCHBACH for the use of unpublished data and J. Mr. FORSBERG for drafting the figures. This work was supported by the Aeronautical Research Laboratory of Dayton, Ohio, and the National Science Foundation of the U.S.A.

## References

[1] Y. SHIRAKAWA, T. OHARA, and T. ABE, Sci. Rpts. Res. Insts Tohoku Univ., **9**, 184 (1957).
[2] W. D. BENNETT, J. Iron and Steel Inst. Aug., 372 (1952).
[3] G. BIORCI, A. FERRO, and G. MONTALENTI, J. appl. Phys. **32**, 630 (1961).
[4] D. B. FISCHBACH, Acta metall. **10**, 319 (1962).
[5] SH. I. ZUSMAN, Fizika metallov i metallovedenie Akad. Nauk SSSR, **9**, 41 (1960).
[6] H. J. BERKENBEIL and R. W. CAHN, J. appl. Phys. **32**, 362 (1961).
[7] A. TAYLOR and R. M. JONES, J. Phys. Chem. Solids **6**, 16 (1958).
[8] M. YAMAMOTO and S. TANIGUCHI, Sci. Rpts. Res. Insts, Tohoku Univ. **8A**, 193 (1956)
[9] R. A. SWALIN and A. H. GEISLER, Trans. AIME **206**, 1259 (1956).
[10] R. G. ASPDEN, J. A. GERGER, and R. S. MATEER, Trans. AIME **215**, 251 (1959).
[11] A. LAWLEY, J. A. COLL, and R. W. CAHN, Trans. AIME **218**, 166 (1960).
[12] A. LAWLEY, E. A. VIDOZ, and R. W. CAHN, Acta metall. **9**, 287 (1961).
[13] F. X. KAYSER, Ford Motor Co., WADC Tech. Rep. 57-298 Part I ASTIA Document No. 130823 (1957).
[14] M. J. MARCINKOWSKI and N. BROWN, Acta metall. **9**, 764 (1961).
[15] W. JUSTUSSON, V. F. ZACKAY, and E. R. MORGAN, Trans. ASM **49**, 905 (1957).
[16] J. C. SHYNE and M. J. SINNOTT, Trans. AIME **218**, 861 (1960).
[17] D. B. FISCHBACH, Bull. Amer. Phys. Soc. Series II, **2**, 122 (1957).
[18] C. A. WERT, J. appl. Phys. **26**, 640 (1955).
[19] A. J. BRADLEY and A. H. JAY, Proc. Roy. Soc. **A 136**, 210 (1932).
[20] H. J. MCQUENN and G. C. KUCZYNSKI, Trans. AIME **215**, 619 (1959).
[21] C. W. ANDREWS, Metals Prog. **58**, 85 (1950).
[22] F. FORSTER and H. BREITFELD, Z. Metallk., **30**, 343 (1938).
[23] J. A. HREN, D. M. S. Report No. 62-4, Stanford University.
[24] C. M. ZENER, Elasticity and Anelasticity of Metals, The Univ. of Chicago Press, 64 (1948).

[25] N. AKULOV and E. KONDORSKY, Z. Phys. **78**, 801 (1932); **85**, 661 (1933).
[26] O. ENGLER, Ann. Phys. **31**, 145 (1938).
[27] W. DÖRING, Ann. Phys. **32**, 465 (1938).
[28] R. M. BOZORTH, 'Ferromagnetism', D. Van Nostrand Co. Inc., 697 (1953).
[29] Ibid., 96, 2214.
[30] M. KERSTEN, Z. Phys. **85**, 708 (1933).
[31] R. M. BOZORTH, op. cit., 95.
[32] D. O. THOMPSON and D. K. HOLMES, J. appl. Phys. **30**, 525 (1959).
[33] N. BROWN, Phil. Mag. **4**, 693 (1959).
[34] W. KÖSTER, Z. Metallk., **32**, 145 (1940).
[35] W. KÖSTER and W. GMÖHLING, Z. Metallk. **50**, 385 (1960).
[36] M. S. MARCINKOWSKI and D. S. MILLER, Phil. Mag. **6** II, 871 (1961).
[37] J. C. FISHER, Acta metall. **2**, 9 (1954).
[38] D. B. FISCHBACH, Calif. Inst. of Tech., Private Communication.
[39] K. KAMBER, D. KEEFER, and C. A. WERT, Acta metall. **9**, 403 (1961).
[40] T. S. KE and C. T. TSIEN, Scientia Sinica **5**, 625 (1956).
[41] A. S. NOWIK and D. P. SERAPHIM, Acta metall. **9**, 40 (1961).
[42] C. ZENER, op. cit., 106.

*(Received June 7, 1963)*

phys. stat. sol. 3, 1619 (1963)

*Jena, Carl-Zeiss-Straße 1*

# Zum optischen Verhalten halbleitender Zinndioxydschichten im nahen Ultrarot bei Zimmertemperatur

Von

H. KOCH

Das Dispersions- und Absorptionsverhalten „zusatzfreier" Zinndioxydschichten mit Elektronenkonzentrationen bis zu $N \approx 2 \cdot 10^{20}$ cm$^{-1}$ wurde bei Zimmertemperatur im nahen Ultrarot bis zu etwa 3 μm eingehend untersucht.

Bei der Absorption und Dispersion durch freie Elektronen sind die longitudinalen optischen Phononen maßgeblich beteiligt.

Unter Einbeziehung von Ergebnissen einer früheren Arbeit, in der die elektrischen Eigenschaften halbleitender $SnO_2$-Schichten untersucht wurden, wurden über die Absorptionsmessungen die effektive Masse ($m^* = 0{,}35\ m_0$) der Leitungselektronen und die die Elektron-Phonon-Wechselwirkung bestimmende Stoßzeit ermittelt.

Die Dispersionsmessungen führen auf einen wesentlich kleineren Wert für die effektive Masse ($m^* = 0{,}17\ m_0$), wenn nicht bei der Auswertung neben der Dispersion durch freie Elektronen ein weiterer Dispersionsanteil berücksichtigt wird, der auf Störstellenanregungsübergänge zurückzuführen ist. Entsprechende Banden wurden bei etwa 0,14 eV, 0,0725 eV und 0,0575 eV gefunden.

The absorption and dispersion in semiconducting $SnO_2$-films free from foreign metallic impurities is investigated in the near infra-red region up to about 3 μm. Free carrier absorption in $SnO_2$ is predominantly due to longitudinal polar modes. These results, together with the authors previous electrical measurements on $SnO_2$-films, enable the effective mass and relaxation times to be determined. The effective mass, deduced from dispersion measurements alone, is too small due to impurity absorption bands which occur at about 0.14 eV, 0.075 eV, and 0.0575 eV.

## 1. Problemstellung

In einer vorangegangenen Arbeit [1] wurde bereits über elektrische Untersuchungen an halbleitenden „zusatzfreien" Zinndioxydschichten mit Elektronenkonzentrationen bis zu $N = 2 \cdot 10^{20}$ cm$^{-1}$ berichtet. Dort wurde auch eine Zusammenstellung über frühere Untersuchungen anderer Autoren gegeben, so daß hier darauf verzichtet werden kann.

Der in [1] für Zimmertemperatur gefundene nichtlineare Zusammenhang zwischen Gleichstrom-Leitfähigkeit $\sigma$ und Elektronenkonzentration $N$,

$$\sigma \sim N^{4/3}, \tag{1}$$

ließ sich im Rahmen eines isotropen Bändermodells mit parabolischer Struktur des Leitungsbandes verstehen, wobei weitgehende Entartung des Elektronengases und ein Energie-Stoßzeitgesetz der Gestalt

$$\tau(E) = S_\alpha \cdot E^\alpha \tag{2}$$

mit

$$\alpha = 1/2 \tag{2a}$$

angenommen werden mußten.

Aus dem gefundenen Stoßzeitgesetz ($\alpha = 1/2$) konnte geschlossen werden, daß die Wechselwirkung der Elektronen mit den longitudinalen optischen Phononen den Hauptanteil am Streuprozeß ausmacht. Für den Vorfaktor $S_{1/2}$ des Stoßgesetzes (2) ergab sich

$$S_{1/2} = \left(207 \pm {90 \atop 45}\right) \cdot (a^*)^{3/2} \cdot 10^{-16} \frac{\mathrm{s}}{(\mathrm{eV})^{1/2}} \tag{3}$$

$\left(a^* = \frac{m^*}{m_0}\right.$, $m_0$ Elektronenmasse, $m^*$ effektive Elektronenmasse im Leitungsband$\left.\right)$.
Für die effektive charakteristische Temperatur der longitudinalen Gitterschwingungen wurde im Bereich der Zimmertemperatur

$$\Theta_{eff}^{lo} \cong 150\ °\mathrm{K}$$

gefunden.

In der vorliegenden Arbeit soll untersucht werden, inwieweit das optische Verhalten der Schichten im nahen Ultrarot mit den Ergebnissen der elektrischen Messungen in [1] und ihrer Deutung in Einklang zu bringen ist.

## 2. Schichtherstellung und Meßmethoden

Die Herstellung der Schichten erfolgte nach dem Gasreaktionsverfahren. Als Ausgangssubstanz wurde reinstes Zinntetrachlorid benutzt. Auf den üblichen Einbau von Antimon wurde verzichtet, so daß nur die „herstellungsbedingten" Störstellen für die Elektronenleitung verantwortlich zu machen sind. In diesem Sinn wurden die Schichten als „zusatzfrei" bezeichnet. Über weitere Einzelheiten siehe in [1].

Als Schichtträger wurde je nach Bedarf benutzt: Tempaxglas, synthetischer Flußspat, Quarz. Für diese drei Trägersorten war ein Einfluß des Trägermaterials auf die Schichteigenschaften nicht festzustellen.

In Spektralgebieten, wo die Absorption der Schichten gering bzw. vernachlässigbar ist, wurden die optischen Dicken, die Brechungszahlen und die geometrische Dicke nach geläufigen Verfahren ermittelt, die auf einer Auswertung der Interferenzextrema des spektralen Reflexions- bzw. Transmissionsgrades nach Betrag und Lage beruhen.

In Gebieten, wo die Absorption nicht mehr zu vernachlässigen ist, ist die Bestimmung der optischen Konstanten dünner Schichten meist aufwendig und zeitraubend, es sei denn, daß geeignete Näherungsverfahren Verwendung finden können. Da genügend dicke Schichten mit $K_s d_s \gg 1$ nicht reproduzierbar erzeugt werden konnten $\left(K_s = \frac{4 \pi k_s}{\lambda}\right.$ Absorptionskonstante, $k_s$ Absorptionsindex, $d_s$ Schichtdicke$\left.\right)$, konnte das gebräuchlichste Näherungsverfahren zur Bestimmung der Absorptionskonstanten $K_s$ nicht benutzt werden, bei dem bei einer festen Wellenlänge aus der Steigung der $\log \tau_M - d_s$-Geraden die Absorptionskonstante $K_s$ entnommen werden kann ($\tau_M$ Transmissionsgrad). Nun ist aber für einen Vergleich mit den Aussagen der Theorie weniger die Absorptionskonstante als vielmehr das Produkt aus Brechungszahl $n_s$ mal Absorptionskonstante $K_s$ von Interesse. Dieses Produkt läßt sich aber relativ einfach an Schichten bestimmen, deren Dicke klein gegenüber der Wellenlänge ist, da dann eine auf WOLTER zurückgehende Näherungsformel benutzt werden kann, die bei Vernachlässigung von

Mehrfachreflexionen im Schichtträger folgende Gestalt hat (vergleiche z. B. [2]):

$$n_s K_s = \frac{1}{d_s} \left[ \frac{4 n_0 \cdot n_T}{n_0 + n_T} \sqrt{\frac{1}{\tau_M}} - (n_0 + n_T) \right] \tag{4}$$

$\tau_M$ gemessener Transmissionsgrad,
$n_0$ Brechungszahl des umgebenden Mediums (Luft),
$n_T$ Brechungszahl des Schichtträgers.

Die Anwendbarkeit der Näherung (4) läßt sich leicht kontrollieren, indem für Schichten gleicher spezifischer Leitfähigkeit, aber verschiedener Dicke $\sqrt{\frac{1}{\tau_M}}$ über $d_s$ aufgetragen und geprüft wird, ob die Meßpunkte auf einer Geraden liegen.

Die Elektronenkonzentrationen $N$ wurden mit Hilfe der experimentell bestimmten Hallkonstanten $R$ gemäß der für ein isotropes parabolisches Band gültigen Beziehung

$$N = - r(\alpha, \xi) \frac{1}{e R}$$

berechnet. Der vom Streumechanismus (angedeutet durch $\alpha$) und vom Entartungsgrad $\xi = \frac{E_F}{k T}$ abhängige, nahe bei 1 liegende Vorfaktor $r$ wurde zu $r = 1$ angenommen, was im Rahmen der über einige Zehnerpotenzen sich erstreckenden Untersuchungen sicher zu vertreten ist. ($E_F$ Fermienergie, auf den unteren Rand des Leitungsbandes bezogen.) Über Einzelheiten der Halleffektmessungen sei auf [1] verwiesen.

## 3. Zur Theorie der Ultrarotabsorption bzw. -dispersion durch freie Elektronen

Die im nächsten Abschnitt noch zu besprechenden experimentellen Ergebnisse lassen sich im Rahmen der dem Bändermodell angepaßten klassischen Absorptionstheorie (vergleiche z. B. [3]) deuten.

Mit dem Konzept eines isotropen Leitungsbandes mit wellenzahlunabhängiger effektiver Masse $m^* = a^* \cdot m_0$ ergibt sich im Grenzfall hoher Entartung für den Anteil der Elektronen am Realteil bzw. am Imaginärteil der komplexen spezifischen Leitfähigkeit $\sigma$

$$\mathrm{Re}\,(\sigma) = \frac{e^2}{m^*} N \cdot \frac{\tau}{1 + \omega^2 \tau^2}\,, \tag{5a}$$

$$\mathrm{Im}\,(\sigma) = - \frac{e^2}{m^*} \cdot N \frac{\omega \cdot \tau^2}{1 + \omega^2 \tau^2}\,, \tag{5b}$$

wobei

$$\tau = \tau\,(E_F) \tag{6}$$

die Relaxationszeit im Ferminiveau ist ($\omega$ Kreisfrequenz des Wechselfeldes). In der Drudeschen Theorie wird Frequenzunabhängigkeit der Relaxationszeit angenommen.

Für den Realteil $n_s$ und den Imaginärteil $k_s$ der komplexen Gesamtbrechungszahl $\mathfrak{n}_s = n_s - i\,k_s$ der Schichten erhält man dann die Kombinationen

$$2\, n_s k_s = \frac{\mathrm{Re}\,(\sigma)}{\varepsilon_0 \cdot \omega} = n_s K_s \frac{c_0}{\omega}\,, \tag{7a}$$

$$n_s^2 - k_s^2 = n_g^2 + \frac{\mathrm{Im}\,(\sigma)}{\varepsilon_0 \cdot \omega} \tag{7b}$$

mit $n_g$ Brechungszahl des Grundgitters, $c_0$ Vakuumlichtgeschwindigkeit, $K_s = \frac{4\pi k_s}{\lambda}$ Absorptionskonstante und $\varepsilon_0$ Influenzkonstante, wobei angenommen wurde, daß man sich weit außerhalb der Eigenfrequenzen von Absorptionsvorgängen befindet, die durch das Grundgitter (Valenzband-Leitungsband-Übergänge, Gitterschwingungen) oder durch Störstellen bedingt sind.

In den beiden Grenzfällen $\omega^2\tau^2 \gg 1$ bzw. $\omega^2\tau^2 \ll 1$ folgt aus (5a) bis (7b):

1) $\omega^2\tau^2 \ll 1$

$$n_s K_s = \frac{\mathrm{Re}\,(\sigma)}{\varepsilon_0 \cdot c_0} = \frac{e^2}{\varepsilon_0 m^*} \cdot \frac{1}{c_0} \cdot N \cdot \tau(E_F)\,, \tag{8a}$$

$$n_s^2 - k_s^2 = n_g^2 - \frac{e^2}{\varepsilon_0 m^*} \cdot N \cdot [\tau(E_F)]^2\,. \tag{8b}$$

2) $\omega^2\tau^2 \gg 1$

$$n_s K_s = \frac{e^2}{\varepsilon_0 m^*} \cdot \frac{1}{c_0} \cdot N \cdot \frac{1}{\omega^2} \cdot \frac{1}{\tau(E_F)}\,, \tag{8c}$$

$$n_s^2 - k_s^2 = n_g^2 - \frac{e^2}{\varepsilon_0 m^*} \cdot N \cdot \frac{1}{\omega^2}\,. \tag{8d}$$

Mit einem Potenzansatz für die Energieabhängigkeit der Stoßzeit,

$$\tau(E) = S_\alpha \cdot E^\alpha \tag{9}$$

($E$ Elektronenenergie auf den unteren Rand des Leitungsbandes bezogen) und unter Benutzung der im Grenzfall hoher Entartung gültigen Beziehung

$$E_F = \frac{1}{a^* \cdot A} \cdot N^{2/3}$$

$\left(a^* = m^*/m_0,\, A = 8/h^2 \cdot (\pi/3)^{2/3} \cdot m_0 = 2{,}745 \cdot 10^{14}\,(\mathrm{eV}\cdot\mathrm{cm})^{-1}\right)$ gehen (8a) bis (8d) über in:

1) $\omega^2\tau^2 \ll 1$

$$n_s K_s = \frac{e^2}{\varepsilon_0 m_0} \cdot \frac{1}{c_0} \frac{S_\alpha}{(a^*)^{\alpha+1} \cdot A^\alpha} \cdot N^{(1+2\alpha/3)}\,, \tag{10a}$$

$$n_s^2 - k_s^2 = n_g^2 - \frac{e^2}{\varepsilon_0 m_0} \frac{(S_\alpha)^2}{(a^*)^{2\alpha+1} \cdot A^{2\alpha}} \cdot N^{(1+4\alpha/3)}\,. \tag{10b}$$

2) $\omega^2\tau^2 \gg 1$

$$n_s K_s = \frac{e^2}{\varepsilon_0 m_0} \cdot \frac{1}{c_0} \frac{A^\alpha}{(a^*)^{-\alpha+1} \cdot S_\alpha} \cdot \frac{1}{\omega^2} \cdot N^{(1-2\alpha/3)}\,, \tag{10c}$$

$$n_s^2 - k_s^2 = n_g^2 - \frac{e^2}{\varepsilon_0 m_0} \cdot \frac{1}{a^*} \cdot \frac{1}{\omega^2} \cdot N\,. \tag{10d}$$

Bei hochentarteten Halbleitern mit parabolischer Bandstruktur lassen sich aus der Abhängigkeit der optischen Größen $n_s K_s$ bzw. $n_s^2 - k_s^2$ von der Elektronenkonzentration nach (10a), (10b), (10c) und (10d) wichtige Rückschlüsse auf das Stoßgesetz — und damit auf den Streumechanismus — und auf die effektive Masse ziehen.

Ob die Voraussetzung einer parabolischen Bandstruktur zutrifft, kann aus Dispersionsmessungen bei hohen Frequenzen geschlossen werden. Nach (10d) muß dort $n_s^2 - k_s^2 - n_g^2$ proportional der Elektronenkonzentration $N$ sein. Aus dem Proportionalitätsfaktor kann direkt die effektive Masse bestimmt werden. Eine Kenntnis des Stoßgesetzes ist nach (10d) nicht erforderlich.

Aus Messungen der Konzentrationsabhängigkeit von $n_s K_s$ bei genügend hohen bzw. bei genügend niedrigen Frequenzen und durch Messung von $n_s^2 - k_s^2$ bei niedrigen Frequenzen können nach (10c) bzw. (10a) und (10b) der Exponent $\alpha$ des Stoßgesetzes und der Vorfaktor $S_\alpha$ (bis auf einen jeweils von der effektiven Masse verschieden abhängigen Faktor) ermittelt werden. Durch Kombination zweier der genannten Messungen gelingt die getrennte Bestimmung der effektiven Masse $m^* = a^* \cdot m_0$ und des Vorfaktors $S_\alpha$.

Der Bestimmung von $n_s K_s$ bei niedrigen Frequenzen äquivalent ist die Untersuchung der Konzentrationsabhängigkeit der Gleichstromleitfähigkeit, wie sie in [1] durchgeführt wurde.

Es sei jedoch nochmals betont, daß die Formeln (10a) bis (10c) unter der klassischen Voraussetzung abgeleitet wurden, daß die Stoßzeit von der Frequenz des Wechselfeldes nicht abhängt.

Die klassische Absorptionstheorie setzt voraus, daß die durch das elektromagnetische Wechselfeld bewirkte Störung der Elektronenverteilung klein ist. Das bedeutet, daß gelten muß:

$\hbar\,\omega \ll k\,T$ für nichtentartete Halbleiter

$\hbar\,\omega \ll E_F$ für entartete Halbleiter.

Für

$\hbar\,\omega \gg k\,T$ für nichtentartete Halbleiter und

$\hbar\,\omega \gg E_F$ für entartete Halbleiter

können die quantentheoretischen Absorptionsformeln wegen des Ausfalls der induzierten Emission erheblich von den klassischen abweichen. (Für nichtentartete Halbleiter und Wechselwirkung mit akustischen Phononen vergleiche z. B. die Untersuchungen von SCHMIDT [4].) In einer neueren Arbeit hat DUMKE [5] gezeigt, daß für isotrope Streuung die klassische Theorie bei Nichtentartung sogar bis zu $\hbar\,\omega = 15\,k\,T$ und bei Entartung bis zu $\hbar\,\omega = 8\,E_F$ brauchbar ist, wenn ein Fehler von 10% in Kauf genommen wird.

## 4. Experimentelle Ergebnisse und ihre Auswertung im Rahmen der klassischen Theorie

### *4.1 Konzentrationsabhängigkeit der Dispersion $n_s^2 - k_s^2$ und effektive Masse*

Werden bei genügend kurzen Wellen ($\lambda <$ ca. 2 µm), wo $k_s$ noch klein gegenüber $n_s$ ist, die Quadrate der Brechungszahlen über der Wellenlänge aufgetragen, so

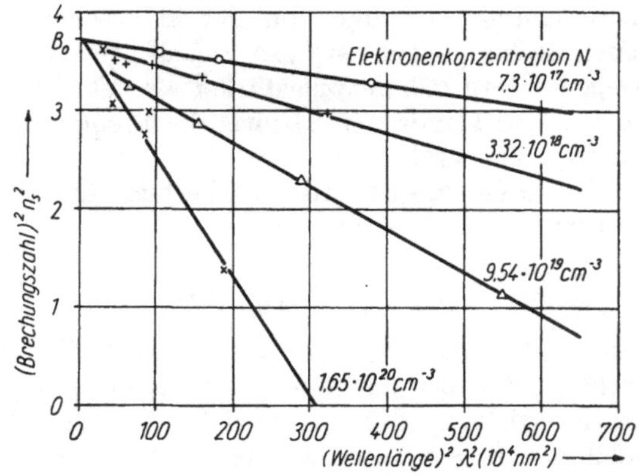


Fig. 1. Wellenlängenabhängigkeit der Dispersion $n_s^2 - k_s^2$ für verschiedene Elektronenkonzentrationen $N$ („Dispersiongeraden“)

ergeben sich in Übereinstimmung mit (10d) Geraden

$$\left.\begin{array}{r} n_s^2 = B_0 - B \cdot \lambda^2 \\ \text{mit } B = S_N \cdot N + B_G \end{array}\right\}, \quad (11)$$

deren negative Steigung mit steigender Elektronenkonzentration der Schichten zunimmt (Fig. 1). Für die Brechungszahl des Grundgitters ergibt sich ein mittlerer Wert von

$$n_g = \sqrt{B_0} = 1{,}93\,,$$

der mit dem für das massive $SnO_2$ im Sichtbaren übereinstimmt. Den Zusammenhang zwischen Steigung $B = \frac{\Delta(n_s^2)}{\Delta(\lambda^2)}$ und Elektronenkonzentration $N$ zeigt Fig. 2 im einzelnen.

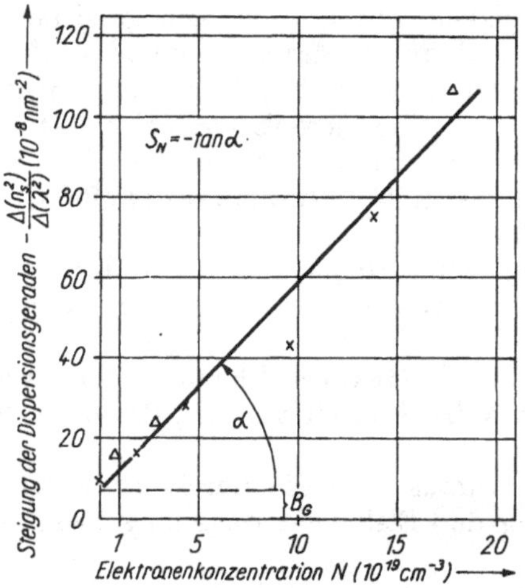


Fig. 2. Elektronenkonzentration $N$ und Steigung $-B$ der „Dispersionsgeraden" (vergleiche Fig. 1). Der Steigungsanteil $B_G$ ist durch die Dispersion des Grundgitters bedingt

Der konzentrationsabhängige Steigungsanteil $S_N \cdot N$, der der Elektronenkonzentration proportional ist, bestätigt die Annahme einer konstanten effektiven Masse $m^*$. Diese berechnet sich nach (10d) zu

$$m^* = (0{,}17 \pm 0{,}02)\, m_0\,. \quad (12)$$

Dieser Wert stimmt mit dem von Ishiguro u. a. [6] angegebenen nahezu überein.

Der konzentrationsunabhängige Steigungsanteil $B_G$ ist durch die Dispersion des Grundgitters bedingt.

### 4.2 Absorption $n_s K_s$ und Stoßgesetz

Die experimentellen Ergebnisse der Wellenlängenabhängigkeit von $n_s K_s$ im Bereich von etwa 1,5 bis 5 µm sind aus Fig. 3 für einige der untersuchten Proben zu entnehmen.

Für hohe Elektronenkonzentrationen und für den kurzwelligen Teil der Kurven ergeben sich Werte zwischen 2 bis 2,5 für die Steigung der $\log(n_s K_s) - \log\lambda$-Geraden mit einer deutlichen Häufung bei einem Wert von etwa 2,2. Die große Streuung der Werte ist durch das benutzte Auswerteverfahren bedingt. Die Abweichung von der von der klassischen Theorie (10c) geforderten Wellenlängenabhängigkeit ist also relativ gering. Daß $n_s K_s$ bei kurzen Wellen im Gegensatz zu (10c) etwas stärker als mit $\lambda^2$ zunimmt, ist darauf zurückzuführen, daß in der klassischen Theorie die Frequenzabhängigkeit der Stoßzeit nicht berücksichtigt wird.

Um zu einem qualitativen Überblick über die Frequenzabhängigkeit der Stoßzeit zu kommen, sei durch

$$\frac{1}{\tau(E, \hbar\omega)} = \frac{1}{\tau(E)} \cdot f(E, \hbar\omega) = 1/2\left[\frac{1}{\tau(E)} + \frac{1}{\tau(E + \hbar\omega)}\right] \quad (13)$$

eine effektive Stoßzeit $\tau(E, \hbar\omega)$ definiert, die gewissermaßen den Umstand berücksichtigt, daß bei der Absorption als zweistufigem Quantenprozeß die Phononenwechselwirkung der Elektron-Photon-Wechselwirkung sowohl vorangehen als auch nachfolgen kann. Mit dem Potenzgesetz (9) für die Stoßzeit-Energieabhän-

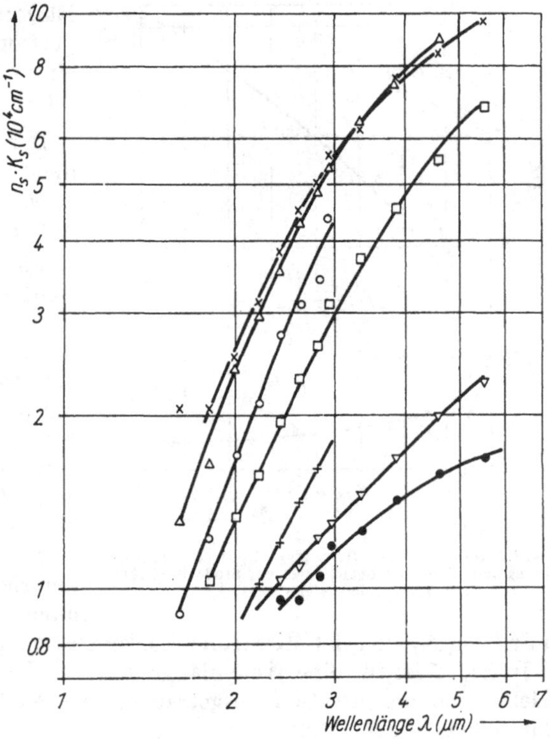


**Fig. 3.** Wellenlängenabhängigkeit der Absorption $n_s K_s$ für Schichten verschiedener Elektronenkonzentration

gigkeit wird damit für $E = E_F$

$$\frac{1}{\tau(E_F, \hbar\,\omega)} = \frac{1}{\tau(E_F)}\left[\frac{1}{2} + \frac{1}{2}\,\frac{1}{\left(1 + \frac{\hbar\,\omega}{E_F}\right)^{\alpha}}\right] = \frac{1}{\tau(E_F)} \cdot f(E_F, \hbar\,\omega)\,. \tag{14}$$

Für das Produkt $n_s K_s$ folgt daher

$$n_s K_s = (n_s K_s)_{\text{ohne}} \cdot f\,(E_F, \hbar\,\omega)\,, \tag{15}$$

wobei $(n_s K_s)_{\text{ohne}}$ der ohne Berücksichtigung der Frequenzabhängigkeit erhaltene Ausdruck (10c) ist.

Für mit der Energie monoton zunehmende Stoßzeit ($\alpha > 0$) nimmt $f\,(E_F, \hbar\,\omega)$ mit abnehmender Frequenz von 1/2 auf 1 zu, d. h. $n_s K_s$ nimmt etwas stärker als $\lambda^2$ zu (für $\alpha = 1/2$ vergleiche Fig. 4). Insgesamt gesehen sind aber die Abweichungen von der klassischen Formel (10c) gering.[1])

Ungünstiger liegen die Verhältnisse bei mit der Energie monoton abnehmender Stoßzeit ($\alpha < 0$; für $\alpha = -1/2$ vergleiche Fig. 4). Für $\hbar\,\omega \ll E_F$ ist die rein klassische Näherung gut, wenn auch $n_s K_s$ etwas schwächer als mit $\lambda^2$ zunehmen sollte. Dagegen geht für $\hbar\,\omega \gg E_F$ der Korrektionsfaktor $f\,(E_F, \hbar\,\omega)$ gegen $(E_F/\hbar\,\omega)^{\alpha}$, d. h. $n_s K_s$ wird jetzt im Gegensatz zu (10d) direkt proportional der

---

[1]) Quantentheoretische Absorptionsformeln für die Wechselwirkung mit optischen Phononen ($\alpha = 1/2$) wurden für *nichtentartete* Halbleiter von VISVANATHAN [8], allerdings nur für Fälle, wo die induzierte Emission keine Rolle spielt, berechnet.

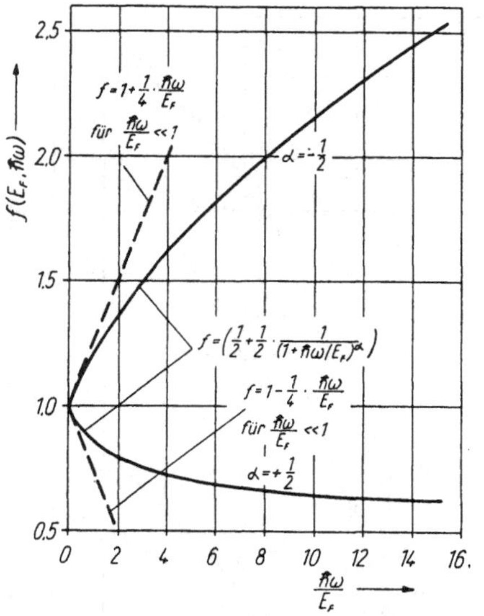

Fig. 4. Korrekturfaktor $f(\hbar\omega/E_F)$ für die Berücksichtigung der Frequenzabhängigkeit der Stoßzeit. (Über Einzelheiten siehe Text)

Elektronenkonzentration $N$ statt proportional $N^{(1-2/3\cdot\alpha)}$, und es ergibt sich ein $\lambda^{(2+\alpha)}$-Gesetz an Stelle des $\lambda^2$-Gesetzes.[2])

Der an den $SnO_2$-Schichten gefundene $\lambda^2$-überproportionale Anstieg von $K_s n_s$ deutet also auf einen Streuprozeß mit $\alpha > 0$ hin.

Für Wellenlängen größer als 3 µm ist die Voraussetzung $\omega^2\tau^2 \gg 1$ nicht mehr erfüllt (vergleiche Fig. 3). Die dadurch bedingten Abweichungen von der $\lambda^2$-Abhängigkeit machen sich bei um so kürzeren Wellenlängen bemerkbar, je kleiner die Elektronenkonzentration ist. Das deutet ebenfalls auf eine Zunahme der Stoßzeit mit der Elektronenenergie hin ($\alpha > 0$).

Auf eine Zunahme der Stoßzeit mit der Elektronenenergie beim $SnO_2$ kann auch aus der Abhängigkeit des Produktes $n_s K_s$ von der Elektronenkonzentration geschlossen werden.

In Fig. 5 ist für eine Wellenlänge von $\lambda = 2{,}8$ µm das Produkt $n_s K_s$ über der Elektronenkonzentration aufgetragen. Die Meßpunkte lassen sich relativ gut darstellen durch

$$n_s K_s \sim N^{3/2}. \tag{16}$$

Ein Vergleich mit (10c) liefert

$$\alpha = 1/2 \tag{17}$$

mit

$$S_{1/2} = \frac{1}{(a^*)^{1/2}} \cdot \left(26 \pm \frac{8}{16}\right) \cdot 10^{-16} \frac{\text{s}}{(\text{eV})^{1/2}},$$

d. h. ein Stoßgesetz, das sich auch in [1] aus Gleichstrommessungen ergab.

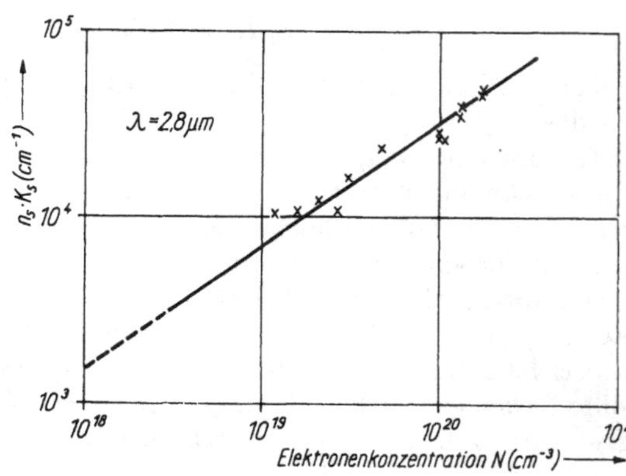

Fig. 5. Abhängigkeit der Absorption $n_s K_s$ von der Elektronenkonzentration $N$ für $\lambda = 2{,}8$ µm. Für die eingezeichnete Gerade gilt:
$n_s K_s = 1{,}5 \cdot 10^{-9} \cdot N^{2/3} \cdot \text{cm}$
(Ermittelt durch Ausgleichrechnung unter Annahme eines Exponenten 2/3)

[2]) Vergleiche hierzu die quantentheoretischen Rechnungen für nichtentartete Halbleiter. Für $\hbar\omega \gg kT$ ergeben die Rechnungen für Streuung an akustischen Gitterschwingungen ($\alpha = -1/2$) ein $\lambda^{3/2}$-Gesetz [7].

Auch beim Absorptionsprozeß durch freie Elektronen bei Zimmertemperatur ist der optische Zweig der Gitterschwingungen in starkem Maße beteiligt ($\Theta_{eff}^{lo} < T$).

Das obige Ergebnis (17) kann dazu benutzt werden, um durch einen Vergleich mit der aus Gleichstrommessungen in [1] gefundenen Beziehung (3) die effektive Masse und den Vorfaktor $S_{1/2}$ des Stoßgesetzes getrennt zu bestimmen.

Es ergibt sich

$$m^* = \left(0{,}35 \begin{array}{l} + 0{,}10 \\ - 0{,}15 \end{array}\right) m_0 \tag{18}$$

und

$$S_{1/2} = \left(44 \begin{array}{l} + 15 \\ - 24 \end{array}\right) \cdot 10^{-16} \cdot \frac{\mathrm{s}}{(\mathrm{eV})^{1/2}} \,. \tag{19}$$

Von einer Berücksichtigung der Frequenzabhängigkeit der Stoßzeit wurde dabei allerdings abgesehen. Auf Grund des von der Elektronenkonzentration abhängigen Korrekturfaktors $f(E_F, \hbar\,\omega)$ sollte sich nämlich ein $N^{2/3}$ überproportionaler Anstieg von $n_s K_s$ ergeben. Um das festzustellen, reicht jedoch die Genauigkeit unserer Messungen nicht aus. Im Extremfall ($\hbar\,\omega \gg E_F$ mit $f(E_F, \hbar\,\omega) = 0{,}5$) wäre der Wert (18) für $m^*$ um einen Faktor $(0{,}5)^{1/2}$ bzw. der Wert (19) für $S_{1/2}$ um einen Faktor $(0{,}5)^{3/4}$ zu korrigieren.

## 5. Vergleichende Diskussion der Ergebnisse. Absorptionsspektrum bei langen Wellen

Mit einer effektiven Masse von $m^* = 0{,}3\,m_0$ wird bei Zimmertemperatur $E_F > 3\,k\,T$ für Elektronenkonzentrationen $N > 2 \cdot 10^{19}$ cm$^{-3}$. Die Auswertung der experimentellen Ergebnisse unter der Voraussetzung genügend hoher Entartung ist also zu rechtfertigen.

Auffallend ist, daß die durch Vergleich zwischen den Gleichstrommessungen und den Absorptionsmessungen gefundene effektive Masse $m^* = 0{,}35 \cdot m_0$ außerhalb der Fehlergrenzen größer ist als die aus den Dispersionsmessungen ermittelte effektive Masse $m^* = 0{,}17 \cdot m_0$. Ein etwas günstigeres Bild ergibt sich, wenn man bei der UR-Absorption den quantenhaften Charakter der Absorption summarisch berücksichtigt, was im sicher nicht zutreffenden Extremfall $\hbar\,\omega \gg E_F$ ($f = 0{,}5$) zu einer effektiven Masse von $m^* = 0{,}25 \cdot m_0$ statt von $m^* = 0{,}35 \cdot m_0$ führen würde. Es sei auch darauf hingewiesen, daß bei der Auswertung der Gleichstrommessungen in [1] reine Streuung am optischen Zweig der Gitterschwingungen angenommen wurde. Der Anteil der Streuung an ionisierten Störstellen ist zwar — zumindest bei Zimmertemperatur —weitgehend zu vernachlässigen, dagegen ist aber der Einfluß von Korngrenzeneffekten noch keineswegs geklärt. Der in [1] ermittelte Wert (3) von $S_{1/2}$ kann daher durchaus zu klein ausfallen. Ein zu kleiner Wert von (3) ergibt aber nach Kombination mit (17) einen zu großen Wert für die effektive Masse $m^*$.

Es gibt aber noch eine wesentlich andere Ursache, die für die Unterschiede in den gefundenen effektiven Massen verantwortlich gemacht werden kann: Untersuchungen bei Wellenlängen größer als ca. 5 µm zeigen nämlich eine ausgeprägte Struktur des Absorptionsspektrums und nicht den von der klassischen Theorie her erwarteten Verlauf. Neben den von Miloslavskij [9] beschriebenen Banden bei etwa 0,14 eV und bei 0,075 eV wurde bei unseren Untersuchungen eine weitere Bande bei 0,0575 eV gefunden. Eine eingehendere Analyse, über die zu einem späteren Zeitpunkt noch ausführlich berichtet werden soll, hat gezeigt, daß den beobachteten Absorptionsbanden vorwiegend (für Schichten hoher Leitfähigkeit)

Anregungs- bzw. Ionisierungsübergänge von $Sn^+$-ähnlichen Zentren zugeordnet werden können, die beim Einbau von Chlor an Stelle von Sauerstoff in das Grundgitter bei der Schichtherstellung entstehen. Das Auftreten von $Sn^+$-ähnlichen Zentren läßt übrigens darauf schließen, daß die beiden 5s-Elektronen des Zinn im ungestörten Gitter ein inertes Elektronenpaar bilden.

Der Anteil der Störstellenabsorption am Produkt $n_s K_s$ ist bei hohen Photonenenergien (etwa 1 eV) weitgehend zu vernachlässigen, nicht zu vernachlässigen ist dagegen der Anteil der Störstellenübergänge bei der Auswertung der Dispersionsmessungen. Der aus den Dispersionsmessungen unter Vernachlässigung der Störstellenübergänge ermittelte Wert der effektiven Masse von $m^* = 0{,}17 \cdot m_0$ fällt daher zu klein aus. Nun ist aber, wie sich gezeigt hat, die Konzentration der $Sn^+$-ähnlichen Zentren in erster Näherung gleich der Konzentration der Leitungselektronen. Ordnet man ferner den „Leuchtelektronen" der $Sn^+$-ähnlichen Zentren eine effektive Masse zu, die gleich der effektiven Masse der Leitungselektronen ist, so wird bei genügend hohen Frequenzen, die weit genug von den Störstellenbanden entfernt liegen, der durch die Störstellenanregung bewirkte Dispersionsanteil in erster Näherung gleich dem Dispersionsanteil der Leitungselektronen. Diese grobe Berücksichtigung des Einflusses der Störstellen auf die Dispersion liefert dann bei der Auswertung der Dispersionsmessungen eine effektive Masse von $m^* = 0{,}28 \cdot m_0$ statt von $m^* = 0{,}14 \cdot m_0$, also eine effektive Masse, die gut mit derjenigen übereinstimmt, die durch Vergleich zwischen Gleichstromverhalten und Absorptionsverhalten im UR ermittelt wurde.

Herrn Prof. Dr. Dr. h. c. P. GÖRLICH möchte ich für die Förderung dieser Arbeit herzlichst danken.

## Literatur

[1] H. KOCH, phys. stat. sol. **3**, 1059 (1963).
[2] H. WOLTER, Z. Phys. **105**, 269 (1937).
[3] vgl. z. B. H. Y. FAN in: Solid State Physics **2**, 352 (1955).
[4] H. SCHMIDT, Z. Phys. **139**, 433 (1954).
[5] W. P. DUMKE, Phys. Rev. **134**, 1813 (1961).
[6] K. ISHIGURO, I. SASAKI, T. ARAI und I. IMAI, J. Phys. Soc. Japan **13**, 256 (1958).
[7] H. Y. FAN, W. SPITZER und J. COLLINS, Phys. Rev. **101**, 66 (1956).
[8] S. VISVANATHAN, Phys. Rev. **120**, 377 (1960).
[9] V. K. MILOSLAVSKIJ, Optika i Spektroskopija **7**, 244 (1959).
[10] R. GROTH, F. KAUER und P. C. v. D. LINDEN, Z. Naturf. **17a**, 789 (1962).
[11] V. L. GUREVICH, I. G. LANG und H. A. FIRSOV, Fiz. tverd. Tela **4**, 1252 (1962).

*(Received June 10, 1963)*

Note added in proof:

Auf zwei neuere, dem Autor erst jetzt bekanntgewordene Veröffentlichungen sei noch hingewiesen:

GROTH, KAUER und v. D. LINDEN [10] führten Reflexionsmessungen an mit Fluor bzw. Antimon dotierten Schichten für Wellenlängen bis zu 12 μm durch. Für $\lambda > 4$ μm ergab sich gute Übereinstimmung mit der Drudeschen Theorie. Unterhalb 4 μm wurden Abweichungen von der Drudeschen Theorie gefunden, die aber nicht näher untersucht wurden.

GUREVICH, LANG und FIRSOV [11] untersuchten quantenmechanisch die Absorption durch freie Ladungsträger für den Fall der Wechselwirkung mit optischen Phononen. Für $\Theta^{lo} \gg T$ werden eigenartige Schwelleneffekte bei einem bestimmten Verhältnis zwischen der Frequenz der UR-Strahlung und der Frequenz der longitudinalen optischen Schwingungen vorausgesagt.

Entsprechende quantenmechanische Rechnungen für $\Theta^{lo} \ll T$ stehen jedoch noch aus, so daß ein Vergleich mit den Untersuchungen der vorliegenden Arbeit nicht möglich ist.

phys. stat. sol. 3, 1629 (1963)

*Jena, Carl-Zeiss-Straße 1*

# Studies on the Coloration of LiF Crystals

By

P. GÖRLICH, H. KARRAS, and G. KÖTITZ

LiF crystals grown by two different methods (Bridgman/high vacuum and Kyropoulos/air) are coloured by x-ray, deuteron, proton, and electron irradiation. The dependence of coloration spectra upon both the growth technique and the type of radiation used for colouring the crystals, is found to be negligible. Additive and electrolytic coloration experiments do not yield any selective absorption in the investigated range farn 200 to 3000 nm.

LiF-Kristalle, nach zwei verschiedenen Verfahren (Bridgman/Hochvakuum und Kyropoulos/Luft) hergestellt, wurden mit Röntgenstrahlen, Deuteronen, Protonen und Elektronen verfärbt. Die Abhängigkeit der Verfärbungsspektren vom Züchtungsverfahren und von der für die Verfärbung verwendeten Strahlungsart war unwesentlich. Additive und elektrolytische Verfärbungsversuche führten in dem untersuchten Meßbereich von 200 nm bis 3000 nm zu keiner selektiven Absorption.

## 1. Introduction and Problem

LiF has gained in importance not only in technical respects but also from a purely physical point of view, because LiF shows a different behaviour as compared to the fluorides of K, Na, and Rb. Though a great many of papers has already been published on the behaviour of LiF, several questions could not yet be clarified. It therefore seemed worthwhile to carry out more experiments with the intention of contributing to the clarification of individual questions.

First we dealt with the problem of colouring LiF. Coloration by x-rays and the fluorescence of LiF crystals have repeatedly been made the subject of investigations during the east years. The measuring results have usually been interpreted on the basis of known properties and models successfully used for alkali halides of the same lattice structure [1, 2, 3, 44, 45]. Generally the strongest coloration band at 248 nm is considered to be the band of F centres while the second strongest at 445 nm is thought to be due to M centres. The weak coloration bands at 316 nm and 376 nm lying between the two bands mentioned before are attributed to the $R_1$ and $R_2$ centres. Since the lattice constant (4.02 Å) of LiF is the smallest in this class of substances, its coloration bands as compared with corresponding bands of the other alkali salts are shifted farthest towards the short wavelength region.

Nothing has so far been published in literature on the additive coloration of LiF [29, 41, 43]. One may conclude from this fact that certain experimental difficulties are opposing the additive coloration. This may be one of the differences as compared with the other alkali halides of the same lattice structure, but differences of this kind also occur for colorations by irradiation. Thus we may point out that coloration of LiF by irradiation is rather stable. The experimental data of the different coloration bands deviate to a high degree from the values calculated according to Ivey's formulas [4]. M centres are not likely to be produced by F light. Among other phenomena, absorption [5, 6, 7] and emission lines [7, 8] superposed on the bands can be observed.

In connexion with these abnormal or extreme properties it has often been suggested, as e. g. by Seitz [2] at a time when intensive research work on LiF commenced, that they were not typical of pure LiF material, but might possibly be the result of impurities. For this reason it is necessary to determine the degree of purity of the basic material.

## 2. Basic Material and Absorption Behaviour before Coloration

Crystals were grown by the gradient technique in high vacuum (LiF/vac) and by the pulling technique in air (LiF/air). According to spectroscopic determina-

Table 1

| Material | Al | Ca | Cr | Cu | Na | Mg | Mn | Si | Fe |
|---|---|---|---|---|---|---|---|---|---|
| Basic Material | + | + | − | + | + | + | + | + | + |
| LiF/vac | + | + | + | + | + | + | + | + | + |
| LiF/air/vac | + | + | + | + | + | + | + | + | − |
| LiF/air/green fluorescence | + | + | + | + | + | + | + | + | + |
| LiF/air/red fluorescence | + | + | + | + | + | + | + | + | + |

tions the basic material „LiF with highest degree of purity for optical purposes" contained the impurities listed in Table 1 with a concentration estimated to be between $10^{-4}$ and $10^{-2}$%. Table 1 also shows those elements that were spectroscopically detected after growth. Merely chromium appeared as a new impurity. A noticeable increase in concentration of the remaining elements as a result of the growth process could not be observed.

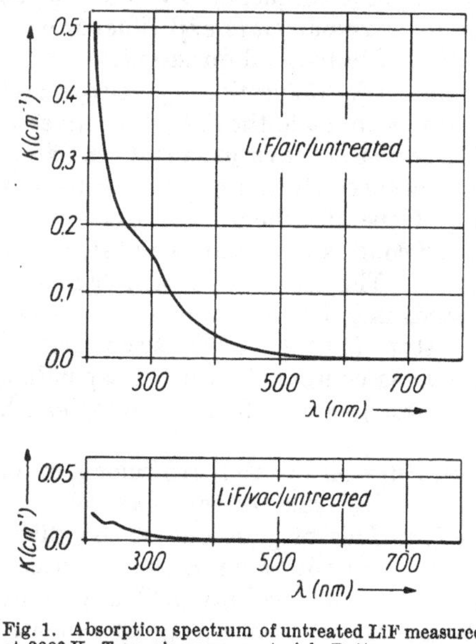


Fig. 1. Absorption spectrum of untreated LiF measured at 390° K. Top: air-grown material. Bottom: vacuum-grown material

Absorption and coloration spectra were measured with our VSU 1 [9]. The decadic extinction $E = \lg \varphi_0/\varphi$ or the decadic absorption coefficient $K = E/d$ were plotted in the absorption diagram. Measurements were made at room temperature relative to air with due consideration of the reflexion losses.

Fig. 1 shows the absorption spectra of two further investigated LiF sorts. From 600 nm the sample grown in air exhibits a nearly structureless absorption steeply rising towards 200 nm (Fig. 1, above). Due to the absorption beginning already in the blue spectral region these crystals showed a pale yellow coloration. A weak selective absorption shows up at 300 nm. The absorp-

Fig. 2. Infrared absorption spectrum. Curve a: air-grown crystal, Curve b: vacuum-grown crystal

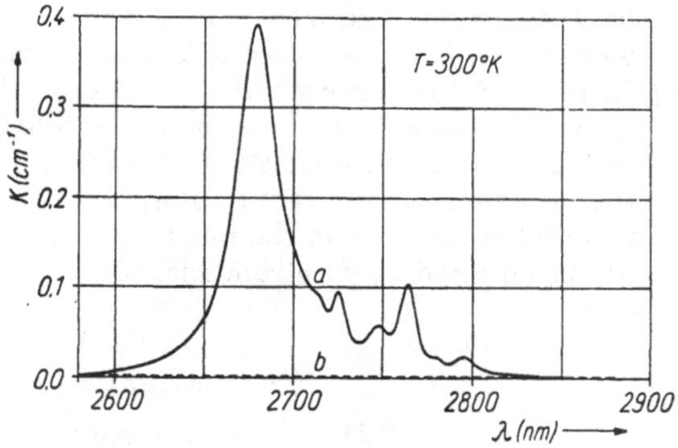


tion behaviour of a vacuum-grown crystal sample has been plotted in the lower diagram of Fig. 1. In contrast to the upper diagram we increased the ordinate scale by a factor of 2 in order to make the weak selectivity at 250 nm ($K = 0.013\ cm^{-1}$) show up more distinctly. As is already known from literature [42], absorption bands in the range between 2600 and 2800 nm were also missing in this crystal material (valence oscillations of isomorphously incorporated $OH^-$-groups [10]). The infrared spectrum of a crystal grown in air is shown in Fig. 2. With regard to the intensity and relative height of the bands, it is essentially dependent upon the growth conditions, as could be substantiated by our comprehensive measurements.

The extinction of crystals grown in air is chiefly composed of the scattering of light by the microscopic irregularities of the crystalline structure and of the absorption of the additionally incorporated $OH^-$-groups or oxygen ions, respectively. Evidence for this assumption is presented in literature (cf. e.g., $OH^-$-incorporation in LiF [11] and in other alkali halides [12, 13] as well as the O, $O_2$ and $O_2^-$-addition in alkali halides [14]). The abovementioned yellow coloration of the air-grown crystals could in no way be related to manganese[1]) as suggested by ECKSTEIN et al. [15]. It is true that according to Table 1 our basic material contained slight traces of manganese impurities, but even after addition of manganese (abt. $10^{-3}$ %) our vacuum-grown crystals always remained colourless. The observed effect of the growth atmosphere on the absorption spectrum may be seen from Fig. 3.

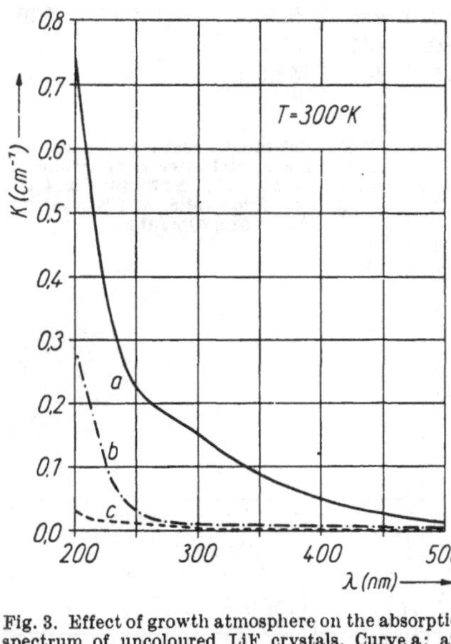


Fig. 3. Effect of growth atmosphere on the absorption spectrum of uncoloured LiF crystals. Curve a: air-grown crystal, Curve b: crystal first grown in air, subsequently in vacuum, Curve c: Crystal grown in high vacuum

The absorption conditions of our crystals may be summarized as follows:

a) The vacuum-grown crystals are virtually free of absorption in the range

[1]) Our thanks are due to Dipl.-Ing. REIMANN for this suggestion and his assistance in the following experiments.

between 200 nm and 3000 nm. Only towards 200 nm a very slow rise can be observed with a slight selectivity at 250 nm.

b) In addition to a strong $OH^-$-band absorption in the infrared region the air-grown crystals exhibited an absorption which started in the visible region and increased in the ultraviolet. Regrowth in high vacuum considerably reduced the ultraviolet and infrared absorption. In comparison with a) and the basic material an increase in the impurity content due to the growth process could not be detected by spectrum analysis.

## 3. Coloration

### *3.1 Coloration by Irradiation*

#### *3.11 Coloration Spectra after x-ray Irradiation*

Fig. 4 and 5 show the coloration spectra of LiF/vac and LiF/air crystals after their coloration with the unfiltered radiation of a commercial macroscopic x-ray unit at 200 $kV_{eff}$ and 20 mA (tungsten anode). At the place of the sample the dose rate was approximately $2.7 \times 10^3$ roentgen/min. Table 2 shows the positions of the coloration bands of our crystals, while in Table 3 the bands of our crystals are contrasted with those of other authors.

Table 2

| Material | Band peaks [nm] | | | | | | | | |
|---|---|---|---|---|---|---|---|---|---|
| LiF/vac/*x*-rays | 248 | 310 | — | 376 | 445 | 540 | — | — | 960 |
| LiF/vac/x-rays | 248 | — | 350 | 376 | 445 | — | 620 | — | 960 |
| LiF/vac/deut | 248 | 316 | — | 378 | 445 | 550 | — | 780 | 950 |
| LiF/vac/p | 248 | 316 | — | 380 | 447 | 530 | — | — | — |
| LiF/vac/e | 247 | 315 | — | 375 | 445 | 520 | — | — | — |

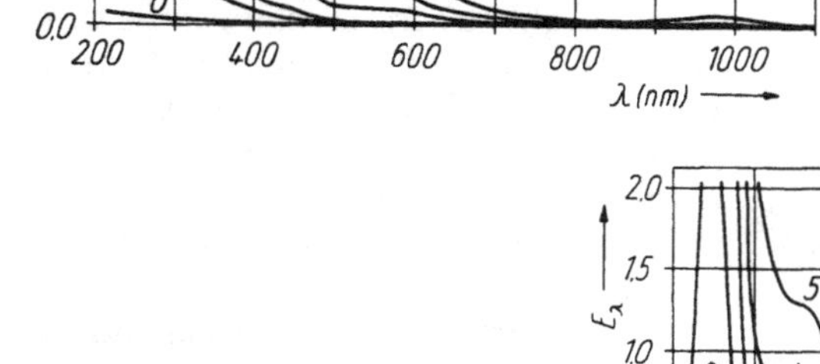


Fig. 4. Coloration spectrum of a vacuum-grown LiF crystal after x-ray irradiation. 0: non-irradiated, 1: $5.37 \times 10^3$ r, 2: $4.29 \times 10^4$ r, 3: $5.26 \times 10^5$ r, 4: $1.08 \times 10^6$ r, 5: $2.68 \times 10^6$ r

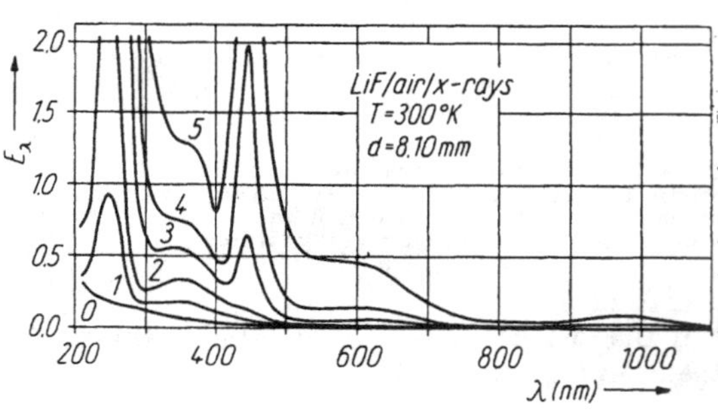


Fig. 5. Coloration spectrum of an air-grown LiF crystal after x-ray irradiation. 0: non-irradiate, 1: $5.37 \times 10^3$ r, 2: $4.29 \times 10^4$ r, 3: $5.26 \times 10^5$ r, 4: $1.08 \times 10^6$ r, 5: $2.68 \times 10^6$ r.

Table 3

| No. | Author | Material | Coloration | Temp. °K | Band peaks [nm] | Remarks |
|---|---|---|---|---|---|---|
| 1 | OTTMER [16] | | x-rays | | 250; 306 | |
| 2 | MOLLWO [17] | | | | 250 | |
| 3 | SCHNEIDER [18] | | electrons (gas discharge) | | 250; 310 | |
| 4 | KLICK [19] | Harshaw Chemical Company Optovac Corporation | x-rays | | 220$^+$; 250 F; 310$^+$; 460 M | + grained from excitation spectra |
| 5 | UCHIDA et al. [20] | from their own laboratory | x-rays electrons | | 270 F; 315 $R_\varepsilon$; 355 $R_\gamma$; 377 $R_\beta$; 408 $R_\alpha$; 530 | additional bands $R_\xi$: 297 nm and $R_\delta$: 338 nm |
| 6 | DELBECQ et al. [5] | Harshaw Chem. Comp. | x-rays 50 kV neutrons elektrons 1 MeV | 300 | 222; 250 F; 313 $R_1$; 340; 380 $R_2$; 450 M; 518; 620 F′ | at 77 °K additional lines at 377.0, 379.5, 383.5, 387.5, 391.0, 517.0 and 523.5 nm |
| 7 | FEOFILOV [21] | | x-rays | | same as 4 | |
| 8 | DELBECQ [22] et al. | | x-rays 50 kV/50 mA | 80 | 242 F; 340 | |
| 9 | PRINGSHEIM [6] | Harshaw Chem. Comp. Optovac Corporation | x-rays 50 kV/50 mA | 300 | 245 F; 270$^+$; 313; 380; 450 | + colloidal band Lines at 363, 367, 391, 410, 411 and 523 nm measured at 80 °K. Lines at 423, 424.9, 441, 451, 465.5, 478 nm after x-ray irradiation and heating to 200 °K |
| 10 | DELBECQ [23] | | deuterons 7–21 MeV | 300 | 250 F; 450; 620 | |
| 11 | PRIMAK [24] | | deuterons 21 MeV | 300 | 250 F; 450; 620 | |

Table 3 (continued)

| No. | Author | Material | Coloration | Temp. °K | Band peaks [nm] | Remarks |
|---|---|---|---|---|---|---|
| 12 | MOREHEAD and DANIELS [25] | | α-rays 2 MeV<br>electrons 2 MeV<br>γ-rays 1 MeV<br>thermal neutrons | | 250 F, 280 R, 313 R, 440 M, 620<br>222+ 250 F, 280 R, 313 R, 440 M, 620 | + at *F* band irradiation or warming |
| 13 | KAPLYANSKII [8] | | x-rays | 77 | same as 6 | Lines at 523.5, 517 and 391 nm |
| 14 | PRIMAK [26] | Optovac Corporation | deuterons 21 MeV | 300 | 248 F, 447 M | |
| 15 | BONCH-BRUEVICH et al. [28] | | x-rays 40 kV/10 mA<br>γ-rays ($Co^{60}$) | | same as 4 | |
| 16 | FUKUDA and OKUDA [31] | | x-rays ($Co^{60}$) | 300 | 220, 250 F, 320 $R_1$, 350, 380 $R_2$, 450, 620 F | |
| 17 | RABIN and KLICK [27] | Harshaw Chem. Comp. | x-rays 40 kV/20 mA | 4 | 243 F, 360 | |
| 18 | POHL [29] | Harshaw Chem. Comp. | x-rays 50 kV | 300 | 210, 245 F, 450 M | Band at 210 nm after bleaching of the *F* band at 200 °C |
| 19 | FUKUDA et al. [30] | from their own laboratory | electrons 1 MeV | 300 | 320 $R_1$, 380 $R_2$, 445 M | |
| 20 | A. OKUDA [32] | | γ-rays ($Co^{60}$) | 300 | 248 F, 320 $R_1$, 350, 378 $R_2$, 447 M | |
| 21 | K. KUBO [33] | Harshaw Chem. Comp. | γ-rays ($Co^{60}$)<br>neutrons | 300 | 245, 308, 380, 450, 540<br>245, 308, 380, 450, 540, 795, 960, 1400<br>F, $R_1$, $R_2$, M, $N_2$ | |
| 22 | own measurements | vacuum-grown<br>vacuum-grown<br>vacuum-grown<br>vacuum-grown<br>air-grown VEB Zeiss | deuterons 13.5 MeV<br>x-rays 200 kV/20 mA<br>electrons<br>protons<br>x-rays 200kV/20mA | 300 | 248, 316, 378, 445, 550, 780, 950<br>248, 310, 376, 445, 540, 960<br>248, 316, 380, 445, 520<br>248, 316, 380, 447, 530<br>249, 350, 376, 445, 620, 960<br>F, $R_1$, $R_2$, M | At uv-irradiation the air-grown sample showed fluorescence also in the untreated state |

The coloration spectra of both materials are in agreement with regard to the positions of the F and M bands at 248 nm and 445 nm. Differences occur in the spectral region between both bands as well as in the long wavelength tail of the 445 nm band. LiF/vac exhibits a band at 540 nm, LiF/air however at 620 nm. Though the bands are weak, this effect is strong enough to enable them to be distinguished visually. The coloration of LiF/vac material was yellow orange, that of LiF/air a yellowish green. Further weak bands occurring in both materials appeared at 960 nm and 376 nm, the latter being hidden in Fig. 4 and 5 by the absorption tails of the two strong bands. In plates of 0.3 mm in thickness it could easily be detected.

It is interesting to note that the coloration spectra of crystals stored at room temperature proved to be rather stable, even if they were exposed to daylight. The slight discolorations in both materials may be seen from Fig. 6. The 620 nm band of the LiF/air material and the 550 nm band of the LiF/vac material are those bands that are most decreased at room temperature.

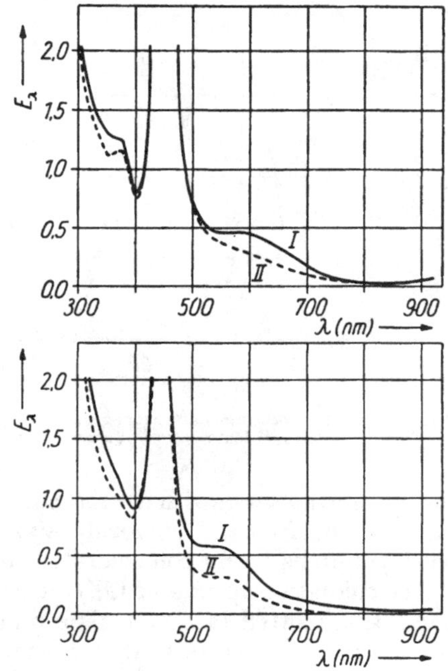


Fig. 6. Bleaching of LiF after x-ray irradiation, dose: $2.68 \times 10^6$ r. Top: air-grown material, bottom: vacuum-grown material. Measurements were made at 300° K for: curve I 1 hour, curve II 15 hours after cessation of x-ray irradiation

### *3.12 Coloration Spectra after Irradiation with Deuterons, Protons, and Electrons*[2])

Irradiating the crystals with deuterons (13.5 MeV) produced a coloration of the surface layer to a thickness of $(0.655 \pm 0.001)$ mm. The exact determination of the coloration depth will be dealt with in a separate publication [34]. The colour of the layer was dependent upon the deuteron dose. Upon irradiation of $10^{12}$ particles /cm$^2$ it was colourless. The coloration spectrum was composed of the F band at 248 nm and the weakly indicated M band at 445 nm (Fig. 7, curve a).

Irradiation with $\sim 10^{15}$ particles/cm$^2$ produced yellow layers (Fig. 7, curve b), while irradiating the crystals with $\sim 5 \cdot 10^{19}$ particles/cm$^2$ yielded red-orange ones (Fig. 7, curve c). Increasing radiation doses produced the $R_2$ band at 378 and the $R_1$ band at 316 as well as further weak bands at 550, 780, and 950 nm. DELBECQ et al. [23] only reported of the F and M bands upon irradiation with deu-terons.

The positions of the band peaks have likewise been listed in Tables 2 and 3. Comparison with x-rayed LiF/vac crystals reveals slight differences. Upon

²) This part of our investigations had been suggested by Dr. LÜDKE. We are especially grateful to him for drawing our attention to his observation that vacuum-grown crystals after irradiation with deuterons are coloured in a thin layer.

We are very thankful to Dipl.-Ing. HIEKMANN of the Zentralinstitut für Kernphysik Rossendorf (Dresden) for irradiating our samples with deuterons and to Dipl.-Phys. PRAGER, Technisch-Physikalisches Institut der Universität Jena, for irradiating them with protons.

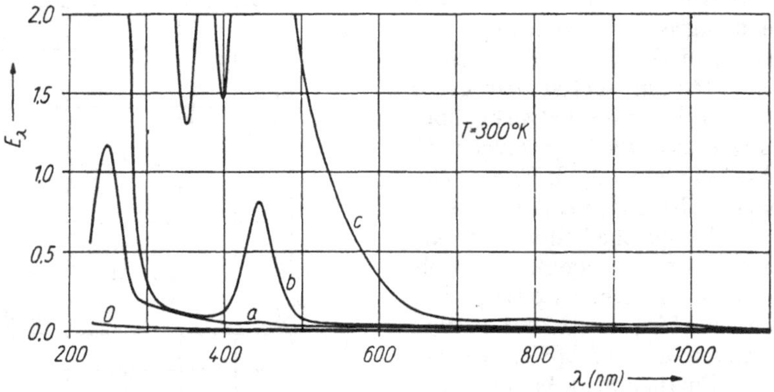


Fig. 7. Coloration spectrum of vacuum-grown LiF crystals after deuteron irradiation. Curve 0: non-irradiated Curve a: about $10^{12}$ deuterons/cm², Curve b: about $10^{15}$ deuterons/cm², Curve c: about $10^{19}$ deuterons/cm²

intensive irradiation with deuterons an additional weak band shows up at 780 nm. Besides, the $R_2$ band obviously appears to be much stronger upon irradiation with deuterons than upon coloration with x-rays.

The coloration spectra of LiF/vac crystals irradiated with protons and electrons have been plotted in Fig. 8. The proton beam had been focussed on an area of few square millimetres so that a nontransparent black coloration was produced. Absorption was measured on the inhomogeneous and less strongly coloured margin of the coloured region. In Tables 2 and 3 the band peaks have likewise been listed together with the positions of the bands upon irradiation with electrons (50 kV, 80 $\mu$A). On irradiating LiF/vac with electrons for one hour the coloration of the crystal was a pale yellow; after a period of three hours it became orangebrown.

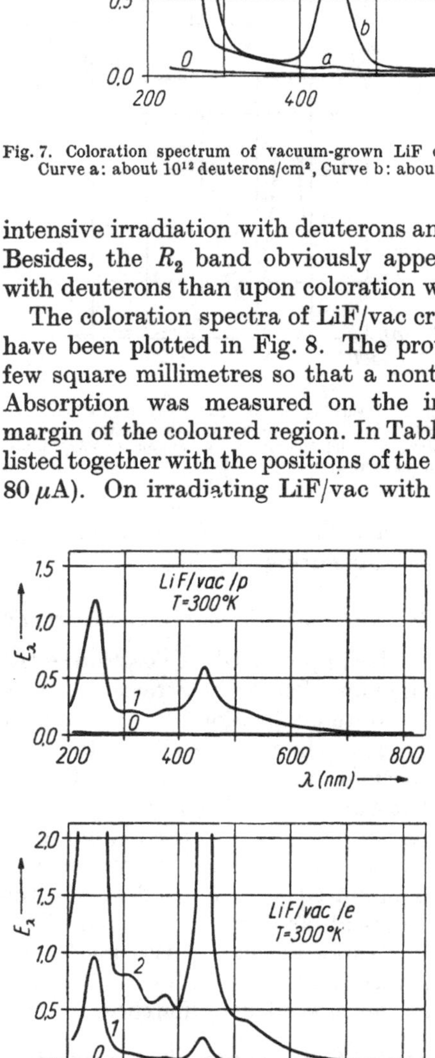


Fig. 8. Coloration spectrum of vacuum-grown LiF crystals. Top: after irradiation with protons. 0: non-irradiated, 1: $4.0 \times 10^{17}$ p. Bottom: after irradiation with electrons. 0: non-irradiated, 1: $1.8 \times 10^{18}$ e, 2: $5.4 \times 10^{18}$ e

Comparison of all colorations achieved by us with irradiation shows fairly good agreement with regard to the positions of the bands irrespective of the type of radiation used. As against that the ratios of the concentrations of the $F$, $R_1$, $R_2$ and $M$ bands are dependent upon the type of radiation.

A review of the coloration bands reported by other authors for LiF coloured by radiation is given in Table 3. Within the limits of measuring accuracy a satisfactory agreement with most authors is obtained. Complete graphical representations of the coloration spectrum are rare in literature and frequently only the strongest bands ($F$ and $M$ bands) are indicated. It is to be regretted that in most cases no data are given with regard to the growth conditions and the degree of purity of the crystals used.

### *3.2 Additive Coloration*

We have to admit that we failed in colouring LiF crystals additively and electrolytically in that no selective absorption bands could be obtained. The additive coloration techniques known so far were carefully tested with regard to their usefulness by employing them on NaCl and KBr. Using these materials we obtained coloration spectra, which were in agreement with the values reported in literature. Therefore, the following experiments will not contribute to the clarification of the atomic processes in LiF; they are nevertheless briefly described in order to testify both to the performance and the negative results of our experiments.

The block diagram illustrating the procedure for colouring the crystals in ampullas is shown in Fig. 9. The ampulla material used was in most cases Supremax glass (transformation point 730 °C) and only in few instances quartz glass; the metals employed were sodium and potassium or strontium, respectively. Since at the high temperatures the quartz tube is chemically attacked by LiF, this was placed into the tubes in nickel boats.

Before sealing the ampullas in high vacuum the metals were mechanically freed from their oxide film, washed in ether and finally repeatedly molten and distilled in a way illustrated in Fig. 9. The ampullas were then heated to 500—800 °C, kept at this temperature for several hours and immediately quenched in carbon tetrachloride or in liquid nitrogen.

The results of these experiments have been listed in the first five lines of Table 4 which contains only a small number of the experiments actually carried through. Thus, while NaCl and KBr were additively coloured, LiF remained uncoloured. In line 4 we have listed the experiment in which KBr and LiF were heated together in potassium vapour. Also in this instance coloration was only achieved in KBr. Because of KBr the coloration temperature had to be kept rather low. However, even if the LiF crystals had been heated nearly up to their melting point (870 °C), no selective absorption could be achieved in the range between 200 and 1000 nm.

The method which had been used with success by one of the authors for the additive coloration of $SrF_2$ [35] proved likewise to be unsuccessful. This method required metal and crystal to be placed in an open quartz tube which was evacuated during coloration. The temperature of the strontium metal was about 1000 °C, that of the LiF crystal 800 °C (Table 4, line 6). After a period of three and a half hours the crystals were quenched. No selective absorption could be established.

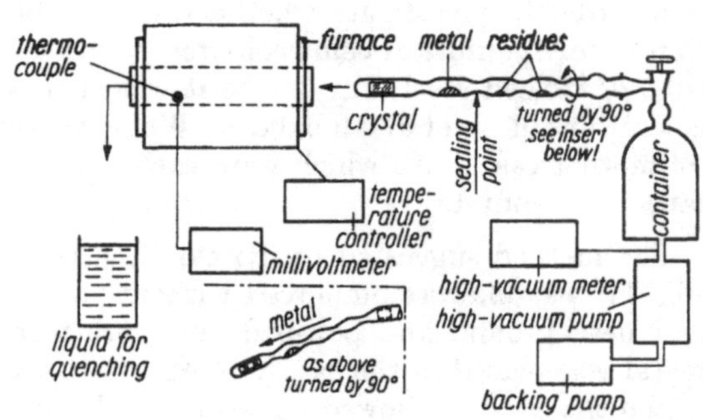


Fig. 9. Block diagram of the experimental arrangement for the additive coloration

Table 4

Review of the most important coloration experiments carried out by us

1. Additive Coloration

| Sample | Metal | Tube | Temp. [°C] | Duration [h] | Coloration | |
|---|---|---|---|---|---|---|
| | | | | | coloured | uncoloured |
| KBr | K | Supremax glass | 650 | 6 | KBr | |
| NaCl | K | Supremax glass | 580 | 7 | NaCl | |
| LiF | K | Supremax glass | 770 | 3.5 | | LiF |
| LiF/KBr | K | Supremax glass | 550–600 | 6 | KBr | LiF |
| LiF | K | Quartz | 720 | 6 | | LiF |
| LiF | Sr | Quartz | 690 | 1.5 | | LiF |
| | | | 800 | 3.5 | | LiF |
| KBr | Na | Steel | 600 | 1.5 | KBr | |
| LiF | Na | Steel | 700 | 4 | | LiF |
| LiF | Li | Steel | 700–720 | 4 | | LiF |
| LiF/NaCl | Na | Steel | 700–720 | 4.5 | NaCl | LiF |
| LiF | Li | Coloration according to Rexer [37] | abt. 700 | 3 | | LiF |

2. Electrolytic Coloration

| Sample | Electrode | Temp. [°C] | Duration [min] | Coloration | |
|---|---|---|---|---|---|
| | | | | coloured | uncoloured |
| KBr | Tungsten point Duran glass | abt. 650 | 10 | KBr | |
| NaCl | Tungsten point Duran glass | abt. 700 | 20 | NaCl | |
| LiF | Tungsten point Duran glass Supremax glass | abt. 600 to 780 | 15 to 120 | | LiF |
| LiF | Plane electrode Al-Pt | abt. 700 | 30 | | LiF |
| LiF/NaCl | Tungsten point Supremax glass | abt. 700 | 30 | NaCl | LiF |
| NaCl/LiF | | | | NaCl | LiF |

In order to investigate whether LiF possibly holds an exceptional position in that it only permits of being coloured by lithium itself, we made use of a coloration tube of refined steel (Fig. 10) as it was suggested by Rauch and Heer [36] for colorations of other alkali halides. While we were successful in colouring KBr and in another case NaCl which were each placed in the tube together with LiF, we failed to colour LiF.

The method suggested by Rexer [37], the principle of which is illustrated in Fig. 11, was likewise employed without success. Lid and pot of the LiF crystal had been ground and polished and were firmly pressed together. The lithium metal was placed in the cavity. Temperatures were kept near the melting point. Again the crystals showed no coloration bands (Table 4, line 11).

Fig. 10. Coloration tube of refined steel for the coloration of LiF in Li vapour

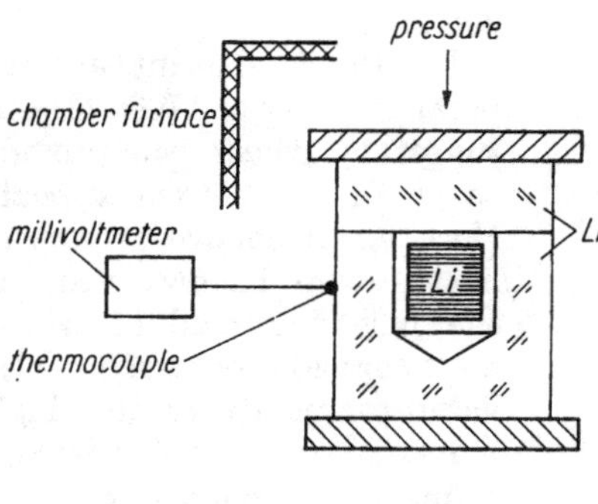


Fig. 11. Block diagram for the coloration according to REXER [37]

## 3.3 *Electrolytic Coloration*

The experimental set-up corresponds to the block diagram in Fig. 12; the crystal holder for the electrolytic coloration is illustrated by Fig. 13. The anode was a graphite layer deposited on a copper substrate. A forward electrode (Flußelektrode), as described by HEILAND [38], served as a cathode. By means of sodium nitride we etched the end of the tungsten wire to a sharp point and provided the wire with a Duran or Supremax glass coat (see Fig. 14).

The LiF crystals of about 15 × 15 × 20 mm³ had cleaved faces. The applied field strength was between 10 and 300 V/cm. For quenching we used compressed

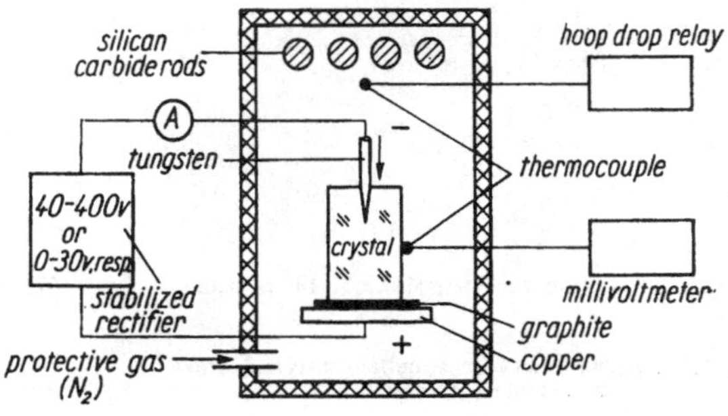


Fig. 12. Block diagram for the electrolytic coloration

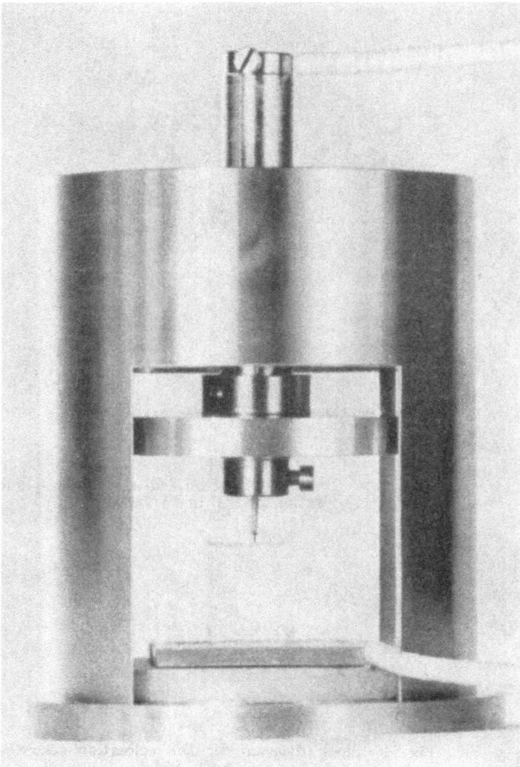

Fig. 13. Device for the electrolytic coloration

air, carbon tetrachloride or liquid air. Again KBr and NaCl coloured in the usual way (lines 12 and 13 of Table 4), LiF however did not.

Apart from ion currents, at temperatures of about 650 °C no current could be established which normally flows during the migration of the colour clouds of the *F* centres. The voltage was increased up to 200 V leading to the formation of current paths from the cathode to the anode. At breakdown the amperage exceeded 250 mA.

For the experiments at temperatures above 700 °C the tungsten cathode was provided with a Supremax coat. Here again dendritic current paths could be observed, in the neighbourhood of which no coloration occurred. Elevated temperatures and high voltages seem to favour the formation of dendrites. In a further experiment we therefore applied only a voltage of 20 V (at a temperature of more than 700 °C) to the crystal. Selective absorptions could be observed neither in the cathode region nor in other regions.

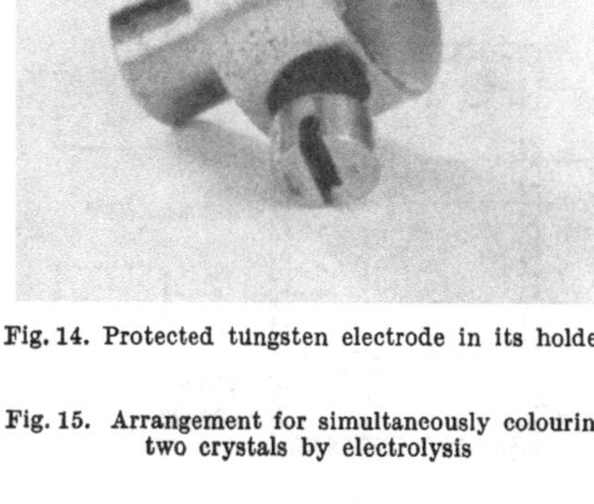

Fig. 14. Protected tungsten electrode in its holder

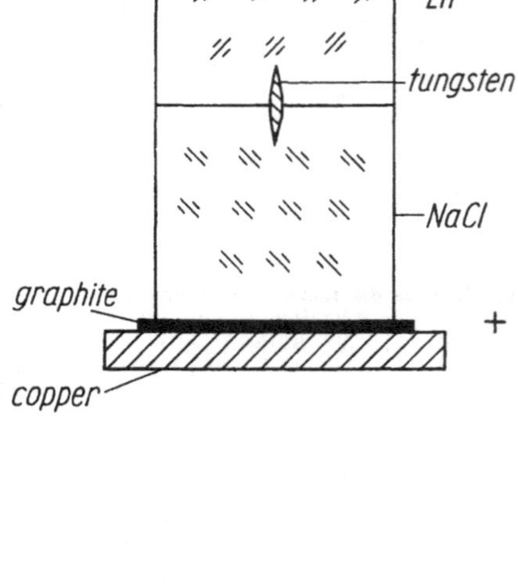


Fig. 15. Arrangement for simultaneously colouring two crystals by electrolysis

Also the use of a plane cathode of platinum which was pressed against an aluminium layer evaporated on the crystal did not lead to the formation of colour centres.

The experiment in which two different crystals were to be coloured at the same time also showed that the experimental technique alone cannot be made responsible for the failure. Fig. 15 illustrates the principle of the experiment. The LiF crystal was coupled with an NaCl crystal by an intermediate electrode. At 700 °C the field strength was slowly increased. Coloration of the NaCl started the moment a breakdown in the LiF crystals from the cathode to the intermediate electrode occurred at about 150 V/cm. The LiF crystal remained uncoloured. Repetition of the same experiment merely with the two crystals placed in a reversed order likewise resulted in a coloration of the NaCl but not of the LiF crystal. Our findings may be summarized by stating that neither at low coloration temperatures and high field strengths nor at high coloration temperatures and low field strengths a selective absorption could be achieved in LiF crystals. Use of a plane cathode prevented the formation of current paths and dendrites, but did likewise not produce coloration of the crystal. On the other hand, however, we were able to colour KBr and NaCl crystals up to the highest F-centre densities by employing the electrolytic technique described, which may be regarded as evidence that the absence of coloration in LiF cannot be attributed to technical shortcomings.

## 4. Formation of Dendrites

Determination of the causes which are responsible for the generation and formation of the dendrites will, as we believe, open an avenue to a deeper understanding of the reason why LiF crystals cannot be additively coloured by conventional techniques. From this new experimental aspects are expected to be gained for future coloration experiments.

Without exception the dendrites start growing at the point of indent of the tungsten cathode and develop preferentially in definite crystallographic directions.

Fig. 16. Dendritic cavities in LiF after electrolytic treatment at 700 °C. Image scale 3.5:1

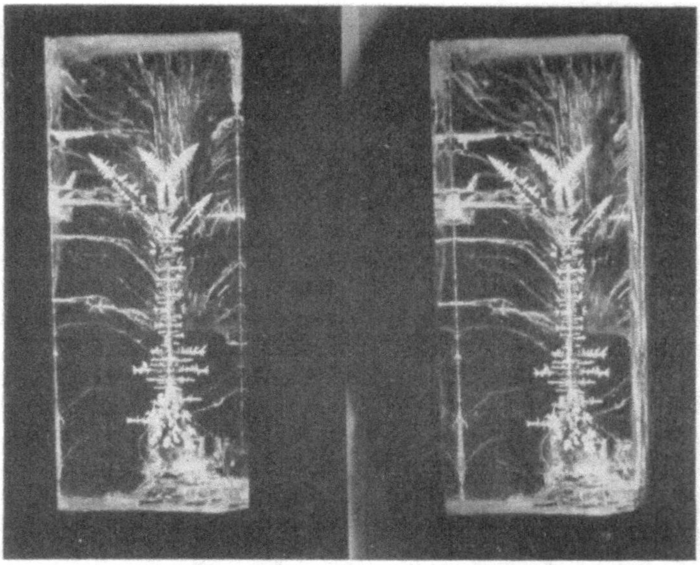

Fig. 17. Dendritic cavities in LiF after electrolytic treatment (preferred orientation in [100])

Fig. 16 shows[3]) how the „branches“ (primary components) spread preferentially in [110] directions. Fig. 17 illustrates how a strong branch starting immediately from the metal point grows in the [100] direction. In the latter case the branches (secondary components) are at the beginning likewise growing in [100] directions and it is not before a definite point is reached that they coincide with the [110] directions. The [111] directions are characteristic of the ramifications of the upward growing branch. Fig. 18 shows a stereophotograph of the indent point of the cathode in higher magnification.

Three different growth stages can be distinguished (see Fig. 19):

1. small branches without side-growths with rounded ends,
2. branches of medium length with side growths in [100] directions (the ends of the medium branches possessing top shoots in [110] directions),
3. long branches – not only do these branches themselves terminate in top shoots ([110] direction) which are now strongly developed, but also the strongest side-growths of the branches.

The directions of the dendrites seem to be essentially dependent upon the temperature at which the crystals had been electrolyzed, an observation already made by Davisson [39] in his investigations of the paths of electrical breakdowns in the alkali halides. The sample of Fig. 16 treated at 700 °C did not show any paths in the [100] direction, but only in the [110] direction. The fine ramifications of the branches of this sample can clearly be seen in Fig. 20. Initially the sample of Fig. 17 electrolyzed at a lower temperature (600 °C) merely exhibited a strong dendrite in the [100] direction showing a fine ramification in the [010] direction. Its further growth first in the [110], then in the [111] direction is attributed to a probable increase in temperature due to the heating effect of the current.

Occasionally we observed small greenish sparks flashing up in the dendrites, especially when they had advanced to the surface. We suppose that these flashes

[3]) Figures 16 – 20 are stereophotographs.

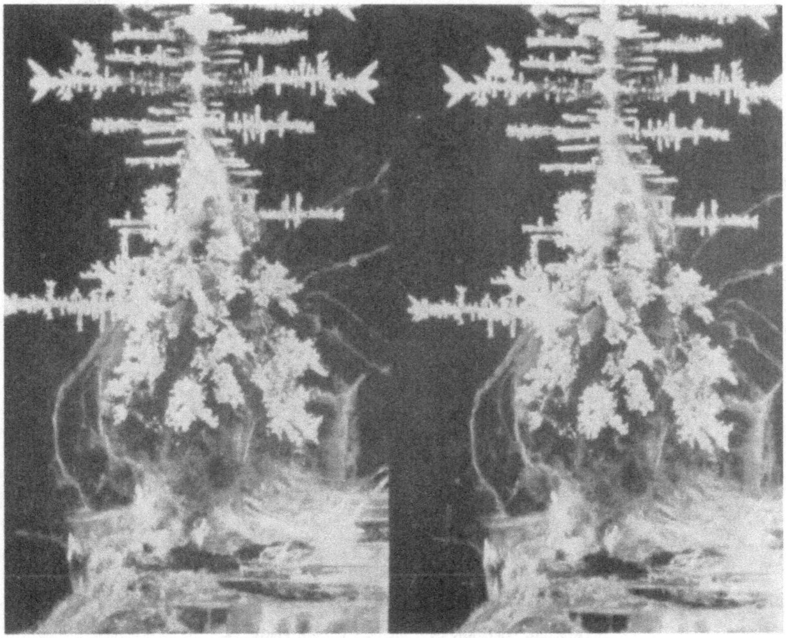

Fig. 18. Section of Fig. 17, point of indentation of the cathode. Image scale 12.5:1

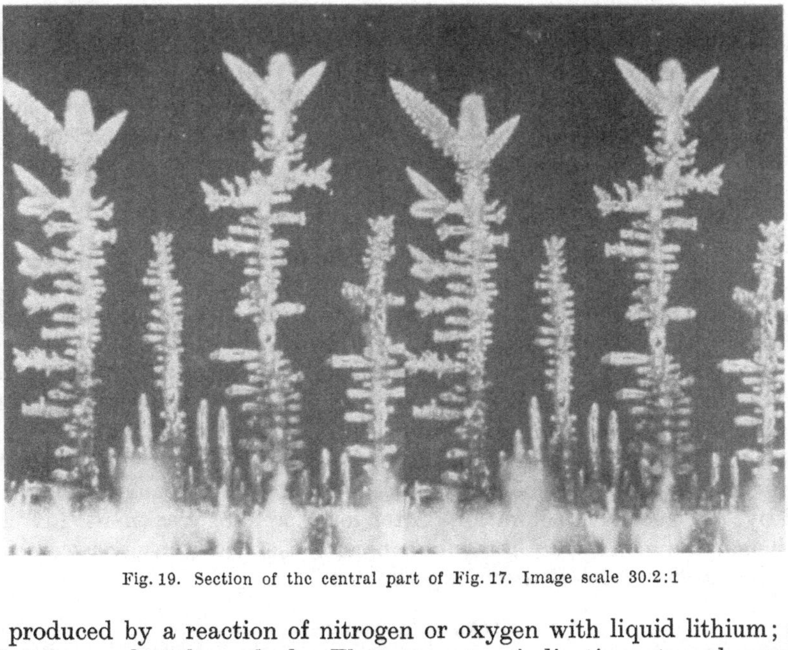

Fig. 19. Section of the central part of Fig. 17. Image scale 30.2:1

were produced by a reaction of nitrogen or oxygen with liquid lithium; a basic reaction occurred at the cathode. There are many indications strongly supporting an electrolytic decomposition of the crystal in the region of the dendrites. In this conjunction Joffé [40] points out that the metal deposited at the cathode pro-

Fig. 20. Section of Fig. 16. Image scale 14:1

duces points which deeply penetrate into the bulk of the low conductivity crystal, grow through to the anode and thus may form a bridge for the current. This is assumed to be due to an inversion of the well-known anomalous crystal growth at rapid cooling of strongly undercooled melts, leading to the formation of dendritic crystals. Further it would be conceivable that when the tungsten point penetrates into the crystal the mechanical lattice deformation leads to the generation of „nuclei", which are the origins of the dendrites when the electrical field (high field strength at the cathode point) and high temperatures are applied.

## 5. Summary

It was found by spectrum analysis that the impurity content for crystals grown in vacuum was between $10^{-4}$ and $10^{-2}$%. Due to the incorporation of OH-groups and oxygen the degree of purity of crystals grown in air was considerably lower, as was shown by the strong ultraviolet and infrared absorption.

The deviations of the coloration spectra at various growth techniques and different radiations used for colouring were insignificant. The density of coloration was considerably higher upon irradiation with particles than with x-rays. The positions of the F, M, $R_1$, and $R_2$ bands are in agreement with most of the values reported in literature. The bands produced by irradiation could not be verified by additive or electrolytic coloration. After corresponding treatments LiF crystals did not show any selective absorption bands. Dendritic cavities were formed during the electrolytic coloration experiments.

### *Acknowledgements*

We are greatly indebted to Dr. LÜDKE and Dipl.-Ing. REIMANN for the growth of the crystals and to Dr. BINDMANN for sugestions during the translation of the German manuscript.

## References


[1] R. W. Pohl, Phys. Z. **39**, 36 (1938).
[2] F. Seitz, Rev. mod. Phys. **18**, 384 (1946); **26**, 7 (1954).
[3] J. H. de Boer, Rec. Trav. Chim. Pays.-Bas **56**, 301 (1937).
[4] H. T. Ivey, Phys. Rev. **72**, 341 (1947).
[5] C. J. Delbecq and P. Pringsheim, J. chem. Phys. **21**, 794 (1953).
[6] P. Pringsheim, Z. Phys. **136**, 573 (1954).
[7] W. von der Osten and W. Waidelich, Naturwissenschaften **49**, 342 (1962).
[8] A. A. Kaplyanskii, Optika i Spektroskopija **3**, 136 (1957).
[9] W. Falta, Jenaer Jahrb. 1954, p. 446.
[10] A. Deubner, G. Schreiber, and R. Schubert, Optika **15**, 734 (1958).
[11] E. Freitag and G. Schreiber, Tagungsbericht der Phys. Gesellchaft d. DDR 1959 Greifswald p. 270.
[12] J. Rolfe, Phys. Rev. Letters **1**, 56 (1958).
[13] H. W. Etzel and D. A. Patterson, Phys. Rev. **112**, 1112 (1958).
[14] R. Voszka, I. Trajan, and A. Somló, phys. stat. sol. **3**, K 7 (1963).
[15] J. Eckstein, M. Holas, J. Jindra, A. Uchytilova, and Z. Wachtl, Czech. J. Phys. **10**, 247 (1960).
[16] R. Ottmer, Z. Phys. **46**, 798 (1928).
[17] E. Mollwo, Z. Phys. **85**, 56 (1933).
[18] E. E. Schneider, J.O.S.A. **27**, 72 (1937).
[19] C. C. Klick, Phys. Rev. **79**, 894 (1950).
[20] Y. Uchida and H. Yagi, J. Phys. Soc. Japan **7**, 109 (1952).
[21] P. P. Feofilov, Dokl. Akad. Nauk SSSR **92**, 743 (1953).
[22] C. J. Delbecq, P. Pringsheim, and P. H. Yuster, Z. Phys. **138**, 266 (1954).
[23] C. J. Delbecq, W. J. Ramler, S. R. Rocklin, and P. H. Yuster, Rev. sci. Instrum. **26**, 543 (1955).
[24] W. Primak, C. J. Delbecq, and P. H. Yuster, Phys. Rev. **98**, 1709 (1955).
[25] F. F. Morehead and F. Daniels, J. Chem. Phys. **27**, 1318 (1957).
[26] W. Primak, Phys. Rev. **112**, 1075 (1958).
[27] H. Rabin and C. C. Klick, Phys. Rev. **117**, 1005 (1960).
[28] A. M. Bonch-Bruevich, G. A. Tishenko, and P. P. Feofilov, Optika i Spektroskopija **6**, 267 (1959).
[29] R. O. Pohl, Phys. Rev. **118**, 1499 (1960).
[30] K. Fukuda, A. Okuda, and Y. Uchida, J. Phys. Soc. Japan **15**, 538 (1960).
[31] K. Fukuda and A. Okuda, Bull. Inst. Chem. Res. Kyoto Univ. **37**, 321 (1959).
[32] A. Okuda, J. Phys. Soc. Japan **16**, 1746 (1961).
[33] K. Kubo, J. Phys. Soc. Japan **16**, 2294 (1961).
[34] P. Görlich, H. Karras, and G. Kötitz, phys. stat. sol. **3** (to be published).
[35] H. Karras, phys. stat. sol. **1**, 68 (1961).
[36] I. J. Rauch and C. V. Heer, Phys. Rev. **105**, 914 (1957).
[37] E. Rexer, Z. Phys. **70**, 159 (1931).
[38] G. Heiland, Z. Phys. **128**, 144 (1950).
[39] J. W. Davisson, Forschungen und Fortschritte **26**, 3. Sonderheft 58 (1950).
[40] A. F. Joffé, Physik der Halbleiter, Akademie-Verlag Berlin (1960).
[41] J. S. Nadeau, J. appl. Phys. **33**, 4380 (1962).
[42] S. S. Ballard, L. S. Combes, and K. A. McCarthy, J.O.S.A. **41**, 772 (1951).
[43] C. C. Klick, Phys. Rev. **94**, 1541 (1954).
[44] R. A. Penneman, Atomic Energy Commission Report NAECD-1859 (1945).
[45] I. A. Powers, Thesis-University of Notre Dame 1950.


*(Received June 10, 1963)*

phys. stat. sol. 3, 1646 (1963)

*Central Research Institute for Physics, Budapest*

# On the Solution of the Boltzmann Transport Equation

By

B. FOGARASSY

The Boltzmann equation is solved for homogeneous electric and magnetic fields ($E$ and $H$) and a temperature gradient $\partial T/\partial r$. The solution is presented as an ascending power series in $E$, $H$, and $\partial T/\partial r$. In contrast to common procedure this treatment is not restricted to the linearized form of the equation and the relaxation time approximation, and no restricting assumptions are made about $E(k)$ and the transition probabilities. Applications of the general solution are investigated, for zero and non-zero magnetic field, considering only the first order terms in $E$ and $\partial T/\partial r$. In the second case terms in $H$ of arbitrary order are treated.
In the first case the electrical and thermal conductivity, and the thermoelectric effects, are treated using a unified tensor formalism. In the second case only the Hall effect is investigated, while the treatment of the other galvanomagnetic and thermomagnetic effects will be published in a later paper. In both these cases the Onsager relationships are valid, and it is shown that, up to the second-order approximation, it is possible to introduce a relaxation time, which can be expressed in terms of the $E(k)$ dependence and the transition probabilities of the crystal. These results contain all results generally found in the literature as special cases.

Die Boltzmanngleichung ist für homogene elektrische und magnetische Felder ($E$ und $H$) und einen Temperaturgradienten $\partial T/\partial r$ gelöst worden. Die Lösung wird als eine Potenzreihe mit steigenden Potenzen von $E$, $H$ und $\partial T/\partial r$ dargestellt. Im Gegensatz zum allgemein üblichen Verfahren beschränkt sich diese Behandlungsweise nicht auf die linearisierte Form der Gleichung und auf die Relaxationszeit-Approximation, und es werden auch keine einschränkenden Voraussetzungen über $E(k)$ und die Übergangswahrscheinlichkeiten gemacht. Die allgemeine Lösung wird im ersten Fall auf die Approximation 1. Ordnung in $E$ und $\partial T/\partial r$ und im zweiten Fall auf die Approximation 1. Ordnung in $E$ und $\partial T/\partial r$, aber beliebiger Ordnung in $H$ angewandt.
Im ersten Fall werden die elektrische und thermische Leitfähigkeit und die thermoelektrischen Effekte in einem einheitlichen Tensorformalismus behandelt. Im zweiten Fall wird nur der Halleffekt untersucht, während die anderen galvanomagnetischen und thermomagnetischen Effekte in einer weiteren Veröffentlichung behandelt werden. In diesen beiden Fällen sind die Onsager-Beziehungen gültig, weiterhin wird gezeigt, daß es möglich ist, bis zur Approximation 2. Ordnung eine Relaxationszeit einzuführen, die durch die $E(k)$-Abhängigkeit und die Übergangswahrscheinlichkeiten des Kristalls ausgedrückt werden kann. Diese Ergebnisse enthalten alle allgemein in der Literatur gefundenen Ergebnisse als Spezialfälle.

### *Introduktion*

The study of the transport properties of solids is based on the following integro-differential equation, going back originally to Boltzmann [1]:

$$\frac{\partial f(\boldsymbol{k},\boldsymbol{r})}{\partial t}+\frac{\partial f(\boldsymbol{k},\boldsymbol{r})}{\partial \boldsymbol{r}}\dot{\boldsymbol{r}}+\frac{\partial f(\boldsymbol{k},\boldsymbol{r})}{\partial \boldsymbol{k}}\dot{\boldsymbol{k}}$$
$$=\frac{V}{8\pi^3}\int\{W(\boldsymbol{k}',\boldsymbol{k})\,f(\boldsymbol{k}',\boldsymbol{r})\,[1-f(\boldsymbol{k},\boldsymbol{r})]-W(\boldsymbol{k},\boldsymbol{k}')\,f(\boldsymbol{k},\boldsymbol{r})\,[1-f(\boldsymbol{k}',\boldsymbol{r})]\}\,d^3\boldsymbol{k}'\,, \quad (1)$$

where the independent variables $\boldsymbol{k}$, $\boldsymbol{r}$ give the average wave number vector, resp. position of the wave packet representing the electron in the periodic crystalline potential. The distribution function $f(\boldsymbol{k}, \boldsymbol{r})$ is the density function of the electrons in the sixdimensional $(\boldsymbol{k}, \boldsymbol{r})$ space, and is so normalized that in the perturbation free case it should go over to the Fermi-Dirac distribution function

$$f_0(\boldsymbol{k}, \boldsymbol{r}) = \frac{1}{\exp\left(\frac{E(\boldsymbol{k}) - \zeta(\boldsymbol{r})}{k\,T(\boldsymbol{r})}\right) + 1}, \tag{2}$$

where $E(\boldsymbol{k})$ is the energy-wave number connexion, characteristic to the crystal, $\zeta(\boldsymbol{r})$ the Fermi-level, $k$ Boltzmann's constant and $T(\boldsymbol{r})$ the absolute temperature. So the normalization condition is as follows

$$\frac{1}{4\pi^3} \int\int f(\boldsymbol{k}, \boldsymbol{r})\, d^3\boldsymbol{k}\, d^3\boldsymbol{r} = N, \tag{3}$$

where $N$ is the number of conduction electrons. $W(\boldsymbol{k}, \boldsymbol{k}')$ is the transition probability, i.e. the probability, that the electron makes a transition during unit time from the state $\boldsymbol{k}'$ to the unoccupied state $\boldsymbol{k}$. $V$ is the volume of the solid. The limits of integration have not been explicitly shown, we do always likewise, if the integration in respect of the position coordinate $\boldsymbol{r}$ is to be performed for the whole volume, $V$, that in respect of the wave number vector $\boldsymbol{k}$ for a single Brillouinzone. The time derivatives $\dot{\boldsymbol{r}}$, $\dot{\boldsymbol{k}}$ can be obtained from the dynamical study of the electron moving in the periodic potential. For homogeneous electric and magnetic fields, further supposing one-Bloch-band conduction, these are of the following form:

$$\dot{\boldsymbol{r}} = \boldsymbol{v} = \frac{1}{\hbar} \frac{\partial E(\boldsymbol{k})}{\partial \boldsymbol{k}}, \tag{4}$$

$$\dot{\boldsymbol{k}} = \frac{e}{\hbar}\left(\boldsymbol{E} + \frac{1}{c}\, \boldsymbol{v} \times \boldsymbol{H}\right). \tag{5}$$

In this connexion we do not dare to leave unmentioned that the calculations leading to (4) and (5) need extreme care and caution, the derivations to be found generally in literature are not beyond criticism. So e.g. (5) is obtained from the Hamiltonian of the crystalline and the electromagnetic fields generally with the neglect of the square of the vector potential. We have made some investigations [2] in this matter and found that the contribution proportional to $\boldsymbol{H}^2$ can be neglected because of specific properties of the wave packet representing the electron and not because of the smallness of $\boldsymbol{H}^2$.

With regard to (2) to (5) it is evident that to the solution of the Boltzmann-equation the knowledge of $E(\boldsymbol{k})$ and $W(\boldsymbol{k}', \boldsymbol{k})$ is essential. We try to present such a solution, where there will be not need for specialization of these relationships, characteristic to the crystal. From general symmetry properties follows however that [3]

$$E(\boldsymbol{k}) = E(-\boldsymbol{k}), \tag{6}$$

$$W(\boldsymbol{k}, \boldsymbol{k}') = W(-\boldsymbol{k}, -\boldsymbol{k}'), \tag{7}$$

from which frequent use will be made during the course of the solution procedure.

We should not like to deal at present with the limit of validity of the Boltzmann-approach, we postulate for the present that the transport properties are correctly described by it. We shall state now the subsidiary conditions, under which the solution will be attempted.

1. The (1) form of the Boltzmann-equation, with the further conditions (4) to (5), already encompasses the suppositions that one-band conduction is studied

in the one-electron approximation, only the electron-Patticeion interaction is considered, latter further specialized that no spin flip occurs during the transition, the collision process does not disturb the ion distribution, finally there exists a transition probability $W(\boldsymbol{k}', \boldsymbol{k})$, independent of the external perturbations.

2. Stationary problems are considered only, i.e. the electron distribution does not depend explicitly on time.

3. The externally imposed perturbing fields $\boldsymbol{E}$, $\boldsymbol{H}$, $\partial T/\partial \boldsymbol{r}$ are constants, and the expansion of the distribution function in their terms converges.

4. The material under study is assumed to be homogeneous. In this case the distribution function depends on the position vector $\boldsymbol{r}$ only through the intermediary of the temperature $T(\boldsymbol{r})$. It can be easily shown that if the general results are applied only to the first order (in the magnetic field to arbitrary order) this restrictive condition is superfluous. No detailed calculations shall be given in the present paper, the reader should consult in this matter [4], to be published elsewhere.

## 1. Solution of the Transport Equation

Let us introduce a new unknown function, $\Phi(\boldsymbol{k}, \boldsymbol{r})$ with the definition

$$f = f_0 + \frac{\partial f_0}{\partial E} \Phi = f_0 + \varphi , \tag{8}$$

resp.

$$\varphi = \frac{\partial f_0}{\partial E} \Phi . \tag{9}$$

Considering the conditions stated in the introduction, the relationships (2), (4), (5), further, with regard to the cancellation of the integrand of the collision integral in the absence of external perturbations due to the principle of microscopic reversibility, the transport equation (1) can be put into the following form:

$$\boldsymbol{v} \frac{\partial f_0}{\partial E} \left[ e \boldsymbol{E} - \left( \frac{E - \zeta}{T} + \frac{\partial \zeta}{\partial T} \right) \frac{\partial T}{\partial \boldsymbol{r}} \right] + \boldsymbol{v} \frac{\partial \varphi}{\partial T} \frac{\partial T}{\partial \boldsymbol{r}} + \frac{e}{\hbar} \left( \boldsymbol{E} + \frac{1}{c} \boldsymbol{v} \times \boldsymbol{H} \right) \frac{\partial \varphi}{\partial \boldsymbol{k}}$$
$$= \frac{V}{8 \pi^3 k T} \int V(\boldsymbol{k}, \boldsymbol{k}') \left[ (\Phi - \Phi') - \frac{f_0 - f_0'}{kT} \Phi \Phi' \right] d^3\boldsymbol{k}' , \tag{10}$$

where the prime denotes that the independent variable is $\boldsymbol{k}'$, and

$$V(\boldsymbol{k}, \boldsymbol{k}') = W(\boldsymbol{k}', \boldsymbol{k}) f_0' (1 - f_0) = W(\boldsymbol{k}, \boldsymbol{k}') f_0 (1 - f_0') , \tag{11}$$

for which, from (2), (6), and (7) the symmetry properties

$$V(\boldsymbol{k}, \boldsymbol{k}') = V(\boldsymbol{k}', \boldsymbol{k}) \qquad \text{and} \qquad V(\boldsymbol{k}, \boldsymbol{k}') = V(-\boldsymbol{k}, -\boldsymbol{k}') \tag{12}$$

follow.

The solution of (10) is attempted in the power series expansion of the perturbations. Let us introduce the following nine component vector

$$\hat{\boldsymbol{F}} = \left[ \boldsymbol{E}_0, \frac{\partial T_0}{\partial \boldsymbol{r}}, \boldsymbol{H}_0 \right], \tag{13}$$

where

$$\boldsymbol{E}_0 = e \boldsymbol{E} , \qquad T_0 = k T , \qquad \boldsymbol{H}_0 = e \boldsymbol{H} . \tag{14}$$

The expansion shall be concisely written in the following form

$$\Phi(\hat{\boldsymbol{F}}) = \sum_{P=1}^{\infty} \hat{\boldsymbol{\Phi}}_P \hat{\boldsymbol{F}}^P . \tag{15}$$

Here $\hat{\Phi}_P$ denotes a tensor, — not symmetric in general — containing $9^P$ components, while $\hat{\Phi}_P \hat{F}^P$ (the tensor of rank $P$ acting on $P$ equal vectors $\hat{F}$) signifies the result of the following operation: The vector $\hat{F}$ is written down $P$ times, the tensor $\hat{\Phi}_P$ acts of the first of the $\hat{F}$ vectors, the resulting tensor of a rank lower by one acts on the second $\hat{F}$ vector, etc. The effect of the tensors on vectors can be easily visualised in conjunction with the equations:

$$\hat{\Phi}_P \hat{F} = \sum_{n=1}^{9} \hat{\Phi}_P^{\overbrace{l, \dots m, n}^{P}} \hat{F}_n , \qquad \hat{\Phi}_P \hat{F}^2 = \sum_{n=1}^{9} \sum_{n=1}^{9} \hat{\Phi}_P^{l, \dots m, n} \hat{F}_n \hat{F}_m , \qquad \text{etc.} \tag{16}$$

The indices are invariably such that capital letters denote the summation indices fo the expansion (from 1 to infinity), small letters the indices to be summed up for the components (from 1 to 9). Let us further introduce the following tensors:

$$\hat{A}_1 = \frac{8 \pi^3 T_0}{V} \frac{\partial f_0}{\partial E} \left[ \boldsymbol{v}, - \left( \frac{E - \zeta}{T_0} + \frac{\partial \zeta}{\partial T_0} \right) \boldsymbol{v}, \boldsymbol{o} \right], \tag{17}$$

where $\boldsymbol{o}$ is the zero vector and

$$\hat{A}_P = \frac{8 \pi^3 T_0}{V} \left[ \frac{1}{\hbar} \frac{\partial}{\partial \boldsymbol{k}}, \boldsymbol{v} \frac{\partial}{\partial T_0}, - \frac{1}{\hbar c} \boldsymbol{v} \times \frac{\partial}{\partial \boldsymbol{k}} \right] \hat{\boldsymbol{\varphi}}_{P-1} ; \qquad P = 2, 3, \dots \tag{18}$$

e. g.

$$\hat{A}_P^{\overbrace{l, \dots m, 5}^{P}} = \frac{8 \pi^3 T_0}{V} v_y \frac{\partial \hat{\boldsymbol{\varphi}}_{P-1}^{\overbrace{l, \dots m}^{P-1}}}{\partial T_0} , \qquad \text{etc.} \tag{19}$$

Now the insertion of the series expansion (13) into (10), with regard to (17) and (18), yields the following

$$\sum_P \hat{A}_P \hat{F}^P = \int V(\boldsymbol{k}, \boldsymbol{k}') \Big[ \sum_P (\hat{\Phi}_P - \hat{\Phi}'_P) \hat{F}^P - \frac{1}{T_0} (f_0 - f'_0) \sum_P \sum_Q \hat{\Phi}_P \hat{\Phi}'_Q \hat{F}^{P+Q} \Big] d^3 \boldsymbol{k}' . \tag{20}$$

Equating the equal powers of the vector $\boldsymbol{F}$, the expansion coefficients obey the following Fredholm-type integral equation:

$$\int V(\boldsymbol{k}, \boldsymbol{k}') (\hat{\Phi}_N - \hat{\Phi}'_N) d^3 \boldsymbol{k}' = \hat{A}_N + \frac{1}{T_0} \int V(\boldsymbol{k}, \boldsymbol{k}') (f_0 - f'_0) \sum_{P=1}^{N-1} \hat{\Phi}_P \hat{\Phi}'_{N-P} d^3 \boldsymbol{k}' . \tag{21}$$

For $N = 1$ the integral on the right side disappears, the integral equation for the expansion coefficient $\hat{\Phi}_1$ does not contain any unknown functions. For all the other $N > 1$, various tensor $\hat{\Phi}_P$ appear in the equation through $\hat{A}_N$ and the integral on the right side but it can be clearly seen that for all those tensors $P < N$, so in reality an iteration procedure is possible for the successive determination of the expansion coefficients.

The general solution of the integral equation (21) can be easily given

$$\hat{\Phi}_N(\boldsymbol{k}) = \int \left\{ \hat{A}'_N + \frac{1}{T_0} \int V(\boldsymbol{k}', \boldsymbol{k}'') (f'_0 - f''_0) \sum_{P=1}^{N-1} \hat{\Phi}'_P \hat{\Phi}''_{N-P} d^3 \boldsymbol{k}'' \right\} \gamma(\boldsymbol{k}, \boldsymbol{k}') d^3 \boldsymbol{k}' , \tag{22}$$

where $\gamma(\boldsymbol{k}, \boldsymbol{k}')$ is the Green function of (21), and the conditions make evident that the homogenized (21) has only the trivial solution. So

$$V(\boldsymbol{k}) \gamma(\boldsymbol{k}, \boldsymbol{k}') - \int V(\boldsymbol{k}, \boldsymbol{k}'') \gamma(\boldsymbol{k}'', \boldsymbol{k}') d^3 \boldsymbol{k}'' = \delta(\boldsymbol{k} - \boldsymbol{k}') , \tag{23}$$

where
$$V(\boldsymbol{k}) = \int V(\boldsymbol{k}, \boldsymbol{k}')\, d^3\boldsymbol{k}' \tag{24}$$
and $\delta(\boldsymbol{k})$ the Dirac-function. The equation (23) defining the Green function can be formally simplified if the singular part is separated, as follows:
$$\gamma(\boldsymbol{k}', \boldsymbol{k}) = \frac{\delta\,(\boldsymbol{k} - \boldsymbol{k}') + \Gamma(\boldsymbol{k}, \boldsymbol{k}')}{V(\boldsymbol{k})}\,. \tag{25}$$
In this case $\Gamma(\boldsymbol{k}, \boldsymbol{k}')$ is the solution of the following integral equation
$$\Gamma(\boldsymbol{k}, \boldsymbol{k}') - \int \frac{V(\boldsymbol{k}, \boldsymbol{k}'')}{V(\boldsymbol{k}'')}\, \Gamma(\boldsymbol{k}'', \boldsymbol{k}')\, d^3\boldsymbol{k}'' = \frac{V(\boldsymbol{k}, \boldsymbol{k}')}{V(\boldsymbol{k}')}\,. \tag{26}$$
Summarizing now our procedure proposed for solving the Boltzmann equation, we first see that the coefficients of expansion (15) can be determined by the successive solution of integral equations, as in (21), i. e. by use of the formula (22). In that connexion only the solution of the single integral equation (26) is required, which depends on the symmetrized transition probabilities $V(\boldsymbol{k}, \boldsymbol{k}')$, characteristic to the crystal. In the possession of $\gamma(\boldsymbol{k}, \boldsymbol{k}')$ so obtained, further of $E(\boldsymbol{k})$, characteristic again to the crystal, all the expansion coefficients $\hat{\boldsymbol{\Phi}}_N$ can be determined by definite integrals.

Before proceeding with the specialized cases of the solution, some general properties of these functions are summarized in the form of lemmas.

*Lemma* 1: Any function $G(\boldsymbol{k}, \boldsymbol{k}')$ which obeys the symmetry requirement
$$G(\boldsymbol{k}, \boldsymbol{k}') = G(-\,\boldsymbol{k}, -\,\boldsymbol{k}') \tag{27}$$
can be written in the following form:
$$G(\boldsymbol{k}, \boldsymbol{k}') = {}_eG(\boldsymbol{k}, \boldsymbol{k}') + {}_oG(\boldsymbol{k}, \boldsymbol{k}')\,, \tag{28}$$
where the subscripts „$e$“, resp. „$o$“ denote that the function in question is an even resp. odd function of both its arguments.

From equation (12) immediately:
$$V(\boldsymbol{k}, \boldsymbol{k}') = {}_eV(\boldsymbol{k}, \boldsymbol{k}') + {}_oV(\boldsymbol{k}, \boldsymbol{k}')\,. \tag{29}$$

*Lemma 2*: From (23) to (24) and (12) it can be seen that
$$\gamma(\boldsymbol{k}, \boldsymbol{k}') = \gamma(\boldsymbol{k}', \boldsymbol{k}) \quad \text{and} \quad \gamma(\boldsymbol{k}, \boldsymbol{k}') = \gamma(-\,\boldsymbol{k}, -\,\boldsymbol{k}')\,, \tag{30}$$
further from the precedent lemma that
$$\gamma(\boldsymbol{k}, \boldsymbol{k}') = {}_e\gamma(\boldsymbol{k}, \boldsymbol{k}') + {}_o\gamma(\boldsymbol{k}, \boldsymbol{k}')\,. \tag{31}$$

*Lemma* 3: By total induction it can be shown that all such components of the tensor $\hat{\boldsymbol{\Phi}}_N$ are zero, which are characterized by a first index 7, 8 or 9. An immediate consequence of the lemma is that a sole magnetic field does not start a current in any order of approximation, which means that the magnetic field can only perturb the current set up by the electric field or the temperature gradient.

*Lemma 4*: Total induction with the use of Lemma 2 furnishes the proof of the theorem that the components of the tensor $\hat{\boldsymbol{\Phi}}_N$ are even or odd functions of $\boldsymbol{k}$, dependent on, whether the representative index contains the numbers from 1 to 6 in an even or odd number. From the lemma it follows e. g. that the terms of the distribution function dependent only on the electric field give no contribution to the current, when the electric field components occur on an even power.

Let us apply now the general results to first order (naturally to first order in respect of the fields).

## 2. First Order Approximation

The solution of the Boltzmann-equation in the first order approximation, according to (8) and (15)

$$f = f_0 + \frac{\partial f_0}{\partial E} \hat{\boldsymbol{\Phi}}_1 \hat{\boldsymbol{F}} , \tag{32}$$

where $\hat{\boldsymbol{\Phi}}_1$ is a special case of the general formula (22):

$$\hat{\boldsymbol{\Phi}}_1 = \int \hat{\boldsymbol{A}}_1(\boldsymbol{k}') \, \gamma(\boldsymbol{k}, \boldsymbol{k}') \, d^3\boldsymbol{k}' . \tag{33}$$

As the last three components of the first order $\hat{\boldsymbol{A}}_1$ and therefore also of the $\hat{\boldsymbol{\Phi}}_1$ tensor are zero, it is expedient to go over from nine-component quantities to six component ones. Let us introduce the six-velocity

$$\mathbf{V} = [\boldsymbol{v}, (E - \zeta) \, \boldsymbol{v}] , \tag{34}$$

and the six-force

$$\mathbf{F} = - \left[ \frac{\partial \mu}{\partial \boldsymbol{r}}, \frac{1}{T} \frac{\partial T}{\partial \boldsymbol{r}} \right] , \tag{35}$$

where the chemical potential $\mu$ is in the following connexion with the electrostatic potential $U$

$$\mu = e \, U + \zeta . \tag{36}$$

With the present, further with the previous definitions (13), (17) and (33)

$$\hat{\boldsymbol{\Phi}}_1 \hat{\boldsymbol{F}} = \frac{8 \, \pi^3 \, T_0}{V} \int \frac{\partial f_0'}{\partial E'} \, \mathbf{V}' \, \gamma(\boldsymbol{k}, \boldsymbol{k}') \, d^3\boldsymbol{k}' \cdot \mathbf{F} . \tag{37}$$

We should like to remark here that the derivation of this relation in the original manner is valid only for homogeneous material, as the substitution

$$\frac{\partial \zeta}{\partial T} \frac{\partial T}{\partial \boldsymbol{r}} = \frac{\partial \zeta}{\partial \boldsymbol{r}} \tag{38}$$

was performed, but it is not hard to see from the first-order approximative form of the Boltzmann-equation that the relationship (37) is unchanged for inhomogeneous material too.

From the experimenter's point of view the current densities are the accessible physical quantities, and not the distribution function itself. The particle current density

$$\boldsymbol{j} = \frac{1}{4 \pi^3} \int f \, \boldsymbol{v} \, d^3\boldsymbol{k} \tag{39}$$

and the heat current density

$$\boldsymbol{w} = \frac{1}{4 \, \pi^3} \int f \, (E - \zeta) \, \boldsymbol{v} \, d^3\boldsymbol{k} \tag{40}$$

shall be united now to a single current density six-vector

$$\mathbf{J} = [\boldsymbol{j}, \boldsymbol{w}] = \frac{1}{4 \, \pi^3} \int f \, \mathbf{V} \, d^3\boldsymbol{k} , \tag{41}$$

where the definition (34) of the six-vector has been used. Remembering that the components of $\mathbf{V}$ are odd functions of $\boldsymbol{k}$, the unperturbed distribution $f_0$, which is an even function of $\boldsymbol{k}$, obviously does not contribute to the current, as physically evident. The first order effects can be computed by inserting (32), resp. (37) into (41), and making use of the generalization of the dyadic product to six-vectors

$$\mathbf{A}(\mathbf{B} \, \mathbf{C}) = (\mathbf{A} \circ \mathbf{B}) \, \mathbf{C} ; \qquad (\mathbf{A} \circ \mathbf{B})_{ij} = \mathbf{A}_i \, \mathbf{B}_j , \tag{42}$$

where the following identity holds for the transposed matrices

$$(\mathbf{A} \circ \mathbf{B})^{+} = (\mathbf{B} \circ \mathbf{A})\,. \tag{43}$$

The current density six-vector can be written now

$$\mathbf{J} = \frac{2\,T_0}{V} \int\!\!\int \frac{\partial f_0}{\partial E} \frac{\partial f_0'}{\partial E'} (\mathbf{V} \circ \mathbf{V}')\, \gamma(\boldsymbol{k}, \boldsymbol{k}')\, d^3\boldsymbol{k}\, d^3\boldsymbol{k}' \cdot \mathbf{F}\,, \tag{44}$$

or, with the introduction of the sixth order tensor, $\bar{\mathbf{L}}$

$$\bar{\mathbf{L}} = \frac{2\,T_0}{V} \int\!\!\int \frac{\partial f_0}{\partial E} \frac{\partial f_0'}{\partial E'} (\mathbf{V} \circ \mathbf{V}')\, \gamma(\boldsymbol{k}, \boldsymbol{k}'),\, d^3\boldsymbol{k}\, d^3\boldsymbol{k}'\,, \tag{45}$$

as

$$\mathbf{J} = \bar{\mathbf{L}}\,\mathbf{F}\,, \tag{46}$$

which relation between currents and forces is one of the fundamentals of irreversible thermodynamics. It is obvious that the linear relationship is the consequence of the first order approximation, the macroscopic coefficient $\bar{\mathbf{L}}$ can be calculated in the knowledge of the microscopic quantities characteristic to the crystal. If in (45) the integration variables are interchanged, and use is made of the symmetry property (43) it is seen by a mere inspection that

$$\bar{\mathbf{L}}^{+} = \bar{\mathbf{L}}\,, \tag{47}$$

which is the well-known Onsager relationship. We shall emphasize here that this relation was obtained as a consequence of the principle of microscopic reversibility, and is inherent to the correct first order approximation of the transport equation.

Our results will be shown now in the common three-vector formalism, further the connexion between the tensor $\bar{\mathbf{L}}$ and the transport coefficients shall be established

$$\bar{\mathbf{L}} = \begin{pmatrix} \bar{\boldsymbol{L}}^{(1)} & \bar{\boldsymbol{L}}^{(2)} \\ \bar{\boldsymbol{L}}^{(2)+} & \bar{\boldsymbol{L}}^{(3)} \end{pmatrix}, \tag{48}$$

where

$$\bar{\boldsymbol{L}}^{(1)} = \bar{\boldsymbol{L}}^{(1)+} = \frac{2\,k\,T}{V} \int\!\!\int \frac{\partial f_0}{\partial E} \frac{\partial f_0'}{\partial E'} (\boldsymbol{v} \circ \boldsymbol{v}')\, \gamma(\boldsymbol{k}, \boldsymbol{k}')\, d^3\boldsymbol{k}\, d^3\boldsymbol{k}'\,, \tag{49}$$

$$\bar{\boldsymbol{L}}^{(2)} = \frac{2\,k\,T}{V} \int\!\!\int \frac{\partial f_0}{\partial E} \frac{\partial f_0'}{\partial E'} (\boldsymbol{v} \circ \boldsymbol{v}')\,(E' - \zeta)\, \gamma(\boldsymbol{k}, \boldsymbol{k}')\, d^3\boldsymbol{k}\, d^3\boldsymbol{k}'\,, \tag{50}$$

$$\bar{\boldsymbol{L}}^{(2)+} = \frac{2\,k\,T}{V} \int\!\!\int \frac{\partial f_0}{\partial E} \frac{\partial f_0'}{\partial E'} (\boldsymbol{v} \circ \boldsymbol{v}')\,(E - \zeta)\, \gamma(\boldsymbol{k}, \boldsymbol{k}')\, d^3\boldsymbol{k}\, d^3\boldsymbol{k}'\,, \tag{51}$$

$$\bar{\boldsymbol{L}}^{(3)} = \bar{\boldsymbol{L}}^{(3)+} = \frac{2\,k\,T}{V} \int\!\!\int \frac{\partial f_0}{\partial E} \frac{\partial f_0'}{\partial E'} (\boldsymbol{v} \circ \boldsymbol{v}')\,(E - \zeta)\,(E' - \zeta)\, \gamma(\boldsymbol{k}, \boldsymbol{k}')\, d^3\boldsymbol{k}\, d^3\boldsymbol{k}'\,. \tag{52}$$

The particle- and heatcurrent densities:

$$\boldsymbol{j} = -\,\bar{\boldsymbol{L}}^{(1)} \frac{\partial \mu}{\partial \boldsymbol{r}} - \bar{\boldsymbol{L}}^{(2)} \frac{1}{T} \frac{\partial T}{\partial \boldsymbol{r}} = \bar{\boldsymbol{L}}^{(1)} \left(e\,\boldsymbol{E} - \frac{\partial \zeta}{\partial \boldsymbol{r}}\right) - \bar{\boldsymbol{L}}^{(2)} \frac{1}{T} \frac{\partial T}{\partial \boldsymbol{r}}\,, \tag{53}$$

$$\boldsymbol{w} = -\,\bar{\boldsymbol{L}}^{(2)+} \frac{\partial \mu}{\partial \boldsymbol{r}} - \bar{\boldsymbol{L}}^{(3)} \frac{1}{T} \frac{\partial T}{\partial \boldsymbol{r}} = \bar{\boldsymbol{L}}^{(2)+} \left(e\,\boldsymbol{E} - \frac{\partial \zeta}{\partial \boldsymbol{r}}\right) - \bar{\boldsymbol{L}}^{(3)} \frac{1}{T} \frac{\partial T}{\partial \boldsymbol{r}}\,. \tag{54}$$

The electrical conductivity tensor is measured under the conditions $\partial\zeta/\partial\boldsymbol{r} = 0$ and $\partial T/\partial \boldsymbol{r} = 0$. One finds that

$$\boldsymbol{j}_e = e\,\boldsymbol{j} = \bar{\boldsymbol{\sigma}}\,\boldsymbol{E}\,. \tag{55}$$

From (53) and (49)

$$\bar{\boldsymbol{\sigma}} = e^2 \bar{\boldsymbol{L}}^{(1)} ; \qquad \bar{\boldsymbol{\sigma}}^+ = \bar{\boldsymbol{\sigma}} , \tag{56}$$

i. e. the electrical conductivity tensor $\bar{\boldsymbol{\sigma}}$ is symmetrical.

The heat conductivity tensor $\bar{\boldsymbol{\varkappa}}$ is measured under the condition $\boldsymbol{j} = 0$, with the definition

$$\boldsymbol{w} = - \bar{\boldsymbol{\varkappa}} \frac{\partial T}{\partial \boldsymbol{r}} . \tag{57}$$

From (49) to (54)

$$\bar{\boldsymbol{\varkappa}} = \frac{1}{T} (\bar{\boldsymbol{L}}^{(3)} - \bar{\boldsymbol{L}}^{(2)+} (\bar{\boldsymbol{L}}^{(1)})^{-1} \bar{\boldsymbol{L}}^{(2)}) ; \qquad \bar{\boldsymbol{\varkappa}}^+ = \bar{\boldsymbol{\varkappa}} \tag{58}$$

showing the symmetry of the tensor $\bar{\boldsymbol{\varkappa}}$.

The thermoelectric power tensor is measured under the conditions $\boldsymbol{j} = 0$, $\partial\zeta/\partial\boldsymbol{r} = 0$, with the definition

$$e \boldsymbol{E} = \bar{\boldsymbol{S}} \frac{\partial T}{\partial \boldsymbol{r}} . \tag{59}$$

From (53), (49), and (50)

$$\bar{\boldsymbol{S}} = \frac{1}{T} (\bar{\boldsymbol{L}}^{(1)})^{-1} \bar{\boldsymbol{L}}^{(2)} . \tag{60}$$

The tensor $\bar{\boldsymbol{S}}$ is not symmetrical in general, so not even in a principal axis system can it be diagonalized, i. e. in contrast to the electrical or heat conductivity the thermal gradient and the electrical field resulting from the thermoelectric power tensor points to the same direction only in a few more specialized cases. The thermopower observed by instruments corresponds to the integral of $\bar{\boldsymbol{S}}$ along a current line.

For the sake of completeness the tensors $\bar{\boldsymbol{L}}$ and the current densities are expressed by the transport coefficient tensors

$$\bar{\boldsymbol{L}}^{(1)} = \frac{1}{e^2} \bar{\boldsymbol{\sigma}} , \tag{61}$$

$$\bar{\boldsymbol{L}}^{(2)} = \frac{T}{e^2} \bar{\boldsymbol{\sigma}} \bar{\boldsymbol{S}} , \tag{62}$$

$$\bar{\boldsymbol{L}}^{(2)+} = \frac{T}{e^2} \bar{\boldsymbol{S}}^+ \bar{\boldsymbol{\sigma}} , \tag{63}$$

$$\bar{\boldsymbol{L}}^{(3)} = T \bar{\boldsymbol{\varkappa}} + \left(\frac{T}{e}\right)^2 \bar{\boldsymbol{S}}^+ \bar{\boldsymbol{\sigma}} \bar{\boldsymbol{S}} , \tag{64}$$

$$\boldsymbol{j}_e = - \frac{1}{e} \bar{\boldsymbol{\sigma}} \left(\frac{\partial \mu}{\partial \boldsymbol{r}} + \bar{\boldsymbol{S}} \frac{\partial T}{\partial \boldsymbol{r}}\right) , \tag{65}$$

$$\boldsymbol{w} = T \frac{S^+}{e} \boldsymbol{j}_e - \boldsymbol{\varkappa} \frac{\partial T}{\partial \boldsymbol{r}} . \tag{66}$$

The interpretation of the currents is obvious: electrical current is produced by the difference in the chemical potential and the thermopower, part of the heat-current is caused by the temperature difference, the remainder is due to the transport of the "electrical entropy" $\bar{\boldsymbol{S}}^+/e$ through the electrical current.

In order to give account of the thermoelectric effects the idealized experimental arrangements must be studied carefully. In the solid to be investigated the temperature distribution is established by external heat reservoirs of infinite heat capacity. The thermoelectric effects are characterized by the exchange of heat between the solid and the reservoirs. The power given up to the reservoirs for unit volume is given by $-\operatorname{div} \boldsymbol{U}$, where $\boldsymbol{U}$ is the energy current density. Our next task is now the determination of this divergence.

Let us now put down the energy current

$$\boldsymbol{U} = \frac{1}{4\pi^3} \int (E + e\,U)\, \boldsymbol{v}\, f\, d^3\boldsymbol{k} = \boldsymbol{w} + \mu\, \boldsymbol{j}\,, \tag{67}$$

where in the second equality use has been made of the particle- and heatcurrent density definitions (39) to (40). Let us now compute the divergence of the energy density current, with the condition of stationary flow, i. e. that the electrons cannot accumulate in any point of the solid

$$\operatorname{div} \boldsymbol{j} = 0\,, \tag{68}$$

further the connexions (65) to (66)

$$-\operatorname{div} \boldsymbol{U} = \bar{\boldsymbol{\sigma}}^{-1} \boldsymbol{j}_e^2 - \operatorname{div}\left(-\bar{\boldsymbol{\varkappa}}\, \frac{\partial T}{\partial \boldsymbol{r}}\right) - T \operatorname{div}\left(\frac{\bar{\boldsymbol{S}}^+}{e}\, \boldsymbol{j}_e\right). \tag{69}$$

The first term corresponds to the Joule-heat given up by the solid, the second is the one maintaining the heat current, while the third one gives account of the Thomson- and Peltier-heats.

If therefore an electrical current is flowing in the presence of a thermal gradient, an exchange of heat with the reservoirs will take place, as the "electrical entropy" is temperature-dependent, and the charge carriers traverse a temperature gradient when transporting their charge. This heat is the Thomson-heat. Let us introduce the tensor of the Thomson-coefficient by the following definition:

$$(-\operatorname{div} \boldsymbol{U})_{\mathrm{Th}} = (\bar{\boldsymbol{\tau}}\, \boldsymbol{j}_e)\, \frac{\partial T}{\partial \boldsymbol{r}}\,, \tag{70}$$

where on the left side the third term of (69) stands. The comparison of the expressions gives for a homogeneous solid

$$\bar{\boldsymbol{\tau}} = -\frac{T}{e}\, \frac{\partial \bar{\boldsymbol{S}}^+}{\partial T}\,. \tag{71}$$

The negative sign expresses the fact that for parallel $\boldsymbol{j}_e$ and $\partial T/\partial \boldsymbol{r}$ the reservoir shall give up heat to the solid conductor. The Thomson-tensor $\bar{\boldsymbol{\tau}}$ is sometimes called the "tensor of electrical specific heat", in analogy with the "electrical entropy" $\bar{\boldsymbol{S}}^+/e$.

The study of the junction of two different materials must show up two new thermoelectric effects. The first one corresponds to the experimental arrangement that the junction is isothermal and traversed by a current in which case the heat current must have a discontinuity in the junction (Peltier-effect). The Peltier-tensor $\bar{\boldsymbol{\pi}}_{\mathrm{AB}}$ is defined by the

$$\boldsymbol{w}_{\mathrm{A}} - \boldsymbol{w}_{\mathrm{A}} = \bar{\boldsymbol{\pi}}_{\mathrm{AB}}\, \boldsymbol{j}_e \tag{72}$$

connexion, which, after comparison with (66) leads to

$$\bar{\boldsymbol{\pi}}_{\mathrm{AB}} = \frac{T}{e}\, (\bar{\boldsymbol{S}}_{\mathrm{B}}^+ - \bar{\boldsymbol{S}}_{\mathrm{A}}^+)\,. \tag{73}$$

On the other hand, if there is no electric current, but there exists a temperature gradient, than the derivative of the chemical potential must have a discontinuity

(Seebeck-effect). The Seebeck-tensor $\bar{\epsilon}_{AB}$ may be introduced by

$$\frac{1}{e}\left[\left(\frac{\partial\mu}{\partial \boldsymbol{r}}\right)_A - \left(\frac{\partial\mu}{\partial \boldsymbol{r}}\right)_B\right] = \bar{\epsilon}_{AB}\frac{\partial T}{\partial \boldsymbol{r}}, \tag{74}$$

from which, and with (65) one finds

$$\bar{\epsilon}_{AB} = \frac{1}{e}\left(\bar{\mathbf{S}}_B - \bar{\mathbf{S}}_A\right). \tag{75}$$

The thermoelectric effects previously discussed are only the simplest possible cases, they occur in general simultaneously, their independent study therefore necessitates a careful choice of the experimental conditions. For the sake of completeness we show the Kelvin-relations in tensorial form:

$$\bar{\pi}_{AB} = T\,\bar{\epsilon}^{+}_{AB}, \tag{76}$$

$$\bar{\tau}_A - \bar{\tau}_B = T\,\frac{\partial\bar{\epsilon}^{+}_{AB}}{\partial T}. \tag{77}$$

After the precedent study of the thermoelectric effects, we pass over to the investigation of the relaxation time approximation. The customary procedure is the following: The left side of the transport equation (10) is written already from the outset in the first order approximation, i. e. the terms containing the derivatives of $\varphi$ are left out of account, the collision integral on the right side is approximated by an expression of the form $(f_0 - f)/\tau$, where the relaxation time $\tau$ is a function of $\boldsymbol{k}$, but does not depend on the external perturbations.

It is conspicuous that the method briefly summarized embodies two approximations, the first order expansion on the left side and the supposition that the collision integral can in fact be written in the postulated form. The question now arises almost spontaneously whether or not the two approximations are connected with each other? As we have the expansion solution of the transport equation at our disposal, it will not be hard to decide, whether in the first order approximation the introduction of the relaxation time is justified, and if it is so, then under which conditions. We shall show that the above discussed simplification is valid only in very special cases, if on the contrary an appropriate six-tensor $\bar{\tau}(\boldsymbol{k})$ is introduced in place of the scalar $\tau(\boldsymbol{k})$, than the first order approximation logically involves the existence of a tensorial relaxation time.

Let us now write up the first order approximation of (10) with our notations (34) to (35), and replacing the right side by the relaxation time ansatz

$$\frac{\partial f_0}{\partial E}\,\mathbf{V}\,\mathbf{F} = -\frac{f - f_0}{\tau}. \tag{78}$$

Substituting here the value of $f$ from (32) and (37), and using the condition that the equation must hold for arbitrary perturbations, we are led to the

$$\mathbf{V} = -\frac{1}{\tau}\,\frac{8\pi^3 k\,T}{V}\int \frac{\partial f_0'}{\partial E'}\,\mathbf{V}'\,\gamma(\boldsymbol{k}, \boldsymbol{k}')\,d^3\boldsymbol{k}' \tag{79}$$

six-vector equation, from which it is evident that a scalar $\tau$ allows a solution only in very specialized cases. It is natural therefore to regard the relaxation time as a tensorial quantity and define it with analogy to (79) in the following manner:

$$\bar{\tau}(\boldsymbol{k})\,\mathbf{V} = -\frac{8\pi^3 k\,T}{V}\int \frac{\partial f_0'}{\partial E'}\,\mathbf{V}'\,\gamma(\boldsymbol{k}, \boldsymbol{k}')\,d^3\boldsymbol{k}'. \tag{80}$$

The definition is supplemented by the simplifying requirement that $\bar{\tau}$ is diagonal, its six components therefore can be easily computed in the knowledge of $\mathbf{V}(\boldsymbol{k})$

and $\gamma(\boldsymbol{k}, \boldsymbol{k}')$, characteristic to the crystal. From this definition the symmetry of $\bar{\boldsymbol{\tau}}$ follows

$$\bar{\boldsymbol{\tau}}^{+} = \bar{\boldsymbol{\tau}} . \tag{81}$$

We should like to emphasize here, that our object is not to derive a relaxation time, but to define one practically. The introduction of a relaxation time is ultimately a mathematical substitution, with the help of which certain equations assume simpler forms, as will be seen presently. By the way we were successful in the selection of such a definition, which leads to results conformal with those obtained from the less refined theory.

As a first step we shall substitute $\bar{\boldsymbol{\tau}}$ in the expression of $L$, i. e. insert (80) into (45) and with use of (81), we obtain

$$\bar{\mathbf{L}} = -\frac{1}{4\pi^3}\int \frac{\partial f_0}{\partial E}(\mathbf{V}\circ\mathbf{V})\,\bar{\boldsymbol{\tau}}\, d^3\boldsymbol{k} . \tag{82}$$

For the following it will be expedient to go over to three-tensors and three-vectors

$$\bar{\boldsymbol{\tau}} = \begin{pmatrix} \bar{\boldsymbol{\tau}}^{(1)} & \bar{\boldsymbol{o}} \\ \bar{\boldsymbol{o}} & \bar{\boldsymbol{\tau}}^{(2)} \end{pmatrix}; \qquad \bar{\boldsymbol{\tau}}^{(1)+} = \bar{\boldsymbol{\tau}}^{(1)}, \qquad \bar{\boldsymbol{\tau}}^{(2)+} = \bar{\boldsymbol{\tau}}^{(2)}, \tag{83}$$

where

$$\bar{\boldsymbol{\tau}}^{(1)}\,\boldsymbol{v} = -\frac{8\pi^3 k T}{V}\int \frac{\partial f_0'}{\partial E'}\,\boldsymbol{v}'\,\gamma(\boldsymbol{k}, \boldsymbol{k}')\, d^3\boldsymbol{k}' , \tag{84}$$

$$\bar{\boldsymbol{\tau}}^{(2)}\,\boldsymbol{v} = -\frac{8\pi^3 k T}{V(E-\zeta)}\int \frac{\partial f_0'}{\partial E'}(E'-\zeta)\,\boldsymbol{v}'\,\gamma(\boldsymbol{k}, \boldsymbol{k}')\, d^3\boldsymbol{k}' . \tag{85}$$

In the three-dimensional formalism two different relaxation time tensors appear. These results contain as their special case the variational principle of KOHLER [5]. The transport coefficient tensors

$$\bar{\boldsymbol{L}}^{(1)} = -\frac{1}{4\pi^3}\int \frac{\partial f_0}{\partial E}\bar{\boldsymbol{\tau}}^{(1)}(\boldsymbol{v}\circ\boldsymbol{v})\, d^3\boldsymbol{k} = \bar{\boldsymbol{L}}^{(1)+} , \tag{86}$$

$$\begin{aligned} \bar{\boldsymbol{L}}^{(2)} &= -\frac{1}{4\pi^3}\int \frac{\partial f_0}{\partial E}(E-\zeta)(\boldsymbol{v}\circ\boldsymbol{v})\bar{\boldsymbol{\tau}}^{(2)}\, d^3\boldsymbol{k} \\ &= -\frac{1}{4\pi^3}\int \frac{\partial f_0}{\partial E}(E-\zeta)\,\bar{\boldsymbol{\tau}}^{(1)}(\boldsymbol{v}\circ\boldsymbol{v})\, d^3\boldsymbol{k} , \end{aligned} \tag{87}$$

$$\begin{aligned} \bar{\boldsymbol{L}}^{(2)+} &= -\frac{1}{4\pi^3}\int \frac{\partial f_0}{\partial E}(E-\zeta)(\boldsymbol{v}\circ\boldsymbol{v})\,\bar{\boldsymbol{\tau}}^{(1)}\, d^3\boldsymbol{k} \\ &= -\frac{1}{4\pi^3}\int \frac{\partial f_0}{\partial E}(E-\zeta)\,\bar{\boldsymbol{\tau}}^{(2)}(\boldsymbol{v}\circ\boldsymbol{v})\, d^3\boldsymbol{k} , \end{aligned} \tag{88}$$

$$\bar{\boldsymbol{L}}^{(3)} = -\frac{1}{4\pi^3}\int \frac{\partial f_0}{\partial E}(E-\zeta)^2\,\bar{\boldsymbol{\tau}}^{(2)}(\boldsymbol{v}\circ\boldsymbol{v})\, d^3\boldsymbol{k} = \bar{\boldsymbol{L}}^{(3)+} . \tag{89}$$

The above considerations are entirely general within the framework of the first order approximation. It is natural, that a substantial simplification can result in some special cases, one of which shall be mentioned here:

If the mechanism of scattering is such that an electron in the state $\boldsymbol{k}'$ is scattered with equal probability to either of states $\boldsymbol{k}$ and $-\boldsymbol{k}$, then

$$W(\boldsymbol{k}, \boldsymbol{k}') = W(-\boldsymbol{k}, \boldsymbol{k}') \quad \text{and} \quad V(\boldsymbol{k}, \boldsymbol{k}') = V(-\boldsymbol{k}, \boldsymbol{k}'), \quad \Gamma(\boldsymbol{k}, \boldsymbol{k}') = \Gamma(-\boldsymbol{k}, \boldsymbol{k}') \tag{90}$$

following from (11) and (21).

Under these circumstances substituting the expression (25) in to the definite integrals (84) and (85) defining the relaxation time tensors $\bar{\boldsymbol{\tau}}^{(1)}$ and $\bar{\boldsymbol{\tau}}^{(2)}$, the terms containing $\Gamma(\boldsymbol{k}, \boldsymbol{k}')$ give no contribution, and the equality

$$\bar{\boldsymbol{\tau}}^{(1)} = \bar{\boldsymbol{\tau}}^{(2)} = \tau\, \bar{\mathbf{1}}\,, \qquad \tau = -\frac{8\,\pi^3\,k\,T}{V}\,\frac{\partial f_0}{\partial E}\,\frac{1}{V(\boldsymbol{k})} \tag{91}$$

shall hold.

In this case a single scalar relaxation time is sufficient to describe the conduction processes, our results will literally agree with those found in the literature [6] and the collision integral is justifiably represented by the relaxation time ansatz.

## 3. Conduction in the Magnetic Field

The second application of our general solution is the expansion up to first order in $\boldsymbol{E}$ and $\partial T/\partial \boldsymbol{r}$, but to arbitrary order in $\boldsymbol{H}$. The distribution function in the present case will be

$$f = f_0 + \frac{\partial f_0}{\partial E}\,\Phi\,, \tag{92}$$

where

$$\Phi = \sum_N \hat{\boldsymbol{\Phi}}_N\, \hat{\boldsymbol{F}}^N = \sum_N \sum_{m=1}^{6} \sum_{\alpha_1,\ldots\alpha_{N-1}=7}^{9} \hat{\boldsymbol{\Phi}}_N^{m,\alpha_1,\ldots\alpha_{N-1}}\, \hat{\boldsymbol{F}}_{\alpha_{N-1}} \ldots \hat{\boldsymbol{F}}_{\alpha_1} \hat{\boldsymbol{F}}_m\,. \tag{93}$$

For a simpler notation we shall introduce the six-vector $\boldsymbol{\Phi}_N$ the $m$ component of which is given by

$$\boldsymbol{\Phi}_N^m = \sum_{\alpha_1,\ldots\alpha_{N-1}=7}^{9} \hat{\boldsymbol{\Phi}}_N^{m,\alpha_1,\ldots\alpha_{N-1}}\, \hat{\boldsymbol{F}}_{\alpha_{N-1}} \ldots \hat{\boldsymbol{F}}_{\alpha_1}\,, \qquad \boldsymbol{\Phi}_1^m = \hat{\boldsymbol{\Phi}}_1^m\,. \tag{94}$$

In the terms of this quantity (93) can be written

$$\Phi = \sum_{m=1}^{6} \sum_N \boldsymbol{\Phi}_N^m\, \hat{\boldsymbol{F}}_m\,. \tag{95}$$

The components of the tensor $\hat{\boldsymbol{\Phi}}_N$ can be taken from the general solution (22) and with regard to Lemma 3, we get

$$\hat{\boldsymbol{\Phi}}_N^{m,\alpha_1,\ldots\alpha_{N-1}} = \int \hat{\boldsymbol{A}}_N^{m,\alpha_1,\ldots\alpha_{N-1}}(\boldsymbol{k}')\, \gamma(\boldsymbol{k}, \boldsymbol{k}')\, d^3\boldsymbol{k}'\,. \tag{96}$$

With definition (18) of $\hat{\boldsymbol{A}}_N$, performing the summation in (94) and introducing the notation

$$\begin{aligned} G_N(\boldsymbol{k}, \boldsymbol{k}') = {} & \left(\frac{8\,\pi^3\,T_0}{\hbar\,c\,V}\right)^{N-1} \underbrace{\int\!\!\int \cdots \int}_{(N-1)} \frac{\partial f_0^{(1)}}{\partial E^{(1)}} \cdots \frac{\partial f_0^{(N-1)}}{\partial E^{(N-1)}} \\ & \times \left([\boldsymbol{v}^{(1)} \times \boldsymbol{H}_0] \cdot \frac{\partial \gamma(\boldsymbol{k}^{(1)}, \boldsymbol{k}^{(2)})}{\partial \boldsymbol{k}^{(1)}}\right) \cdots \left([\boldsymbol{v}^{(N-1)} \times \boldsymbol{H}_0] \cdot \frac{\partial \gamma(\boldsymbol{k}^{(N-1)}, \boldsymbol{k}')}{\partial \boldsymbol{k}^{(N-1)}}\right) \\ & \times \gamma(\boldsymbol{k}, \boldsymbol{k}^{(1)})\, d^3\boldsymbol{k}^{(1)} \ldots d^3\boldsymbol{k}^{(N-1)}\,, \qquad G_1(\boldsymbol{k}, \boldsymbol{k}') = \gamma(\boldsymbol{k}, \boldsymbol{k}')\,, \end{aligned} \tag{97}$$

the $m$-component of the six-vector $\boldsymbol{\Phi}_N$ can be written in the following very simple form:

$$\boldsymbol{\Phi}_N^m = \int A_1^m(\boldsymbol{k}')\, G_N(\boldsymbol{k}, \boldsymbol{k}')\, d^3\boldsymbol{k}'\,. \tag{98}$$

Inserting (34) and (35) and performing the summation indicated in (95), then

$$\Phi = \frac{8\,\pi^3\,k\,T}{V} \int \frac{\partial f_0'}{\partial E'}\, \mathbf{V}'\, G(\boldsymbol{k}, \boldsymbol{k}')\, d^3\boldsymbol{k}' \cdot \mathbf{F}\,, \tag{99}$$

where

$$G(\boldsymbol{k}, \boldsymbol{k}') = \sum_N G_N(\boldsymbol{k}, \boldsymbol{k}'), \tag{100}$$

from which result it is easy to show that it retains its validity for the inhomogeneous material also.

The close analogy between expressions (37) and (99) should not escape our attention. This analogy makes possible to rewrite all our results of the first order approximation without magnetic field to those valid for arbitrary magnetic fields simply by the replacement of $\gamma(\boldsymbol{k}, \boldsymbol{k}')$ by $G(\boldsymbol{k}, \boldsymbol{k}')$, latter naturally depending on the magnetic field. So the six-current in the magnetic field

$$\mathbf{J} = \bar{\mathbf{L}}(\boldsymbol{H})\,\mathbf{F}, \tag{101}$$

where

$$\bar{\mathbf{L}}(\boldsymbol{H}) = \frac{2\,k\,T}{V} \iint \frac{\partial f_0}{\partial E}\frac{\partial f_0'}{\partial E'} (\mathbf{V} \circ \mathbf{V}')\, G(\boldsymbol{k}, \boldsymbol{k}')\, d^3\boldsymbol{k}\, d^3\boldsymbol{k}'. \tag{102}$$

The reciprocal relationships of Onsager shall be modified now, as their basic $\gamma(\boldsymbol{k}, \boldsymbol{k}')$ is of another kind. The Onsager-relations valid in the magnetic field are given by the following lemma:

*Lemma 5*: Starting from the expressions (100) resp. (97), a successive integration by parts and the repeated use of Lemma 2 leads to the proof of the following theorem

$$G(\boldsymbol{H}; \boldsymbol{k}, \boldsymbol{k}') = G(-\boldsymbol{H}; \boldsymbol{k}', \boldsymbol{k}), \tag{103}$$

where the $\boldsymbol{H}$-dependence in the argument has been explicitly expressed.

With this lemma the interchange of the integration variables in (104) gives at once that

$$\bar{\mathbf{L}}(\boldsymbol{H}) = \bar{\mathbf{L}}^{+}(-\boldsymbol{H}) \tag{104}$$

the Onsager-relations valid in the magnetic field.

Let us apply now these results for small magnetic fields, retaining therefore in $\boldsymbol{H}$ too only the first order terms. The expression of the six-current now

$$\mathbf{J} = \bar{\mathbf{L}}\,\mathbf{F} + \bar{\mathbf{L}}_1(\boldsymbol{H})\,\mathbf{F}, \tag{105}$$

where $\bar{\mathbf{L}}$ is the tensor introduced for zero magnetic field in (45) resp. with the relaxation time in (82), while

$$\bar{\mathbf{L}}_1(\boldsymbol{H}) = \frac{2\,k\,T}{V} \iint \frac{\partial f_0}{\partial E}\frac{\partial f_0'}{\partial E'} (\mathbf{V} \circ \mathbf{V}')\, G_2(\boldsymbol{k}, \boldsymbol{k}')\, d^3\boldsymbol{k}\, d^3\boldsymbol{k}'. \tag{106}$$

We are again in the position to introduce the relaxation time tensor defined in (80)[1]), with the use of which and with the vector-operator

$$\boldsymbol{\omega} = \hbar\,\boldsymbol{v} \times \frac{\partial}{\partial \boldsymbol{k}}, \tag{107}$$

further with the definition of the triadic product

$$(\mathbf{A} \circ \boldsymbol{B} \circ \mathbf{C})_{ijk} = \mathbf{A}_i \boldsymbol{B}_j \mathbf{C}_k; \qquad \begin{matrix} i, k = 1, \ldots, 6 \\ j = 1, 2, 3 \end{matrix}. \tag{108}$$

---

[1]) In this definition $\gamma(\boldsymbol{k}, \boldsymbol{k}')$ cannot be substituted by $G(\boldsymbol{k}, \boldsymbol{k}')$, as the relaxation time is intended to be a quantity characteristic to the crystal, independent of all the external perturbations, naturally including $\boldsymbol{H}$ too.

$\overline{\mathbf{L}}_1(\boldsymbol{H}) \cdot \mathbf{F}$ can be brought to the following form:

$$\overline{\mathbf{L}}_1(\boldsymbol{H})\,\mathbf{F}\cdot = -\frac{e}{4\,\pi^3\,\hbar^2\,c}\int \frac{\partial f_0}{\partial E}\,(\overline{\boldsymbol{\tau}}\,\mathbf{V}\circ\boldsymbol{\omega}\circ\overline{\boldsymbol{\tau}}\,\mathbf{V})\,d^3\boldsymbol{k}\cdot\mathbf{F}\cdot\boldsymbol{H}\,. \tag{109}$$

This we have shown that in the second order approximation[2]) a relaxation time can be again introduced by the definition (80). In a higher order approximation the situation is more complicated, the discussion of which is reserved for an other publication.

In order to determine the Hall-coefficient let us deal with the electric current density in the isothermic case on ground of (105)

$$\boldsymbol{j}_e = \overline{\boldsymbol{\sigma}}\,\boldsymbol{E} + \hat{\boldsymbol{A}}\,\boldsymbol{E}\,\boldsymbol{H}\,, \tag{110}$$

where $\overline{\boldsymbol{\sigma}}$ is the electrical conductivity tensor, given in (56), while with (109)

$$\hat{\boldsymbol{A}} = -\frac{e^3}{4\,\pi^3\,\hbar^2\,c}\int \frac{\partial f_0}{\partial E}\,(\overline{\boldsymbol{\tau}}^{(1)}\,\boldsymbol{v}\circ\boldsymbol{\omega}\circ\overline{\boldsymbol{\tau}}^{(1)}\,\boldsymbol{v})\,d^3\boldsymbol{k}\,. \tag{111}$$

For a scalar relaxation time (111) goes over to the formula (42.12) of JONES [1].

The first problem connected with the determination of a coefficient characteristic to an effect is the clear of the experimental conditions. In the case of the Hall-effect this can be done in the following manner: Let us apply an external electrical field $\boldsymbol{E}^{(0)}$ to the crystal, giving rise to a current density

$$\boldsymbol{j}_e^{(0)} = \overline{\boldsymbol{\sigma}}\,\boldsymbol{E}^{(0)}\,. \tag{112}$$

Now the magnetic field is switched and a new electrical field $\boldsymbol{E}^{(m)}$ applied, in order to keep the current density unchanged.[3])
In this case

$$\boldsymbol{j}_e = \boldsymbol{j}_e^{(0)} = \overline{\boldsymbol{\sigma}}\,(\boldsymbol{E}^{(0)} + \boldsymbol{E}^{(m)}) + \hat{\boldsymbol{A}}\,(\boldsymbol{E}^{(0)} + \boldsymbol{E}^{(m)})\,\boldsymbol{H}\,, \tag{113}$$

whence, with considering (112) and with the neglection of the third order term $\hat{\boldsymbol{A}}\,\boldsymbol{E}^{(m)}\,\boldsymbol{H}$, $\boldsymbol{E}^{(m)}$ is determined

$$\boldsymbol{E}^{(m)} = -\,\overline{\boldsymbol{\sigma}}^{-1}\,\hat{\boldsymbol{A}}\,\overline{\boldsymbol{\sigma}}^{-1}\,\boldsymbol{j}_e\,\boldsymbol{H}\,, \tag{114}$$

or alternately, with the use of the Hall-coefficient tensor

$$\hat{\boldsymbol{R}} = -\,\overline{\boldsymbol{\sigma}}^{-1}\,\hat{\boldsymbol{A}}\,\overline{\boldsymbol{\sigma}}^{-1};\quad \hat{\boldsymbol{R}}_{ijk} = -\sum_{n,\,m}(\overline{\boldsymbol{\sigma}}^{-1})_{in}\,\hat{\boldsymbol{A}}_{njm}(\overline{\boldsymbol{\sigma}}^{-1})_{mk} \tag{115}$$

the result appears in its customary form

$$\boldsymbol{E}^{(m)} = \hat{\boldsymbol{R}}\,\boldsymbol{j}_e\,\boldsymbol{H}\,. \tag{116}$$

This Hall-coefficient-tensor goes over in special case to the form well known from literature [7].

## Conclusion

Although the theory of the transport effects in solids has made substantial advances since the end of the last century, not even at the present days can it be regarded a closed chapter in physics. The transport equation of Boltzmann,

---

[2]) In this phraseology it has been implicitly assumed that in consequences of lemmas 3 and 4 the terms proportional to $\boldsymbol{E}^2$, $\boldsymbol{E}\cdot\partial T/\partial\boldsymbol{r}$, and $\boldsymbol{H}^2$ give no contribution to the current.

[3]) In the experiment itself $\boldsymbol{E}^{(m)}$ is set up by the space charge.

the foundation of a sufficiently general formulation, is solved even in the modern literature in various approximations by different heuristic methods. Neither the range of validity of these approximations, nor the connexion between them seems to be clearly established. Instead of a detailed discussion of the very extensive literature we quote the review article of DRESDEN only [8].

In view of the above it seemed expedient to tackle the solution of the Boltzmann-equation yet again. We were successful in solving it in an ascending power series of the homogeneous external fields. The quite general considerations were applied in the first order approximation, the results given in tensorial form to make a direct practical application possible. The equation was solved for first order in the electrical and thermal gradient, but no restriction was imposed on the value of the magnetic field. In both cases the relevant Onsager-relations were derived. Explicit formulas were given to the effect of first order in the magnetic field, the Hall-effect.

The relaxation time approximation, so well known from literature, and so scantily investigated in respect of validity, was critically discussed. The results are quite clear-cut, as follows: If the expansion contains second powers of the perturbing fields at the most, it is possible to define a relaxation time tensor which is characteristic to the crystal and independent of the external perturbations. In certain special cases this tensor degenerates into two or even one scalar. In these circumstances our results agree with those in the literature.

Although, as we have previously indicated, we cannot engage in a thorough discussion of the relevant literature, one recent communication cannot be left unmentioned. The comprehensive paper of SCHOTTKY [9], received after the completion of the present calculations treats the solution of the transport equation in a manner similar to the one proposed by us. As we shall show in a forthcoming paper, his method is of a somewhat more limited scope than ours, the "relaxation times" introduced by him being in a very intimate relationship with our expansion coefficients. We feel therefore that our own approach is the one of a more general character, clearly defining the limits of validity for the relaxation time approximation.

### *Acknowledgement*

The author expresses his sincere thanks to Prof. E. NAGY and to A. ZAWADOWSKI, for several detailed discussions and for their contribution in the elaboration of some points.

## References

[1] e. g.: H. JONES, Handbuch der Physik, Vol. XIX. Springer-Verlag, Berlin 1956 (p. 227).
[2] B. FOGARASSY and A. ZAWADOWSKI, to be published.
[3] G. H. WANNIER, Elements of Solid State Theory, University Press, Cambridge 1959.
[4] B. FOGARASSY, Acta phys., to be published.
[5] M. KOHLER, Z. Phys. **125**, 679 (1949).
[6] e. g.: J. M. ZIMAN, Electrons and Phonons, Clarendon Press, Oxford 1960.
[7] e. g.: A. H. WILSON, The Theory of Metals, University Press, Cambridge, 1958.
[8] M. DRESDEN, Rev. mod. Phys. **33**, 265 (1961).
[9] W. SCHOTTKY, Festkörperprobleme, Vol. 1., Akademie-Verlag, Berlin 1962 (p. 316).

*(Received June 11, 1963)*

phys. stat. sol. 3, 1661 (1963)

*Institut für Metallphysik und Institut für Theoretische Physik der Universität Göttingen*

# Der Restwiderstand von Aluminiumlegierungen bei der Entmischung[1])

Von

R. LABUSCH

Der elektrische Widerstand $\varrho$ von kugelförmigen silber- und zinkreichen Zonen in Al-Ag- und Al-Zn-Legierungen wird mit Methoden der Transporttheorie behandelt. Die experimentell gefundene Abhängigkeit des Widerstandes vom Zonenradius $R$ mit einem Maximum bei etwa 10 Å weist auf ein Leitungsband hin, bei dem einander gegenüberliegende Stellen der Fermioberfläche nahe beieinander liegen. Nach dem von HARRISON vorgeschlagenen Modell existiert in Aluminium eine derartige Bandstruktur für Umklapp-Prozesse. Die Abhängigkeit des elektrischen Widerstandes $\varrho$ vom Kugelradius $R$ wird für ein vereinfachtes Modell unter Berücksichtigung von Umklapp-Prozessen berechnet. Die Rechnungen ergeben ein Maximum für $\varrho$ in der Nähe des experimentell gefundenen $R$-Wertes.

The problem of the electrical resistance $\varrho$ of spherical silver and zinc rich zones in Al-Ag and Al-Zn alloys is treated on the basis of transport theory. The experimentally measured dependence of the resistance on zone radius $R$, with a maximum at $R \approx 10$ Å, suggests a conduction band in which opposite parts of the Fermi surface are very close together. Umklapp-processes give such a structure in aluminium according to HARRISON's band model. The dependence of $\varrho$ on $R$ is calculated for a simplified model taking Umklapp-processes into account, and a maximum is predicted in the neighbourhood of the experimentally determined value.

Schreckt man Aluminiumlegierungen mit einigen Atomprozenten Silber oder Zink aus den Homogenitätsbereich ab, so scheiden sich sogleich nach dem Abschrecken aus dem übersättigten Mischkristall silber- bzw. zinkreiche Zonen aus. Die Ausscheidungen sind kohärent und kugelförmig. Sie führen zu keiner merklichen Verzerrung der Matrix, weil Al, Zn und Ag fast gleiche Atomradien haben. Im weiteren Verlauf der Auslagerung bleibt die Menge der ausgeschiedenen Fremdatome konstant; es lösen sich nur kleinere Zonen auf, und die in ihnen enthaltenen Fremdatome lagern sich an größere Zonen an [1, 2]. Der mittlere Zonenradius $R$ wächst also ständig, während die Zahl der Zonen pro Volumeneinheit dauernd abnimmt. Der elektrische Widerstand $\varrho$ als Funktion des Zonenradius $R$ zeigt ein charakteristisches Maximum bei $R_M \approx 10$ Å. Ausführliche Messungen des Widerstandes als Funktion der Auslagerungszeit, die als Maß für $R$ gelten kann, wurden von PANSERI und FEDERIGHI [3] an Al—Zn und von FEDERIGHI und PASSARI [4] an Al—Ag durchgeführt. In einer Arbeit von GEROLD [5] wird $\varrho$ direkt als Funktion des röntgenographisch gemessenen Radius $R$ im Bereich zwischen $R = 20$ Å und $R = 100$ Å für Al—Ag angegeben. Das Maximum bei $R = 10$ Å muß als Anomalie gelten. Da die Zahl der Streuzentren ständig abnimmt, wäre ein monotones Abnehmen des Widerstandes mit wachsendem $R$ zu erwarten.

Zur theoretischen Erklärung des Phänomens liegt es nach MOTT [6] nahe anzunehmen, daß die Streufähigkeit der Zonen bei einem kritischen Radius, dessen Größe vergleichbar

[1]) Göttinger Dissertation 1962, D 7.

ist mit der Wellenlänge der Leitungselektronen, ein Maximum annimmt. Diese Hypothese wurde von mehreren Autoren [5, 6, 8] im Modell freier Elektronen mit der Partialwellenmethode oder in Bornscher Näherung quantitativ ausgearbeitet. Dabei ergaben sich Funktionen $\varrho(R)$ von qualitativ richtigem Verlauf, deren Maximum aber in der Nähe von $R=1$ Å liegt. Außerdem kommt der Effekt (z. B. gemessen an dem Wert von $\varrho(R_M)$) theoretisch zu klein heraus. In der vorliegenden Arbeit wird das Problem unter Berücksichtigung der Bandstruktur von Aluminium mit den Methoden der Transporttheorie behandelt. In dem einzigen in dieser Richtung bereits unternommenen Versuch von MATÝAS [10] wurde ein nach heutiger Kenntnis unzutreffendes Bandmodell (Blochsche Näherung mit nächsten Nachbarn) benutzt [11]. Der Widerstand entsteht nach MATÝAS hauptsächlich durch Streuung der Leitungselektronen aus der zweiten in die erste Brillouinsche Zone, was nach dem von uns benutzten Bandmodell von HARRISON [9] unmöglich ist, da die erste Brillouinzone voll besetzt ist. Die Widerstandsformeln von MATÝAS stimmen dementsprechend nur qualitativ mit den unsrigen überein. ($R_M$ hat bei MATÝAS den Wert 4 Å.)

## 1. Transportgleichung und qualitative Deutung von $\varrho(R)$

In den folgenden Rechnungen wird angenommen, daß der Widerstand sich aus einem konstanten Anteil, der von Phononenstreuung und unveränderlichen Gitterfehlern herkommt, und einem variablen Anteil, der durch Streuung der Leitungselektronen an den Zonen entsteht, additiv zusammensetzt. Experimente zur Prüfung der Abhängigkeit des Effektes von der Meßtemperatur [5] bestätigen die Matthiessensche Regel recht gut, so daß diese Voraussetzung gerechtfertigt erscheint. Einen weiteren variablen Anteil des Widerstandes liefern die beim Abschrecken eingefrorenen Leerstellen. Ihre Konzentration ist aber so gering, daß wir diesen Anteil vernachlässigen dürfen. Wir können uns also darauf beschränken, den Widerstand der Ausscheidungszonen allein zu berechnen.

Sieht man die Ausscheidungszonen als schwache Störung des Gitterpotentials an, so ergibt sich mit Diracscher Störungsrechnung die Transportgleichung

$$\mathfrak{E}\mathfrak{v} = \frac{\Omega}{4\pi^2 \hbar e} \int [\varphi(\mathfrak{k}) - \varphi(\mathfrak{k}')]\, |V_{\mathfrak{k}\mathfrak{k}'}|^2\, \delta(E_{\mathfrak{k}'} - E_{\mathfrak{k}})\, d^3\mathfrak{k}'; \tag{1}$$

$\varphi = \frac{f - f_0}{\partial f/\partial E}$ ist die relative Abweichung der Verteilungsfunktion vom thermischen Gleichgewicht $f_0$, $V_{\mathfrak{k}\mathfrak{k}'} = \int \psi_{\mathfrak{k}'}^* V_S \psi_{\mathfrak{k}}\, d^3\mathfrak{r}$ das Matrixelement des Störpotentials $V_S$, $\mathfrak{E}$ das elektrische Feld, $\mathfrak{v} = \frac{1}{\hbar} \operatorname{grad}_{\mathfrak{k}} E$ und $\Omega$ ein großes Normierungsvolumen. Die Stöße an den eingebauten Störstellen sind elastisch. Das findet seinen Ausdruck in der $\delta$-Funktion unter dem Integral, die nur Übergänge zwischen Zuständen mit gleicher Energie zuläßt. Mit der Einführung einer Stoßzeit $\tau = \frac{\varphi}{e\,\mathfrak{E}\mathfrak{v}}$ und Integration über $E$ geht (1) in die für Rechnungen bequemere Form

$$\frac{1}{\tau} = \frac{\Omega}{4\pi^2 \hbar\, |\nabla E|} \int\limits_{\text{Fermifläche}} \left(1 - \frac{\mathfrak{E}\mathfrak{v}'\,\tau'}{\mathfrak{E}\mathfrak{v}\,\tau}\right) |V_{\mathfrak{k}\mathfrak{k}'}|^2\, dS' \tag{2}$$

über. Der Widerstand ist dann $\varrho = \frac{m}{e\,n\,\bar{\tau}}$, wo $\bar{\tau}$ einen geeigneten Mittelwert über die Fermifläche bedeutet. Die Zahl der Zonen im Normierungsvolumen $\Omega$ ist

$$N = \frac{3\,\Omega\, c}{4\pi R^3 c_1}, \tag{3}$$

wenn $c$ die Konzentration der ausscheidungsfähigen Fremdatome und $c_1$ ihre Konzentration innerhalb der Zonen ist. Bei statistischer Verteilung der Zonenmittelpunkte ist daher

$$|V_{\mathfrak{k}\mathfrak{k}'}|^2 = \frac{\Omega c}{c_1} \cdot \frac{3}{4\pi R^2} \left| \int\limits_{\text{Zone}} \psi_{\mathfrak{k}} V_S \psi_{\mathfrak{k}'}^* d^3\mathfrak{r} \right|^2 .$$

Zur Berechnung des Integrals setzen wir die Eigenfunktionen in der Blochschen Form $\psi_{\mathfrak{k}} = e^{i\mathfrak{k}\mathfrak{r}} u_{\mathfrak{k}}(\mathfrak{r})$ an und beschreiben das Störpotential durch Kastenfunktionen, die vermittels einer Funktion $G(\mathfrak{r})$ gitterperiodisch moduliert sind. ($c_1$ soll im weiteren vorläufig gleich 1 sein). Es ist also

$$V_S = G(\mathfrak{r}) \sum_\nu V_S^\nu \quad \text{mit} \begin{cases} V_S^\nu = 1 \text{ innerhalb der } \nu\text{-ten Zone} \\ V_S^\nu = 0 \text{ außerhalb der } \nu\text{-ten Zone} \end{cases} . \tag{4}$$

Dann ist

$$|V_{\mathfrak{k}\mathfrak{k}'}|^2 = \frac{c}{\Omega} \cdot \left| \sum_j K_j V(\varkappa_j) \right|^2 . \tag{5}$$

$K_j$ sind die Fourier-Koeffizienten von $u_{\mathfrak{k}} G u_{\mathfrak{k}'}^*$, $V^2(\varkappa) = \frac{12\pi}{R^3} \left( \frac{\sin \varkappa R - \varkappa R \cos \varkappa R}{\varkappa^3} \right)^2$ ist die bekannte Beugungsfunktion der homogenen Kugel (siehe Fig. 1), und $\varkappa_j$ gleich dem Abstand $|\mathfrak{k} - \mathfrak{k}' - b_j|$ im $\mathfrak{k}$-Raum, wobei $b_j$ die Vektoren des reziproken Gitters sind.

Bei gegebenem Übergangselement $V_{\mathfrak{k}\mathfrak{k}'}$ tragen die direkten Übergänge zwischen einander gegenüberliegenden Teilen der Fermifläche am meisten zum Widerstand bei, weil sie die Richtung des Ausbreitungsvektors umkehren. Dem entspricht, daß in (2) der Faktor $\left(1 - \frac{\mathfrak{E}\mathfrak{v}'\tau'}{\mathfrak{E}\mathfrak{v}\tau}\right)$ am größen ist, wenn $\mathfrak{k}$ und $\mathfrak{k}'$ und damit $\mathfrak{v}$ und $\mathfrak{v}'$ entgegengesetztes Vorzeichen haben. Stöße mit kleiner Impulsänderung sind dagegen unwirksam. Entsprechend wächst der über alle Richtungen von $(\mathfrak{k} - \mathfrak{k}')$ gemittelte Wert von $\left(1 - \frac{\mathfrak{E}\mathfrak{v}'\mathfrak{v}'}{\mathfrak{E}\mathfrak{v}\tau}\right)$ für kleine $\varkappa$ nur wie $\varkappa^2$ an. Beschränkt man sich auf das erste Glied der Summe in (5) mit $j = (0, 0, 0)$, so läßt sich das Ergebnis der Integration (2) bei beliebiger Form der Fermifläche qualitativ vorhersagen:

Für kleine $R$ ist $|V_{\mathfrak{k}\mathfrak{k}'}|^2$ auf der ganzen Fermifläche nahezu konstant und proportional zu $R^3$; der Widerstand wächst daher ebenfalls wie $R^3$ an. Für große $R$ zieht sich $|V_{\mathfrak{k}\mathfrak{k}'}|^2$ auf die Umgebung von $\varkappa = 0$ zusammen $\left(\text{die Halbwertsbreite ist proportional zu } \frac{1}{R}\right)$; es gibt zwar viele Stöße, sie sind aber, da sie die Richtung des Ausbreitungsvektors nur schwach ändern, für den Widerstand unwirksam. Wir erwarten daher einen für große $R$ wieder abnehmenden Widerstand. Ein Maximum des Widerstandes tritt bei demjenigen $R$ auf, bei dem die Wahrscheinlichkeit für die wirksamsten Stöße am größten ist. Das Widerstandsmaximum wird daher ungefähr mit dem Maximum von $|V_{\mathfrak{k}\mathfrak{k}'}|^2_{\varkappa = k_F}$ als Funktion von $R$ zusammenfallen, wobei $2k_F$ ein mittlerer Durchmesser der Fermifläche ist.

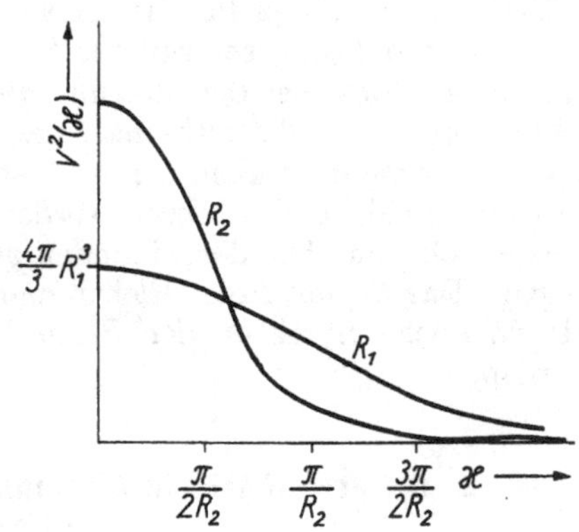


Fig. 1. Die Beugungsfunktion der homogenen Kugel als Funktion der Länge des Beugungsvektors $\varkappa$ für zwei verschiedene Kugelradien $R_1$ und $R_2$ ($R_1 < R_2$)

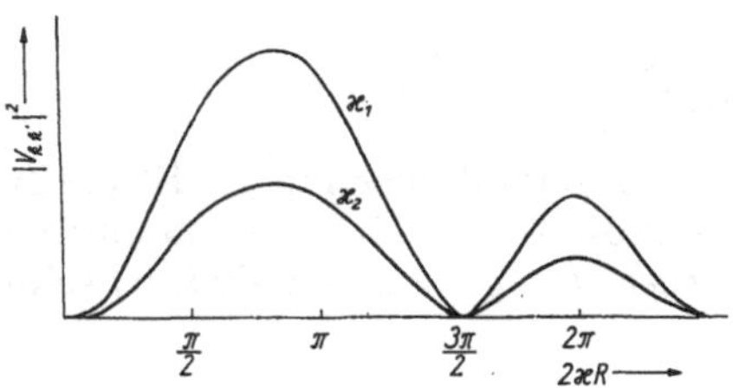


Fig. 2. Die Beugungsfunktion der homogenen Kugel als Funktion des Kugelradius $R$ für verschiedene Beiträge des Beugungsvektors

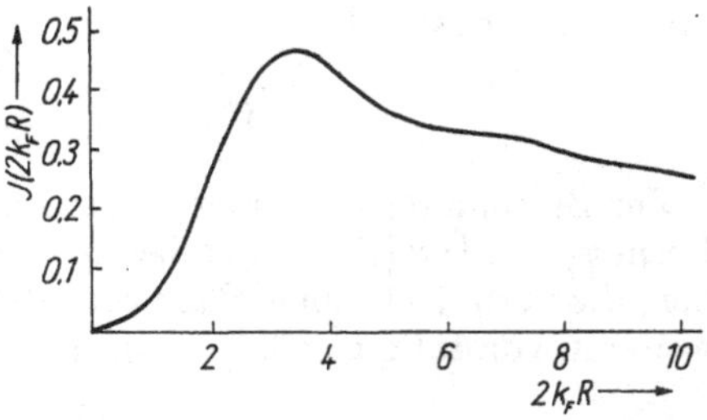


Fig. 3. Der Verlauf der reziproken Stoßzeit $1/\tau$ als Funktion des Zonenradius $R$ für freie Elektronen nach Gleichung (6) ($1/\tau \sim J(2\,k_F\,R)$)

Es liegt also etwa bei $R_M \approx \dfrac{\pi}{2\,k_F}$ und ist um so größer, je kleiner $k_F$ ist (siehe Fig. 2). Der „mittlere Durchmesser“ ist bei anisotropen Fermiflächen nicht genau definiert, die vorangehende Überlegung genügt aber zur Abschätzung der Lage des Widerstandsmaximums bei beliebigen Fermiflächen.

Im Modell freier Elektronen läßt sich die Transportgleichung (2) mit einer einzigen Stoßzeit exakt lösen. Das Ergebnis bestätigt die vorangehende Überlegung. Man erhält mit der Abkürzung $y = 2 \cdot k_F\,R$

$$\frac{1}{\tau} = \frac{3\,c\,K_{000}^2}{\hbar\,|\nabla E|\,k_F} \cdot \frac{1}{y} \cdot \left[\ln y - \mathrm{Ci}\,(2\,y) + \frac{\sin 2\,y}{y} - \frac{\sin^2 y}{y} + \ln 2 + \varepsilon - 1\right] = \mathrm{const} \cdot J(y); \quad (6)$$

$k_F$ ist die Wellenzahl an der Fermigrenze, Ci Integralcosinus, $\varepsilon$ Euler-Macheronische Konstante, $(\ln 2 + \varepsilon - 1) \approx 0{,}27$. Fig. 3 zeigt die Funktion $J(y)$. Ihr Maximum liegt bei $2\,k_F\,R = 3{,}5$. Sie geht für große $R$ über in $\mathrm{const} \cdot \dfrac{\ln R}{R}$. Eine solche Abhängigkeit glaubt GEROLD [5] durch seine Messungen an Al—Ag experimentell bestätigen zu können. Im Anhang werden wir allerdings zeigen, daß diese Messungen korrekterweise durch eine makroskopische Betrachtung mit dem Ergebnis $\varrho \sim \dfrac{1}{R}$ zu interpretieren sind. Zwischen $\dfrac{1}{R}$ und $\dfrac{\ln R}{R}$ läßt sich im Rahmen der Meßgenauigkeit aber nicht entscheiden.

Rechnet man, was für die meisten Metalle angemessen ist, mit einem freien Elektron pro Atom, so ergibt sich $k_F = 1{,}21$ Å$^{-1}$ und man erhält $R_M \approx 1{,}4$ Å, also einen gegenüber der Messung viel zu kleinen Wert. Außerdem kommt, wie schon GEROLD [5] bemerkt hat, der Proportionalitätsfaktor in (6) im Vergleich zum Experiment zu klein heraus, wenn man für alle Konstanten plausible Werte einsetzt. Beide Diskrepanzen werden durch eine sehr feine Struktur der Fermifläche behoben, bei der einander gegenüberliegende Stellen nahe beieinander liegen. Das Modell freier Elektronen ist daher offensichtlich unzureichend, und die wirkliche Struktur der Fermifläche von Aluminium muß berücksichtigt werden.

## 2. Die Fermifläche in Aluminium und der Einfluß ihrer Anisotropie bei Normalprozessen

Nach dem Bandmodell von HARRISON [9] besteht die Fermifläche von Aluminium aus zwei Teilen, die durch Reduktion aus der zweiten und dritten Brillouinzone entstehen. Die erste Zone ist voll besetzt. Der Ladungstransport wird im wesentlichen von den Löchern der reduzierten zweiten Zone besorgt, denn in der dritten Zone befindet sich nur ein kleiner Bruchteil der Leitungselektronen. Im Experiment mißt man daher im wesentlichen den Widerstand des zweiten Bandes. Weil die Zustandsdichte im dritten Band sehr klein ist, werden wir auch Übergänge durch Streuung vom zweiten ins dritte Band vernachlässigen und uns im folgenden allein auf das zweite Band beschränken. Seine Fermifläche können wir gegenüber der von freien Elektronen durch zwei wesentliche Züge charakterisieren:

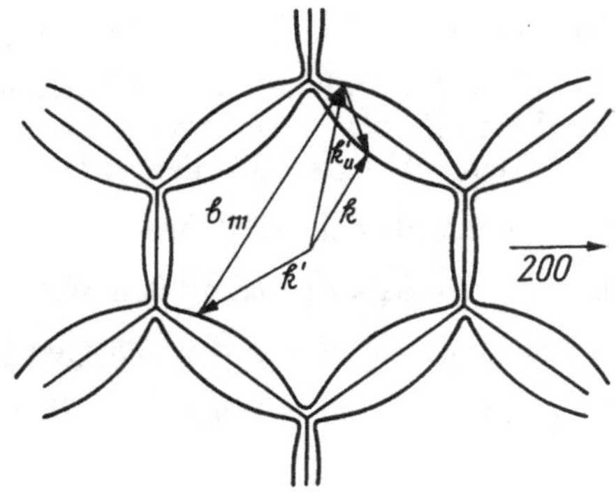


Fig. 4. Die Fermifläche von Aluminium im periodischen Schema (Schnitt in (1, 1, 0)-Richtung). Der Übergang $\mathfrak{k} \to \mathfrak{k}'$ mit $\varkappa = \mathfrak{k} - \mathfrak{k}' - b$ ist äquivalent zu $\mathfrak{k} \to \mathfrak{k}'_u$ mit $\varkappa = \mathfrak{k} - \mathfrak{k}'_u$

a) Die Fläche ist geschlossen, aber nicht kugelförmig, sondern schmiegt sich näherungsweise in einem mittleren Abstand $\frac{\Delta k}{2}$ den Grenzflächen der Brillouinzone an (siehe Fig. 4).

b) Der Fermikörper wiederholt sich periodisch im $\mathfrak{k}$-Raum. Bei der Stoßzeitberechnung müssen Übergänge zwischen verschiedenen Flächen im periodischen Schema berücksichtigt werden, die wir Umklapp-Prozesse nennen.

Um den ersten Punkt zu diskutieren, können wir die Fermifläche grob als verbeulte Kugel beschreiben. Verwenden wir das gleiche Matrixelement wie in Abschnitt 1, so hat die Welligkeit der Fermifläche zwei Unterschiede gegenüber einer Kugel vergleichbarer Größe zur Folge: Erstens ist $\mathfrak{E}\,\mathfrak{v}$ und damit auch die Auslenkung $e\,\tau\,\mathfrak{E}\,\mathfrak{v}$ auf der verbeulten Fläche rascher veränderlich. Der Faktor $\left(1 - \frac{\mathfrak{E}\,\mathfrak{v}'\,\tau'}{\mathfrak{E}\,\mathfrak{v}\,\tau}\right)$, der bei $\mathfrak{k} = \mathfrak{k}'$ gleich Null ist, wächst also für kleine $\varkappa$ schneller an als bei der glatten Kugel. Da $|V_{\mathfrak{k}\mathfrak{k}'}|^2$ mit $\varkappa$ rasch abfällt, macht dies die Stoßzeit kleiner. Zweitens rücken Flächenstücke näher aneinander, wodurch die Übergangswahrscheinlichkeit zwischen ihnen größer und daher die mittlere Stoßzeit nochmals kleiner wird. Rechnungen mit einfachen Modellen bestätigen diese qualitative Überlegung. Zur Erklärung des Maximums bei $R = 10$ Å ist auch diese Struktur zu grob.

## 3. Umklapp-Prozesse

Umklapp-Prozesse sind eine Folge der Gitterstruktur. Sollen sie berücksichtigt werden, so darf man die höheren Fourier-Koeffizienten in (5) nicht vernachlässigen. Da $V^2(\varkappa_j)$ und $V^2(\varkappa_{j'})$ mit $j \neq j'$ nur schwach im $\mathfrak{k}$-Raum überlappen, wenn die Ausscheidungszonen nicht allzu klein sind, dürfen aber beim Ausquadrieren der Summe in (5) die gemischten Glieder vernachlässigt werden. Dann ist

$$|V_{\mathfrak{k}\mathfrak{k}'}|^2 \approx \frac{c}{\Omega} \sum_j |K_j|^2\, V^2(\varkappa_j)\,. \tag{7}$$

Wegen $\varkappa_j = |\mathfrak{k} - \mathfrak{k}' - b_j|$ bewirken die höheren Glieder dieser Summe Übergänge zwischen verschiedenen Flächen im periodischen $\mathfrak{k}$-Raum. Die Übergangswahrscheinlichkeit zwischen Fermiflächen, die um den reziproken Gittervektor $b_j$

gegeneinander verschoben sind, ist $\frac{c}{\Omega} |K_j|^2 V^2(\varkappa_j)$, also bis auf einen Faktor gleich der für die qualitative Überlegung in Abschnitt 1 benutzten (siehe Fig. 4). An die Stelle des Durchmessers der Fermifläche tritt jetzt der Abstand $\Delta k$ zwischen den beteiligten Flächen. Dieser Abstand ist bei benachbarten Fermiflächen viel kleiner als der Durchmesser $2 k_F$ $\left(\Delta k \approx \frac{1}{6} k_F\right)$. Die Übergänge mit $K_{111}$ und $K_{200}$ werden daher einen großen Widerstandsbeitrag liefern, dessen Maximum bei einem Zonenradius von der richtigen Größenordnung, nämlich $\frac{1}{\Delta k}$ liegt. Die Beiträge noch höherer Glieder in (7) können dagegen vernachlässigt werden.

### 4. Modellrechnung: Isotropes $E(\mathfrak{k})$ mit Umklapp-Prozessen

In einem Modell, in dem Umklapp-Prozesse mit berücksichtigt werden, nehmen wir folgende Vereinfachungen vor: Eine Fermifläche und ihre nächsten Nachbarn werden durch zwei konzentrische Kugelflächen $F_1$ und $F_2$ mit den Radien $k_1$ und $k_2$ dargestellt. Entsprechend den wirklichen Verhältnissen wird $|\Delta_{\mathfrak{k}} E|_{F1} = |\Delta_{\mathfrak{k}} E|_{F2}$ gesetzt und $\Delta k = (k_2 - k_1)$ nur in erster Potenz berücksichtigt. Ferner werden Faktoren vernachlässigt, die nur infolge der verschiedenen Größe der beiden Flächen auftreten. In diesem isotropen Modell sind $K_{111}$ und $K_{200}$ nicht zu unterscheiden. Wir setzen beide gleich $K_1$ und $K_{000} = K$.

Die Transportgleichung schreiben wir jetzt in der Form

$$\frac{1}{\tau} = \frac{\Omega K_1^2}{4 \pi^2 \hbar |\nabla E|} \left[ \int\limits_{F_1} \left(1 - \frac{\mathfrak{E} \mathfrak{v}' \tau'}{\mathfrak{E} \mathfrak{v} \tau}\right) V^2(\varkappa)\, dS_1' + \int\limits_{F_2} \left(1 - \frac{\mathfrak{E} \mathfrak{v}' \tau'}{\mathfrak{E} \mathfrak{v} \tau}\right) V^2(\varkappa)\, dS_2' \right. \\ \left. + \left(\frac{K^2}{K_1^2} - 1\right) \int\limits_{F_1} \left(1 - \frac{\mathfrak{E} \mathfrak{v}' \tau'}{\mathfrak{E} \mathfrak{v} \tau}\right) dS_1' \right], \tag{8}$$

die unserem besonderen Modell angepaßt ist. $\tau$ und $\mathfrak{v}$ beziehen sich auf eine Stelle auf $F_1$. Ist $\Delta k$ klein, so gibt es in den beiden ersten Summanden zu jedem Wert $\mathfrak{E} \mathfrak{v}' \tau'$ auf $F_1$ einen entgegengesetzt gleichen auf $F_2$ mit fast gleicher Übergangswahrscheinlichkeit. In den ersten beiden Summanden von (8) heben sich deshalb die Glieder, die $\tau$ enthalten, gegenseitig nahezu auf. Der dritte Term in (8) trägt der Verschiedenheit von $K$ und $K_1$ Rechnung und enthält zusätzliche Übergänge nach $F_1$, da $\frac{K^2}{K_1^2} > 1$ ist. Überwiegen die beiden ersten Summanden, so geht $\tau$ in die rechte Seite der Integralgleichung nur sehr schwach ein, und es ist gerechtfertigt, (8) als Bestimmungsgleichung für $\frac{1}{\tau}$ aufzufassen. Auch die vorausgesetzte Kugelform ist dann keine sehr einschneidende Annahme, weil die Form der beiden Flächen auf den Wert von $\frac{1}{\tau}$ wenig Einfluß hat.

Zur Auswertung von (8) transformieren wir auf die Variable $\varkappa$:

$$\left(1 - \frac{\mathfrak{E} \mathfrak{v}' \tau'}{\mathfrak{E} \mathfrak{v} \tau}\right) dS_1' = 2 \pi \frac{\varkappa^3}{2 k_1^2} d\varkappa \qquad \text{für } 0 \leqq \varkappa < 2 k_1 ,$$

$$\left(1 - \frac{\mathfrak{E} \mathfrak{v}' \tau'}{\mathfrak{E} \mathfrak{v} \tau}\right) dS_2' = 2 \pi \left(\frac{2 k_2}{k_1} - \frac{\varkappa^2}{2 k_1^2}\right) \varkappa\, d\varkappa \text{ für } \Delta k \leqq \varkappa < (2 k_1 + \Delta k) .$$

Der Faktor $\frac{k_2}{k_1}$ in der zweiten Gleichung kommt nur daher, daß in unserem Modell $F_1$ und $F_2$ verschieden groß sind. Wir setzen ihn wieder gleich 1 und bekommen

$$\frac{1}{\tau} = \frac{\Omega K_1^2}{2\pi\hbar\,|\nabla E|}\Bigg[2\int\limits_{\Delta k}^{2k_1} V^2(\varkappa)\,\varkappa\,d\varkappa + \frac{1}{2k_1^2}\int\limits_0^{\Delta k} V^2(\varkappa)\,\varkappa^3\,d\varkappa + \frac{1}{2k_1^2}\int\limits_{2k_1}^{2k+\Delta k} V^2(\varkappa)\,(2k_1-\varkappa)$$
$$\times\,(2k_1+\varkappa)\,d\varkappa + \left(\frac{K^2}{K_1^2}-1\right)\frac{1}{2k_1^2}\int\limits_0^{2k_1} V^2(\varkappa)\,\varkappa^3\,d\varkappa\Bigg] = \frac{3c}{\hbar\,|\nabla E|}(\boldsymbol{a}+\boldsymbol{b}+\boldsymbol{c}+\boldsymbol{d})\,. \qquad (9)$$

Die Integrale haben folgende Bedeutung:

$$\boldsymbol{a} = -R\left[\left(\frac{\sin x - x\cos x}{x^2}\right)^2 - \frac{\sin^2 x}{x^2}\right]_{\Delta k\cdot R}^{2k_1 R}$$

enthält Übergänge, für die $F_1$ und $F_2$ gleichberechtigt sind. In $\boldsymbol{d} = \frac{1}{k_1}\left(\frac{K^2}{K_1^2}-1\right) \times J\,(2k_1 R)$ mit der durch (6) definierten Funktion $J$ stehen wieder die überschüssigen Sprünge nach $F_1$. Ihr Anteil an $\frac{1}{\tau}$ wird nach Abschnitt 2 durch $\boldsymbol{d}$ etwas zu klein wiedergegeben. $\boldsymbol{b}$ enthält Übergänge, die wegen $\varkappa < \Delta k$ nur $F_1$ und nicht $F_2$ erreichen können. $\boldsymbol{c}$ enthält Übergänge, die wegen $\varkappa > 2k_1$ nur $F_2$ und nicht $F_1$ erreichen können. Fig. 5 veranschaulicht die Bedeutung der verschiedenen Terme. In Fig. 6 sind $\boldsymbol{d}$ und $\boldsymbol{a}$ an der unteren Grenze für ein Verhältnis $\frac{\Delta k}{k_1} = \frac{1}{6}$, das nach dem Modell von Harrison [9] geschätzt wurde, aufgetragen. Bei etwas anderen Werten von $\frac{\Delta k}{k_1}$ ändert sich an diesem Bilde nicht viel. $\boldsymbol{b}$ und $\boldsymbol{c}$ sowie $\boldsymbol{a}$ an der oberen Grenze sind im Gültigkeitsbereich unserer Näherung (siehe Anhang) verschwindend klein gegen $\boldsymbol{a}$. In einem mittleren Bereich von $R$ (zwischen einigen

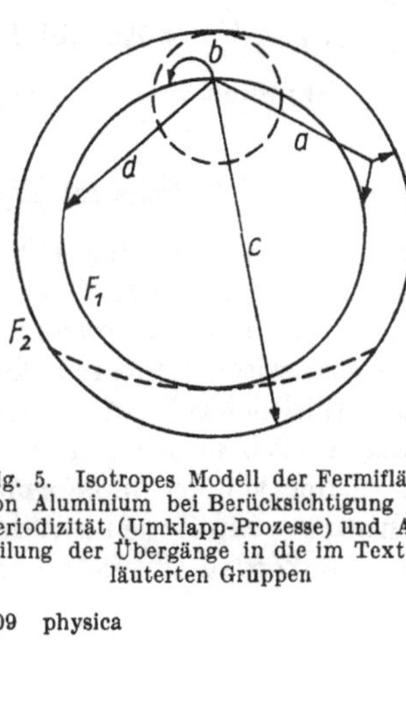


Fig. 5. Isotropes Modell der Fermifläche von Aluminium bei Berücksichtigung der Periodizität (Umklapp-Prozesse) und Aufteilung der Übergänge in die im Text erläuterten Gruppen

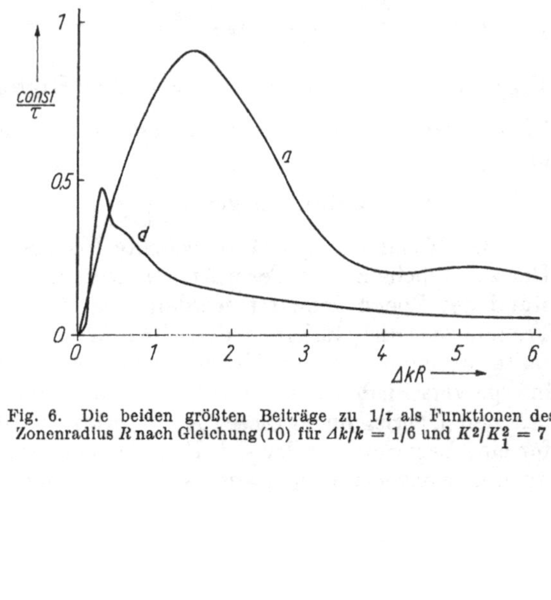


Fig. 6. Die beiden größten Beiträge zu $1/\tau$ als Funktionen des Zonenradius $R$ nach Gleichung (10) für $\Delta k/k = 1/6$ und $K^2/K_1^2 = 7$

Atomradien und etwa 30 Å) ist also

$$\frac{1}{\tau} = \frac{3\,K_1^2\,c}{\hbar\,|\nabla E|\,\Delta k}\left\{\left[\frac{(\sin \Delta k\,R - \Delta k \cos \Delta k\,R)^2}{(\Delta k\,R)^3} - \frac{\sin^2 \Delta k\,R}{\Delta k\,R}\right] + \frac{\Delta k}{k_1}\left(\frac{K^2}{K_1^2} - 1\right)\cdot J(2\,k_1\,R)\right\}$$
$$= \text{const}\,F(R)\,. \tag{10}$$

Der erste Summand hat ein Maximum bei $\Delta k \cdot R \approx 1{,}5$. Mit einem mittleren $\Delta k$ von etwa 0,1 at. Einh. (nach Harrison geschätzt) folgt daraus $R_M \approx 8$ Å. Das entspricht recht gut dem gemessenen Wert. Der zweite Summand ist zwar bei diesem Wert von $R$ nicht unbedingt klein gegen den ersten, denn der kleine Faktor $\frac{\Delta k}{k_1}$ wird durch den großen $\left(\frac{K^2}{K_1^2} - 1\right)$ kompensiert $\left(\text{in Fig. 6 ist } \frac{\Delta k}{k}\left(\frac{K^2}{K_1^2} - 1\right)\right.$ $= 1$ angenommen), er verschiebt aber das Maximum von $\varrho$ nur ganz unwesentlich zu kleinen $R$, weil seine Ableitung sehr klein ist ($\approx 2{,}5 \cdot 10^{-3}$ Å$^{-1}$).

## 5. Berücksichtigung einer Konzentration $c_1 \neq 1$ bei statistischer Verteilung der Fremdatome innerhalb der Zonen

Bei statistischer Verteilung der Zonenmittelpunkte setzen wir das Störpotential $V_S^\nu$ der $\nu$-ten Zone aus den Störpotentialen der einzelnen Fremdatome zusammen: $V_S^\nu = \sum_j V_{\nu j}$. Der Index $j$ bezeichnet den Gitterplatz. Befindet sich auf ihm ein Fremdatom, so ist $V_{\nu j}$ gleich dem von diesem allein erzeugten Störpotential $A\,(\mathfrak{r} - \mathfrak{r}_j)$. Im anderen Falle ist $V_{\nu j} = 0$. Mit dieser Definition ist

$$|V_{\mathfrak{k}\mathfrak{k}'}|^2 = \frac{1}{\Omega^2} \sum_{\nu=1}^{N} \iint \sum_{jj'} V_{\nu j}(\mathfrak{r}_1)\, V_{\nu j'}(\mathfrak{r}_2)\, \psi_{\mathfrak{k}}\, \psi_{\mathfrak{k}'}^*(\mathfrak{r}_1)\, \psi_{\mathfrak{k}}^*\, \psi_{\mathfrak{k}'}(\mathfrak{r}_2)\, d^3\mathfrak{r}_1\, d^3\mathfrak{r}_2\,. \tag{11}$$

Hält man jetzt $j$, $j'$, $\mathfrak{r}_1$ und $\mathfrak{r}_2$ fest und summiert über $\nu$, so liegt für $j \neq j'$ nur $c_1^2 N$ mal bei $j$ und $j'$ ein Fremdatom, statt $N$ mal, wie es bei der bisher angenommenen dichten Packung ($c_1 = 1$) der Fremdatome in den Zonen der Fall ist. In den übrigen Fällen ist das Produkt $V_{\nu j}\, V_{\nu j'} = 0$, weil mindestens ein Faktor verschwindet. Für $j = j'$ erhält man $c_1 N$ mal das gleiche Ergebnis wie bei dichter Packung. Wir ergänzen $c_1 N$ zu $c_1^2\, N + c_1\,(1 - c_1)\,N$ und erhalten zusammen mit $j \neq j'$

$$|V_{\mathfrak{k}\mathfrak{k}'}|^2 = \frac{N\,c_1^2}{\Omega^2}\left|\int_{\text{Zone}} \psi_{\mathfrak{k}'}^*\, V_{S0}\, \psi_{\mathfrak{k}}\, d^3\mathfrak{r}\right|^2 + \frac{N\,c_1\,(1 - c_1)}{\Omega^2} \cdot \frac{4\,\pi\,R^3}{3\,\Omega_1}\left|\int A(\mathfrak{r})\, \psi_{\mathfrak{k}'}^*\, \psi_{\mathfrak{k}}\, d^3\mathfrak{r}\right|^2. \tag{12}$$

$V_{S0}$ ist das Störpotential bei $c_1 = 1$. Der Faktor $\frac{4\,\pi\,R^3}{3\,\Omega_1}$ ist gleich der Anzahl der Gitterzellen in einer Zone und kommt von der einfachen Summation über $j = j'$ in (11).

$N\,c_1^2$ ist nach Definition gleich $\frac{3\,\Omega\,c\,c_1}{4\,\pi\,R^3}$. Der erste Term in (12) bedeutet also, daß der bisher für $c_1 = 1$ berechnete Widerstand mit $c_1$ zu multiplizieren ist. Der zusätzliche zweite Term ist von $R$ unabhängig und kann als innerer Widerstand der Zonen gedeutet werden. Da $A(\mathfrak{r})$ das Störpotential eines einzelnen Fremdatomes ist, liefert er denselben Widerstand, wie statistisch homogen verteilte Fremdatome der Konzentration $c\,(1 - c_1)$. In Wirklichkeit wird $A(\mathfrak{r})$ infolge verschiedener Abschirmung etwas von $c_1$ abhängen. Wir fassen jetzt (10) mit den Überlegungen dieses Abschnittes zusammen zu der Widerstandsformel für eine Legierung, in der sich Fremdatome der Konzentration $c$ in Zonen mit der inneren Konzentration $c_1$ ausgeschieden haben, während außerdem Fremdatome der Konzentration $c'$ (bezogen auf das Gesamtvolumen) in Lösung bleiben:

$$\varrho = \varrho_0 + (c' + c)\, B + c\, c_1 \,[A\, F(R) - B]; \tag{13}$$

$\varrho_0$ ist der Widerstand des reinen Metalles. Die Funktion $F(R)$ ist durch Gleichung (10) definiert. Am Maximum hat sie ungefähr den Wert Eins.

$$A = \frac{3\, m\, K_1^2}{n\, e^2\, |\nabla E|\, \Delta k\, \hbar}$$

läßt sich selbst in der Größenordnung wegen der vielen nicht genau bekannten Faktoren nur roh abschätzen. Eine einfache Annahme ist $m = 1$; $|\nabla E| = 1$; $\Delta k = 0{,}1$; $n = 1$ pro Atom $\approx 10^{-2}$ (alles in atomaren Einheiten). Dann ist $A \approx 3000\, K_1^2$. $B$ ist von gleicher Größenordnung wie $A$.

## 6. Vergleich mit Experimenten

Die Größen $c$, $c_1$ und $c'$ in Gleichung (13) bestimmen sich bei gegebener Auslagerungstemperatur $T_A$ aus den Daten der Mischungslücke im Zustandsdiagramm, die für das Auftreten von Ausscheidungen verantwortlich ist. Der homogene Mischkristall mit der Konzentration $c_0$ zerfällt in zwei Phasen mit den Konzentrationen $c_1$ (Zoneninneres) und $c_2$ (Matrix). Der Anteil der Zonen am Gesamtvolumen $\frac{c}{c_1}$ hat nach dem Hebelgesetz den Wert $\frac{c_0 - c_2}{c_1 - c_2}$. Der Volumenanteil $\frac{c'}{c_2}$ der Matrix ist damit gleich $\frac{c_1 - c_0}{c_1 - c_2}$. Daraus folgt nach (12) für die Differenz zwischen dem Widerstand nach Ausscheidung von Zonen mit dem Radius $R$ und dem Widerstand bei homogener Verteilung der Fremdatome

$$\Delta\varrho = \varrho - \varrho_0 - c_0\, B = \frac{c_0 - c_2}{c_1 - c_2}\, c_1^2\, [A\, F(R) - B]\,. \tag{14}$$

Wir prüfen dieses Resultat anhand der Messungen von Panseri und Federighi [3] an Al-4,47 At% Zn. Um die dort angegebenen Kurven $\Delta\varrho(t)$ auswerten zu können, nehmen wir für das Zeitgesetz des Zonenwachstums nach Lifshitz [12] und Greenwood [13] an

$$R(t) = \text{const} \cdot t^{\alpha}\,. \tag{15}$$

Ist $t_M$ die Zeit bis zum Erreichen des Widerstandsmaximums, so müssen nach (14) und (15) bei einer Auftragung über $\log \frac{t}{t_M}$ die bei verschiedenen Auslagerungstemperaturen gemessenen Kurven von $\Delta\varrho$ durch einen gemeinsamen Punkt auf der Abszisse gehen. Dies ist tatsächlich recht gut erfüllt (Fig. 7). Aus den von Gerold [2] angegebenen Werten für $c_1$ und $c_2$ bei 20 °C ergibt sich mit dem gemessenen Wert $\Delta\varrho_M|_{20^\circ\mathrm{C}} = 0{,}24 \cdot 10^{-6} \cdot \Omega$ cm (siehe Fig. 7)

$$A\, F(R_M) - B \approx A - B = 1{,}3 \cdot 10^{-5}\, \Omega\, \text{cm}\,.$$

Nimmt man den experimentellen Wert $B = 2{,}3 \cdot 10^{-5}\, \Omega$ cm hinzu [16], so erhält man $A = 3{,}6 \cdot 10^{-5}\, \Omega$ cm ($\approx 1{,}5$ at. Einh.). Nach der Abschätzung in Abschnitt 5 ergibt sich dann $K_1^2 \approx 0{,}5 \cdot 10^{-3}$ at. Einh..

Weitere Daten der Mischungslücke in Al–Zn sind nicht bekannt. Man kann aber annehmen, daß $\frac{c_0 - c_2}{c_0 - c_2}\, c_1^2$ mit wachsender Temperatur abnimmt. Die gemessene Abnahme von $\Delta\varrho(R_M)$ mit wachsender Auslagerungstemperatur steht dann wegen $(A\, F(R_M) - B) > 0$ in qualitativer Übereinstimmung mit Glei-

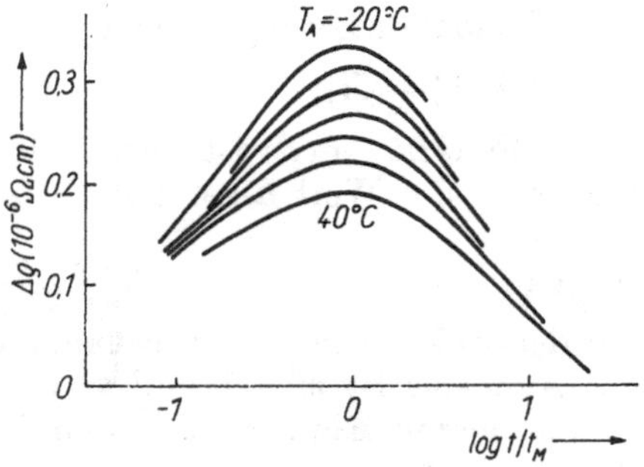


Fig. 7. $\Delta\varrho$ als Funktion der reduzierten Auslagerungszeit bei verschiedenen Auslagerungstemperaturen nach PANSERI und FEDERIGHI [3]

chung (14). Die Messungen von GEROLD [5] an Al–Ag zeigen, daß für große $R$ der Widerstand mit wachsender Auslagerungstemperatur zunimmt. Dadurch wird Gleichung (14) ebenfalls qualitativ bestätigt, denn für große $R$ ist $(A\,F(R) - B) < 0$.

## 7. Anwendung auf andere ausscheidungsfähige Legierungen

Die Überlegungen in Abschnitt 1 zeigen, daß ein Widerstandsmaximum außer bei Al–Ag und Al–Zn auch bei anderen ausscheidungsfähigen Legierungen zu erwarten ist. Voraussetzung ist allerdings ein Ausscheidungsverlauf, wie er in der Einleitung beschrieben wurde. Unterscheidet sich ferner das Atomvolumen der hinzulegierten Komponente sehr von dem des Basismetalles, so kann nach FINE [15] und HARRISON [7] ein Widerstandsmaximum allein durch Verzerrungen entstehen. Aus diesem Grunde wurde Al–Cu von den Betrachtungen ausgenommen, obwohl es ebenfalls ein Widerstandsmaximum bei der Auslagerung aufweist, das sicher mindestens teilweise durch unsere Theorie zu erklären ist.

Ein *beobachtbares* Widerstandsmaximum ($R_M$ mehrere Gitterkonstanten) als Folge der Bandstruktur ist nach unserer Theorie nur in besonderen Fällen zu erwarten. Es kann durch Umklapp-Prozesse nur dann entstehen, wenn, wie bei Al, der Abstand $\Delta k$ zwischen benachbarten Flächen im periodischen $k$-Raum *auf der ganzen Fermifläche* klein ist. Es genügt nicht, daß sich die Flächen an einigen Stellen sehr nahe kommen, weil diese Stellen nur einen kleinen Beitrag zum Gesamtstrom liefern. Ein starkes Maximum, das durch Normalprozesse entsteht, erwarten wir bei Stoffen mit sehr kleinem Fermikörper, wie bei Bi oder den zweiwertigen Metallen. Schließlich kann bei den Übergangsmetallen, bei denen der Widerstand vor allem durch Streuung vom s- ins d-Band entsteht, ein Widerstandsmaximum auftreten, falls die Fermiflächen der beiden Bänder sich überall sehr nahe kommen. Möglicherweise ist das experimentell gefundene Widerstandsmaximum bei der Auslagerung von Vi-Si [17] so zu erklären. Die Voraussetzung verschwindend geringer Verzerrung der Matrix durch die Zonen ist hier erfüllt. Eine sichere Entscheidung läßt sich allerdings vorläufig nicht treffen, weil man nicht genug über die Geometrie des d-Bandes von Ni und über den Ausscheidungsverlauf in Ni–Si weiß.

## Anhang

### *Über die Gültigkeitsgrenzen der Näherung*

Die Transportgleichung ergibt sich aus einer Diracschen Störungsechnung in zweiter Näherung. Entsprechend tritt $V_{\mathfrak{k}\mathfrak{k}'}$ in zweiter Potenz auf. Die Störungsrechnung wird unzulässig, wenn $|V_{\mathfrak{k}\mathfrak{k}'}|^2$ so groß ist, daß höhere Potenzen von $V_{\mathfrak{k}\mathfrak{k}'}$, die bei der Lösung der

Bewegungsgleichung in weiteren Iterationsschritten auftreten würden, nicht mehr zu vernachlässigen sind. Bei unserem speziellen Problem tritt dieser Fall bei großen Zonenradien $R$ ein, weil $|V_{\mathfrak{k}\mathfrak{k}'}|^2$ in der Nähe von $\varkappa = 0$ proportional zu $R^3$ ist (siehe Fig. 1).

Wir schätzen den Bereich der noch zulässigen Werte von $R$ ab, indem wir fordern, daß $\frac{\Omega\,|V_{\mathfrak{k}\mathfrak{k}'}|^2}{8\,\pi^3}$ überall kleiner als 1 sein soll. Dann wirken sich höhere Potenzen von $V_{\mathfrak{k}\mathfrak{k}'}$ zumindest nicht stärker als aus die berücksichtigte. Aus $\frac{\Omega\,|V_{\mathfrak{k}\mathfrak{k}'}|^2}{8\,\pi^3} < 1$ folgt nach (5) und Fig. 1: $R^3 < \frac{6\,\pi^2}{c\,K^2}$. Mit $K^2 \approx 10^{-2}$ at. Einheiten und $c < 10^{-1}$ folgt $R < 40$ at. Einheiten.

Da $R$ mit der dritten Potenz in die Abschätzung eingeht, wird also unsere Widerstandsberechnung schnell unzuverlässig, wenn $R$ größer wird als 20 bis 30 Å.

Auf die in Abschnitt 1 zitierten Messungen von Gerold, die bis $R \approx 200$ at. Einheiten gehen, ist daher die von ihm benutzte Bornsche Näherung, die für freie Elektronen mit unserem Verfahren identisch ist, wohl nicht mehr anwendbar. Ein Abfall des Widerstandes mit $\frac{1}{R}$ läßt sich durch die folgende einfache Überlegung erklären: Sind die Ausscheidungen schon so groß, daß sie Metallkörner mit makroskopischen Eigenschaften darstellen, so ergibt sich die Leitfähigkeit des ganzen Kristalls durch Mittelung über Gebiete verschiedener Leitfähigkeit, deren Anteil am Gesamtvolumen sich durch das Zonenwachstum nicht ändert. Die Leitungselektronen erfahren aber eine zusätzliche, mit $R$ veränderliche Streuung an den Zonenoberflächen. Diese Streuung und der durch sie verursachte Widerstand sind proportional zur gesamten Oberfläche aller Zonen pro Volumeneinheit, also zu $\frac{1}{R}$.

Herrn Professor Dr. P. Haasen, der die vorliegende Arbeit angeregt und ständig gefördert hat, möchte ich an dieser Stelle herzlich danken. Ebenso danke ich Herrn Professor Dr. F. Hund für viele hilfreiche Diskussionen. Der Studienstiftung des Deutschen Volkes danke ich für ihre langjährige finanzielle Förderung, die mit dieser Arbeit ihren Abschluß findet.

## Literatur

[1] V. Gerold, Z. Metallk. **52**, 671 (1961).
[2] V. Gerold, Z. Metallk. **52**, 76 (1961).
[3] C. Panseri und T. Federighi, Acta metall. **8**, 218 (1960).
[4] T. Federighi und L. Passari, Acta metall. **7**, 422 (1959).
[5] V. Gerold, Z. Metallk. **53**, 341 (1962).
[6] N. F. Mott, J. Inst. Metals **60**, 267 (1937).
[7] W. A. Harrison, Acta metall. **8**, 168 (1960).
[8] M. Asdente, Acta metall. **9**, 587 (1961).
[9] W. A. Harrison, The Fermi Surface, John Wiley & Sons, Inc., New York-London 1960 (S. 29).
[10] Z. Matýas, Phil. Mag. **40**, 324 (1949).
[11] Z. Matýas, Phil. Mag. **39**, 277 (1948).
[12] J. M. Lifshitz und V. V. Slyzov, J. Phys. Chem. Solids **19**, 35 (1961).
[13] G. W. Greenwood, Acta metall. **4**, 243 (1956).
[14] W. Fraenkel, Z. Metallk. **12**. 225 (1920).
[15] M. E. Fine, Acta metall. **7**. 228 (1959).
[16] A. T. Robinson und J. E. Dorn, Trans. AIME **191**, 457 (1951).
[17] O. Dahl, Z. Metallk. **24**, 277 (1932).

*(Received June 12, 1963)*

phys. stat. sol. 3, 1672 (1963)

*Solid State Physics Department, S.C.K. – C.E.N., Mol*

# On the Dynamical Theory of Different Types of Electron Microscopic Transmission Fringe Patterns

By

R. GEVERS

The amplitudes of the waves transmitted and diffracted by a series of superposed parallel plate-shaped crystals are calculated. The two-beam case is considered, i.e. in each crystal only one family of lattice planes is near to the exact Bragg orientation for reflection. Each crystal is defined by its extinction distance, its absorption length, the phase-angle of the Fourier coefficient of the potential, and the reciprocal lattice vector determining the set of reflecting lattice planes. These quantities are generally assumed to be different for each crystal. The formulae remain valid if one or more of the crystals are replaced by vacuum layers. The expressions for the case of a sequence of parallel stacking faults can be obtained as particular results.

The formulae can also be applied if the superposed crystals are not plate-shaped and are stacked in an arbitrary way, provided the column approximation is assumed. A short, but not exhaustive, review is given of the different types of fringe patterns which may occur.

Es werden die Amplituden der Wellen berechnet, die von einer Reihe übereinanderliegender, paralleler, plättchenförmiger Kristalle gestreut und hindurchgelassen werden. Dabei wird der 2-Strahl-Fall betrachtet, d. h. in jedem Kristall ist nur eine Familie von Gitterbenen mit der exakten Bragg-Reflexionsorientierung vorhanden. Jeder Kristall ist durch seinen Extinktionsabstand, seine Absorptionslänge, den Phasenwinkel des Fourierkoeffizienten des Potentials und durch den reziproken Gittervektor definiert, der den Satz von reflektierenden Gitterebenen bestimmt. Es wird angenommen, daß diese Größen für jeden Kristall verschieden sind. Die Formeln bleiben gültig, wenn ein oder mehrere Kristalle durch Vakuumschichten ersetzt werden. Die Ausdrücke für den Fall einer Folge von parallelen Stapelfehlern können als gesondertes Ergebnis erhalten werden.

Die Formeln können auch dann angewandt werden, wenn die übereinanderliegenden Kristalle nicht plättchenförmig und in beliebiger Weise gestapelt sind, vorausgesetzt, daß die Spaltenapproximation gültig ist. Es wird ferner ein kurzer, aber nicht erschöpfender Überblick über die verschiedenen möglichen Arten von Streifenbildern gegeben.

## 1. Introduction

In a previous paper [1], we have derived the expressions for the amplitudes of the waves transmitted and scattered by a crystal sandwich formed by the superposition of two parallel plate-shaped foils. Using a different method, the same problem has also been treated by HASHIMOTO et al. [2]. In the paper mentioned above [1], we have assumed that the difference $\Delta \boldsymbol{g}$ of the reciprocal lattice vectors defining the active reflecting planes in the two components of the double crystal, was parallel to the surface of the foil. As pointed out in reference [1], and worked out in detail by the author [3], the calculation of the amplitudes of the waves transmitted and scattered by a plate foil containing a stacking fault on a plane parallel to the foil surface, can be developed in a similar manner. In fact, the expressions for a fault can be found from those valid for the moiré case, if one applies the adequate substitutions [4, 5]. The formulae previously obtained by WHELAN and HIRSCH [6] using the dispersion surface method, are then found back and this in a form which facilitates their discussion [7, 8].

In this paper we want to deduce expressions which include not only the case of a stacking fault and the case of a moiré pattern with $\Delta \boldsymbol{g}$ parallel to the crystal surface, but also the more general case of a moiré pattern corresponding to a $\Delta \boldsymbol{g}$ with a component normal to the surface of the foil. Only the two-beam case will be considered in this paper. Application to specific situations and observations will be treated elsewhere, as well as the multiple beam case.

## 2. The Amplitudes of the Transmitted and Scattered Waves

Let us consider a plate-shaped foil divided into two parts, part I and part II, by an interface parallel to the surface of the foil. When passing through the foil the electrons meet first part I. The parts I and II may be either different crystals of the same or of different crystalline material, or two parts of the same crystal. For the meaning of $z_1$, $z_2$, $z$, $z_0$, $x$, $\boldsymbol{r}$, $\boldsymbol{r}_1$, $\boldsymbol{r}_2$, $\boldsymbol{k}_0$, and $\boldsymbol{k}_g$ we refer to Fig. 1.

The reciprocal lattice vector $\boldsymbol{g}_1$ defines the set of lattice planes near the exact Bragg orientation for reflection in part I. The deviation of the exact Bragg orientation is measured by the excitation error $s_1$, $s_1 \approx (|\boldsymbol{k}_0|^2 - |\boldsymbol{k}_{g_1}|^2)/2|\boldsymbol{k}_0|$. The parameter $s_1$ is the length of the small vector $\mathbf{s}_1$ drawn from the reciprocal lattice point to the reflection sphere and measured in the direction of propagation of the electrons. In II, the family of active reflecting lattice planes is defined by the reciprocal lattice vector $\boldsymbol{g}_2 = \boldsymbol{g}_1 + \Delta \boldsymbol{g}$. In Fig. 1, the plane of the drawing is normal to the foil surface and contains the vector $\Delta \boldsymbol{g}$.

The three dimensional periodic lattice potential which causes the phenomena of diffraction is given as a three-dimensional Fourier series by
(i) in part I

$$V_1(\boldsymbol{r}) = \sum_{\boldsymbol{g}} V_{\boldsymbol{g}}^{(1)} \exp i\, 2\pi\, \boldsymbol{g} \cdot \boldsymbol{r}\,, \tag{1}$$

where the $\boldsymbol{g}$ vectors represent all reciprocal lattice vectors.
(ii) in part II

$$V_2(\boldsymbol{r}) = \sum_{\boldsymbol{g}'} V_{\boldsymbol{g}}' \exp i\, 2\pi\, (\boldsymbol{g} + \Delta \boldsymbol{g}) \cdot \boldsymbol{r}\,, \tag{2a}$$

if one notes for the reciprocal lattice vectors $\boldsymbol{g}' = \boldsymbol{g} + \Delta \boldsymbol{g}$.

One can rewrite (2a) as

$$V_2(\boldsymbol{r}) = \sum_{\boldsymbol{g}} V_{\boldsymbol{g}}^{(2)} \exp i\, 2\pi\, \boldsymbol{g} \cdot \boldsymbol{r}\,, \tag{2b}$$

where

$$V_{\boldsymbol{g}}^{(2)} = V_{\boldsymbol{g}}' \exp i\, 2\pi\, \Delta \boldsymbol{g} \cdot \boldsymbol{r}\,. \tag{2c}$$

If the electron wave function in the inner of the crystal is

$$\Psi(\boldsymbol{r}) = \exp i\, 2\pi\, \boldsymbol{k}_0 \cdot \boldsymbol{r}\, [\Psi_0(\boldsymbol{r}) + \Psi_{\boldsymbol{g}}(\boldsymbol{r}) \exp i\, 2\pi\, \boldsymbol{g} \cdot \boldsymbol{r}] \tag{3}$$

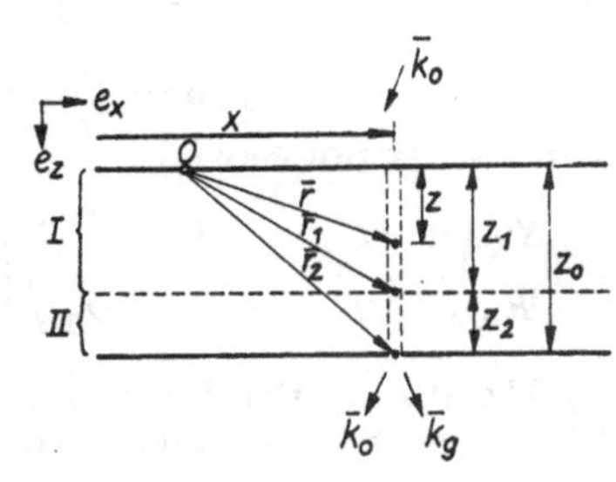


Fig. 1. Section normal to the surface of a foil formed by the superposition of two parallel plate-shaped crystals. Broken line: interface; $z_1, z_2$ thicknesses, $z_0 = z_1 + z_2$; $\boldsymbol{r}_1$ and $\boldsymbol{r}_2$ the position vectors determining the intersections of a column normal to the surface with the interface and the exit surface

the amplitudes $\Psi_0$ and $\Psi_g$ of the transmitted and scattered waves are solutions of the system of two simultaneous differential equations derived by HOWIE and WHELAN, and which imply the column approximation [9, 10] i.e.[1])

$$\frac{d\Psi_0}{dz} = i\,\pi\,a\,V_{-g}^{(i)}\,\Psi_g\,, \tag{4a}$$

$$\frac{d\Psi_g}{dz} = i\,2\,\pi\,s_1\,\Psi_g + i\,\pi\,a\,V_g^{(i)}\,\Psi_0\,, \tag{4b}$$

where $i = 1$ for $0 \leqq z < z_1$, i.e. in part I, and $i = 2$ for $z_1 < z \leqq z_1 + z_2$ in part II; $a$ is a positive constant.

The procedure to be used in this paper will consist now in considering the foil as one crystal; the second part II is assumed to be derived from the first by deformation. The interface $z = z_1$ represents a discontinuity and one has to express the continuity condition

$$\begin{pmatrix}\Psi_0\\ \Psi_g\end{pmatrix}_{z \underset{\rightarrow}{\leq} z_1} = \begin{pmatrix}\Psi_0\\ \Psi_g\end{pmatrix}_{z \underset{\rightarrow}{\geq} z_1}. \tag{5}$$

One can put

$$a\,V_g^{(1)} = a\,|V_g^{(1)}|\exp i\,\Theta_g^{(1)}\,, \qquad a\,|V_g^{(1)}| = a\,|V_{-g}^{(1)}| = \frac{1}{t_{01}}\,, \tag{6a, b}$$

$$a\,V_g' = a\,|V_g'|\exp i\,\Theta_g^{(2)}\,, \qquad a\,|V_g'| = a\,|V'_{-g}| = \frac{1}{t_{02}}\,, \tag{6c, d}$$

$$(\Theta_{-g}^{(i)} = -\,\Theta_g^{(i)})\,,$$

$t_{0i}$ $(i = 1, 2)$ are the extinction distances.

As is well known one can take the anomalous absorption into account phenomenologically by replacing $1/t_{0i}$ by $1/t_{0i} + i\,(1/\tau_{0i})$, as first proposed by HOWIE and WHELAN [9, 10, 11], and by HASHIMOTO et al. [12]. The quantity $\tau_{0i}$ is then called the absorption length. From the definitions (6) of $t_{0i}$ follows that the method is equivalent to replacing the potential by a complex one, as first suggested by MOLIÈRE [13] and YOSHIOKA [14].

Let us first suppose that $0 \leqq z < z_1$, i.e. one calculates the amplitudes in part I. The system (4) is now

$$\frac{d\Psi_0}{dz} = \frac{i\,\pi}{t_{01}}\,(\exp - i\,\Theta_g^{(1)})\,\Psi_g\,, \tag{7a}$$

$$\frac{d\Psi_g}{dz} = i\,2\,\pi\,s_1\,\Psi_g + \frac{i\,\pi}{t_{01}}\,(\exp i\,\Theta_g^{(1)})\,\Psi_0\,. \tag{7b}$$

One introduces the quantities $\Psi_0'$ and $\Psi_g'$, defined by

$$\Psi_0' = \Psi_0 \quad \text{and} \quad \Psi_g' = \Psi_g\,(\exp - i\,\Theta_g^{(1)}) \tag{8a}$$

or in matrix notation

$$\begin{pmatrix}\Psi_0'\\ \Psi_g'\end{pmatrix} = \begin{pmatrix}1 & 0\\ 0 & \exp - i\,\Theta_g^{(1)}\end{pmatrix}\begin{pmatrix}\Psi_0\\ \Psi_g\end{pmatrix}; \quad \begin{pmatrix}\Psi_0\\ \Psi_g\end{pmatrix} = \begin{pmatrix}1 & 0\\ 0 & \exp i\,\Theta_g^{(1)}\end{pmatrix}\begin{pmatrix}\Psi_0'\\ \Psi_g'\end{pmatrix}. \tag{8b, c}$$

---

[1]) The attenuation factor describing the normal absorption is left out. The amplitude of the incident beam is taken as a unit.

The system (7) is then replaced by the new one

$$\frac{d\Psi_0'}{dz} = \frac{i\pi}{t_{01}} \Psi_g', \tag{9a}$$

$$\frac{d\Psi_g'}{dz} = i\,2\pi s_1 \Psi_g' + \frac{i\pi}{t_{01}} \Psi_0'. \tag{9b}$$

The solution of this simple linear system for the boundary conditions $\Psi_0'(0) = 1$, $\Psi_g'(0) = 0$ is well known [10, 1, 3]. It is

$$(\exp i\pi s_1 z)\, T(z, s_1, t_{01}) \quad \text{and} \quad (\exp i\pi s_1 z)\, S(z, s_1, t_{01}), \tag{10a, b}$$

if

$$T(z, s, t) = \cos \pi\sigma z - i(s/\sigma) \sin \pi\sigma z, \qquad S = (i/\sigma t) \sin \pi\sigma z, \tag{10c, d}$$

$$\sigma = \frac{1}{t}\sqrt{1 + (s\,t)^2}. \tag{10e}$$

$T$ and $S$ are the well known expressions for the amplitudes of the transmitted and scattered waves for a perfect foil with thickness $z$, first derived by the dispersion surface method [15] and by the use of the system (9) by HOWIE and WHELAN [10]. As demonstrated and discussed by the present author [3] the solutions for the boundary conditions $\Psi_0'(0) = 0$ and $\Psi_g'(0) = 1$ are then $(\exp i\pi s_1 z)\, S^-$ and $(\exp i\pi s_1 z)\, T^-$ where

$$T^-(s) = T(-s), \quad S^-(s) = S(-s). \tag{11a, b}$$

Due to the linear character of the system (9), one has, for arbitrary boundary conditions

$$\begin{pmatrix}\Psi_0' \\ \Psi_g'\end{pmatrix} = (\exp i\pi s_1 z)\, M(z, s_1, t_{01}) \begin{pmatrix}\Psi_0' \\ \Psi_g'\end{pmatrix}_{z=0}, \tag{12}$$

where the scattering matrix $M$ is defined as

$$M(z, s, t) = \begin{pmatrix} T & S^- \\ S & T^- \end{pmatrix}. \tag{13}$$

In part II, i.e. for $z_1 < z \leqq z_1 + z_2$, $\Psi_0$ and $\Psi_g$ satisfy the equations (4a, b) with $i = 2$, or explicitely, if one takes (2c) and (6c, d) into account

$$\frac{d\Psi_0}{dz} = \frac{i\pi}{t_{02}} [\exp - i\,(2\pi\,\Delta\boldsymbol{g}\cdot\boldsymbol{r} + \Theta_g^{(2)})]\, \Psi_g, \tag{14a}$$

$$\frac{d\Psi_g}{dz} = i\,2\pi s_1 \Psi_g + \frac{i\pi}{t_{02}} [\exp i\,(2\pi\,\Delta\boldsymbol{g}\cdot\boldsymbol{r} + \Theta_g^{(2)})]\, \Psi_0. \tag{14b}$$

We introduce now the substitution

$$\Psi_0'' = \Psi_0, \quad \Psi_g'' = [\exp - i\,(2\pi\,\Delta\boldsymbol{g}\cdot\boldsymbol{r} + \Theta_g^{(2)})]\, \Psi_g \tag{15a, b}$$

or, in matrix notation

$$\left.\begin{aligned} \begin{pmatrix}\Psi_0'' \\ \Psi_g''\end{pmatrix} &= \begin{pmatrix} 1 & 0 \\ 0 & \exp - i\,(2\pi\,\Delta\boldsymbol{g}\cdot\boldsymbol{r} + \Theta_g^{(2)}) \end{pmatrix} \begin{pmatrix}\Psi_0 \\ \Psi_g\end{pmatrix}, \\ \begin{pmatrix}\Psi_0 \\ \Psi_g\end{pmatrix} &= \begin{pmatrix} 1 & 0 \\ 0 & \exp i\,(2\pi\,\Delta\boldsymbol{g}\cdot\boldsymbol{r} + \Theta_g^{(2)}) \end{pmatrix} \begin{pmatrix}\Psi_0'' \\ \Psi_g''\end{pmatrix}. \end{aligned}\right\} \tag{15c, d}$$

If one puts

$$\Delta\boldsymbol{g} = (\Delta\boldsymbol{g})_n + (\Delta\boldsymbol{g})_p, \quad (\Delta\boldsymbol{g})_n = (\Delta g)_n\, \boldsymbol{e}_z, \quad (\Delta\boldsymbol{g})_p = (\Delta g)_p\, \boldsymbol{e}_x, \tag{16a, b, c}$$

where $\boldsymbol{e}_x$ and $\boldsymbol{e}_z$ are the unit vectors defining the $x$ and $z$-axes shown in Fig. 1, $\Psi_0''$ and $\Psi_g''$ are given as solutions of the following system:

$$\frac{d\Psi_0''}{dz} = \frac{i\pi}{t_{02}} \Psi_g'' , \tag{17a}$$

$$\frac{d\Psi_g''}{dz} = i\,2\pi\, s_2 \Psi_g'' + \frac{i\pi}{t_{02}} \Psi_0'' , \tag{17b}$$

where $s_2$ is defined by

$$s_2 = s_1 - (\Delta g)_n \,. \tag{18}$$

The parameter $s_2$ is, as it should be, the excitation error describing the deviation from the exact Bragg orientation in part II of the foil.

Like for the system (9), one has

$$\begin{pmatrix}\Psi_0''\\ \Psi_g''\end{pmatrix} = [\exp i\pi s_2 (z - z_1)]\, M(z - z_1, s_2, t_{02}) \begin{pmatrix}\Psi_0''\\ \Psi_g''\end{pmatrix}_{z=z_1} \tag{19}$$

since the system (9) and (17) are invariant with respect to the substitution $z \to z - z_1$.

If one takes the relations (5) into account, the expressions for $\Psi_0$ and $\Psi_g$ for $z > z_1$ can easily be calculated.

From (19) and (15c) follows

$$\begin{pmatrix}\Psi_0''\\ \Psi_g''\end{pmatrix} = [\exp i\pi s_2 (z - z_1)]\, M(z - z_1, s_2, t_{02}) \begin{pmatrix}1 & 0\\ 0 & \exp - i(2\pi\Delta \boldsymbol{g}\cdot\boldsymbol{r}_1 + \Theta_g^{(2)})\end{pmatrix} \begin{pmatrix}\Psi_0\\ \Psi_g\end{pmatrix}_{z=z_1} \tag{20}$$

whilst (5), (8c) and (12) lead to

$$\begin{aligned}\begin{pmatrix}\Psi_0\\ \Psi_g\end{pmatrix}_{z=z_1} &= \begin{pmatrix}1 & 0\\ 0 & \exp i\,\Theta_g^{(1)}\end{pmatrix}\begin{pmatrix}\Psi_0'\\ \Psi_g'\end{pmatrix}_{z=z_1}\\ &= \begin{pmatrix}1 & 0\\ 0 & \exp i\,\Theta_g^{(1)}\end{pmatrix}(\exp i\pi s_1 z_1)\, M(z_1, s_1, t_{01}) \begin{pmatrix}\Psi_0'\\ \Psi_g'\end{pmatrix}_{z=0} .\end{aligned} \tag{21}$$

If one substitutes (21) into (20), one obtains, if also (15d) and (8b) are taken into account

$$\begin{aligned}\begin{pmatrix}\Psi_0\\ \Psi_g\end{pmatrix} &= \{\exp i\pi [s_1 z_1 + s_2 (z - z_1)]\} \begin{pmatrix}1 & 0\\ 0 & \exp i\,(2\pi\Delta\boldsymbol{g}\cdot\boldsymbol{r} + \Theta_g^{(2)})\end{pmatrix} M(z - z_1, s_2, t_{02})\\ &\times \begin{pmatrix}1 & 0\\ 0 & \exp(-i\,2\pi\Delta\boldsymbol{g}\cdot\boldsymbol{r}_1 + i\,\alpha_g)\end{pmatrix} M(z_1, s_1, t_{01}) \begin{pmatrix}1 & 0\\ 0 & \exp - i\,\Theta_g^{(1)}\end{pmatrix}\begin{pmatrix}\Psi_0\\ \Psi_g\end{pmatrix}_{z=0}\end{aligned} \tag{22a}$$

if

$$\alpha_g = \Theta_g^{(1)} - \Theta_g^{(2)} . \tag{22b}$$

At the entrance surface we have $\begin{pmatrix}\Psi_0\\ \Psi_g\end{pmatrix}_{z=0} = \begin{pmatrix}1\\ 0\end{pmatrix}$ ; at the exit surface $z = z_1 + z_2$, one obtains then finally

$$\begin{pmatrix} \Psi_0 \\ [\exp - i\,(2\,\pi\,\Delta \boldsymbol{g} \cdot \boldsymbol{r}_2 + \Theta_{\boldsymbol{g}}^{(2)})]\,\Psi_{\boldsymbol{g}} \end{pmatrix} =$$

$$[\exp i\,\pi\,(s_1\,z_1 + s_2\,z_2)]\,M_2 \begin{pmatrix} 1 & 0 \\ 0 & \exp\,(-\,i\,2\,\pi\,\Delta \boldsymbol{g} \cdot \boldsymbol{r}_1 + i\,\alpha_{\boldsymbol{g}}) \end{pmatrix} M_1 \begin{pmatrix} 1 \\ 0 \end{pmatrix}, \tag{23a}$$

where

$$M_i = M(z_i, s_i, t_{0i}) \quad (i = 1, 2)\,. \tag{23b}$$

If one introduces the expressions (13) for $M$ one obtains explicitely

$$\Psi_0 = [T_1\,T_2 + (\exp - i\,2\,\pi\,\Delta \boldsymbol{g} \cdot \boldsymbol{r}_1 + i\,\alpha_{\boldsymbol{g}})\,S_1\,S_2^-]\,[\exp i\,\pi(s_1\,z_1 + s_2\,z_2)] \tag{24a}$$

$$[\exp - i\,(2\,\pi\,\Delta \boldsymbol{g} \cdot \boldsymbol{r}_2 + \Theta_{\boldsymbol{g}}^{(2)})]\,\Psi_{\boldsymbol{g}} =$$

$$[T_1\,S_2 + (\exp - i\,2\,\pi\,\Delta \boldsymbol{g} \cdot \boldsymbol{r}_1 + i\,\alpha_{\boldsymbol{g}})\,S_1\,T_2^-]\,[\exp i\,\pi(s_1\,z_1 + s_2\,z_2)] \tag{24b}$$

where the notation

$$T_i, S_i = T, S(z_i, s_i, t_{0i})\,, \qquad T_i^-, S_i^-(s_i) = T_i, S_i(-\,s_i) \tag{24c}$$

is used.

It is straightforward to show that the amplitudes are, as it should be, independent of the choice of the origin. Suppose one substitutes $\boldsymbol{r} + \boldsymbol{r}_0$ for $\boldsymbol{r}$. Since $V(\boldsymbol{r}) = \Sigma\, V_{\boldsymbol{g}} \exp i\,2\,\pi\,\boldsymbol{g} \cdot \boldsymbol{r} = \Sigma\,(V_{\boldsymbol{g}} \exp - i\,2\,\pi\,\boldsymbol{g} \cdot \boldsymbol{r}_0) \exp i\,2\,\pi\,\boldsymbol{g} \cdot (\boldsymbol{r} + \boldsymbol{r}_0)$ one has then $\Theta_{\boldsymbol{g}}^{(1)} \to \Theta_{\boldsymbol{g}}^{(1)} - 2\pi\boldsymbol{g} \cdot \boldsymbol{r}_0$, $\Theta_{\boldsymbol{g}}^{(2)} \to \Theta_{\boldsymbol{g}}^{(2)} - 2\pi\,(\boldsymbol{g} + \Delta \boldsymbol{g}) \cdot \boldsymbol{r}_0$, and, consequently $\alpha_{\boldsymbol{g}} \to \alpha_{\boldsymbol{g}} + 2\,\pi\,\Delta \boldsymbol{g} \cdot \boldsymbol{r}_0$. On the other hand, $-\,\Delta \boldsymbol{g} \cdot \boldsymbol{r} \to -\,\Delta \boldsymbol{g} \cdot \boldsymbol{r} - \Delta \boldsymbol{g} \cdot \boldsymbol{r}_0$. As a consequence, the expression $-\,2\,\pi\,\Delta \boldsymbol{g} \cdot \boldsymbol{r} + \alpha_{\boldsymbol{g}}$ does not change if the origin is shifted.

In thicker foils, it is an absolute necessity for understanding the finer details of the images, to take the anomalous absorption into account. This is done as already pointed out by substituting $1/t_{0\,i} \to 1/t_{0\,i}' + i(1/\tau_{0\,i})$. The quantities $t_{0\,i}/\tau_{i\,0}$ are small numbers of magnitude $10^{-1}$. Consequently, one has to a very good approximation

$$\sigma_i = \sigma_{r,\,i} + i\,\sigma_{i,\,i}; \qquad \sigma_{r,\,i} = \frac{1}{t_{0\,i}'} = \frac{\sqrt{1 + (s_i\,t_{0\,i})^2}}{t_{0\,i}}\,, \quad \sigma_{i,\,i} = \frac{1}{\tau_{0\,i}'} = \frac{1}{\tau_{0\,i}\sqrt{1 + (s_i\,t_{0\,i})^2}}\,. \tag{25a, b, c}$$

## 3. Remark on the Column Approximation

In the formulae previously derived by the present author [1] for the case of a moiré pattern, i.e. for the case $\alpha_{\boldsymbol{g}} = 0$ and $\Delta \boldsymbol{g}$ parallel to the foil surface, three excitation errors $s_1$, $s_2$ and $s_2'$ were needed instead of the two, $s_1$ and $s_2$, used here. However, it was shown [1] that $s_2' \simeq s_2$. The arguments leading to the general formulae (44) and (45) of reference [1] were not based on the column approximation. One is then inclined to believe that the system (4), expressing the column approximation, is responsible for the loss of this finer detail. Without going into much detail, we shall demonstrate that this is in fact so. Howie and Whelan [10] have proved that the system (4) can be derived from the Schrödinger equation. An alternative derivation, which will not be exposed in this paper, is possible. One finds then not immediately the system (4), but one for which the first members of the two equations are

$$(\boldsymbol{k}_0/k_0) \cdot \operatorname{grad}\,\Psi_0 \text{ and } (\boldsymbol{k}_{\boldsymbol{g}}/k_{\boldsymbol{g}}) \cdot \operatorname{grad}\,\Psi_{\boldsymbol{g}}\,.$$

Obviously these values differ only slightly from $\partial\Psi_0/\partial z$ and $\partial\Psi_g/\partial z$. Neglecting these differences is then equivalent to applying the column approximation. For the problem under consideration in this paper, one can perform the calculations with the aid of the more general system. The final result (23) is then only very slightly altered. One finds now in fact two excitation errors:

$$s_2 = s_1 - \frac{\boldsymbol{k_g}}{k_g} \cdot \boldsymbol{\Delta g} \quad \text{and} \quad s_2' = s_1 - \frac{\boldsymbol{k_0}}{k_0} \cdot \boldsymbol{\Delta g}$$

instead of the single one

$$(s_2)_0 = s_1 - \boldsymbol{e_x} \cdot \boldsymbol{\Delta g} = \left(s_1 - (\Delta g)_n\right).$$

Moreover

$\exp i\pi\, (s_2)_0\, z_2\, M\left(z_2, (s_2)_0, t_{02}\right)$ has to be changed into

$$\begin{pmatrix} \exp i\pi\, s_2\, z_2\, T(z_2, s_2, t_{02}) & \exp i\pi\, s_2'\, z_2\, S(-s_2', z_2, t_{02}) \\ \exp i\pi\, s_2\, z_2\, S(z_2, s_2, t_{02}) & \exp i\pi\, s_2'\, z_2\, T(-s_2', z_2, t_{02}) \end{pmatrix}. \tag{26}$$

We have preferred not to go into the details of the calculation, since it is obvious that it is a very good approximation to put

$$s_2 = s_2' = (s_2)_0\,. \tag{27}$$

This amounts to neglecting $(\boldsymbol{\rho}/k_0) \cdot \boldsymbol{\Delta g}$, $(\boldsymbol{\rho} + \boldsymbol{g}/k_0) \cdot \boldsymbol{\Delta g}$ with respect to $(\Delta g)_n$, if $\boldsymbol{\rho}$ is the projection of $\boldsymbol{k_0}$ on the foil surface. Obviously, this is justified since $|\boldsymbol{\rho}/k_0|$ is of the order of magnitude $10^{-2}$.

Until now, one has supposed that the interface was parallel to the surface of the foil. However, the results remain true if this interface is inclined with respect to the surface of the foil, provided one accepts then the column approximation. The derived expressions are no longer correct ones, although very good approximations. Assuming the column approximation results in neglecting $(\boldsymbol{\rho}/k_0) \cdot \operatorname{grad} \Psi_0$ and $(\boldsymbol{\rho} + \boldsymbol{g}/k_0) \cdot \operatorname{grad} \Psi_g$ with respect to $\partial\Psi_0/\partial z$ and $\partial\Psi_g/\partial z$ which is again acceptable since $|\boldsymbol{\rho}/k_0|$ and $|\boldsymbol{\rho} + \boldsymbol{g}/k_0|$ are of the order of magnitude $10^{-2}$.

## 4. Different Types of Fringe Patterns

Depending on the particular situation the general expression (23) can give rise to different types of fringe patterns. In this paragraph we will enumerate some of these; this list is not considered as exhaustive.

### *4.1 Stacking fault fringe pattern*

This type of pattern is obtained if the two parts I and II are identical, the second being displaced over an amount $\boldsymbol{R}$, the displacement or shear vector of the fault. This vector $\boldsymbol{R}$ is not a lattice vector, and the interface is supposed to be inclined with respect to the foil surface, like in Fig. 2. This figure represents the intersection of the foil with the plane normal to the intersection line of the foil surface and the fault plane.

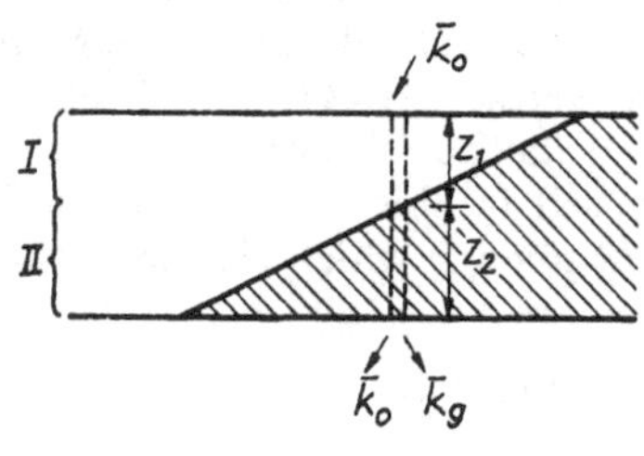


Fig. 2. Plate-shaped foil containing a stacking fault on a plane inclined with respect to the surface. Section normal to the intersection line of surface and fault plane. The shaded part is the displaced part of the crystal

One has then

$$\Delta \boldsymbol{g} = 0\,, \qquad s_1 = s_2 = s\,.$$

Moreover, one has

$$V_2(\boldsymbol{r}) = V_1(\boldsymbol{r} - \boldsymbol{R}) = \Sigma\, V_{\boldsymbol{g}}^{(1)} \exp i\, 2\pi \boldsymbol{g} \cdot (\boldsymbol{r} - \boldsymbol{R})$$
$$= \Sigma (V_{\boldsymbol{g}}^{(1)} \exp - i\, \alpha_{\boldsymbol{g}}) \exp i\, 2\pi \boldsymbol{g} \cdot \boldsymbol{R}\,,$$

where

$$\alpha_{\boldsymbol{g}} = 2\pi \boldsymbol{g} \cdot \boldsymbol{R}\,. \tag{28}$$

One finds back the known results for a geometric stacking fault [6, 3].

The same type of fringe pattern can occur if the difference in phase of $V_{\boldsymbol{g}}$ and $V'_{\boldsymbol{g}}$ does not arise from a displacement, but from a different structure of the crystals, although the lattices of I and II are the same and not displaced with respect to each other.

The image has a fringe character, due to the periodicity (period $t'_0$) of the goniometric functions contained in the expressions for $T_i$ and $S_i$.

#### *4.2 Rotation moirés and parallel moirés with interface parallel to the foil surface*

This is the case considered in our previous paper [1], i. e. $z_1$ constant, $\Delta \boldsymbol{g}$ parallel to the surface of the foil; $\alpha_{\boldsymbol{g}}$ constant; $s_1 \simeq s_2$; the expression $\exp(-i 2\pi\, \Delta \boldsymbol{g} \cdot \boldsymbol{r}_1 + i\, \alpha_{\boldsymbol{g}}) = \exp i\, 2\pi \frac{x - \bar{x}_0}{\Lambda}$ is then the factor responsible for the fringe character of the interference image: $\Lambda = 1/|\Delta \boldsymbol{g}|$, the $x$-axis is chosen parallel to $\Delta \boldsymbol{g}$ and one has put $\alpha_{\boldsymbol{g}} = -2\pi\, \bar{x}_0/\Lambda$.

#### *4.3 Wedge-fringes*

A very simple situation prevails, if the orientation is far from any exact Bragg orientation for reflection in one of the two parts, let us say in part I. One has then $S_1 \simeq 0$, $T_1 \simeq \exp - i\pi\, s_1 z_1$ and one obtains

$$T \simeq T_2 \exp i\pi\, s_2 z_2\,, \qquad S \simeq S_2 \exp i\pi\, s_2 z_2\,. \tag{29}$$

If the interface is inclined with respect to the surface of the foil, the expressions (29) are the same as those for a perfect wedge. One observes thickness fringes. Situations like these can occur in twin boundaries, grain boundaries, phase boundaries.

#### *4.4 Coherent twin boundaries*

It can happen that two different phases of a crystal are in contact with each other in a coherent manner: the contact plane is then a crystallographic plane for both crystals. Let $\boldsymbol{a}$ and $\boldsymbol{b}$ be the lattice vectors of the boundary plane, and let us suppose further that there is a third lattice vector, not in the boundary plane, $\boldsymbol{c}$ for I and $\boldsymbol{c} + \Delta \boldsymbol{c}$ for II, such that $|\Delta \boldsymbol{c}| \ll |\boldsymbol{c}|$. To any reciprocal lattice

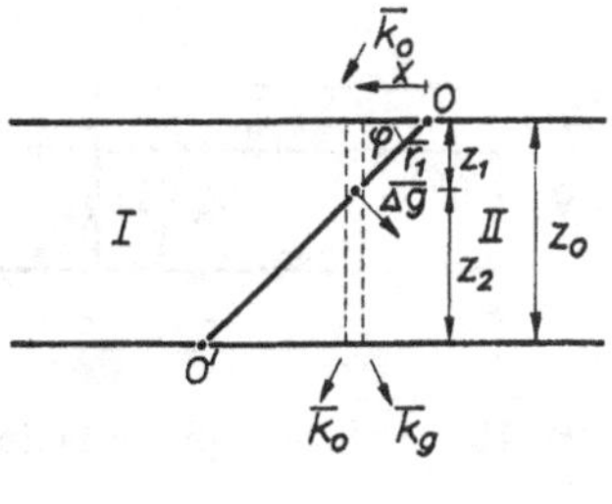


Fig. 3. Scheme representing a plate-shaped foil formed by two coherent twins. Section normal to the intersection line of surface and twin plane. $00'$ twin plane; $\boldsymbol{r}_1$ position vector, with $O$ as origin, determining the intersection of a column normal to the surface with the twin plane. $\Delta \boldsymbol{g} = \boldsymbol{g}' - \boldsymbol{g}$; $\boldsymbol{g}$ and $\boldsymbol{g}'$ active reciprocal lattice vectors; $\Delta \boldsymbol{g} \cdot \boldsymbol{r}_1 = 0$

vector $\boldsymbol{g}$ of I corresponds then a reciprocal lattice vector $\boldsymbol{g} + \Delta \boldsymbol{g}$ of II, with the same Miller indices, such that $|\Delta \boldsymbol{g}| \ll |\boldsymbol{g}|$. One has $\boldsymbol{a} \cdot \boldsymbol{g} = \boldsymbol{a} \cdot (\boldsymbol{g} + \Delta \boldsymbol{g})$ and $\boldsymbol{b} \cdot \boldsymbol{g} = \boldsymbol{b} \cdot (\boldsymbol{g} + \Delta \boldsymbol{g})$ since $\boldsymbol{a}$ and $\boldsymbol{b}$ are lattice vectors of I and II. As a consequence, $\boldsymbol{a} \cdot \Delta \boldsymbol{g} = 0$ and $\boldsymbol{b} \cdot \Delta \boldsymbol{g} = 0$, or, stated otherwise, $\Delta \boldsymbol{g}$ is normal to the coherent boundary plane.

The situation is schematically represented in Fig. 3, where the plane of the drawing represents a section normal to the intersection of the coherent boundary and the surface of the foil. The origin can then be taken in the point $O$, which is a lattice point for the two crystals I and II. As a consequence, one has to put in (23)

$$\alpha_{\boldsymbol{g}} = 0 \quad \text{and} \quad \Delta \boldsymbol{g} \cdot \boldsymbol{r}_1 = 0. \tag{30a, b}$$

One gets then

$$\Psi_0 = [\exp i\pi (s_1 z_1 + s_2 z_2)] [T_1 T_2 + S_1 S_{\bar{2}}], \tag{31a}$$

$$\Psi_{\boldsymbol{g}} = [\exp i\pi (s_1 z_1 + s_2 z_2)] [T_1 S_2 + S_1 T_{\bar{2}}] \tag{31b$^{2)}$}$$

The expressions (31a, b) will give rise to a rather simple fringe pattern, the fringes being then parallel to the intersection of boundary plane and foil surface, since $z_1 = x \operatorname{tg} \varphi$, $z_2 = z_0 - z_1$ (see Fig. 3). The fringe pattern is due to the quasi-periodicity (there is no strict periodicity since anomalous absorption must be taken into account) of $T_1$ and $S_1$, period $t'_{01}$ and of $T_2$ and $S_2$, period $t'_{02}$. The difference between $t'_{01}$ and $t'_{02}$ can be important enough to complicate the pattern. Fringe patterns of this type have been observed in this laboratory in ferroelectric barium titanate and in antiferromagnetic nickel oxide [16, 17]. Several very marked differences with stacking fault fringe patterns are found. It is not the purpose of this paper to describe the details of the patterns. This discussion will be developed in a separate paper.

#### 4.5 General situation

By a general situation is meant that $s_2 \neq s_1$, $\alpha_{\boldsymbol{g}} \neq 0$, $\Delta \boldsymbol{g} \cdot \boldsymbol{r}_1 \neq 0$, $|(\Delta \boldsymbol{g})_n| \neq 0$, $|(\Delta \boldsymbol{g})_p| \neq 0$, and that the projection of $\Delta \boldsymbol{g}$ on the foil surface is not parallel to the intersection line of the interface and the foil surface. A complicated pattern is then to be expected:

a) there is a quasi-periodicity in the $x$-direction, if the $x$-axis is defined to the intersection of the fault plane and the boundary plane: $T_1$ and $S_1$ have the quasidepth period $t'_{01}$, while $T_2$ and $S_2$ present a different period $t'_{02}$. Moreover, the factor $\exp - i\, 2\pi (\Delta g)_n z_1$ has also a periodic character in $z_1$, i.e. in $x$, the depth period being $1/(\Delta g)_n$.

b) There is a strict periodicity in the $y$-direction, if the $y$-axis is taken parallel to $(\Delta \boldsymbol{g})_p$; the period is now $1/(\Delta g)_p$.

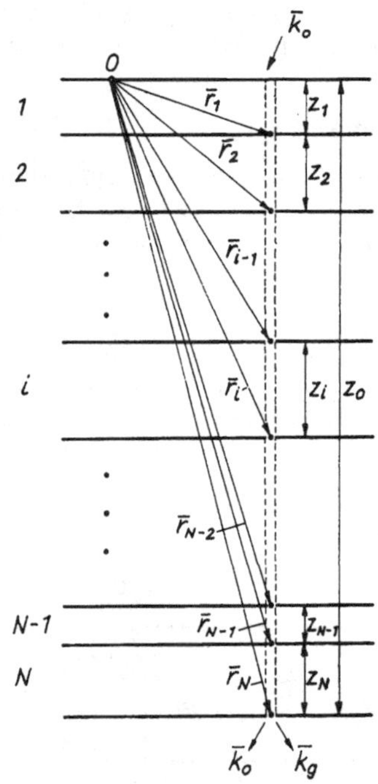


Fig. 4. Section normal to the surface of a foil formed by the superposition of $N$ parallel plate-shaped crystals. $z_1, z_2, \ldots, z_N$: thicknesses; $z_0 = z_1 + \cdots + z_N$; $\boldsymbol{r}_1, \boldsymbol{r}_2, \ldots, \boldsymbol{r}_N$: position vectors determining the intersections of a column normal to the surface with the different interfaces and with the exit surface

[2]) The irrelevant phase-factor $[\exp - i\,(2\pi\, \Delta \boldsymbol{g} \cdot \boldsymbol{r}_2 + \Theta_{\boldsymbol{g}}^{(2)})]$ has been left out.

## 5. Generalization for more than Two Crystals

In a previous paper [3], we have extended the formulae for a foil containing a single stacking fault to the case of a series of parallel faults. In a completely analogous way, one can generalize the formulae (23) for the situation shown in Fig. 4. One considers now a succession of $N$ parallel plate-shaped crystals with thicknesses $z_1, z_2, \ldots, z_i, \ldots, z_N$. The total thickness is $z_0 = \sum_1^N z_i$. In crystal labelled $i (i = 1,\ldots,N)$ the active diffraction vector is $\boldsymbol{g} + \Delta \boldsymbol{g}_i$ $(\Delta \boldsymbol{g}_1 = 0)$, the excitation error $s_i = s - (\Delta g_i)_n$, $(\Delta g_i)_n$ being the component of $\Delta \boldsymbol{g}_i$ normal to the foil surface, the extinction distance $t_{0i}$, and $\alpha_{\boldsymbol{g}}^{(i)}$ represents $\Theta_{\boldsymbol{g}}^{(i-1)} - \Theta_{\boldsymbol{g}}^{(i)}$, where $\Theta_{\boldsymbol{g}}^{(i)}$ is again the phase-angle of the Fourier coefficient $V_{\boldsymbol{g}}^{(i)}$ of the potential in the $i^{\text{th}}$ crystal.

One has derived in 2. how the values of $\Psi_0$ and $\Psi_{\boldsymbol{g}}$ at the exit surface $z = z_1 + z_2$ can be deduced from the values of these amplitudes at the interface $z = z_1$ (see (20) and (15d) with $z = z_1 + z_2$). A completely analogous calculation leads to a similar relation between the values of $\Psi_0$ and $\Psi_{\boldsymbol{g}}$ at an interface $z = z_1 + \cdots + z_i$ and at the preceding interface $z = z_1 + \cdots + z_{i-1}$.

One obtains

$$\begin{pmatrix}\Psi_0\\ \Psi_{\boldsymbol{g}}\end{pmatrix}_{z = z_1 + \cdots + z_i} = \begin{pmatrix}1 & 0\\ 0 & \exp i\, 2\pi\, \Delta \boldsymbol{g}_i \cdot \boldsymbol{r}_i + i\, \Theta_{\boldsymbol{g}}^{(i)}\end{pmatrix} \cdot$$

$$\times \exp i \pi s_i z_i M_i \begin{pmatrix}1 & 0\\ 0 & \exp - i\, 2\pi\, \Delta \boldsymbol{g}_i \cdot \boldsymbol{r}_{i-1} - i\, \Theta_{\boldsymbol{g}}^{(i)}\end{pmatrix} \begin{pmatrix}\Psi_0\\ \Psi_{\boldsymbol{g}}\end{pmatrix}_{z = z_1 + \cdots + z_{i-1}}, \tag{32a}$$

where

$$M_i = M(s_i, z_i, t_{0i}). \tag{32b}$$

One finds by repeated application of (32a)

$$\begin{pmatrix}\Psi_0\\ \Psi_{\boldsymbol{g}}\end{pmatrix}_{z = z_0} = \begin{pmatrix}1 & 0\\ 0 & \exp i\, 2\pi\, \Delta \boldsymbol{g}_N \cdot \boldsymbol{r}_N + i\, \Theta_{\boldsymbol{g}}^{(N)}\end{pmatrix} [\exp i \pi (s_1 z_1 + \cdots + s_N z_N)]$$

$$\times \left[\prod_{i=2}^{N} M_i Q_{i,\, i-1}\right] M_1 \begin{pmatrix}1\\ 0\end{pmatrix}, \tag{33a}$$

where the transition matrix $Q_{i,\, i-1}$ is defined by

$$Q_{i,\, i-1} = \begin{pmatrix}1 & 0\\ 0 & \exp - i\, 2\pi\, (\Delta \boldsymbol{g}_i - \Delta \boldsymbol{g}_{i-1}) \cdot \boldsymbol{r}_{i-1} + i\, \alpha_{\boldsymbol{g}}^{(i)}\end{pmatrix} \tag{33b}$$

with

$$\alpha_{\boldsymbol{g}}^{(i)} = \Theta_{\boldsymbol{g}}^{(i-1)} - \Theta_{\boldsymbol{g}}^{(i)}. \tag{33c}$$

If one puts $\Delta \boldsymbol{g}_i = 0$, $s_i = s (i = 1, \ldots, N)$, one finds back the formulae for a sequence of stacking faults [3][3]). The notation $\left(\prod_{r=2}^{N} A_r\right) M_1$ means $A_N A_{N-1} \ldots A_2 M_1$ and should be multiplied to the right with $\begin{pmatrix}1\\ 0\end{pmatrix}$. Each part between two successive interfaces is described by a $M_r$ matrix and each interface by a $Q$ matrix. All the matrices have to be multiplied in the order in which they are met when crossing the crystal from entrance to exit surface.

[3]) An unfortunate error has slipped in the formulae (65) and (66) of the reference [3]. Where $- i\, \alpha_{r-1}$ is written, $i\, \alpha_{r-1}$ should be read.

A very large number of different situations can occur. A classification seems prohibitively complicated.

We shall only consider briefly two particular situations which have already been treated elsewhere.

### 5.1 Vacuum layer

Let us suppose that the $i^{\text{th}}$ part is a vacuum layer, or, more general, any crystal foil far from any exact Bragg orientation for reflection. One can account for this easily in formulae (33a) by putting

$$s_i = s_{i-1}, \, \Delta \boldsymbol{g}_i = \Delta \boldsymbol{g}_{i-1}\,, \quad \alpha_{\boldsymbol{g}}^{(i)} = 0, \text{ i. e. } Q_{i,\,i-1} = \begin{pmatrix} 1 & 0 \\ 0 & 1 \end{pmatrix}$$

and by making $t_{0i} \to \infty$, i. e.

$$M_i = \begin{pmatrix} \exp - i\pi s_{i-1} z_i & 0 \\ 0 & \exp i\pi s_{i-1} z_i \end{pmatrix}.$$

For the case considered by HASHIMOTO et al. [2] of two crystals with a vacuum layer sandwiched between them, one gets then (see Fig. 5)

$$\begin{pmatrix} \Psi_0 \\ \Psi_{\boldsymbol{g}}\,[\exp i\,2\pi \Delta \boldsymbol{g} \cdot \boldsymbol{r}_3 + \Theta_{\boldsymbol{g}}^{(3)}] \end{pmatrix} = \{\exp i\pi\,[s_1\,(z_1+z_2) + s_3 z_3]\}$$
$$\times\, M_3 Q_{32} \begin{pmatrix} \exp - i\pi s_1 z_2 & 0 \\ 0 & \exp i\pi s_1 z_2 \end{pmatrix} M_1 \begin{pmatrix} 1 \\ 0 \end{pmatrix}$$

or, explicitely, if one introduces the expressions for $M_3$, $M_1$ and $Q_{32}$

$$\Psi_0 = [\exp i\pi\,(s_1 z_1 + s_3 z_3)]$$
$$\times\, \{T_3 T_1 + S_{\bar{3}} S_1 \exp [- i\,2\pi \Delta \boldsymbol{g} \cdot \boldsymbol{r}_2 + i\,2\pi s_1 z_2 + i\,\alpha_{\boldsymbol{g}}^{(3)}]\} \tag{34a}$$

$$[\exp (i\,2\pi \Delta \boldsymbol{g} \cdot \boldsymbol{r}_3 + \Theta_{\boldsymbol{g}}^{(3)})]\, \Psi_{\boldsymbol{g}} = [\exp i\pi\,(s_1 z_1 + s_3 z_3)]$$
$$\times\, \{S_3 T_1 + S_1 T_{\bar{3}} \exp [- 2\pi \Delta \boldsymbol{g} \cdot \boldsymbol{r}_2 + i\,2\pi s_1 z_2 + i\,\alpha_{\boldsymbol{g}}^{(3)}]\}\,. \tag{34b}$$

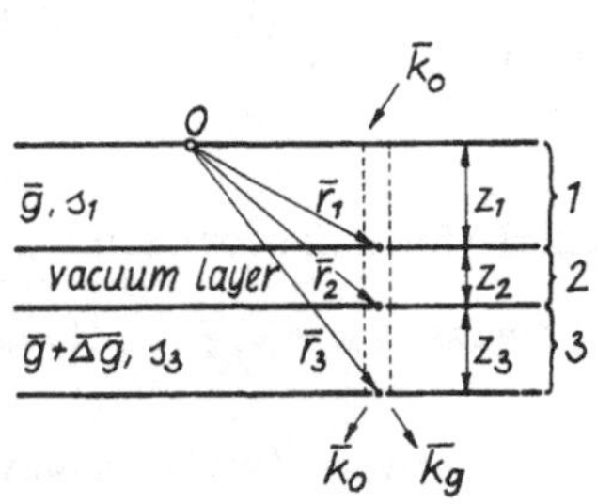


Fig. 5. Section normal to the surface of a foil formed by two parallel plate-shaped crystals separated by a vacuum layer; $\boldsymbol{r}_1$, $\boldsymbol{r}_2$ and $\boldsymbol{r}_3$ position vectors determining the intersections of a column normal to the surface of the foil, with the surfaces of the crystals. The reciprocal lattice vectors and the excitation errors are indicated on the figure

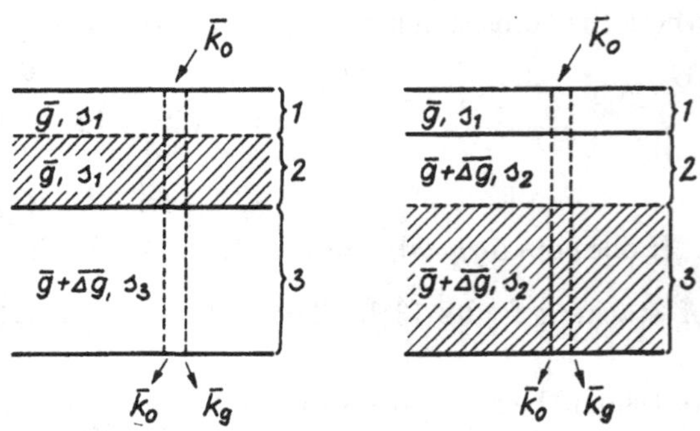


a) The fault occurs in the first crystal

b) The fault occurs in the second crystal

Fig. 6. Section normal to the surface of a foil formed by the superposition of two parallel plate-shaped crystals, one of them containing a stacking fault parallel to the surface of the foil. The displaced part is shaded. The reciprocal lattice vectors and the excitation errors are indicated on the figure

### *5.2 Moiré pattern if one of the two crystals contains a stacking fault*

In two previous papers [4, 5], we have considered the case of two overlapping parallel plate-shaped crystals, one of the two crystals containing a single stacking fault, like in Fig. 6a, where the crystal I is faulted, or, like in Fig. 6b, where the fault is present in the second crystal. The same problem has been treated by NAIKI [18], using, however, the method of the dispersion surface.

The results are contained as particular cases in the general result (33a). For the situation of Fig. 6a, one has $N = 3, \Delta\boldsymbol{g}_2 = 0, \Delta\boldsymbol{g}_3 = \Delta\boldsymbol{g}, s_2 = s_1, \alpha_{\boldsymbol{g}}^{(2)} = \alpha = 2\pi\boldsymbol{g}\cdot\boldsymbol{R}$, $\boldsymbol{R}$ being the displacement due to the stacking fault. For the situation of Fig. 6b, one has $N = 3, \Delta\boldsymbol{g}_2 = \Delta\boldsymbol{g}_3 = \Delta\boldsymbol{g}, s_2 = s_3, \alpha_{\boldsymbol{g}}^{(3)} = \alpha = 2\pi(\boldsymbol{g}+\Delta\boldsymbol{g})\cdot\boldsymbol{R} \simeq 2\pi\boldsymbol{g}\cdot\boldsymbol{R}$.


### *Acknowledgement*

Thanks are due to Prof. Dr. S. AMELINCKX for helpful discussion.


## References


[1] R. GEVERS, Phil. Mag. **7**, 1681 (1962).
[2] H. HASHIMOTO, M. MANNANI, and T. NAIKI, Phil. Trans. **A 253**, 459 (1961).
[3] R. GEVERS, phys. stat. sol. **3**, 415 (1963).
[4] R. GEVERS, Proc. of the Int. Congr. for Electron Microscopy, Philadelphia, 1962, Academic Press, New York **1**, B-12 (1962).
[5] R. GEVERS, phys. stat. sol., **3**, 1214 (1963).
[6] M. J. WHELAN and P. B. HIRSCH, Phil. Mag. **2**, 1121 (1957).
[7] R. ART, R. GEVERS, and S. AMELINCKX, phys. stat. sol. **3**, 697 (1963).
[8] R. GEVERS, R. ART, and S. AMELINCKX, phys. stat. sol., **3**, 1563 (1963).
[9] A. HOWIE and M. J. WHELAN, Proc. Eur. Reg. Conf. on Electr. Micr., Delft, **1**, 194 (1960).
[10] A. HOWIE and M. J. WHELAN, Proc. Roy. Soc. **A 263**, 217 (1961).
[11] A. HOWIE and M. J. WHELAN, Proc. Eur. Reg. Conf. on Electr. Micr., Delft, **1**, 181 (1960).
[12] H. HASHIMOTO, A. HOWIE, and M. J. WHELAN, Proc. Eur. Reg. Conf. on Electr. Micr., Delft, **1**, 207 (1960).
[13] K. MOLIÈRE, Ann. Phys. (Leipzig) **34**, 461 (1939).
[14] H. YOSHIOKA, J. Phys. Soc. Japan **12**, 618 (1957).
[15] C. H. MACGILLAVRY, Physica **7**, 329 (1940).
[16] P. DELAVIGNETTE and S. AMELINCKX, Appl. Phys. Letters, **2**, 236 (1963).
[17] H. BLANK and S. AMELINCKX, Appl. Phys. Letters, **2**, 140 (1963).
[18] T. NAIKI, J. Phys. Soc. Japan **17**, 145 (1962).


*(Received June 21, 1963)*

phys. stat. sol. 3, 1684 (1963)

*Physics Department, University of Delaware, Newark, Delaware (a), and IV. Physikalisches Institut der Humboldt-Universität, Berlin (b),*

# Self-Activated Semiconductivity in CdS Single Crystals

By

K. W. BÖER (a), R. BOYN (b), and O. GOEDE (b)

The results of this paper show that self-activated conductivity is present in moderately doped CdS crystals above 220 °C. Measurements are made of the dark conductivity $\sigma$ in vacuum between 220 and 400 °C, at different heating and cooling rates. For the stationary conductivity, two straight lines are obtained in a log $\sigma$ vs $T^{-1}$ plot, with activation energies of 0.67 and 0.98 eV below and above 300 °C, respectively, which are independent of doping. It is shown that Frenkel disorder is dominant and determines conductivity above 300 °C, whereas at lower temperatures its influence is exceeded by a surface layer of high conductivity. The formation energy $\epsilon_F$ of Frenkel defects is estimated to be between 1.2 and 3.2 eV.

The influence of sulfur vapor on conductivity is investigated between 450 and 650 °C. The observed decrease in conductivity is attributed to the diffusion of singly ionized Cd interstitials from the interior to the surface of the crystal. The diffusion coefficient for this process is deduced to be $2.1 \times 10^{-5}$ exp cm² s⁻¹. $\left(\frac{-0.6 \text{ eV}}{kT}\right)$ Furthermore, a relation is obtained for the ionization energies of Cd interstitials and Cd vacancies, and an estimate given of the band gap for thermal excitation.

Die Ergebnisse dieser Arbeit zeigen, daß in verschieden dotierten CdS-Einkristallen oberhalb von 220 °C „selbstaktivierte" Leitfähigkeit vorliegt. Es wurden Messungen der Dunkelleitfähigkeit zwischen 220 und 400 °C im Vakuum bei unterschiedlichen Aufheiz- bzw. Abkühlgeschwindigkeiten durchgeführt. Die stationäre Leitfähigkeit ergab in einer log $\sigma/T^{-1}$-Darstellung zwei Geraden, die entsprechenden Aktivierungsenergien sind, unabhängig von der Dotierung, 0,67 und 0,98 eV unter- bzw. oberhalb von 300 °C. Es wird gezeigt, daß oberhalb von 300 °C Frenkel-Fehlordnung vorherrscht und die Leitfähigkeit bestimmt, während bei tieferen Temperaturen eine Oberflächenschicht mit hoher Leitfähigkeit den Einfluß der Frenkel-Fehlordnung überwiegt. Die Bildungsenergie $\epsilon_F$ der Frenkel-Defekte wird zu $1,2 < \epsilon_F < 3,2$ eV abgeschätzt.

Der Einfluß von Schwefeldampf auf die Leitfähigkeit wurde zwischen 450 und 650 °C untersucht. Die beobachtete Abnahme der Leitfähigkeit wird der Diffusion von einfach ionisiertem Cd auf Zwischengitterplatz aus dem Innern des Kristalls zur Oberfläche zugeschrieben. Als Diffusionskonstante für diesen Prozeß ergab sich $D = 2{,}1 \cdot 10^{-5} \exp\left(\frac{-0{,}6 \text{ eV}}{kT}\right) \text{cm}^2 \text{s}^{-1}$. Weiterhin wird eine Relation zwischen den Ionisierungsenergien von Cd-Zwischengitterfehlstellen und -lücken angegeben und der Bandabstand für thermische Anregung abgeschätzt.

## 1. Introduction

The electrical dark conductivity of semiconductors in general increases exponentially with temperature. For electronic semiconductors one often obtains from the exponents the ionization energy of lattice defects or the band gap for thermal excitation. This procedure is inapplicable at high temperatures at which the concentrations of levels in the forbidden gap are changed due to changes in the concentrations of lattice defects.

Obviously this is the case with undoped and moderately doped CdS crystals for which changes in the concentrations of defect levels can be produced by heat treatments already slightly above room temperature. Preliminary studies [1, 2] have indicated that this effect indeed strongly influences the dark conductivity in CdS crystals above 220 °C, which has been concluded from the large times necessary for the attainment of the stationary values at a given temperature and the possibility of freezing-in, by rapid cooling, the effect of previous heat treatments. It has been shown in [2] that between 220 and 380 °C [1]) the conductivity $\sigma$ vs temperature curves measured at *low* heating or cooling rates (stationary curves) are independent of doping if the impurity concentrations are not too high[2]). Straight lines are obtained in a log $\sigma$ vs $T^{-1}$ diagram, with different activation energies below and above 300 °C.

These results have been interpreted in the following manner: In this temperature range the Fermi level and thus the concentration of conduction electrons ($n$) is determined by intrinsic lattice defects due to thermodynamic disorder (e.g., Frenkel or Schottky defects). Thus, in general, with rising temperature $n$ increases due to an increase in the degree of ionization, as well as in the concentration, of the defects. We will refer to this type of conductivity as *self-activated semiconductivity*. The attainment of the stationary value of $n$ at a given temperature is due to the attainment of the equilibrium of disorder. The energy distribution of the electrons should be in equilibrium in this temperature range, for all rates at which the temperature is changed in the experiments.

In the present paper further information will be given on the conduction mechanism and the nature of the defects which determine conductivity. To this end detailed investigations are made of the kinetics of dark conductivity and the effect of sulfur vapor.

## 2. Experimental

Fifteen CdS platelets of high crystallographic quality were investigated. They were obtained by sublimation of spectral grade microcrystals at 950 °C and cooled in an atmosphere of inert gas. Some of them were doped during sublimation with Ag, Cu, Fe, Co, or Ni to concentrations of up to $10^{17}$ cm$^{-3}$ (co-activator Cl). The size of these crystals varied between $4 \times 2 \times 0.04$ mm$^3$ and $10 \times 4 \times 0.1$ mm$^3$.

One series of conductivity measurements was made in a vacuum of about $10^{-5}$ mm Hg. The crystals had two large evaporated silver electrodes on one surface which

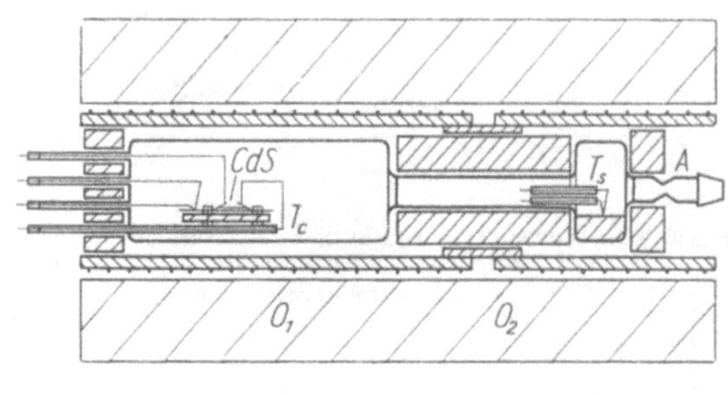


Fig. 1. Double furnace $O_1$ and $O_2$ with vessel for CdS and S

[1]) The upper temperature limit has been chosen so that the interaction with the gas phase (inert gas or vacuum) is still frozen-in.

[2]) The same stationary curves are obtained for crystals made by Frerich's technique and by sublimation.

were separated by 3 mm. Probes were used to eliminate the influence of contact barrier layers. The voltage applied to the crystals was 6 volts.

Another series of conductivity measurements was performed in vessels of hard glass or quartz which contained sulfur vapor and were heated in a double furnace (Fig. 1). Good thermal insulation between the two furnaces permitted the temperatures to be varied independently in each part of the vessel. The crystals used for this set of measurements had large evaporated gold electrodes similar to those mentioned above and were kept on a gold holder with mica insulators. After being partly filled with doubly distilled sulfur, the vessel was evacuated, and, after melting and outgassing the sulfur, sealed at A (Fig. 1). Fulfilling the temperature condition $T_c > T_s$, the partial pressure of sulfur was calculated from $T_s$.

## 3. Results

### 3.1 *Measurements of dark conductivity in vacuum*

As is known, CdS crystals show, on initial heating in vacuum, a conductivity (virginal state) completely different from that found in later experiments. Therefore all crystals were kept at 400 °C for approximately 15 minutes before carrying out the measurements described below.

The dark conductivity has been measured in the temperature range 220 to 400°C [3]). If the crystals are heated or cooled more slowly than 0.05°/s conductivity

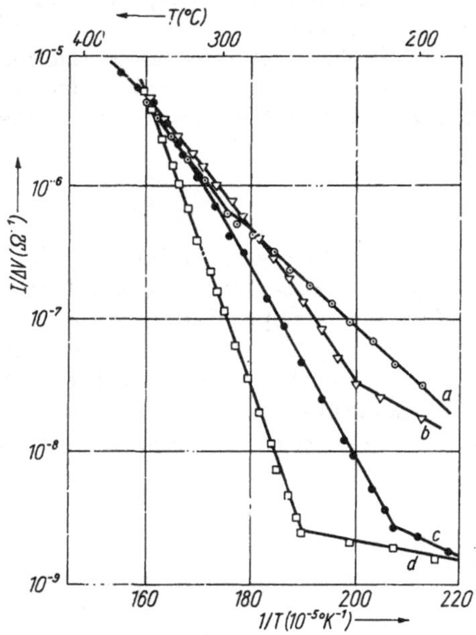


Fig. 2. Temperature dependence of the conductance of undoped CdS for different heating rates

a) Stationary curve (heating or cooling rate <0.02°/s)
b) Heating rate 0.25°/s
c) Heating rate 3°/s
d) Heating rate 6°/s

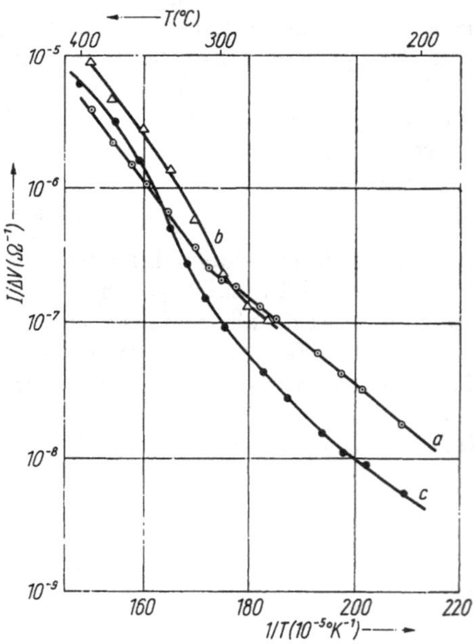


Fig. 3. Temperature dependence of the conductance of undoped CdS for different initial temperatures $T_0$

a) Stationary curve
b) $T_0$ = 20 °C, heating rate 0.6°/s
c) $T_0$ = 270 °C, heating rate 2°/s

[3]) The lower limit of this range is given by the large time constants of conductivity; the upper limit is given by the fact that crystals heated to above 400 °C in vacuum show an irreversible increase of conductivity which is probably due to the evaporation of one component of the lattice.

is found to be independent of the rate and sign of the temperature variation (*stationary curve*, a in Fig. 2). For heating rates $> 0.05°$/s the conductivity lies below the stationary curve at low temperatures. The greater the heating rate, the lower are the non-stationary curves, and the steeper the rise near 300 °C (Fig. 2). Above 300 °C during rapid heating conductivity frequently exceeds the stationary curve. This effe ctis especially pronounced for high initial temperatures (curve b in Fig. 3).

For cooling rates $> 0.05°$/s an inverse behavior is observed: The nonstationary conductivity lies below the stationary curve at temperatures higher than 300 °C, and exceeds this curve at lower temperatures (Fig. 4).

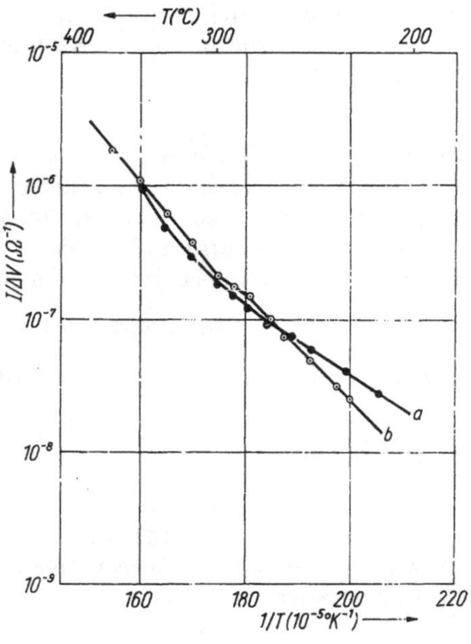


Fig. 4. Temperature dependence of the conductance of undoped CdS for rapid cooling
a) Stationary curve
b) Cooling rate 0.07°/s

The curves of stationary *conductivity* calculated from the measured current and potential difference between the probes are found to be equal for different crystals within the limits of experimental error, provided only that the conductivity of the crystals is sufficiently homogeneous (crystals with pronounced surface structures give slightly different results, presumably because of considerable field inhomogeneities).

The stationary conductivity [4]) in the temperature ranges $220° < T < 300$ °C and $300° < T < 400$ °C, which will be referred to as range I and II, respectively, satisfies

$$\sigma_{\mathrm{I,II}} = \sigma_{\mathrm{I,II}}^{(0)} \exp\left(- E_{\mathrm{I,II}}/kT\right) \tag{1}$$

with the values[5])

$$\sigma_{\mathrm{I}}^{(0)} = (0.4 \pm 0.3)\,\Omega^{-1}\,\mathrm{cm}^{-3}, \quad \text{and} \quad \sigma_{\mathrm{II}}^{(0)} = (1.9 \pm 1.2)\,10^{2}\,\Omega^{-1}\,\mathrm{cm}^{-1},$$

$$E_{\mathrm{I}} = (0.67 \pm 0.05)\,\mathrm{eV}, \qquad E_{\mathrm{II}} = (0.975 \pm 0.02)\,\mathrm{eV}.$$

The temperature $T_b$ of the "break" between I and II is

$$T_b = (305 \pm 6)\,°\mathrm{C}.$$

### *3.2 Measurements of dark conductivity in sulfur vapor*

The effect of sulfur vapor on the conductivity of CdS has been studied between 450 and 650 °C [6]). The dark current is found to decrease with increasing sulfur

[4]) The discussion given in 4.4 shows that in range I there is a surface layer of high conductivity, so that $\sigma_{\mathrm{I}}$ should be considered as average conductivity values.

[5]) The relatively high errors in these values are probably caused by current and field inhomogeneities due to crystal imperfections.

[6]) The lower limit is given by the large time constants of the conductivity changes produced by changes in sulfur vapor pressure, the upper by contact instabilities occurring at higher temperatures.

vapor pressure in the entire temperature range investigated. The stationary current as a function of vapor pressure $p_S$ is reproducible within $\pm 5\%$ (Fig. 5) following

$$i \sim (p_S)^{-1/m} \tag{2}$$

with $m = 12$ to 17 (Fig. 6). Assuming that the current is only insignificantly affected by barrier layers, conductivity values $\sigma = 3.6 \times 10^4\, i(\Omega\ \mathrm{cm})^{-1}$ can be obtained for the crystal on which the curves in Fig. 5 and 6 have been measured ($i$ in $\mu$A).

The decay of the current observed after a step-like increase of the sulfur vapor pressure can be described by (see Fig. 7)

$$i(t) = i(\infty) + \big(i(0) - i(\infty)\big) \exp\left(-t/\tau\right). \tag{3}$$

The time constant depends exponentially on temperature (see Fig. 8)

$$\tau = \tau_0 \exp\left(E/kT\right) \tag{4}$$

with the values

$$\tau_0 = (0.2 \pm 0.1)\ \mathrm{s} \quad \text{and} \quad E = (0.6 \pm 0.15)\ \mathrm{eV}$$

which are independent of the sulfur vapor pressure.

It was checked, by a.c. measurements, that the results are not seriously affected by polarization effects.

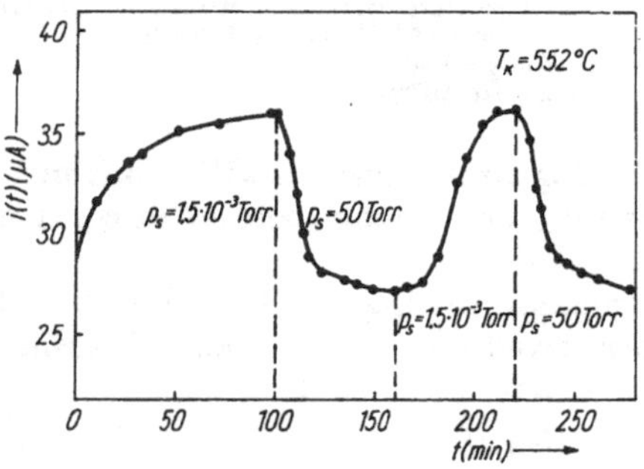


Fig. 5. Change of dark current due to an abrupt change in sulfur vapor pressure at 552 °C

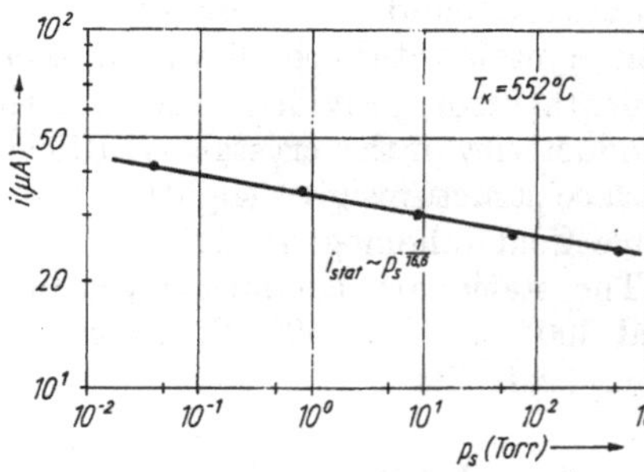


Fig. 6. Stationary dark current as a function of sulfur vapor pressure at 552 °C

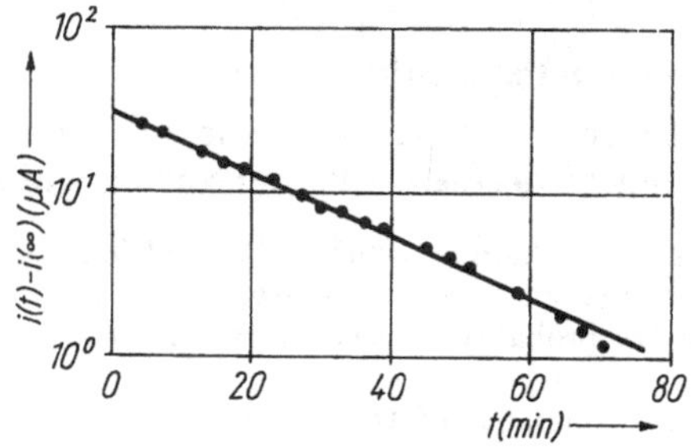


Fig. 7. Decay of dark current following a rapid increase in sulfur vapor pressure at 572 °C

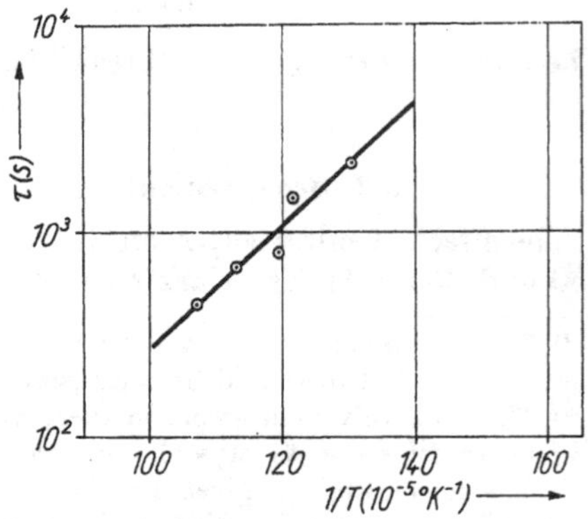


Fig. 8. Time constant for exponential decay as a function of temperature

## 4. Discussion

### *4.1 General remarks*

The results given in section 3 confirm the interpretation suggested in [1, 2] that self-activated semiconductivity as defined in section 1 is predominant in CdS at high temperatures. This will be seen in the following sections in which a detailed discussion will be given on this basis.

Unless stated otherwise, conductivity will be considered to be homogeneous. The effects of dislocations, grain boundaries, and other crystal imperfections on disorder processes and conductivity will not be taken into consideration due to the lack of information on these effects.

Since the curves measured between 220 and 400 °C in vacuum are reproducible it will be assumed that marked changes in deviations from the stoichiometric composition (due to evaporation) do not occur in this range, in contrast to the results obtained at considerably higher temperatures.

The discussion will be made in terms of non-associated intrinsic defects: Cd interstitials ($Cd_{\bigcirc}$) and S vacancies ($S_{\square}$), which will act as donors, and Cd vacancies ($Cd_{\square}$), which will act as acceptors. The formation of S interstitials is thought to be less probable due to the size of negative S ions.

It is convenient to begin with the discussion of the measurements performed in sulfur vapor.

### *4.2 Dark conductivity in the presence of sulfur vapor*

In the investigated temperature range (450 to 650 °C) the attainment of stationary conductivity values is due to the attainment of thermodynamic equilibrium between the bulk of the crystal and the gas phase. It will be assumed that the measured time constants are determined by the diffusion of defects between the interior and the surface of the crystal.

The measurements performed in this range enable a decision to be made between Frenkel and Schottky disorder. In the case of Schottky disorder, the time required for the attainment of equilibrium is determined by the diffusion of defects between the interior and the surface in this range as well as in temperature range II. However, an extrapolation of the log $\tau$ vs $T^{-1}$ plot (Fig. 8) to $T = 380$ °C yields $\tau \approx 10^4$ s, which is larger than the time constant observed at this temperature by more than two orders of magnitude. This contradicts the assumption of Schottky disorder, but can be understood if Frenkel disorder is thought to be the main type of disorder. In this case, after a change in sulfur vapor pressure, the concentrations of the defects change by diffusion between bulk and surface, too. After a temperature change (in range II), however, creation and annihilation of $Cd_{\bigcirc}$ and $Cd_{\square}$ occur throughout the crystal, and this explains the small time constants observed in range II.

It will be assumed that $Cd_{\bigcirc}$ are mainly singly ionized and that they are more mobile than $Cd_{\square}$, so that an increase in the pressure of sulfur vapor $S_{\mu}$ leads to an outward diffusion of $Cd_{\bigcirc^+}$, which is described by the equation

$$Cd_{\bigcirc^+} + e + \frac{1}{\mu} S_{\mu} = CdS\,. \qquad (5)$$

As a consequence, the concentration of $Cd_{\square}$ is increased according to the mass action law $[Cd_{\bigcirc}]\,[Cd_{\square}] = \text{const.}$

*Dependence of stationary conductivity on sulfur vapor pressure*

From (5) one obtains the mass action law

$$n\,[\mathrm{Cd}_{\mathrm{O}^+}]\, p_{S_\mu}^{\frac{1}{\mu}} = K\,.$$

An interpretation of the measured pressure dependence can be made only by assuming $n \sim [\mathrm{Cd}_{\mathrm{O}^+}]$

$$n = \mathrm{const.}\,(p_{S_\mu})^{-\frac{1}{2\mu}},$$

and this agrees with (2), since $\mu$ lies between 6 and 8 in this temperature range [3].

*Kinetics of conductivity after a change in sulfur vapor pressure*

In the proposed model the kinetics of the dark current is considered to be determined by the diffusion of $\mathrm{Cd}_{\mathrm{O}^+}$. In the case of a large area plate in which the diffusion current is perpendicular to the large faces, the solution of the one-dimensional diffusion equation for $[\mathrm{Cd}_{\mathrm{O}^+}] = N(x, t)$ ($x$-direction normal to the plate), under the conditions $N(x, 0) = N_0$ and $N(0, t) = N(d, t) = N_\infty$, is

$$N(x, t) = N_\infty + \frac{4}{\pi}(N_0 - N_\infty)\sin\frac{\pi x}{d}\exp\left(-\frac{D\pi^2 t}{d^2}\right) \tag{6}$$

if higher order terms are neglected ($d$ plate thickness, $D$ diffusion coefficient).

The time dependence of an electric current parallel to the large faces (as it was in these experiments) is found, by integration over $x$, using $n \sim [\mathrm{Cd}_{\mathrm{O}^+}]$, to be

$$i(t) = i(\infty) + \left(i(0) - i(\infty)\right)\exp\left(-\frac{D\pi^2 t}{d^2}\right) \tag{7}$$

which is in agreement with the measurements.

A comparison with (3) leads to

$$D = \frac{d^2}{\tau\pi^2}\,. \tag{8}$$

Vaking into account

$$D = D_0 \exp(-E/kT) \tag{9}$$

one obtains[7]) from (4), for $d = 70\ \mu\mathrm{m}$: $D_0 = (2.1 \pm 1.0) \times 10^{-5}\ \mathrm{cm^2\,s^{-1}}$ and $E = (0.6 \pm 0.15)$ eV. It should be mentioned that the latter value agrees with the activation energy for the "bombardment-induced diffusion" of $\mathrm{Cd_O}$ obtained in [4].

### 4.3 Dark conductivity in vacuum (temperature range II)

According to (1) the concentration of conduction electrons is empirically given by

$$n_{\mathrm{II}} = \sigma_{\mathrm{II}}/e\,\mu = N_{\mathrm{II}} \cdot \exp(-E_{\mathrm{II}}/kT) \tag{10}$$

for the stationary curves, and with the electron mobility [5] $\mu$ (300 °C) $= 100\ \mathrm{cm^2/Vs}$ the factor preceding the exponential is found to be

$$N_{\mathrm{II}} = (1.2 \pm 0.8) \times 10^{19}\ \mathrm{cm^{-3}}\,.$$

---

[7]) This small value of $D$ confirms that in this temperature range the ionic contribution to conductivity is negligible, because it follows from the Einstein relation that the mobility of $\mathrm{Cd}_{\mathrm{O}^+}$ is of the order $10^{-7}\ \mathrm{cm^2/Vs}$ at 560 °C, while the electron mobility at this temperature is of the order of $10\ \mathrm{cm^2/Vs}$.

In agreement with (10) in 4.5 an exponential law is obtained for self-activated semiconductivity in the case of doubly ionizable Frenkel defects, with the factor

$$N_c = 2\left(\frac{m_{\text{eff}} \cdot kT}{2\pi \hbar^2}\right)^{\frac{3}{2}}$$

before the exponential. For $m_{\text{eff}} = 0.2\, m_0$ [6] and $T = 300\,°\text{C}$ $N_c$ becomes $5.8 \times 10^{18}\ \text{cm}^{-3}$, which agrees with $N$ II within the limits of error.

In 4.2 it has been shown that the results obtained in temperature range II are only consistent with the measurements carried out in sulfur vapor if conductivity is assumed to be determined by predominant Frenkel disorder. The times required for the attainment of stationary conductivity values in this range can be attributed to the creation and annihilation of Frenkel defects throughout the crystal. The directions of the deviations from the stationary curve cannot be explained in a simple manner, because, e.g., during fast heating the conductivity lies above this curve and not below, as it would be expected on the basis of simple arguments. The observed behavior indicates that the attainment of the Frenkel equilibrium proceeds through an intermediate stage (e.g., pre-dissociated Frenkel pairs) which gives rise to a conductivity exceeding the equilibrium value.

### *4.4 Dark conductivity in vacuum (temperature range I)*

From (1) a pre-exponential factor $N_{\text{I}}$ can be deduced in a manner analogous to (10). $N_{\text{I}}$ is found to be $(2.6 \pm 1.9) \times 10^{16}\ \text{cm}^{-3}$, which is smaller by more than two orders of magnitude than $N_c$. As for self-activated semiconductivity (assuming a *homogeneous* distribution of defects to be present) the preexponential factor should be $N_c$ (see section 4.5); therefore the results obtained in temperature range I cannot be explained by this mechanism as defined in section 1. It can be concluded that the conductivity is *inhomogeneous*. The simplest interpretation seems to be in terms of a surface layer which has a higher conductivity than the bulk of the crystal[8]). Since the results are independent of doping also in this range, this surface conductivity must be attributed to intrinsic defects, the temperature dependence of the effective conductivity being due to the temperature dependence of their degree of ionization *and* their concentration. The deviations from the stationary curve observed during rapid temperature changes are determined by the kinetics of these defects. In this model the departure of $N_{\text{I}}$ from $N_c$ can now be understood from the fact that the total cross section $q_{\text{cr}}$ of the crystal has been used in deducing $N_{\text{I}}$ instead of using the "cross section" $q_{\text{sl}}$ of the surface layer. Thus

$$N_{\text{I}} : N_c \approx q_{\text{sl}} : q_{\text{cr}} \approx d_{\text{sl}} : d_{\text{cr}}\,,$$

where $d_{\text{sl}}$ and $d_{\text{cr}}$ are the thicknesses of the surface layer and the crystal, respectively, which leads to a thickness of the surface layer of the order $10^{-5}$ cm.

A very detailed discussion appears not to be too useful in the present stage.

The observed behavior may be related to a small amount of Schottky defects which are always present in addition to the predominant Frenkel defects and whose influence on conductivity could be neglected in the temperature ranges already discussed. Possibly these Schottky defects which are formed and annihilated at the surface become frozen-in in temperature range I and give rise to the observed surface conductivity.

---

[8]) The influence of polarization effects on the results can be excluded due to the application of a probe technique.

### *4.5 Concentration of conduction electrons in the case of self-activated semiconductivity due to Frenkel defects*

In 4.2 it has been concluded from the experimental results that Frenkel disorder is present in CdS. Therefore in the following an expression will be given for $n$ in the case of self-activated semiconductivity due to doubly ionizable Frenkel defects.

We will denote by $n_{Cd_\square}$ and $p_{Cd_\bigcirc}$ the total concentration of electrons localized in $Cd_\square$ and the total concentration of holes localized in $Cd_\bigcirc$, respectively. According to [7]

$$n_{Cd_\square} = \frac{2\,[Cd_\square]}{1 + \dfrac{1 + \exp[(E_{Cd_\square^-} - \zeta)/kT]}{1 + \exp[(-E_{Cd_\square^{2-}} + \zeta)/kT]}}; \tag{11}$$

$$p_{Cd_\bigcirc} = \frac{2\,[Cd_\bigcirc]}{1 + \dfrac{1 + \exp[(-E_{Cd_\bigcirc^\times} + \zeta)/kT]}{1 + \exp[(E_{Cd_\bigcirc^+} - \zeta)/kT]}}, \tag{12}$$

where the $E$'s are the energy levels due to the defects denoted in the subscript. Taking into account that the measured values of $n$ (equation (10)) are small compared with the concentration of Frenkel defects which can be estimated using a probable value for their formation energy (20), the neutrality condition reduces to

$$n_{Cd_\square} = p_{Cd_\bigcirc}\,. \tag{13}$$

Thus the Fermi level is given by the equation

$$\frac{1 + \exp[(-E_{Cd_\bigcirc^\times} + \zeta)/kT]}{1 + \exp[(E_{Cd_\bigcirc^+} - \zeta)/kT]} = \frac{1 + \exp[(E_{Cd_\square^-} - \zeta)/kT]}{1 + \exp[(-E_{Cd_\square^{2-}} + \zeta)/kT]} \tag{14}$$

since for Frenkel disorder $[Cd_\square] = [Cd_\bigcirc]$ at all temperatures.

The $Cd_\bigcirc^\times$ and $Cd_\square^-$-levels should be several $kT$ away from the $Cd_\bigcirc^+$ and $Cd_\square^{2-}$-levels (see Fig. 9). (This implies that $[Cd_\bigcirc^\times]$ and $[Cd_\square^\times]$ can be neglected.) Then the solution of (14) is found to be

$$\zeta = \frac{1}{2}\,(E_{Cd_\bigcirc^+} + E_{Cd_\square^{2-}})\,. \tag{15}$$

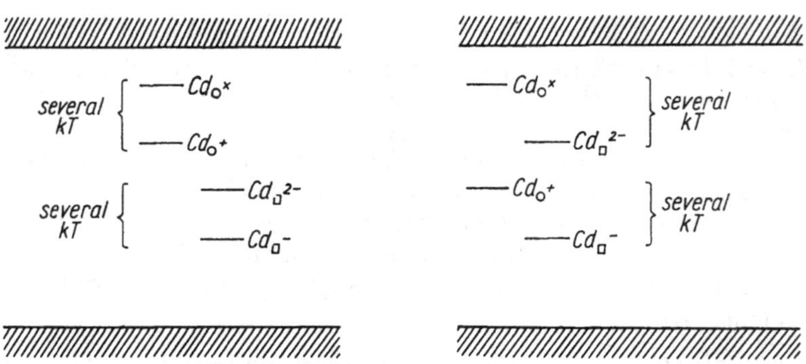


Fig. 9a and b. Two probable schemes of defect levels

Inserting into

$$n = N_c \cdot \exp\left[-(E_c - \zeta)/kT\right] \tag{16}$$

it follows[9])

$$n = N_c \cdot \exp\left[-\left(E_c - \frac{1}{2}\left\{E_{\mathrm{Cd}_{\bigcirc^+}} + E_{\mathrm{Cd}_{\square^{2-}}}\right\}\right)\Big/ kT\right]. \tag{17}$$

Thus the pre-exponential factor for $n$ is equal to $N_c$, which agrees with the experimental result in range II (4.3). A comparison with (1) yields

$$E_c - \zeta = E_c - \frac{1}{2}\left(E_{\mathrm{Cd}_{\bigcirc^\times}} + E_{\square^{2-}}\right) = 0.975\,\mathrm{eV}\,.$$

### *4.6 Estimate of the formation energy of Frenkel defects*

From the fact that the concentration of the dominant defects cannot exceed a few percent of the concentration of lattice sites at the melting point $T_M$ one obtains, by extrapolation of

$$[\mathrm{Cd}_{\bigcirc}] = [\mathrm{Cd}_{\square}] = N_G \cdot \exp\left(-\frac{\epsilon_F}{2\,kT}\right) \tag{18}$$

($N_G$ concentration of lattice sites), a lower boundary for the formation energy of Frenkel defects

$$\epsilon_F > 8\,kT_M \approx 1.2\,\mathrm{eV}\,,$$

since $T_M = 1475\,°\mathrm{C}$ [8].

The necessary criterion for the existence of self-activated semiconductivity (see [9], 4)

$$N_G \cdot \exp\left(-\frac{\epsilon_F}{2\,kT}\right) > \sqrt{N_c\,N_v} \cdot \exp\left(-\frac{E_c - E_v}{2\,kT}\right) \approx N_c \cdot \exp\left(-\frac{E_c - E_v}{2\,kT}\right), \tag{19}$$

where $E_c - E_v$ is the band gap, leads to an upper boundary for $\epsilon_F$:

$$\epsilon_F < (E_c - E_v) + 2\,kT\ln\left(N_G/N_c\right) \approx 3.2\,\mathrm{eV}$$

($T = 300\,°\mathrm{C}$). Thus

$$1.2\,\mathrm{eV} < \epsilon_F < 3.2\,\mathrm{eV}\,. \tag{20}$$

### *4.7 Remarks on intrinsic conductivity*

For a given temperature the conductivity of a semiconductor has its minimum in the intrinsic case, provided that the mobilities of electrons and holes are approximately equal. It follows that the lowest conductivity value occurring in Fig. 2 to 4 (rapid heating) at a given temperature presents an upper boundary for the conductivity which would be present at this temperature in the intrinsic case, i. e., in the absence of defects.

From the curve of lowest conductivities one can calculate, in a formal manner, by means of

$$n = \sqrt{N_c\,N_v} \cdot \exp\left(-\Delta E/2\,kT\right) \approx N_c \cdot \exp\left(-\Delta E/2\,kT\right) \tag{21}$$

---

[9]) In the case of Schottky disorder one obtains

$$n = N_c \exp\left[-\left(E_c - \frac{1}{2}\left\{E_{\mathrm{S}_{\square^+}} + E_{\mathrm{Cd}_{\square^{2-}}}\right\}\right)\Big/ kT\right].$$

a value of $\Delta E$ for each temperature. The maximum of the curve $\Delta E(T)$ obtained in this way gives a lower boundary for the band gap for thermal excitation:

$$(E_c - E_v)_{\text{th}} - (\Delta E)_{\max} = (2.18 \pm 0.05)\ \text{eV at } T = 225\ ^\circ\text{C}\,.$$

***Acknowledgement***

For fruitful discussions we wish to thank Professors H. Kallmann and W. Brandt.

## References

[1] K. W. Böer, Z. Naturf. **10a**, 898 (1955).
[2] K. W. Böer and R. Boyn, Monatsber. Deutschen Akad. Wiss. **1**, 396 (1959).
[3] Gmelins Handbuch der Anorganischen Chemie, Band Schwefel.
[4] B. A. Kulp and R. H. Kelley, Bull. Amer. Phys. Soc. **4**, 420 (1959).
[5] F. A. Kröger, H. J. Vink, and J. Volger, Philips Res. Rep. **10**, 39 (1955).
[6] M. Balkanski and J. J. Hopfield, phys. stat. sol. **2**, 623 (1962).
W. W. Piper and D. T. F. Marple, J. appl. Phys. **32**, 2267 (1961).
[7] C. H. Champness, Proc. Phys. Soc. **69**, 1335 (1956).
[8] A. Addamians and M. Aven, J. appl. Phys. **31**, 36 (1959).
[9] K. W. Böer, phys. stat. sol. **3**, 1028 (1963).

*(Received July 1, 1963)*

phys. stat. sol. 3, 1695 (1963)

*Laboratorium voor Kristallografie en Studie van vaste Stoffen, Ghent*

# Paramagnetic Radicals in Nitrate Doped Potassium Chloride

by

D. SCHOEMAKER [1]) and E. BOESMAN

This study concerns two paramagnetic resonance spectra found at room temperature in X-ray irradiated KCl doped in the melt with $KNO_3$. One spectrum could be ascribed to a NO molecule, probably in an anion vacancy, and the other to a $N_2^{--}$ molecular ion in an anion vacancy, both having approximately axial symmetry around a [100] direction. An unidentified resonance found by SANDER [5], is also discussed. This resonance is considered to be due to centres formed by $N^-$ molecular ions in anion vacancies and having orthorhombic symmetry with [001], [110] and [1$\bar{1}$0] axes.

Es wird über zwei paramagnetische Resonanzspektren berichtet, die in mit Röntgenstrahlen bestrahlten KCl-Kristallen mit $KNO_3$-Zusatz bei Zimmertemperatur auftreten. Ursache dieser Spektren ist möglicherweise entweder ein NO-Molekül, wahrscheinlich in einer Anionenlücke, oder ein $N_2^{--}$-Molekül in einer Anionenlücke, beide mit annähernd axialer Symmetrie um eine [100]-Richtung. Ferner wird auch eine von SAYNDER [5] gefundene, nicht identifizierte Resonanz diskutiert. Es wird gezeigt, daß ein $N^-$-Molekül in einer Anionenlücke mit orthorhombischer Symmetrie bezüglich der [001]-, [110]- und [1$\bar{1}$0]-Achsen ein annehmbares Modell für dieses paramagnetische Zentrum ist.

## 1. Introduction

In alkali halides doped with $NO_3^-$ and $NO_2^-$ ions in the melt, many paramagnetic resonance spectra appear after exposure to X-rays [1 to 4] or other suitable treatments [2, 5]. Until now, eleven of these spectra have been described in the quoted papers. In eight cases it was possible to propose paramagnetic radicals responsible for these spectra, whereas the information derived from the remaining three was not sufficient for a detailed interpretation. Radicals proposed so far are: NO (in two different sites), $NO_3^{--}$ (rotating and fixed), $NO_2^{--}$, $O_2^+$, $O_2^-$, $O^-$.

The purpose of this paper is to report on two new spectra, found at room temperature after X-ray irradiation of KCl doped with 1% $KNO_3$ in the melt, and to present evidence indicating that they arise from NO (in still another site) and $N_2^{--}$ radicals. We will also discuss a resonance, found by SANDER [5] in this type of crystal, which we believe to be due to a $N_2^-$ radical, and is, as such, related to one of our spectra.

## 2. Experimental

The crystals used in our experiments were grown in air by the Kyropoulos method. The E.P.R. measurements and X-ray irradiations were all performed at room temperature. The X-ray tube was operated at 40 kV, 20 mA and the irradiation of the specimens lasted usually about 10 minutes. The EPR spectrometer was a Varian apparatus V 4500 with 100 kC field modulation unit V 4560 and V 4531 multipurpose cavity. The specimens could be rotated about a vertical axis perpendicular to the magnetic field; measurements of the magnetic field were

[1]) Now at Argonne National Laboratory, Argonne, Illinois

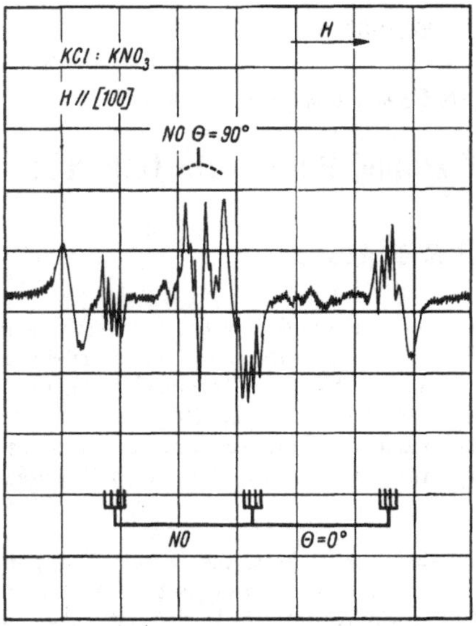


Fig. 1. E.P.R. spectrum of the NO molecule in KCl:KNO$_3$ when the magnetic field $H$ is parallel to [100]. $\theta$ is the angle between $H$ and the symmetry (molecular) axis

based on proton resonance. The intensity of the two considered spectra is usually very weak in as grown crystals. It was however possible to enhance the intensity by heating the crystals for a few days just below the melting point. Heating the crystals in air, nitrogen or vacuum gave no appreciable differences.

## 3. The NO Spectrum

This spectrum exhibits appreciable saturation at room temperature at the highest available microwave power ($\sim$ 150 mW), and the best results are obtained by using a microwave power level of about 40 mW.

The resonance is highly anisotropic and a spectrum for $H \| [100]$ is presented in Fig. 1. One sees a three line spectrum arising from the interaction of the unpaired electron with a $N^{14}$ nucleus ($I = 1$), each line showing a super-hyperfine structure of four equally intense lines (linewidth 0.95 G), indicating a further interaction with a nucleus with nuclear spin $I' = 3/2$. The spectrum could be fitted to a spin-Hamiltonian of the form ($S = 1/2$)

$$\mathsf{H} = g_{\|} \beta H_z S_z + g_{\perp} \beta (H_x S_x + H_y S_y) + A_{\|} S_z I_z + A_{\perp} (S_x I_x + S_y I_y) + A'_{\|} S_z I'_z + A'_{\perp} (S_x I'_x + S_y I'_y) \tag{1}$$

$$\text{with } g_{\|} = 2.0035;\ |A_{\|}| = 33\text{ G};\ |A'_{\|}| = 1.4\text{ G}$$
$$g_{\perp} = 2.008\ ;\ |A_{\perp}| = 4\text{ G};\ |A'_{\perp}| < |A'_{\|}|\,.$$

The symmetry axis is one of the [100] directions.

As it was impossible to eliminate the other spectra appearing in Fig. 1, it was not possible to verify rigorously the axial symmetry of the $g$ and $A$ tensors, but this assumption is at least a very good approximation.

The values of the $g$ and $A$ components are compared in table I with the values obtained for the resonances ascribed to the NO molecule in KCl and various other

Table 1

| Spectrum | Crystal | g components $g_z$ | $g_x$ | $g_y$ | Hyperfine components $A_z$ | $A_x$ | $A_y$ | Isotropic Part of Hyperfine Tensor | Model | Reference |
|---|---|---|---|---|---|---|---|---|---|---|
| a) | KCl:KNO$_3$ | 2.0053 | 2.008 | | 33 | 4 | | 13.7 | (NO/⊟) | This paper |
| b) | KCl:KNO$_3$ | 2.0037 | 2.0071 | 2.094 | 29.6 | 7.8 | 5.6 | 14.2 | (NO/△) | [2] [3] |
| c) | KCl:KNO$_3$ | | 2.0067 | | | 14.3 | | 14.3 | (NO/⊞) | [2] [3] |
| d) | KBr:KNO$_3$ | 2.0037 | 2.0089 | | 32.3 | 5.7 | | 14.2 | (NO/△) | [2] |
| e) | KI:KNO$_3$ | 2.0037 | 2.0113 | | 37 | 3.8 | | 14.2 | (NO/△) | [2] |
| f) | KNO$_3$ | 2.005 | 2.008 | 2.010 | 32.0 | 3.5 | | 13 | NO | [6] |
| g) | KN$_3$ | 2.0001 | 2.0061 | | 38 | 3 | | 14.7 | NO | [7] |

potassium salts. The qualitative and quantitative agreement is such that little doubt is left that this new spectrum is also due to an NO molecule.

The super-hyperfine structure which is observable is, in principle, an interesting indication as to the interaction of the NO radial with its surroundings and, consequently, to its location in the lattice. Unfortunately, all natural potassium and chlorine isotopes have a nuclear spin 3/2 (see table 2).

Table 2

| Isotope | Natural Abundance (%) | Magnetic moment in nuclear magnetons | Nuclear Spin |
|---|---|---|---|
| $Cl^{35}$ | 75.4 | 0.82089 | 3/2 |
| $Cl^{37}$ | 24.6 | 0.68329 | 3/2 |
| $K^{39}$ | 93.08 | 0.39094 | 3/2 |
| $K^{41}$ | 6.91 | 0.21453 | 3/2 |

Furthermore, $\boldsymbol{A}'$ is quite small and comparable to the linewidth $\Delta H$. Taking into account on the one hand, the natural abundance and nuclear moment, and, on the other hand, the measured separation and linewidth, we computed the resulting four-line pattern for both the potassium and the chlorine case. Comparison of these line-patterns with the experimental ones was inconclusive. In fact, by slightly varying $\boldsymbol{A}'$ and $\Delta H$, one can, in both cases, approximate closely the experimental line pattern. So it appears one will only be able to discern between the two possible cases if it is possible to observe this resonance in other alkali halides or by working with KCl crystals highly enriched with the $K^{41}$ isotope. We could not detect the spectrum in KBr : $KNO_3$ crystals at room temperature, nor try out the other alternative for obvious reasons.

Before discussing this matter further it is appropriate to present a few remarks concerning the ground state of the NO molecule. The ground state of the free NO molecule is $^2\Pi$, arising from $\ldots (5p\sigma)^2 (1p\pi)^4 (2p\pi)^1 (6p\pi)^0$. It is however impossible to reconcile the experimental behaviour of the $g$-components with a $^2\Pi$ ground state [6]. This can be seen from formulas similar to equations (7) of the next section where we discuss the $N_2^-$ molecule ion, which is isoelectronic with NO, and has the same ground state. The resonance of the NO molecule in the crystals investigated so far (table 1), can only be explained [2, 6] if the ground state is $^2\Sigma$.

This means that in a crystal the configuration is modified to $\ldots (5p\sigma)^2 (1p\pi)^4 (6p\sigma)^1 (2p\pi)^0$ and the twofold orbital degeneracy of the $p\pi$ orbitals may eventually be lifted by the crystalline field. It is difficult to see how for various strengths and symmetries of the crystal field this rearrangements of the orbitals can take place, and we will confine ourselves to show that, with this assumption, it is possible to describe the experimental behaviour.

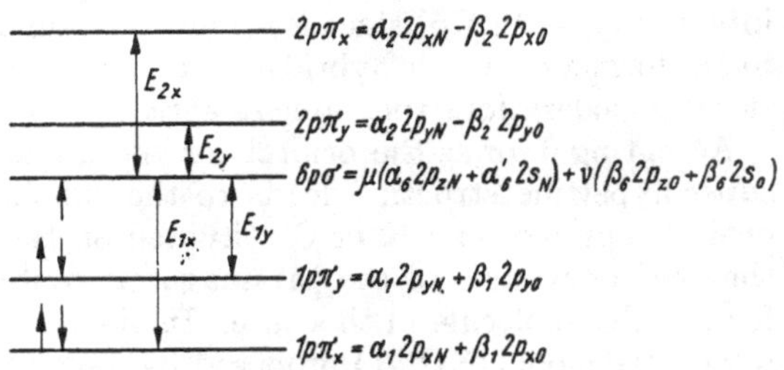

Fig. 2. Proposed level scheme of the NO molecule in the crystal giving rise to a $^2\Sigma$ ground state. The MO's in the LCAO approximation are also shown

In an LCAO approximation it can be shown that to first order the $g$-components are given by (see fig. 2)

$$\left.\begin{aligned} g_z &= g_0 , \\ g_x &= g_0 + \frac{2\lambda_1 \delta}{E_{1y}} - \frac{2\lambda_2 \gamma}{E_{2y}} , \\ g_y &= g_0 + \frac{2\lambda_1 \delta}{E_{1x}} - \frac{2\lambda_2 \gamma}{E_{2x}} , \end{aligned}\right\} \quad (2)$$

where $\lambda_1 = \mu\, \alpha_6\, \alpha_1 \lambda_N + \nu \beta_6 \beta_1 \lambda_0 , \qquad \delta = \mu\, \alpha_6\, \alpha_1 + \nu \beta_6 \beta_1 ,$

$\lambda_2 = \mu\, \alpha_6\, \alpha_2 \lambda_N - \nu \beta_6 \beta_2 \lambda_0 , \qquad \gamma = \mu\, \alpha_6\, \alpha_2 - \nu \beta_6 \beta_2 ,$

and $g_0 = 2.0023$ is the free electron $g$ value.

In equations (2) $z$ refers to the molecular axis and $\lambda_N = +\, 7.33$ cm$^{-1}$ and $\lambda_O = +\, 151$ cm$^{-1}$ are the spin-orbit coupling constants [8] for a $2p$ electron of respectively N and O. The terms in $E_{2x}$ and $E_{2y}$ contribute little, and disappear exactly for a homonuclear diatomic molecule. It is obvious then, that these formulas are consistent with the experimental values of table 1.

Similarly, the hyperfine components expressed in G are

$$\begin{aligned} A_{\|} &= A_z = A_1 + 4\mu^2 \alpha_6^2\, \varrho \\ A_{\perp} &= A_x = A_y = A_1 - 2\mu^2 \alpha_6^2\, \varrho \end{aligned} \quad (3)$$

$$\varrho = \frac{1}{5}\, g_N \beta_n \langle r^{-3}\rangle_N , \qquad A_1 = g_N\, \beta_n \frac{8\pi}{3} \mu^2 \alpha_6'^2\, (2s_N\,(O))^2 ,$$

where $g_N = 0.40357$ is the nuclear $g$ factor of the $N^{14}$ nucleus and $\beta_n$ the nuclear magneton.

Experimentally

$$A_1 = 13.7 \text{ G and } 4\mu^2 \alpha_6^2\, \varrho = 19.3 \text{ G}.$$

Taking

$$|2s_N(O)|^2 = 33.4 \times 10^{24} \text{ cm}^{-3} \text{ [9] and}$$
$$\langle r^{-3}\rangle_N = 21.0 \times 10^{24} \text{ cm}^{-3}$$

from a Hartree calculation for the N atom [10], one finds

$$\mu^2 \alpha_6'^2 = 0.04 \quad \text{and} \quad \mu^2 \alpha_6^2 = 0.57.$$

The latter value is quite reasonable for a nearly homonuclear molecule such as NO.

All these results point indeed to a $(6\, p\sigma)^1$, $^2\Sigma$, ground state for the NO molecule in the crystal, but it seems rather surprising that the isotropic part of the hyperfine components viz. $\sim 14$ G, which corresponds to a density $\psi\, |(0)|^2$ of the wave function on the N nucleus of $0.82 \times 10^{24}$ cm$^{-3}$, agrees so closely with the analogous quantity for the free NO molecule in the $^2\Pi$ state, viz. $0.85 \times 10^{24}$ cm$^{-3}$ [11, 12, 13]. Indeed, in the latter case, this isotropic part can only arise from configurational interaction [8, 14, 15] since a $p\pi$ orbital cannot contain an $s$-admixture, whereas in the former case $s-p$ hybrids are allowed for the unpaired electron. In view of these considerations such a close agreement must be considered as accidental.

Accepting $6\, p\sigma$ as the orbital for the unpaired electron, the behaviour of the super-hyperfine structure leads to the conclusion that it must arise from a $p\sigma$ orbital centered on a K or Cl, situated on the NO molecular axis. Since [100] is the symmetry axis of the paramagnetic center, this rules out an interstitial site for the NO molecule in this case. In the first place, this conclusion supports the interstitial model (NO/△) proposed by JACCARD [2], for the anisotropic resonance labeled b) in table I and in the second place this leaves ⊟ or ⊞ as the only simple sites where an NO molecule giving rise to spectra a) and b) (table 1) can be located.

Since spectrum c) is isotropic, it must arise from a rotating NO molecule [2, 3] but in both type of vacancies the NO molecule has ample room to rotate. Hence, volume considerations are not helpful to correlate the two possibilities viz. NO in ⊞ or ⊟ with the resonances a) and b).

If one accepts for spectrum c) the model (NO/⊞) proposed by JACCARD [2] and which is substantiated by his various bleaching experiments, one is led to propose the model (NO/⊟) for the resonance described in this paper.

## 4. The $N_2^{--}$ and $N_2^-$ Spectrum

A spectrum shown to be due to the $N_2^{--}$ radical is presented in Fig. 3 for $H \parallel [100]$. This resonance is also highly anisotropic but does not saturate at room temperature at the highest available microwave power (approximately 150 mW).

Although the intensity of this spectrum is weak compared to the other spectra observed [2, 3, 4] in this type of crystals, which give rise to the strong central lines in Fig. 3, it is very stable at room temperature. It practically does not bleach if the crystal is kept at room temperature for several weeks, whereas the central lines decrease considerably.

The intensity ratio of the inner lines $Q$ ans $Q'$ (Fig. 3) to the outer lines $P$ and $P'$ equals 2 : 1. From this and the study of the angular variation it follows that [100] is a principal axis of the $\boldsymbol{g}$ and $\boldsymbol{A}$ tensors. Furthermore, these tensors must have either axial symmetry about a [100] direction, or, if they have orthorhombic symmetry, the remaining principal axes must be [011] and [01$\bar{1}$]. The inner lines also exhibit a hyperfine structure of five components with intensity ratios 1 : 2 : 3 : 2 : 1, arising from the interaction of the unpaired electron with two equivalent $N^{14}$ ($I = 1$) nuclei.

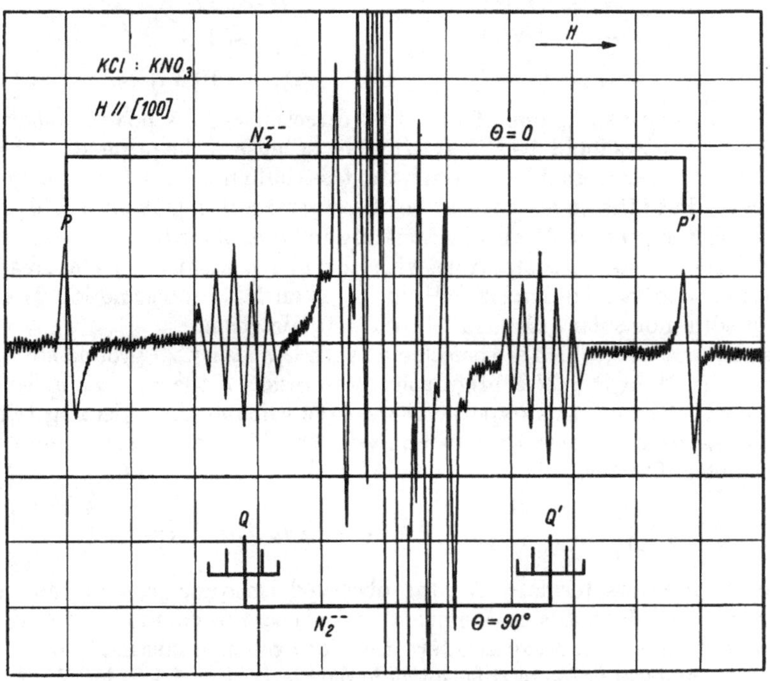


Fig. 3. E.P.R. spectrum of the $N_2^{--}$ molecule ion in KCl:$KNO_3$, when the magnetic field is parallel to [100]. $\theta$ is the angle between $H$ and the symmetry (molecular) axis

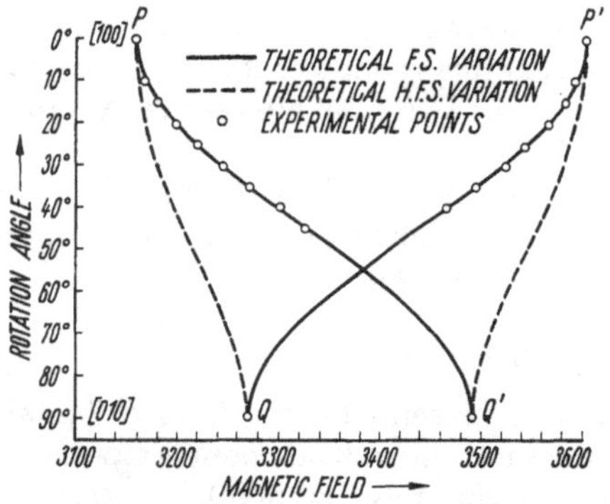


Fig. 4. Experimental angular variation of the lines $P$ and $P'$ of Fig. 3, when the crystal is rotated about a [001] axis perpendicular to the static magnetic field $H$, compared with calculated fine and hyperfine structure variation

The separation between $P$ and $P'$ equals exactly twice the splitting between $Q$ and $Q'$. This strongly points to fine structure, but hyperfine structure with $A_{\parallel} = 2\,A_{\perp}$ cannot a priori be excluded. This problem was solved by studying the angular variation of the lines $P$ and $P'$ when the crystal is rotated about a [001] direction, perpendicular to the static magnetic field. The experimental points are shown in Fig. 4, together with the calculated fine structure variation [16] for $D = 221$ G and effective spin $S = 1$, and the calculated hyperfine structure variation [16] for $I = 1/2$ and $A_{\parallel} = 2\,A_{\perp} = 442$ G. This allows us to conclude unambiguously that we are dealing with fine structure lines with effective spin $S = 1$ or 3/2 (for higher spins, more lines ought to be visible). If $S = 3/2$, the central fine structure line would be hidden by the strong central lines, but as will be shown $S = 1$ is is more likely.

Axial symmetry is a good approximation and the observed spectra can be related to the following spin-Hamiltonian ($S = 1$)

$$\begin{aligned} H = {} & g_{\parallel}\,\beta\, H_z S_z + g_{\perp}\,\beta\,(H_x S_x + H_y S_y) + D\, S^2_z \\ & + A_{\parallel} S_z I_z + A_{\perp}(S_x I_x + S_y I_y)\,, \end{aligned} \tag{4}$$

where

$$g_{\parallel} = 2.0084 \qquad |D| = 221\ \text{G}$$
$$g_{\perp} = 2.0074 \qquad |A_{\parallel}| \sim 1\ \text{G}$$
$$\bar{I} = \bar{I}_1 + \bar{I}_2 \qquad |A_{\perp}| = 10.5\ \text{G}.$$

The symmetry axis is one of the [100] directions. It is possible that a small term $E\,(S_x^2 - S_y^2)$ should be added to (4) but because of the presence of the central lines, which we were unable to eliminate, this could not be satisfactorily investigated. A study of the angular variation of a crystal rotating about a [110] direction indicates that, if present, $E$ must be certainly an order of magnitude smaller than $D$.

The simplest model, compatible with the above mentioned features ($S = 1$, interaction with two equivalent $N^{14}$ nuclei) is an $N_2^{--}$ molecule ion in an anion vacancy with molecular axis parallel to a [100] direction.

This molecule ion, which is isoelectronic with $O_2$, has a $^3\Sigma_g^-$ ground state, arising from a ... $(\pi_u)^4$ $(\sigma_g)^2$ $(\pi_g)^2$ configuration (the order of the $\pi_u$ and $\sigma_g$ levels may be reversed). To test this hypothesis we have calculated, neglecting two centre integrals, as usual in this type of analysis, the hyperfine components for this ground state. The result is

$$\begin{aligned} A_{\parallel} &= A_2 - \varrho \\ A_{\perp} &= A_2 + (1/2)\,\varrho \end{aligned} \qquad \varrho = \frac{1}{5}\, g_{\mathrm{N}}\, \beta_{\mathrm{n}} \langle r^{-3}\rangle_{\mathrm{N}^-}\,. \tag{5}$$

Here $A_2$ accounts formally for the observed isotropic part of the hyperfine components, which in this case, since $\pi$ orbitals cannot contain any $s$-admixture, must arise from configurational interaction (or exchange polarization).

The experimental value of this isotropic part is $|A_2| = 7.3$ G for $A_{\parallel}\,A_{\perp} > 0$ and $|A_2| = 6.7$ G for $A_{\parallel}\,A_{\perp} < 0$. This yields respectively $\varrho = 6.3$ G and $\varrho = 5.7$ G.

We now compare these values with the theoretical expression (5). Hence we need the value of $\langle r^{-3}\rangle$ for the $N^-$ ion; a numerical integration based on a Hartree calculation [10] yields : $\langle r^{-3}\rangle_{N^-} = 15.0 \times 10^{24}\ \mathrm{cm}^{-3}$. So the theoretical value for $\varrho$ is 6.1 G.

Considering the approximations made in deriving equations (5), the quantitative agreement is fairly satisfactory and proves that the two unpaired electrons spend practically all of their time on the two nitrogen nuclei. Consequently, this argument strongly supports the $N_2^{--}$ model which we have proposed. Another experimental observation, in favour of the proposed $N_2^{--}$ model, is that the intensity of the spectrum increases slightly if electrons are ejected from the F-centres by bleaching during a few seconds the crystal with a strong white light source. This indicates that the paramagnetic radial is produced by electron trapping and rules out $N_2O^{++}$ which is also linear [17] and may give rise to $S = 1$ in the ground state.

In connection with the foregoing, it is interesting to note that SANDER [5] found, at 14.5 °K, in crystals of the same type a spectrum, which he did not analyse in detail, also exhibiting hyperfine interaction with two equivalent $N^{14}$ nuclei. On the basis of the data furnished in his paper, we propose the following analysis. Both spectra published by SANDER agree with the following spin-Hamiltonian ($S = 1/2$)

$$H = \beta\,[g_z H_z S_z + g_x H_x S_x + g_y H_y S_y] + A_z S_z I_z + A_x S_x I_x + A_y S_y I_y \quad (6)$$

with

$$g_z = 1.908 \qquad |A_z| = 6.5\ \mathrm{G}$$
$$g_x = 1.998 \qquad |A_x| = 20.8\ \mathrm{G}$$
$$g_y = 2.000 \qquad |A_y| = 4.4\ \mathrm{G}$$
$$\bar{I} = \bar{I}_1 + \bar{I}_2 .$$

Here $z \parallel [110]$, $x \parallel [001]$, $y \parallel [1\bar{1}0]$ and the values were determined graphically.

We will now present arguments leading us to believe that the paramagnetic center is an $N_2^-$ molecule ion in an anion vacancy with molecular axis $z$ in the [110] direction, the unpaired electron being in a $\pi_g$ molecular orbital oriented along the [001] direction (Fig. 5).

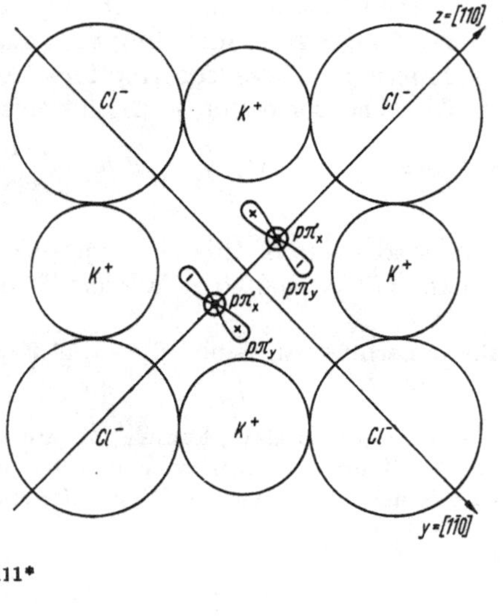


Fig. 5. $N_2^-$ molecule ion in anion vacancy. The $\pi_g$ orbital containing the unpaired electron is oriented along the [001] direction, perpendicular to the plane of the figure. It may be noted that for the $O_2^-$ molecule ion [18], which has the complementary $(\pi_g)^3$ configuration, the unpaired hole is in the $\pi_g$ orbital $\parallel [1\bar{1}0]$

Fig. 6. Level scheme and LCAO-MO's of the $N_2^-$ molecule ion in the crystal

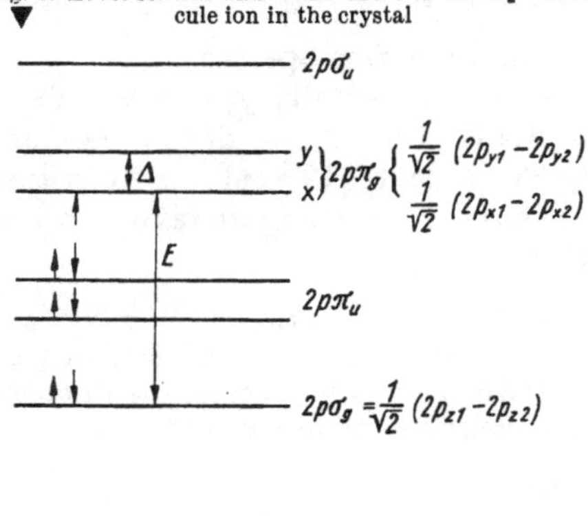

The ground state of this molecule ion is $^2\Pi_g$ arising from the configuration $\ldots (\pi_u)^4 (\sigma_g)^2 (\pi_g)^1$. When the molecular axis is in a [110] direction the orbital degeneracy of the $\pi_g$ orbitals is lifted, (Fig. 5), and the formulas for the **g** components in this case, are formally identical with the ones derived by KÄNZIG and COHEN [18] for the $O_2^-$ case [5, 7, 18, 19] (which has the complementary $(\pi_g)^3$ configuration) except for some change of signs. For the $N_2^-$ case they are, neglecting the two centre integrals (Fig. 6) and $s$-admixture in the $\sigma_g$ orbital

$$\left.\begin{aligned} g_z &= g_0 - \frac{2\lambda}{\sqrt{\Delta^2+\lambda^2}}, \\ g_x &= g_0 \frac{\Delta}{\sqrt{\Delta^2+\lambda^2}} - \frac{\lambda}{E}\left(\frac{\lambda}{\sqrt{\Delta^2+\lambda^2}} - \frac{\Delta}{\sqrt{\Delta^2+\lambda^2}} + 1\right), \\ g_y &= g_0 \frac{\Delta}{\sqrt{\Delta^2+\lambda^2}} + \frac{\lambda}{E}\left(\frac{\lambda}{\sqrt{\Delta^2+\lambda^2}} + \frac{\Delta}{\sqrt{\Delta^2+\lambda^2}} + 1\right). \end{aligned}\right\} \quad (7)$$

Here $\lambda$ is the spin-orbit coupling constant of the $N_2^-$ molecule ion. Comparison shows that the experimental $g$-values are compatible with these theoretical expressions[2]) which supports the $N_2^-$ model. Taking $\lambda = 73.3\ \text{cm}^{-1}$ [8], one finds $\Delta \approx 1600\ \text{cm}^{-1}$. This may be compared with the value $\Delta \approx 700\ \text{cm}^{-1}$ for $O_2^-$ taking $\lambda = 151\ \text{cm}^{-1}$ [8].

Another argument favouring the $N_2^-$ hypothesis is supplied by a calculation of the hyperfine components, which yields the following expressions

$$\left.\begin{aligned} A_z &= A_3 - \varrho - \frac{5\lambda}{\sqrt{\Delta^2+\lambda^2}}\varrho = A_3 - \varrho - \frac{5}{2}(g_0 - g_z)\varrho, \\ A_x &= A_3 + 2\varrho - \frac{1}{2}\left(1 - \frac{\Delta}{\sqrt{\Delta^2+\lambda^2}}\right)\varrho \cong A_3 + 2\varrho, \\ A_y &= A_3 - \varrho + \frac{1}{2}\left(1 - \frac{\Delta}{\sqrt{\Delta^2+\lambda^2}}\right)\varrho \cong A_3 - \varrho, \end{aligned}\right\} \quad (8)$$

$$\varrho = \frac{1}{5} g_N \beta_n \langle r^{-3}\rangle .$$

Here $A_3$ again accounts formally for the observed isotropic part of the hyperfine components, and the terms involving $\lambda$ and $\Delta$ arise from including the spin-orbit correction in the ground state wave function. These contributions are wholly negligible for the $x$ and $y$ components. The correction to $A_z$ however amounts to $\frac{5}{2}(g_0 - g_z)\varrho$ and arises from the term $g_0 g_N \beta \beta_n \frac{\bar{L}\cdot\bar{I}}{r^3}$ in the hyperfine operator.

As experimentally $g_0 - g_z = 0.09$, the numerical value of this last expression is 1.4 G or 1.9 G depending on whether $\langle r^{-3}\rangle_{N^-} = 15.0 \times 10^{23}\ \text{cm}^{-3}$ or $\langle r^{-3}\rangle_N = 21.4 \times 10^{24}\ \text{cm}^{-3}$ is substituted.

These values compare favourably with the experimental value $|A_z| - |A_x| =$ 2.1 G.

[2]) Since $O_2^+$ is isoelectronic with $N_2^-$ and has the same ground state, formulas (7) are at variance with the $O_2^+$ model proposed by JACCARD [2] for a resonance he detected in $KCl:KNO_3$ crystals. Indeed, the three measured $g$-components have positive $g$-shifts and this disagrees with formulas (7).

Furthermore, since experimentally one finds $|A_z| > |A_y|$ and since $(5/2)\,(g_0 - g_z)\,\varrho > 0$, one deduces easily that the hyperfine components must have the following signs:

$$A_z = -6.5\,\mathrm{G}\,, \qquad A_y = -4.4\,\mathrm{G}\,, \qquad A_x = +20.8\,\mathrm{G}\,.$$

It then follows that the isotropic part is $|A_3| = (1/3)\,(A_x + 2\,A_y) = 4.0\,\mathrm{G}$ leading to $2\,\varrho = 16.8\,\mathrm{G}$. This again is close to the theoretical values of 12 G and 16.8 G, using $\langle r^{-3}\rangle_{N^-}$ or $\langle r^{-3}\rangle_N$ respectively. For $N_2^-$ probably an intermediate value of $\langle r^{-3}\rangle$ should be used, leading to a theoretical value slightly less than the experimental one.

However, if one takes into account overlap, the theoretical value increases again by a factor $(1 - \sigma)^{-1}$ where $\sigma$ is the overlap integral of the $p\pi$ atomic wave functions.

For instance, taking a mean value of $\langle r^{-3}\rangle = 1.80 \times 10^{24}\,\mathrm{cm}^{-3}$ one must have $\sigma = 0.18$ to get agreement with experiment, which is a quite reasonable value.

Thus both the calculation of the $g$ and hyperfine components strongly favour the $N_2^-$ model. Finally, the fact that this spectrum is produced by electron injection [5] agrees again with the proposed model.

## 5. Summary

Three EPR spectra, observed respectively by Sander and the authors in KCl doped with $KNO_3$ have been discussed. Models, supported by a fairly good quantitative agreement of the theoretical behaviour of $\boldsymbol{g}$ and $\boldsymbol{A}$ tensors and the experimental results, have been proposed in the above discussions for the corresponding paramagnetic centres.

This work was sponsored by I.R.S.I.A. (Brussels), to whom the authors are greatly indebted. They also wish to express their gratitude to Prof. W. Dekeyser for his stimulating interest.

## References

[1] C. Jaccard, Bull. Amer. Phys. Soc. **5**, 418 (1960).
[2] C. Jaccard, Phys. Rev. **124**, 60 (1961).
[3] D. Schoemaker and E. Boesman, Comptes Rendus **252**, 3772 (1961).
[4] E. Boesman and D. Schoemaker, Comptes Rendus, **252**, 2865 (1961).
[5] W. Sander, Z. Phys. **169**, (1962).
[6] D. Mergerian and S. A. Marshall, Phys. Rev. **127**, 2015 (1962).
[7] J. Cunningham, J. A. McMillan, B. Smaller, and E. Yasaitis, J. Phys. Chem. Solids **23**, 167 (1962).
[8] H. Lefebvre-Brion and C. M. Moser, Phys. Rev. **118**, 675 (1960).
[9] M. T. Melchior and A. H. Maki, J. chem. Phys. **34**, 475 (1961).
[10] D. R. Hartree and W. Hartree, Proc. Roy. Soc. **A 193**, 299 (1948).
[11] G. C. Dousmanis, Phys. Rev. **97**, 967 (1955).
[12] M. Mizushima, Phys. Rev. **105**, 1262 (1957).
[13] R. Beringer and J. G. Castle, Phys. Rev. **78**, 581 (1950).
[14] C. C. Lin, K. Hyikata, and M. Sakamoto, J. chem. Phys. **33**, 878 (1960).
[15] M. Yamazaki, M. Sakamoto, K. Hyikata, and C. C. Lin, J. chem. Phys. **34**, 1926 (1961).
[16] W. Low, Paramagnetic Resonance in Solids, Academic Press N.Y. (1960).
[17] A. D. Walsh, J. Chem. Soc. **1953**, 2266 (1953).
[18] W. Känzig and M. H. Cohen, Phys. Rev. Letters **3**, 509 (1959).
[19] J. E. Bennett, D. J. E. Ingram, M. C. R. Symons, P. George, and J. S. Griffith, Phil. Mag. **46**, 443 (1955).

*(Received July 5, 1963)*

phys. stat. sol. 3, 1718 (1963)

*Physics Department, University of Delaware, Newark, Delaware (a), and IV. Physikalisches Institut der Humboldt-Universität, Berlin (b)*

# Characteristic Layer-Like Field Inhomogeneities in Homogeneous Photoconductors in the Pre-Breakdown Range

## I. Steady State Case

By

K. W. Böer (a) and W. E. Wilhelm (b)

It is shown that in dielectrics in which the carrier density decreases faster than linearly with increasing field strength, e.g. by field quenching, inhomogeneous field distributions must occur. These field inhomogeneities can be of a layer-like type as has been observed recently in CdS single crystals.

Es wird gezeigt, daß in Dielektrika, deren Stromträgerkonzentration mit wachsender Feldstärke stärker als linear fällt, z. B. durch Feldtilgung, eine inhomogene Feldverteilung auftreten muß. Diese Feldinhomogenität kann eine schichtenähnliche Verteilung sein, wie sie kürzlich an CdS-Einkristallen beobachtet wurde.

### 1. Introduction

It has been shown with CdS single crystals that at applied voltages near the breakdown voltage and not too intense photo-excitation, characteristic layer-like field inhomogeneities can occur in the bulk of the crystal [1 to 3]. Usually one layer is found in which the field strength is considerably higher than in the remainder of the crystal which is well separated from the electrodes and divides the inter-electrode space into two parts not connected with each other. The layer moves from the cathode towards the anode, disappears there, and simultaneously a new layer leaves the cathode and starts moving through the crystal. This periodic process has different frequencies depending on crystal imperfections, excitation density and slightly on the applied voltage [4]. In a few cases layers have been observed which do not move markedly.

In a previous paper [5] a brief theoretical discussion has been given, and a possible reaction kinetic model has been proposed which involves field quenching and field excitation of trapped electrons as the main mechanisms responsible for this characteristic field distribution.

It is the purpose of this paper to give further evidence that in homogeneous crystals field inhomogeneities must occur if the carrier density decreases with increasing field strength.

### 2. Reaction kinetic model

The characteristic layer-like field distribution is assumed to be caused by the cooperation of photo and electrical excitation, and field quenching, and the fact that only part of the charge carriers are mobile; thus space charge regions can be produced by an electric field. In discussing this concept the choice of a proper reaction kinetic model is the key to the investigations. In [5] a simple model is given, which involves six main transitions[1]) (Fig. 1).

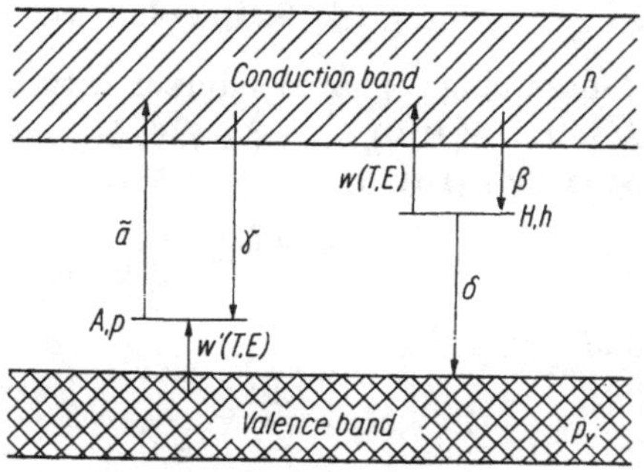


Fig. 1. Reaction kinetic model

This model will be discussed in more detail in this paper. The reaction kinetic system of differential equations (assuming that only electrons in the conduction band contribute significantly to the electric current $\vec{j}$, i.e., that $\mu n \gg \mu_p p_v$) is given by

$$\left.\begin{aligned}\frac{\partial n}{\partial t} &= \tilde{a}(A-p) - \beta n (H-h) - \gamma n p + w(T,E)\, h + \frac{1}{e}\operatorname{div}\vec{j}, \\ \frac{\partial h}{\partial t} &= \beta n (H-h) - w(T,E)\, h - \delta h p_v, \\ \frac{\partial p}{\partial t} &= \tilde{a}(A-p) - \gamma n p - w'(T,E)\, p, \\ \frac{\partial p_v}{\partial t} &= w'(T,E)\, p - \delta h p_v,\end{aligned}\right\} \quad (1)$$

where $A$ and $H$ are the densities of activator and trap levels, respectively, $p$ the density of holes in the activators, $h$ the density of electrons in the traps, $p_v$ the density of holes in the valence band and $n$ the density of electrons in the conduction band. $\beta$, $\gamma$, and $\delta$ are recombination coefficients, $\tilde{a}$ is the probability for photo-excitation and $w$ and $w'$ are the probabilities for thermal and electric excitation as shown in Fig. 1.

With Gauss' law

$$\operatorname{div}\vec{E} = \frac{e}{\varepsilon\,\varepsilon_0}(p + p_v - n - h)\,, \quad (2)$$

and the transport equation

$$\vec{j} = e\, n\, \mu\, \vec{E} + \mu\, k\, T \operatorname{grad} n\,, \quad (3)$$

and the appropriate set of boundary conditions the problem under discussion is considered to be described sufficiently. The influence of the electric field on the mobility is assumed to be negligible and hence the energy balance equation of electrons, in contrast[2]) to the mechanism proposed by Rother [6].

The purpose of this paper is to clarify whether the stationary solutions of this system of differential equations in one dimension can result in field inhomogeneities of the type observed in CdS crystals.

---

[1]) For the sake of simplicity a seventh transition given in [2] is omitted, which seems to be appropriate since in the voltage region investigated the density of field excited electrons is always small compared with the trap density.

[2]) Rother did not take into consideration field quenching and therefore was led to consider the energy balance of electrons in order to obtain time dependent solutions in agreement with the experimental fact that the movement of the layers is periodic.

### 3. One-dimensional steady state problem

Assuming a photoconductor with a cathode at $x = 0$ and anode at $x = l$ and $\vec{E} = (-E, 0, 0)$, $\vec{j} = (-j, 0, 0)$ one obtains for the steady state case from equations (1 to 3):

$$\left.\begin{aligned} \frac{dE}{dx} &= \frac{e}{\varepsilon\,\varepsilon_0}(n + h - p - p_v) \equiv E'(E, n), \\ &\text{and} \\ \frac{dn}{dx} &= \frac{e}{k\,T}(n\,E - j/e\,\mu) \equiv n'(E, n)\,, \\ &\text{with} \\ \frac{dj}{dx} &\equiv 0\,, \\ p &= \frac{\tilde{a}\,A}{\tilde{a} + \gamma\,n + w'(T, E)} \equiv p(E, n)\,, \\ h &= \frac{\beta\,n\,H - p(E, n)\cdot w'(T, E)}{\beta\,n + w(T, E)} \equiv h(E, n)\,, \\ p_v &= \frac{p(E, n)\cdot w'(T, E)}{\delta\cdot h(E, n)} \equiv p_v(E, n)\,. \end{aligned}\right\} \qquad (4)$$

Since a graphic analysis will have to be made for a discussion of (4), it is necessary to make some assumptions on the parameters entering (4). This, of course, reduces the general validity of the results obtained from the discussion. However, by a variation of any one of these parameters a possible variation of the type of solution can be discussed separately.

Since the experimental results lead us to expect a high influence of field quenching on the effect of layer-like field inhomogeneities, the following set of parameters has been used - which is in agreement with the values which are often found for CdS crystals:

$$H = 10^{15}\ \text{cm}^{-3}\,, \qquad A = 10^{17}\ \text{cm}^{-3}\,,$$

$$\beta = 10^{-7}\ \text{cm}^3\,\text{s}^{-1}\,, \quad \gamma = 10^{-12}\ \text{cm}^3\,\text{s}^{-1}\,, \quad \delta = 10^{-10}\ \text{cm}^3\,\text{s}^{-1}\,.$$

The probabilities of the excitation of electrons from traps into the conduction band and of holes from activators into the valence band are assumed to be sums of thermal and field excitation probabilities[3])

$$w(T, E) = \alpha_0 \exp\left(-\frac{\mathsf{E}_t}{k\,T}\right) + w_0\,E \exp\left(-\frac{B}{E}\right) \qquad (5)$$

and an analogous expression for $w'(T, E)$. With the energetic distance from the corresponding bands $\mathsf{E}_t = 0.5$ eV for traps and $\mathsf{E}_a = 0.25$ eV for activators, $T = 80$ °K, a frequency factor $\alpha_0 = 10^{11}\ \text{s}^{-1}$, and the values of $w_0$ and $B$ as calculated from the theory of field emission [7], one obtains for $w(T, E)$ and $w'(T, E)$ curves depending on the field strength, as given in Fig. 2.

The probability of photo-excitation is assumed to be $\tilde{a} = 10^{-5}\ \text{s}^{-1}$ for the family of curves presented in the following chapters.

---

[3]) The quasi Fermi levels are assumed to coincide with the trapping and activator levels, respectively (no exhaustion, no other levels).

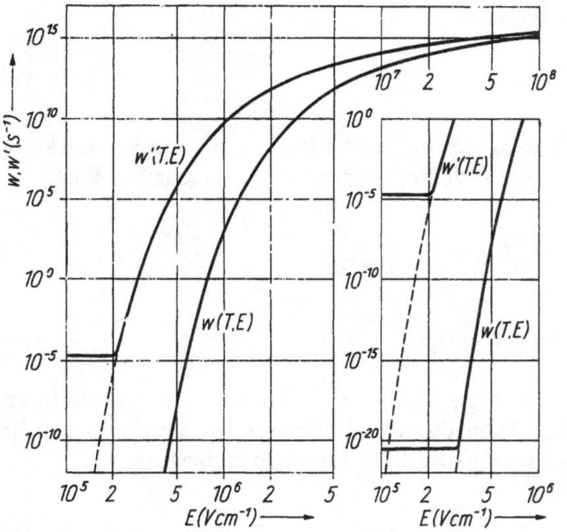


Fig. 2. Probabilities of field excitation of electrons and holes from traps and activators

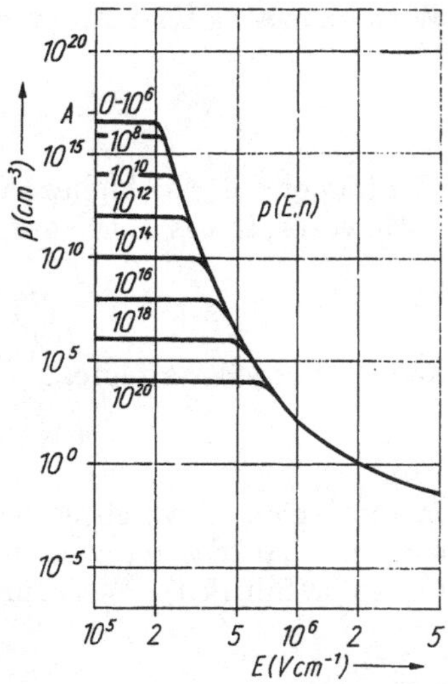


Fig. 3. The density of holes $p(E, n)$ in activators as a function of the field strength $E$ (parameter: density $n$ of conduction electrons)

## 4. Character of $p(E, n)$, $h(E, n)$ and $p_v(E, n)$

$p(E, n)$ is a monotonically decreasing function with increasing $n$ and $E$. For low field strengths and sufficiently low temperatures the hole density in the activators is given by

$$p(o, n) = A \frac{\bar{a}}{\gamma n + \bar{a}}, \tag{6a}$$

which for low electron densities can at most reach the value $A$ (for vanishing thermal excitation), and for high electron densities $n \gg \bar{a}/\gamma$ approaches

$$p(o, n) \approx \frac{A \bar{a}}{\gamma n}. \tag{6b}$$

For higher field strengths, for which $w' \gg \bar{a} + \gamma n$, the hole density decreases independent of $n$ and $\gamma$ as follows:

$$p(E, n) \approx \frac{A \bar{a}}{w'(T, E)}. \tag{6c}$$

Fig. 3 shows a family of curves $p(E, n)$ for different electron densities $n$ and the parameters given in chapter 3.

With increasing $A$ and $\bar{a}$ the curves are stretched in the p-direction. With increasing $\gamma$ the horizontal branch in the low field strength region is shifted to lower p-values and becomes longer. However, the general character remains unchanged.

$h(E, n)$ is a monotonically increasing function with increasing $n$, and monotonically decreasing with increasing $E$. For electron densities $n \gg n^* \equiv \frac{\bar{a} A}{\beta H}$ and low field strength $w \ll \beta n$ nearly all traps are filled:

$$h \approx H. \tag{7a}$$

With increasing field strength $h$ decreases as

$$h \approx H \frac{n}{n + w/\beta} . \tag{7b}$$

The higher $n$ is, the higher the $E$-value at which the traps are emptied markedly.

However, if $n$ is of the order of $n^*$, $h$ decreases first with increasing $E$ as

$$h \approx H \left(1 - \frac{n^*}{n} \frac{w'}{\bar{a} + \gamma n}\right), \tag{7c}$$

and then reaches a plateau

$$h \approx H \frac{n - n^*}{n} \text{ [4]} \tag{7d}$$

in the region in which $w'$ becomes large compared with $\bar{a} + \gamma n$, but $w$ is still smaller than $\beta n$ (or vice versa, if the chosen parameters allow these conditions to be fulfilled). With further increasing field strength $h$ decreases as

$$h \approx H \frac{n - n^*}{n + w/\beta}, \tag{7e}$$

and finally goes to zero as

$$h \approx H \frac{\beta}{w} (n - n^*) .$$

Fig. 4 shows a family of curves $h(E, n)$ with $n$ as parameter.

With increasing $\beta$ or $H$ or with decreasing $\bar{a}$ or $A$ the plateau belonging to a fixed $n$-value becomes more pronounced; the plateau is higher and longer, the decrease after the plateau has a smaller slope, and $n \gtrapprox n^*$ finally changes to $n \gg n^*$, leading to (7b) which depends on $\beta$ and $H$ only.

There is no dependence on $\gamma$ for $\bar{a}/\gamma \gg n^*$. However, although the curves are influenced quantitatively by a change in the other parameters, the character remains unchanged as long as $w' \gg w$. If $w' \ll w$, a plateau should not occur.

$p_v(E, n)$ is monotonically decreasing with $n$ and monotonically increasing with $E$. As $p_v(E, n)$ is the ratio of $p(E, n)$ to $h(E, n)$ multiplied by $\delta$. $w'(T, E)$ only, a discussion of this function is relatively simple when referring to Fig. 3 and 4.

For small field excitation probabilities ($w \ll \beta n$; $w' \ll \bar{a} + \gamma n$) $p_v(E, n)$ increases with increasing field strength as

$$p_v \approx p_v^* \frac{w'}{\bar{a} + \gamma n} \qquad (< p_v^*) , \tag{8a}$$

and if $w' \gg \bar{a} + \gamma n$ for $n \gg n^*$ attains the plateau

$$p_v \approx p_v^* \equiv \frac{\bar{a} A}{\delta H}, \tag{8b}$$

which is independent of $n$.

After the plateau $p_v(E, n)$ further increases according to

$$p_v \approx p_v^* \frac{n + w/\beta}{n} . \tag{8c}$$

[4]) A well pronounced plateau occurs only in a small $n$-region, in which $n$ can be written as $n^* (1 + 10^{-m})$. The values of $m$ are parameters of the curves in the plateau region in Fig. 4.

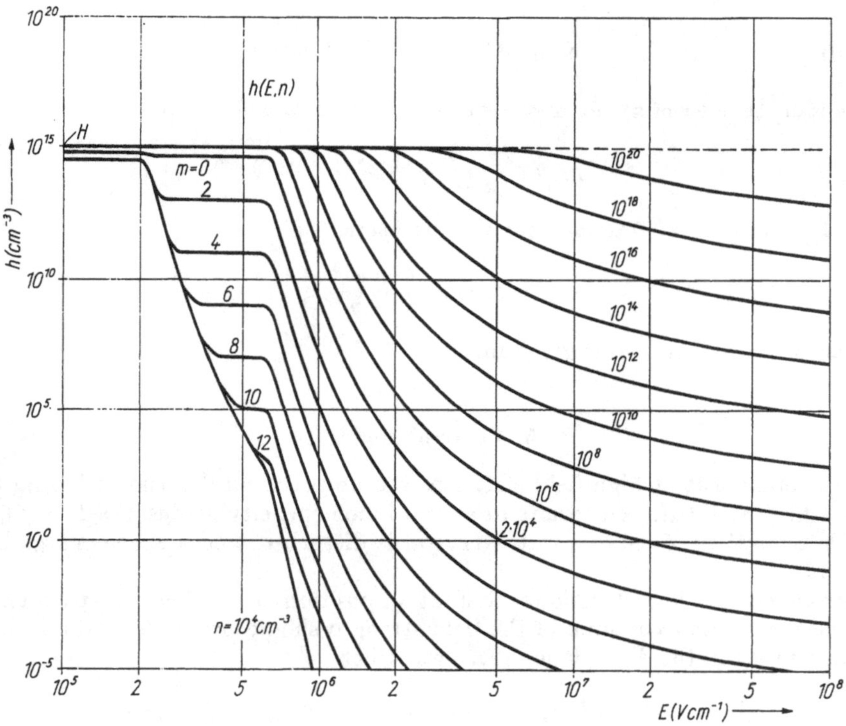


Fig. 4. The density of trapped electrons $h(E, n)$ as a function of the field strength $E$ (parameter: density $n$ of conduction electrons)

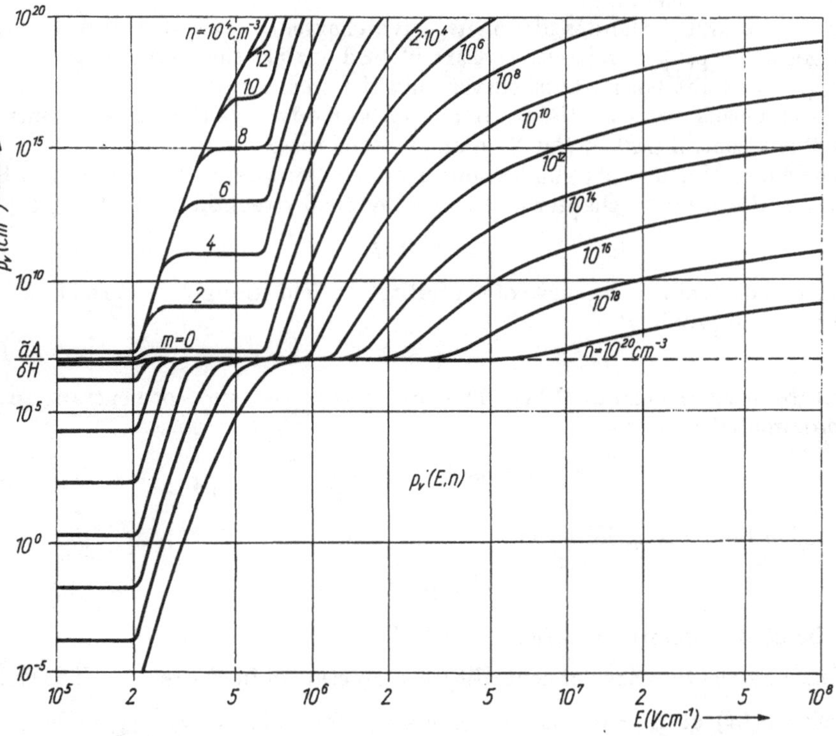


Fig. 5. The density of holes $p_v(E, n)$ in the valence band as a function of the field strength $E$ (parameter: density $n$ of conduction electrons)

If $n$ is of the order of $n^*$ for $w \ll \beta n$ and $(n - n^*) w' \gg n (\bar{a} + \gamma n)$ the plateaus satisfy

$$p_v \approx p_v^* \frac{n}{n - n^*} = p_v^* (1 + 10^m), \tag{8d}$$

which depends on $n$. The following increase obeys

$$p_v \approx p_v^* \frac{n + w/\beta}{n - n^*}. \tag{8e}$$

A set of curves $p_v(E, n)$ is given in Fig. 5.

## 5. Curve of neutrality

Assuming that at high field strengths the proposed mechanism including field quenching and diffusion results in a field inhomogeneity as described in [5], the quasi neutrality of charges in the crystal is disturbed, and a space charge layer occurs.

From Gauss' law it follows that at a position at which the space charge changes sign, an extremum of the field strength should occur. Therefore, curves of neutrality in the $E$, $n$ plane, $n_0(E)$, for which

$$\frac{dE}{dx} = \frac{e}{\varepsilon \varepsilon_0} (n + h(E, n) - p(E, n) - p_v(E, n)) = E'(E, n) \equiv 0 \tag{9}$$

holds, are of great interest. This leads to a fifth order polynome in $n$ with field dependent coefficients.

In Fig. 6 and 7 the density of negative charges $n^- = n + h$ and of positive charges $n^+ = p_v + p$, respectively, are plotted against the field strength.

Fig. 8 contains both sets of curves, and the crossing points of curves of equal electron density, which is the parameter of both sets, give the curve of neutrality. Fig. 9 is a central part of Fig. 8 on an enlarged scale.

The curve of neutrality can be approximated stepwise, as may be seen in Fig. 8 and the discussion in chapter 4. At very low field strength, $w'(T, E) \ll \bar{a} + \gamma n$,

$$H \approx p \tag{10a}$$

holds and determines the curve of neutrality. At field strengths up to $w(T, E) \approx \beta n$ the better approximation

$$h \approx p \tag{10b}$$

must be used instead of (10a). The next part of the curve of neutrality can be approximated by using

$$H \frac{\beta}{w} (n - n^*) \approx h = p_v \approx p_v^* \frac{w}{\beta} \frac{1}{n - n^*}. \tag{10c}$$

At higher field strengths

$$n = p_v \equiv p_v^* \frac{w}{\beta n} \tag{10d}$$

can be used to determine $n_0(E)$.

Fig. 10 gives the curve of neutrality as a function of field strength. The electron density $n_0(E)$ at $E = 0$ has approximately the value $n_0 = \frac{\bar{a}}{\gamma}\left(\frac{A}{H} - 1\right)$ and is

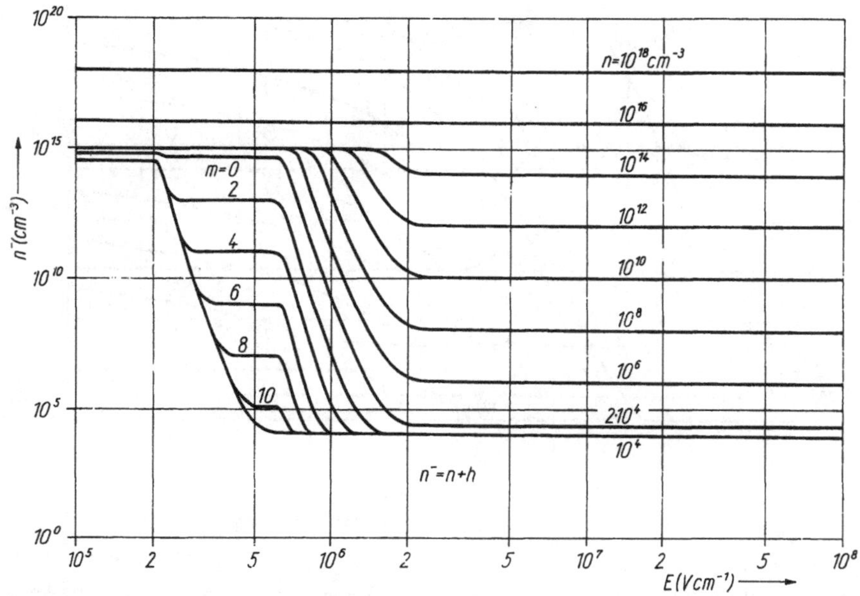


Fig. 6. The density of negative charges $n^-(E, n) = n + h(E, n)$ as a function of the field strength $E$ (parameter: density $n$ of conduction electrons)

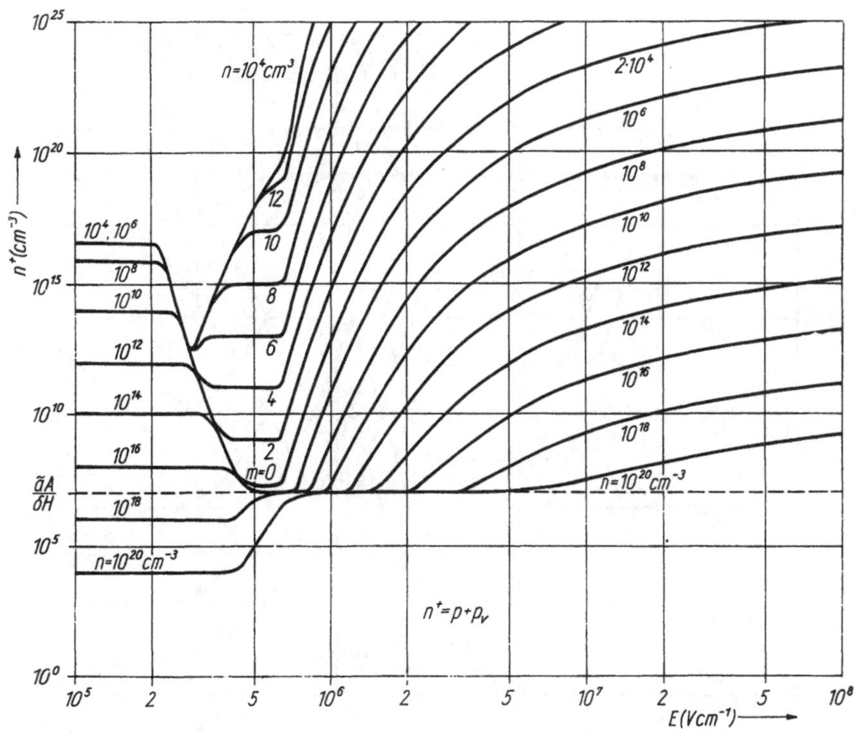


Fig. 7. The density of positive charges $n^+(E, n) = p(E, n) + p_v(E, n)$ as a function of the field strength $E$ (parameter: density n of conduction electrons)

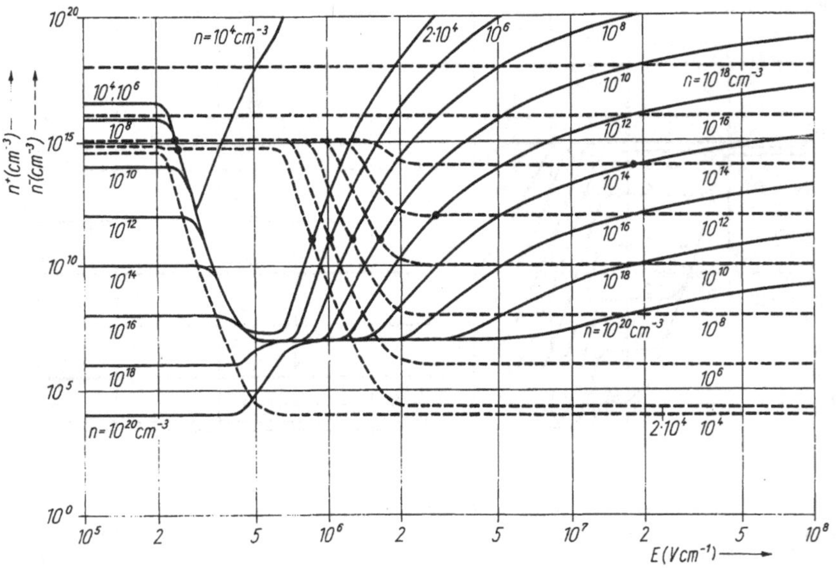

Fig. 8. The densities of positive (————) and negative (— — — —) charges as functions of the field strength $E$ (parameter: density $n$ of conduction electrons)

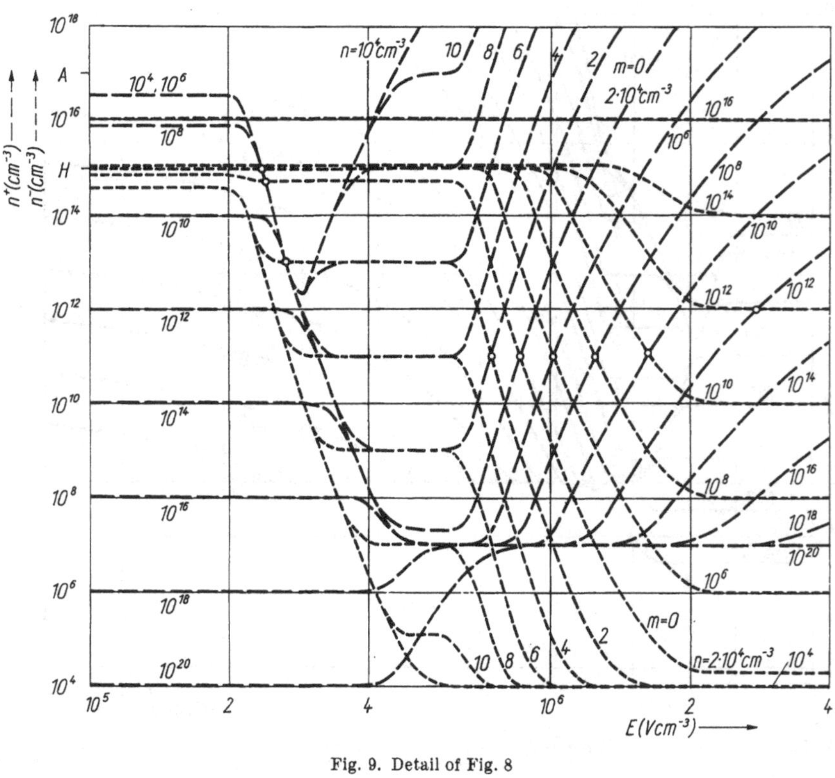

Fig. 9. Detail of Fig. 8

field-independent up to about $E_1$. With further increasing field strength $n_0(E)$ decreases and goes through a minimum $n_{\min} \approx n^*$ and increases again with further increasing field strength until all traps and activators are depleted by the field. In the proposed model there does not remain a possibility for recombination of electrons with holes, both densities will exceed all bounds[5]) with further increasing field strength

$$\lim_{E \to \infty} n_0(E) = \sqrt{\frac{\bar{a}\,A}{\delta H}\,\frac{w}{\beta}}\,.$$

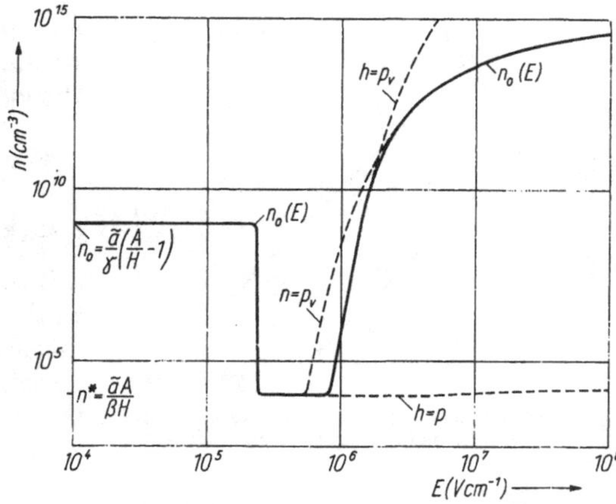


Fig. 10. The curve of neutrality $n_0(E)$ and its approximations

At electron densities $n > n_0(E)$ it follows that $\frac{dE}{dx} > 0$ since $h$ increases, but $p$ and $p_v$ decrease with increasing $n$. In the same manner one obtains from Gauss' law that for $n < n_0(E)$ it follows that $\frac{dE}{dx} < 0$. Only for the values $n_0(E)$ quasi neutrality in the crystal is achieved. However at field strengths near $E_1$ (Fig. 10) a rapidly decreasing conductivity is to be expected with increasing field strength because of the decreasing electron density. Therefore this quasi neutrality can be destroyed in regions of slightly lower conductivity which, due to the higher field strength, causes a further decrease of the conductivity. A space charge region occurs because of the drift of conduction electrons into the region of lower conductivity in which the main part of positive charges is trapped in activators ($p \gg p_v$, see Fig. 10). The mechanism of the production of the layer-like field inhomogeneity, as described in [5], can occur.

## 6. Curve of diffusion neutrality

Since the density of conduction electrons can be not monotonic with the field strength in the case of vanishing space charge, it is to be expected that for a field strength which is high enough, the electron density is not monotonic in $x$ either. An extremum of $n(x)$ which is given by

$$\frac{dn}{dx} = \frac{e}{k\,T}\left(n\,E - \frac{j}{e\,\mu}\right) = n'(E, n) \equiv 0 \tag{11}$$

defines a curve

$$n_j(E) = \frac{j}{e\,\mu\,E} \tag{11a}$$

which will be called the curve of diffusion neutrality. It is a hyperbola in the

[5]) Although an interband recombination acts against this field-induced increase of $n$, interband field-excitation will lead to an increase in the density of conduction electrons with higher field strength; thus the simple model under consideration gives approximately the right behaviour of $n_0(E)$.

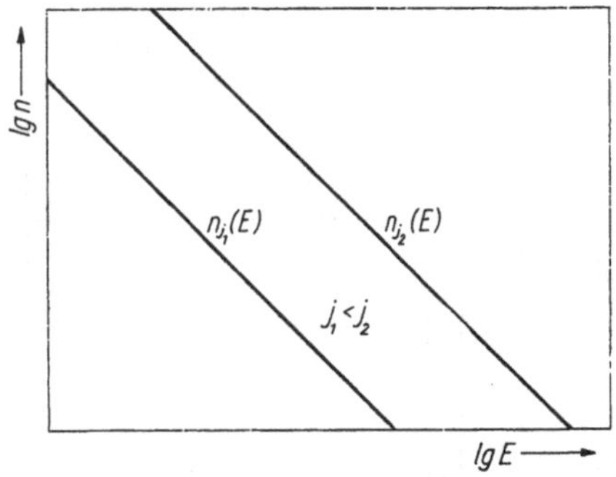


Fig. 11. The curve of diffusion neutrality $n_j(E)$ [curve $dn/dx = 0$] and its shift with the current density $j$

$E$, $n$ plane, shifted towards higher values with increasing $j$ (Fig. 11). For this curve the current is a drift current only.

For $n > n_j(E)$ it follows that $\frac{dn}{dx} > 0$, for $n < n_j(E)$ it follows that $\frac{dn}{dx} < 0$. The diffusion current has the same direction as the drift current below the curve of diffusion neutrality, and the opposite direction above this curve; the sum of these two parts being equal to the given constant value of $j$.

If $n\,E \ll \frac{j}{e\,\mu}$ almost the whole current is given by the diffusion current and

$$\frac{dn}{dx} \approx -\frac{j}{\mu\,k\,T} = \text{const} < 0\,.$$

## 7. Discussion of characteristics of the system of differential equations

As $E'(E, n)$ and $n'(E, n)$ do not depend explicitly on $x$ and since both functions have continuous partial derivatives with respect to $E$ and $n$ (Lipschitz condition), only one solution of the system of differential equations (4), $E = E(x)$ and $n = n(x)$ goes through any point in the space[6])

$$0 < x < l$$

$$0 < E < \infty$$

$$n^*(E) < n < n_\infty\,.$$

At any $x$ there is only one solution curve of (4) for a given set of boundary or initial conditions.

The projection of the solution curves $E(x)$ and $n(x)$ on the $E$, $n$ plane — the characteristics of the system (4) — satisfies the differential equation

$$\frac{dn}{dE} = \frac{\varepsilon\,\varepsilon_0}{k\,T} \frac{n\,E - j/e\,\mu}{n + h - p - p_v}\,. \tag{12}$$

In this plane the crossing points of the curves of neutrality and diffusion neutrality are singular points; the directions given by $\frac{dn}{dE}$ in the characteristics are clearly defined at all points, except in these singular points, and therefore any non-singular point can only once be a point of a characteristic; periodic solutions $E(x)$, $n(x)$ are not possible.

The curves of neutrality and diffusion neutrality divide the $E$, $n$ plane into sectors of similar direction of the characteristics, which are symbolized by arrows

[6]) Because of the simplified model a region exists in which $h < 0$. This region has to be excluded from the discussion. The border of this region is given by a function $n = n^*(E)$.

in Fig. 12. Moreover, at any non-singular point the curve of neutrality and the curve of diffusion neutrality can only be crossed in the direction of constant $E$ and constant $n$, respectively. Fig. 12 shows also that even a repetition of a maximum of $E(x)$ is not possible in the steady state.

At low applied voltages we expect a solution $n(x) = \text{const.}$ and $E(x) = \text{const.}$, which is the trivial solution at the singular point I in Fig. 12a.

At higher applied voltages experiment shows that field distributions with a field maximum occur. Assuming that the model discussed in this paper is able

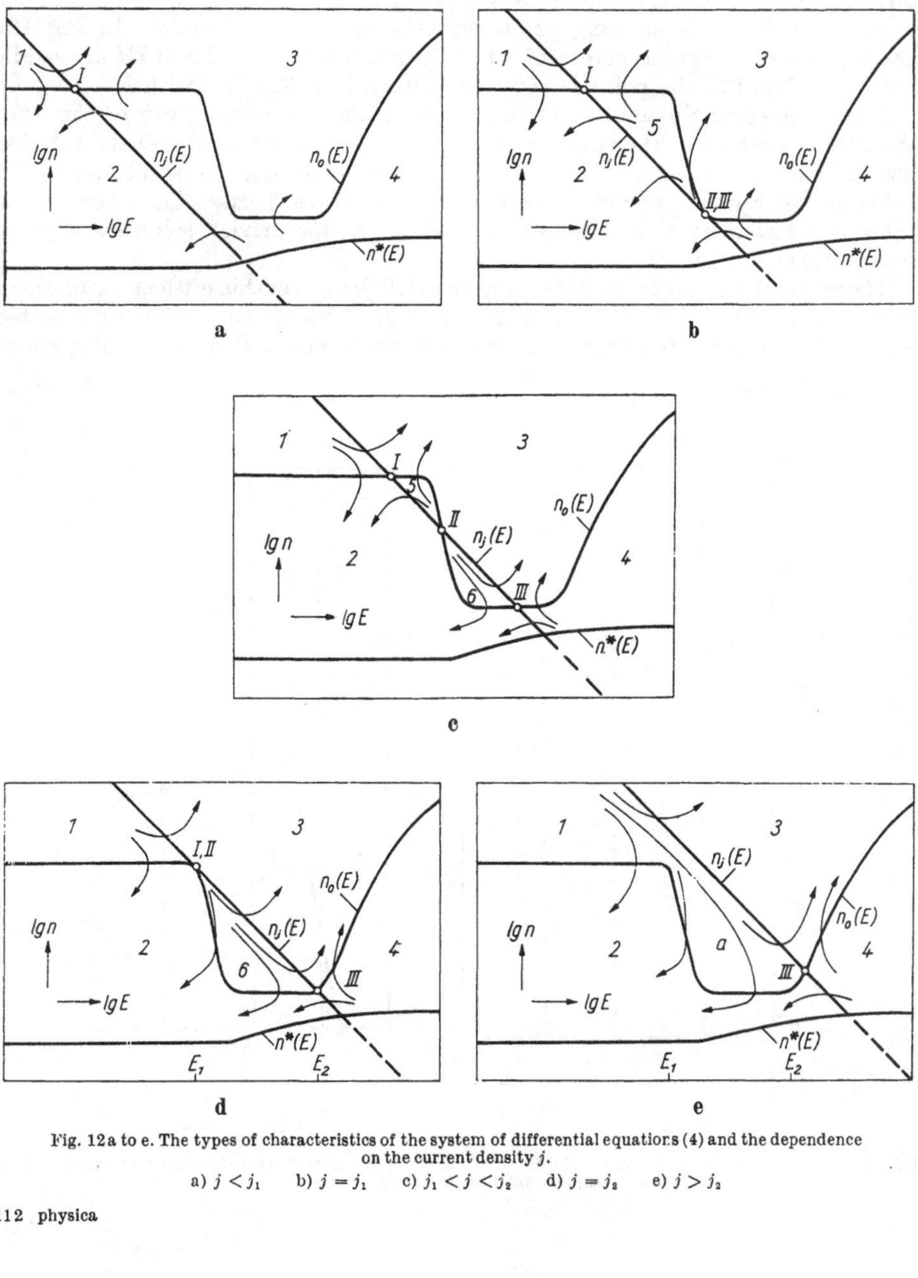

Fig. 12a to e. The types of characteristics of the system of differential equations (4) and the dependence on the current density $j$.

a) $j < j_1$ b) $j = j_1$ c) $j_1 < j < j_2$ d) $j = j_2$ e) $j > j_2$

to describe the experimental result, a non-trivial solution must start in sector 1 and go directly into sector 2; it cannot pass any other sectors and has to end in 2. All other types of non-trivial solutions do not show the desired relative field maximum between cathode and anode. A non-trivial solution of this type for a case given in Fig. 12a is not possible since the field strength always remains below the field strength of the trivial solution and therefore $\int_0^l E(x)\,dx = V$ cannot be fulfilled.

However, with increasing applied voltage, i.e. higher current, the curve of diffusion neutrality shifts towards higher values of $n\,E$ (Fig. 12a to e) and can have more than one crossing point with the curve of neutrality. In Fig. 12c there are three singular points of which II is a nodal point, I and III are saddle points; in Fig. 12b the point II coincides with III, in Fig. 12d with I.

If one increases the applied voltage slightly above a value given in Fig. 12d, the trivial solution at the singular point I disappears (Fig. 12e) and the solution has to be non-trivial, since there is no possibility to have a trivial solution in III because the applied voltage would be too low in that case. In other words, there is a forbidden field strength range $E_1 \ldots E_2$ for trivial solutions $E(x) =$ const., $n(x) =$ const.

Therefore, if the applied voltage is increased slightly over this critical value a non-homogeneous field distribution must occur and may be of a form represented by arrow $a$ in Fig. 12e. Part of the arrow must lie below $E_1$ and part of it above $E_1$, since $\int_0^l E(x)\,dx \approx V_{\text{crit}}$.

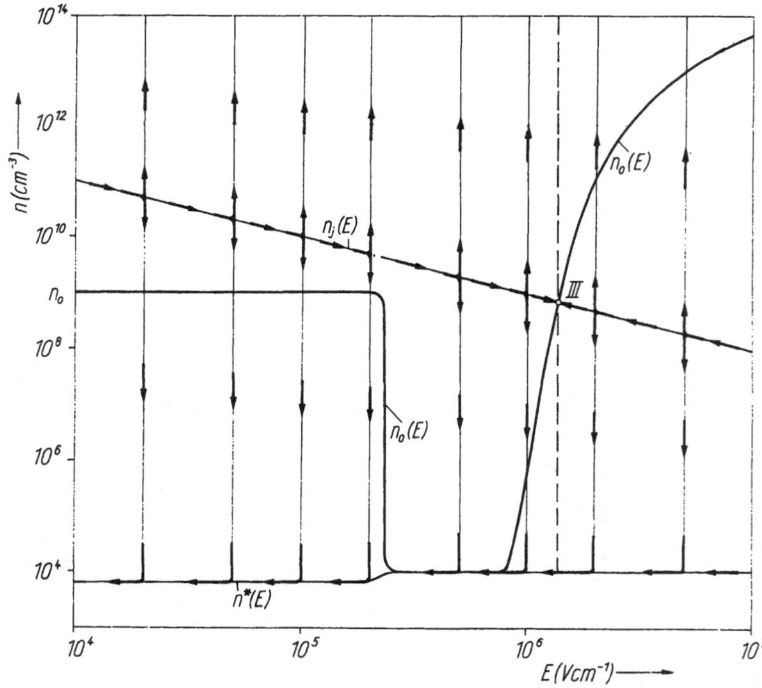


Fig. 3. The characteristics of the system of differential equations (4), calculated for the parameter values given in chapter 3 and with $j/e\,\mu = 10^{15}\ \mathrm{V \cdot cm^{-4}}$

Moreover, part of the arrow must lie above the neutrality curve, $n_0(E)$, part of it below $n_0(E)$, since

$$\int_0^l [n(x) + h(E(x), n(x)) - p(E(x), n(x)) - p_v(E(x), n(x))]\, dx = 0$$

the crystal as a whole has to stay neutral. A double layer is built up in the region of the field maximum.

This behaviour must occur, in general, in crystals in which a marked field quenching takes place, since in all of these crystals a field strength range exists in which the neutral electron density in the conduction band decreases exponentially with increasing field strength. Therefore these crystals have a forbidden range for trivial solutions, and, above a critical field strength, characteristic field inhomogeneities of a layer-like type must develop[7]).

However it remains to be proved whether under certain practical conditions (e.g., applied voltage, temperature, light intensity, electron density and field strength at the cathode) a steady state solution is really attained. There are some indications that above the critical field strength in real dielectrics only non-stationary solutions are allowed, and it may be taken as a confirmation of this presumption that moving layers have been found in most cases. The fact that standing layers have been observed, may be explained by the fact that crystal inhomogeneities may hinder the motion of those layers or their velocity is extremely small.

Further more detailed discussions at this point seem to be not appropriate before non-stationary solutions of the system (1), (2), and (3) are studied.

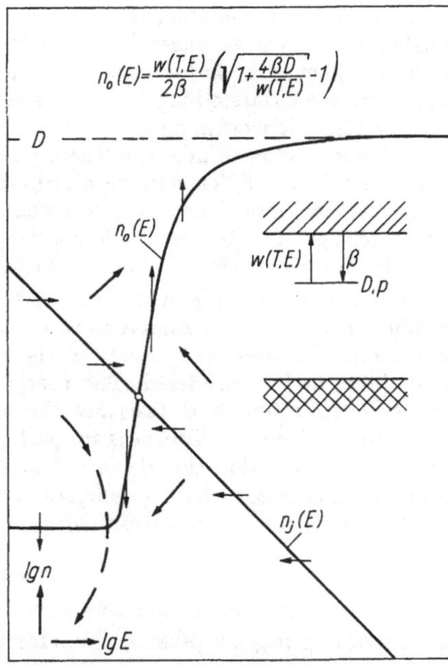


Fig. 14. The types of the characteristics in the case of a reaction kinetic model without field quenching

## References


[1] K. W. Böer, H.-J. Hänsch and U. Kümmel, Z. Phys. **155**, 170 (1959).

[2] K. W. Böer, Festkörperprobleme Bd. I, 38 bis 71; Verlag Friedr. Vieweg & Sohn, Braunschweig 1962.

[3] K. W. Böer, J. Phys. Chem. Solids **22**, 123 (1961).

[4] K. W. Böer and R. Rompe, Ann. Phys. **5**, 200 (1960).

[5] K. W. Böer, Z. Phys. **155**, 184 (1959).

[6] H. Rother, Ann. Phys. **5**, 203 (1960).

[7] W. Franz, Encyclopedia of Physics XVII, 219; Springer-Verlag, Berlin-Göttingen-Heidelberg 1956.


*(Received July 8, 1963)*

[7]) It can easily be seen that a model which does not contain quenching effects and therefore has a monotonically increasing curve of neutrality with the field strength (Fig. 14) can not — in the stationary case — have solutions with a field maximum other than the trivial solution.

phys. stat. sol. 3, 1718 (1963)

*Max-Planck-Institut für Metallforschung, Stuttgart*

# Über die Röntgenstreuung an Kristallen mit Versetzungen

## III. Die asymptotische Darstellung von Debye-Scherrer-Linienprofilen

Von

M. Wilkens

Es wird über Berechnungen der (kinematischen) Röntgenstreuung an elastisch isotropen Kristallen mit Versetzungen berichtet, die zu einer asymptotischen Darstellung der Intensitätsausläufer von Debye-Scherrer-Linienprofilen führen. Im Gültigkeitsbereich der asymptotischen Darstellung hat man zwei Glieder zu berücksichtigen. Das erste Glied ist von der Reflexionsordnung der Debye-Scherrer-Linie unabhängig und beschreibt die Kohärenzlängenverbreiterung (Teilchengrößenverbreiterung). Das zweite Glied ist proportional zum Quadrat der Reflexionsordnung und proportional zur Versetzungsdichte. Die elastische Wechselwirkung zwischen den Versetzungen wird durch einen Korrekturfaktor berücksichtigt, der für einige Versetzungsanordnungen mit weitreichendem bzw. kurzreichendem Spannungsfeld näherungsweise abgeleitet wird.

Calculations are made of the (kinematical) X-ray diffraction in isotropic elastic crystals containing dislocations. An asymptotic representation of the intensity tails of the Debye-Scherrer line profiles is obtained. In the range of validity of this approximation only two terms have to be considered. The first term is independent of the reflection order of the Debye-Scherrer line, and describes the broadening of the coherence length (particle size broadening). The second term is proportional to the square of the reflection order and proportional to the dislocation density. The elastic interaction between dislocations gives rise to a correction factor which is evaluated approximately for several dislocation arrangements with long and short range stress fields.

### Einleitung

Im Gegensatz zu der großen Anzahl experimenteller Arbeiten, die sich mit der Röntgenbeugung an plastisch verformten Kristallen (z. B. Feilspänen) beschäftigen — siehe den zusammenfassenden Bericht von Warren [1] — liegen erst verhältnismäßig wenig Arbeiten vor, die sich theoretisch mit dem Einfluß von Versetzungen auf die Intensitätsprofile von Großwinkelreflexionen (Bragg-Reflexionen) beschäftigen. Das gilt insbesondere für die dynamische Beugungstheorie. Für stark verformte Kristalle ist aber die kinematische Theorie, auf die wir uns im folgenden beschränken wollen, eine ausreichende Näherung.

Wilson [2, 3] untersuchte die Röntgenstreuintensität als Funktion der reziproken Gitterkoordinaten für einen zylinderförmigen Kristall mit axialer Schraubenversetzung. Näherungsrechnungen am gleichen Kristallmodell stammen von Frank [4] und Wilson [5]. Suzuki [6] behandelte nach der gleichen Methode wie Wilson [3] einen zylinderförmigen Kristall mit axialer Stufenversetzung. Vassamillet [7] wandte die von Wilson [5] angegebene differentielle Näherungsmethode auf Stufenversetzungen an. Wilkens [8, 9] berechnete für den zylinderförmigen Kristall mit axialer Schraubenversetzung die Fouriertransformierte der Debye-Scherrer-Linien-Intensitätsfunktionen für Reflexe verschiedener Ordnung. Suzuki und Willis [10] berichten über einige optische Modellversuche zur Beugung an einem Gitter mit einer Stufenversetzung. Wilkens [11] gibt die Schwerpunktsverschiebungen von Debye-Scherrer-Linien bzw. die daraus folgenden effektiven Gitterkonstantenänderungen für einen Kristall mit axialer Schraubenversetzung, dessen Verschiebungsfeld aus der nichtlinearen (quadratischen) Elastizitätstheorie entnommen wurde.

In der vorliegenden Arbeit werden anhand der Ergebnisse der zitierten Arbeiten einige allgemeine Gesichtspunkte bezüglich der Wirkung von Versetzungen auf die Intensitätsprofile diskutiert. Man gelangt so im Bereich der Intensitätsausläufer der Debye-Scherrer-Linien zu einer Darstellung der Intensitätsfunktionen, die in teils qualitativ, teils quantitativ angebbarer Weise von der Versetzungsdichte und der Anordnung der Versetzungen (weitreichendes Verzerrungsfeld, kurzreichendes Verzerrungsfeld) abhängt. Unter Debye-Scherrer-Linien werden dabei solche Intensitätsprofile verstanden, die von einem Präparat gewonnen sind, in dem die Kristallorientierungen regellos verteilt sind.

Dabei beschränken wir uns auf solche Verschiebungsfelder der Versetzungen, die aus der linearen, isotropen Elastizitätstheorie des unendlich ausgedehnten Kontinuums folgen. Die Vernachlässigung der „äußeren Randbedingungen" ist gerechtfertigt, da die untersuchten asymptotischen Glieder der Intensitätsfunktionen vorwiegend von den versetzungsnahen Bereichen der Kristalle herrühren. Eine Erweiterung auf elastisch anisotrope Kristalle ist ohne Schwierigkeit möglich. Da sich dabei aber keine grundsätzlichen Änderungen ergeben, wurde in dieser Arbeit darauf verzichtet.

Ferner werden Stapelfehler und unvollständige Versetzungen bzw. Stapelfehlerbänder nicht mit berücksichtigt. Diese Frage, die im Hinblick auf die Messung von Stapelfehlerdichten aus Linienverschiebungen und Linienasymmetrien besonders interessant ist, soll in einer späteren Arbeit behandelt werden, Wilkens und Seeger [12].

Der in der vorliegenden Arbeit theoretisch untersuchte asymptotische Bereich der Debye-Scherrer-Linien ist experimentell nur schwer zugänglich. Eine Ausmessung dieses Bereiches erfordert auf jeden Fall besonders sorgfältige Intensitätsmessungen. Wir verweisen dabei auf die von Tournarie [13] vorgeschlagene und neuerdings von Wilson [14, 15] weiter ausgearbeitete Methode, mit Hilfe der „Varianz" (quadratischer Mittelwert der Debye-Scherrer-Linie) als Funktion der äußeren Integrationsgrenzen Aussagen über den Zustand gestörter Gitter zu gewinnen. Darüber hinaus hoffen wir, daß eine Fortführung der Untersuchungen schließlich auch zu einem theoretischen Verständnis des Zentralteils der Debye-Scherrer-Linien, der experimentell wesentlich leichter auszumessen ist, führt. Erste Versuche in der Richtung stammen von Eastabrook und Wilson [16]. Besonderes Interesse verdient dabei die Frage, in welcher Weise die zahlreichen, in der Literatur vorliegenden Ergebnisse der Warren-Averbach-Analyse (Warren und Averbach [17], Warren [1]), bei der ja primär nur Angaben über „mittlere Differenzenquadrate" der Atomverschiebungen und „mittlere Kohärenzlängen" gewonnen werden, mit speziellen Versetzungsstrukturen in Beziehung gebracht werden können. Die vorliegende Arbeit ist also als Teilschritt zur Lösung des nur kurz angedeuteten, allgemeineren Problems gedacht.

## 1. Koordinatenbezeichnungen

Die Modellkristalle, die in den folgenden drei Kapiteln behandelt werden, haben eine kubisch primitive Elementarzelle mit der Gitterkonstante $a$. Es wird elastische Isotropie angenommen. Die äußere Form der Kristalle ist zylinderförmig. Der Radius des kreisförmigen Querschnittes beträgt $R$. Die eine kubische

Achse — die $z$-Achse — liegt parallel der Zylinderachse. Die Länge des Zylinders beträgt $Z$. Im Zylinderquerschnitt werden Polarkoordinaten $r$, $\varphi$ eingeführt

$$x = r\cos\varphi\,,\quad y = r\sin\varphi\,.$$

Das zum Kristallgitter gehörige reziproke Gitter habe die laufenden (kubischen) Koordinaten $g_x$, $g_y$, $g_z$. Vektoren im reziproken Gitter schreiben wir

$$\boldsymbol{g} = (g_x, g_y, g_z) = a^+(h, k, l)\,,$$

mit $a^+ = \frac{1}{a}$ kubische Einheitslänge im reziproken Gitter und $h$, $k$, $l$ Millersche Indizes. Vektoren, die zu einem Reflex des ungestörten Gitter weisen, lauten

$$\boldsymbol{g}_0 = (g_{x,0}, g_{y,0}, g_{z,0}) = a^+(h_0, k_0, l_0)\,,$$

$h_0$, $k_0$, $l_0$ ganzzahlig. Zur Kennzeichnung bestimmter Reflexe benutzen wir, wie üblich, das Indextripel $(h_0, k_0, l_0)$. Da die Versetzungen der betrachteten Kristalle parallel der Zylinderachse liegen, ist die Periodizität der Kristalle parallel der $z$-Achse in unserer Näherung nicht gestört. Daraus folgt, daß die Intensitätsfunktionen aller Reflexe einen Faktor $M^2$

$$M^2 = \frac{\sin^2 \pi\, Za^+ l}{\sin^2 \pi\, l}\,,\qquad Za^+ = \text{ganzzahlig},$$

enthalten. Es ist nicht notwendig, aber bequem, $Z$ als sehr groß gegen $R$ anzunehmen. Dadurch wird der Faktor $M^2$ deltafunktionsartig, und die von Null wesentlich verschiedene Intensität ist auf die reziproken Gitterebenen $g_z = g_{z0}$ begrenzt

$$M^2 = Za^+ \cdot \delta\,(g_z - g_{z,0})\,. \tag{1}$$

Unter Beachtung dieser Gleichung können wir die $g_z$-Abhängigkeit der Intensitätsfunktionen hinfort weglassen.

Es ist zweckmäßig, innerhalb der Ebenen $g_z = g_{z0}$ eigene Koordinaten einzuführen, siehe Fig. 1 a. Für die Vektoren $\boldsymbol{g}_0 - (0, 0, g_{z,0})$ innerhalb dieser Ebenen gelten die Polarkoordinaten $g_{r,0}, \gamma$

$$g_{x,0} = g_{r,0}\cos\gamma\;;\quad g_{y,0} = g_{r,0}\sin\gamma\,.$$

Die kleinen Differenzen $(g_x, g_y, g_{z,0}) - \boldsymbol{g}_0$ werden durch die Polarkoordinaten $G_r$, $\beta$ beschrieben

$$g_x - g_{x,0} = G_r\cos\beta\;;\quad g_y - g_{y,0} = G_r\sin\beta\,.$$

Auf die in Fig. 1 b erläuterten Koordinaten $s$, $s_0$ und $\omega$ kommen wir in Abschnitt 5 zurück.

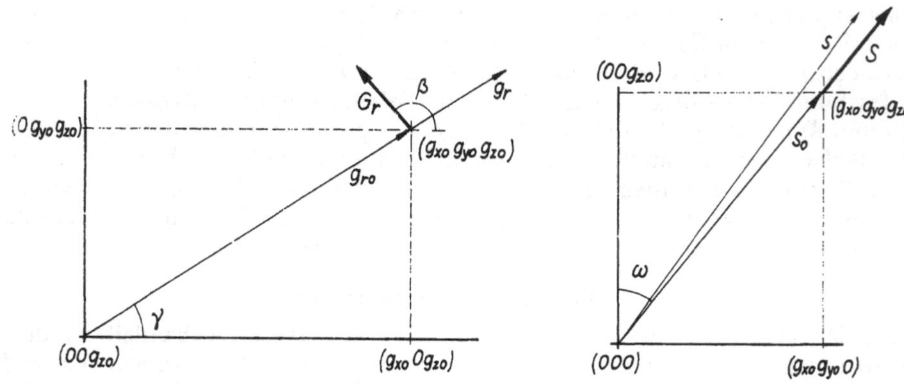


Fig. 1. Koordinatenbezeichnungen im reziproken Gitter

Wegen (1) können wir die dreidimensionalen Intensitätsfunktionen als Funktionen maximal zweier Koordinaten auffassen. Wir schreiben deshalb bei unterdrückter $g_z$-Abhängigkeit

$$I = I(G_r, \beta)\,.$$

Zum Vergleich mit den Verhältnissen bei Debye-Scherrer-Aufnahmen integrieren wir die Funktion $I(G_r, \beta)$ orthogonal auf den durch $\boldsymbol{g}_0$ gehenden Fahrstrahl $g_r$. Die von nur einer Koordinate abhängende Intensitätsfunktion bezeichnen wir mit $J$. Mit der Abkürzung

$$g_r - g_{r,0} = G$$

folgt

$$J(G) = \int I(G_r, \beta)\, d\,[G_r \sin(\beta - \gamma)]_{G_r \cos(\beta - \gamma) = \text{constant} = G}. \tag{2}$$

Als Integrationsgrenzen kann man dabei unbedenklich $\pm\infty$ annehmen.

Die Funktionen $I$ und $J$ hängen bei gegebener Art der Versetzung wesentlich von dem Skalarprodukt $(\boldsymbol{b}, \boldsymbol{g}_0)$ ab, wobei $\boldsymbol{b}$ der Burgersvektor der Versetzung ist. Bei vollständigen Versetzungen, auf die wir uns beschränken, ist $(\boldsymbol{b}, \boldsymbol{g}_0)$ ganzzahlig. Ferner benötigen wir die Fouriertransformierte $A(n)$ von $J(G)$, die wir wie folgt einführen:

$$A(n) = \int J(G) \exp(-2\pi i n G)\, dG\,. \tag{3}$$

Dabei ist $n$ ein Abstand im Zylinderquerschnitt des Kristallgitters parallel dem durch $\boldsymbol{g}_0$ gehenden Fahrstrahl $g_r$.

## 2. Eine Schraubenversetzung im Kristall

Der Burgersvektor für die in der Zylinderachse liegende Versetzung lautet

$$\boldsymbol{b} = b\,[001]\,, \tag{4a}$$

wobei der Betrag des Burgersvektors $b$ ein ganzzahliges Vielfaches der Gitterkonstante $a$ sein muß. Für $(\boldsymbol{b}, \boldsymbol{g}_0)$ führen wir die Abkürzung

$$(\boldsymbol{b}, \boldsymbol{g}_0) = L \tag{4b}$$

ein. Im Falle $b = a$ ist $L = l_0$. Zur Unterscheidung werden die Intensitätsfunktionen hinfort mit dem Index $L$ versehen. Normiert man die Integralintensität einer Intensitätsfunktion auf 1,

$$\iint I_L(G_r, \beta)\, G_r\, dG_r\, d\beta = 1\,; \qquad \int J_L(G)\, dG = 1\,, \tag{5}$$

so gilt nach WILSON [3]

$$I_L(G_r, \beta) = I_L(G_r) = 4\pi R^2 W_L^2(\varkappa) \quad \text{mit} \quad \varkappa = 2\pi R G_r\,. \tag{6}$$

$$W_L(\varkappa) = \frac{1}{\varkappa^2}\left\{-\varkappa \cdot \boldsymbol{J}_{L-1}(\varkappa) - 2L \sum_{k=1}^{1/2\,L-1} \boldsymbol{J}_{L-2k}(\varkappa) - L\boldsymbol{J}_0(\varkappa) + L\right\};\ L = \text{gerade}, > 0$$

$$W_L(\varkappa) = \frac{1}{\varkappa^2}\left\{-\varkappa \boldsymbol{J}_{L-1}(\varkappa) - 2L \sum_{k=1}^{1/2(L-1)} \boldsymbol{J}_{L-2k}(\varkappa) - L \int_\varkappa^\infty \boldsymbol{J}_0(\xi)\, d\xi + L\right\};$$

$$L = \text{ungerade}, > 0$$

$W_{-L}(\varkappa) = (-1)^L W_L(\varkappa)$; $\boldsymbol{J}_L(\varkappa)$ = Besselfunktion der Ordnung $L$.

(Um Verwechslungen mit den modifizierten Hankelfunktionen $K_L$ zu vermeiden, bezeichnen wir die von WILSON als $\frac{1}{2} K_L$ eingeführten Funktionen mit $W_L$.) Benützt man die bekannte asymptotische Entwicklung der Besselfunktionen für große Argumente und mittelt die entstehenden Ausdrücke über die Oszillationsperiode $\varkappa = 2\pi$, so ergibt sich im asymptotischen Bereich

$$I_L(G_r) = 4\pi R^2 \left\{ \frac{1}{\pi \varkappa^3} + \frac{L^2}{\varkappa^4} \left( + \frac{f}{\varkappa^5} \right) + + + \right\}, \tag{7}$$

$$f = \frac{129}{64\pi} \quad \text{für} \quad L = 1 \; ; \qquad f = \frac{396}{64\pi} \quad \text{für} \quad L = 2 \, .$$

Die Mittelung über die Oszillationsperioden der Besselfunktionen ist sinnvoll, weil unter experimentellen Bedingungen immer ein Spektrum von „Zylinderradien" $R$ auftritt. Der Faktor $f$ in (7) hängt in unübersichtlicher Weise von $L$ ab. Er soll nur dazu dienen, die Bedeutung der fünften inversen Potenz im Vergleich zu den beiden vorausgehenden Potenzen abzuschätzen.

Diese asymptotische Darstellung kann nun sehr leicht entsprechend (2) aufintegriert werden. Man erhält nach einfachen Zwischenrechnungen

$$J_L(G) = \frac{1}{\pi^3 R G^2} + \frac{L^2}{8\pi^2 R^2 G^3} \left( + \frac{f}{6\pi^4 R^3 G^4} \right) + + + \, . \tag{8}$$

Von Wilkens [9] wurde die entsprechend (3) definierte Fouriertransformierte $A_L(n)$ von $J_L(G)$ untersucht. $A_0(n)$ ließ sich geschlossen darstellen, für $L = 1, 2$ und 3 wurden die $A_L(n)$ im Intervall $0 \leqq |n| \leqq R/2$ nach Potenzen von $n/R$ entwickelt. Im restlichen Intervall $R/2 \leqq |n| \leqq 2R$ wurde $A_1(n)$ durch numerische Integration bestimmt. Für alle $L$ und kleine $n$ findet man

$$A_L(n) = 1 - \frac{|n|}{\frac{1}{2}\pi R} + \frac{L^2 n^2}{2R^2} \log \frac{|n|}{R} + + + \, . \tag{9}$$

Bei den folgenden Potenzen besteht keine einfache Abhängigkeit von $L$. $\frac{1}{2}\pi R$ ist die mittlere Kohärenzlänge (Teilchengröße) des Zylinderquerschnittes. Bildet man die Fouriertransformierte von $A_L(n)$,

$$J_L(G) = \int_{-n'}^{+n'} A_L(n) \exp(2\pi i n G) \, dn \, , \tag{10}$$

bei großen, aber willkürlichen Integrationsgrenzen $n'$ und berücksichtigt im Ergebnis nur solche Glieder, die nicht von der willkürlichen Integrationsgrenze $n'$ abhängen, so folgen gerade die ersten beiden Glieder von (8). Das in $n$ lineare Glied in (9) entspricht dem zu $G^{-2}$ proportionalen Glied in (8), das charakteristisch für die Kohärenzlängenverbreiterung (Teilchengrößenverbreiterung) ist. Es zeigt keine Abhängigkeit von der Ordnung des Reflexes, d. h. keine Abhängigkeit von $L$. Andererseits entspricht $n^2 \log n$ in (9) dem zu $G^{-3}$ proportionalen Glied, das über $L^2$ quadratisch von der Ordnung des Reflexes und quadratisch vom Betrag des Burgersvektors abhängt. Ferner ist es umgekehrt proportional zum Querschnitt des Zylinders und damit proportional zur Versetzungsdichte des Kristalls. Wesentlich ist, daß der normierende Faktor $n^2 \log \frac{1}{R}$ in (9) in die ersten beiden Glieder der asymptotischen Darstellung von $J_L(G)$ nicht eingeht, da die Fouriertransformierte eines zu $n^2$ proportionalen Termes abgesehen von Oszillationen mit der Periode $2\pi n' G$ keine weitreichenden, im Mittel von Null verschiedenen Ausläufer hat. Ferner ist wesentlich, daß die Versetzung im asymptotischen Bereich keinen Einfluß auf die Kohärenzlängenverbreiterung hat. Hier ist die mittlere Kohärenzlänge durch die äußeren Kristallbegrenzungen unseres Kristallmodells gegeben.

(Im nicht-asymptotischen Bereich hingegen (also für kleine $G$ bzw. größere $n$) gibt die Versetzung einen Beitrag zur Kohärenzlängenverbreiterung, wenn man die Analyse-Methode von WARREN und AVERBACH zugrundelegt, siehe [9].)

(7) und (9) bzw. die aus diesen beiden Gleichungen folgende (8) wurden mit Hilfe etwa der gleichen mathematischen Vereinfachungen gewonnen (Ersetzung der Summation über diskrete Atome durch eine Integration über den Zylinderquerschnitt). Das asymptotische, mit $L^2 G^{-3}$ gehende Glied der Verzerrungsverbreiterung, das von der Versetzung herrührt, kann aber noch auf andere, wesentlich einfachere Weise gewonnen werden. Nach STOKES und WILSON [18] und WILSON [5] macht man den Ansatz, daß die Verzerrungsverbreiterung einer Debye-Scherrer-Linie ein direktes Abbild der Häufigkeitsverteilung der differentiellen Gitterverzerrungen (Gitterdehnungen) parallel der Netzebenennormalen ist. In unserem Fall muß das Verschiebungsfeld $\boldsymbol{u}$ einer Schraubenversetzung zugrundegelegt werden

$$\boldsymbol{u} = [0, 0, w] ; \qquad w = \frac{b}{2\pi} \varphi . \tag{11}$$

Da wir die Intensität nicht auf die Debye-Scherrer-Koordinate $s = 2 \sin \theta/\lambda$, sondern auf die „$g_r$-Achse" (siehe Abschnitt 1) aufintegriert haben, folgt nach einfachen Überlegungen, daß $J_L(G)$ mit einer Funktion $H(q)$ verglichen werden muß, wobei

$$q = \frac{L}{b} \varepsilon = -G , \qquad \varepsilon = \frac{\partial w}{\partial x} = -\frac{b \sin \varphi}{2\pi r} \tag{12a}$$

ist und $H(q)$ die auf den Zylinderquerschnitt normierte Häufigkeitsfunktion von $q$ innerhalb des Querschnittes bedeutet. Die gesuchte Funktion $H(q)$ erhält man, solange $|q| \geqq \frac{L}{2\pi R}$ ist, in folgender, leicht nachprüfbarer Weise (für eine nähere Begründung sei auf Wilson [5] verwiesen):

$$H(q) = \frac{1}{R^2 \pi} \left| \frac{\partial}{\partial q} \int_0^{\pi} \int_0^{r_q} r \, dr \, d\varphi \right| \quad \text{mit} \quad |q| = \frac{L \, |\sin \varphi|}{2\pi r_q} ; H(q) = H(-q) . \tag{12b}$$

Damit erhält man in der Stokes-Wilsonschen, differentiellen Näherung für das asymptotische Glied der Verzerrungsverbreiterung

$$H(q) = J_L^v(G) = \frac{L^2}{8\pi^2 R^2 G^3} \qquad \text{für} \quad 2\pi R G \geqq L \tag{13}$$

in Übereinstimmung mit dem entsprechenden Glied in (8). (Der obere Index $v$ verweist darauf, daß nur das asymptotische Glied der Verzerrungsverbreiterung angegeben ist.)

Für $2\pi R G < L$ ist die Berechnung von $H(q)$ etwas umständlicher, siehe WILSON [5]. Da aber die differentielle Näherung in diesem Bereich nicht mehr gilt, kann auf eine Darstellung von $H(q)$ in diesem Bereich verzichtet werden. Wir sehen also, daß entgegen den Schlußfolgerungen von VASSAMILLET [7] die Stokes-Wilsonsche Näherung im asymptotischen Bereich die gleichen Ergebnisse bringt wie die exakteren Rechnungen von WILSON [3] und WILKENS [9]. Im übrigen sei auf die letztgenannte Arbeit verwiesen, in der die Gültigkeit des differentiellen Näherungsverfahrens anhand der Fouriertransformierten untersucht wird. Mit einer kleinen Erweiterung des ursprünglichen Stokes-Wilsonschen Ansatzes findet man in dem untersuchten Bereich $0 \leqq n \leq \frac{1}{2} R$ gute Übereinstimmung der „differentiell" berechneten mit den „nichtdifferentiell" berechneten Fouriertransformierten. Ohne diese Erweiterung ist die Übereinstimmung wesentlich weniger gut. Wie man anhand von (12) leicht erkennt, ist die Proportionalität von $J_L^v(G)$ mit $G^{-3}$ eine unmittelbare Folge des $1/r$-Abfalls der Gitterverzerrungen $\varepsilon$ in der Umgebung der Versetzung. Dieser $1/r$-Abfall gilt nicht mehr in unmittelbarer Nähe des Versetzungskerns ($r \leq 2$ bis 3 Atomabstände). Dem entsprechen aber so große Werte $G$, für die die Intensitätsfunktionen experimentell nicht mehr erfaßt werden können.

Einem Vorschlag von Frank [4] folgend, läßt sich die Intensitätsverteilung im reziproken Gitter näherungsweise als Häufigkeitsverteilung der Orientierungen der Netzebenennormalen verstehen. Es soll kurz gezeigt werden, daß diese Näherung mit derjenigen von Wilson [5] gleichwertig ist. Beide Näherungen vernachlässigen die Interferenzwechselwirkungen zwischen sehr kleinen, differentiellen Bereichen des Gitters und behandeln diese Bereiche, als ob sie sehr groß seien. Der Einfachheit halber betrachten wir nur einen Reflex der Art $(00l_0)$. Das ist ausreichend, da nach Wilson [3] die Intensitätsfunktion $I_L(G_r)$ von $h_0$ und $k_0$ nicht abhängen, (6).

Das Flächenelement $r\,dr\,d\varphi$ einer Ebene der Netzebenenschar $(00l_0)$ wird durch das Verschiebungsfeld (11) um den Winkel $\alpha$

$$\alpha = \sqrt{\left(\frac{\partial w}{\partial x}\right)^2 + \left(\frac{\partial w}{\partial y}\right)^2} = \frac{b}{2\pi r}$$

gegen die Zylinderachse (= Netzebenennormale des ungestörten Gitters) verkippt und bildet sich mit einer Intensität proportional dem Flächenelement in der reziproken Gitterebene $g_z = g_{z,0}$ im Abstand $G_r = \alpha\, g_{z,0}$ ab. Wegen der Normierung der Integralintensität muß dann gelten:

$$I_L^v(G_r)\, G_r\, dG_r = \frac{1}{R^2 \pi} r\, dr \quad \text{mit} \quad G_r = \frac{L}{2\pi r}, \text{ solange } G_r \geqq \frac{L}{2\pi R}.$$

Daraus folgt sofort

$$I_L^v(G_r) = \frac{L^2}{4\pi^3 R^2 G^4} \quad \text{für} \quad 2\pi R G_r \geqq L \tag{14}$$
$$= 0 \quad \text{für} \quad 2\pi R G_r < L$$

in Übereinstimmung mit dem entsprechenden Glied in (7). Integriert man (14) orthogonal auf einen beliebigen Fahrstrahl $G_r$ auf, so folgt gerade die von Wilson [5] abgeleitete, in (13) nur teilweise wiedergegebene Funktion $J_L^v(G)$.

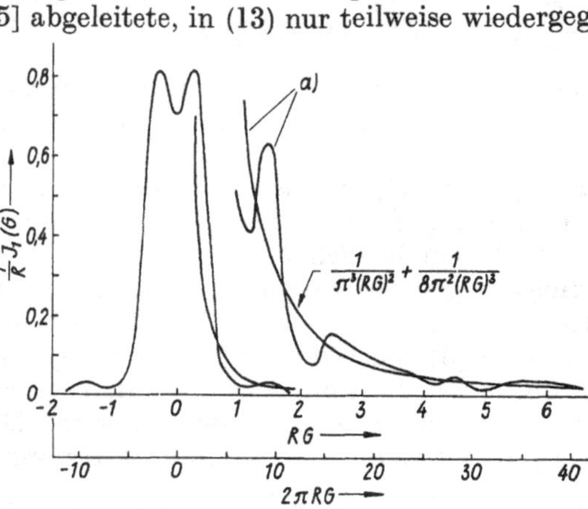


Fig. 2. Das Intensitätsprofil $J_1(G)$ mit eingetragener asymptotischer Näherung. a): Maßstabsfaktor 20:1

Fig. 2 zeigt die Funktionen $I_1(G_r)$ und $J_1(G)$. Letztere Funktion wurde durch numerische Fouriertransformation von $A_1(n)$ aus [9] gewonnen. Ferner sind die asymptotischen Darstellungen aus (7) bzw. (8) eingetragen. Man erkennt, daß $J_1(G)$ sich schon am Ende der Steilflanke an die Asymptote anschmiegt. Wegen der zahlreichen Nullstellen ist das bei $I_1(G_r)$ nicht so ausgeprägt.

Um ein einfaches Maß zu haben, nehmen wir an, daß die asymptotische Darstellung etwa ab dem ersten Minimum von $J_L(G)$

eine brauchbare Näherung gibt. Diese Werte $G_{\min}$ kann man in hinreichender Näherung aus der Lage der ersten Minima von $I_L(G_r)$ entnehmen. Eine numerische Auswertung von (6) für $L \leqq 6$ ergibt

$$R\, G_{\min} = 0{,}6 + 0{,}3\, L = 0{,}6 + 0{,}3\, b\, g_{z,0}\,. \tag{15}$$

Man erkennt, daß die Gültigkeitsgrenzen der asymptotischen Näherung nicht sehr stark von $L$ abhängen.

## 3. Eine Stufenversetzung im Kristall

Die vollständige Behandlung der Intensitätsfunktion eines Zylinderkristalls mit axialer Stufenversetzung ist wesentlich komplizierter als im Falle der Schraubenversetzung. Suzuki [6] hat analog zu Wilson [3] die Streuintensität als Funktion der reziproken Gitterkoordinaten untersucht. Liegt der Burgersvektor parallel der $x$-Achse, so ergab sich ein für die analytische Behandlung geeigneter Ausdruck für Reflexe der Art $(h_0\, 0 l_0)$

$$\boldsymbol{b} = b\,[100]\ ;\ H = (\boldsymbol{b}, \boldsymbol{g}_0)\,. \tag{16}$$

Nach einigen Umformungen kann man Suzukis Ergebnis wie folgt schreiben:

$$I_H(G_r, \beta) = 4\pi R^2 \sum_{s=-\infty}^{+\infty} \cos 2 s \beta \sum_{t=-\infty}^{+\infty} \boldsymbol{J}_t(p)\, \boldsymbol{J}_{t+s}(p)\, W_{H-2t}(\varkappa)\, W_{H-2(t+s)}(\varkappa)\ ;$$

$$p = \frac{H}{4(1-\nu)}\ ; \qquad W \text{ nach (6)}; \qquad \nu = \text{Poisson-Konstante.} \tag{17}$$

Für Reflexe der Art $(0\, k_0\, l_0)$ fand Suzuki nur schlecht konvergierende Reihen. Reflexe mit $h_0, k_0 \neq 0$ wurden nicht untersucht. Eine Entwicklung von (17) für große $\varkappa$ ergibt, daß die Stufenversetzung ganz analog zur Schraubenversetzung das asymptotische Glied der Kohärenzlängenverbreiterung nicht beeinflußt. Es lautet also genau wie in (7) bzw. nach Aufintegration wie in (8). Um das zu zeigen, benötigt man neben der asymptotischen Darstellung der Besselfunktionen noch folgende Beziehung

$$\sum_{t=-\infty}^{+\infty} \boldsymbol{J}_t(p)\, \boldsymbol{J}_{t+s}(p) = 1 \quad \text{für } s = 0\,,$$
$$= 0 \quad \text{für } s \neq 0\,,$$

die als Spezialfall aus dem Additionstheorem der Besselfunktionen folgt. Auf die Bestimmung des von der Versetzung verursachten asymptotischen Gliedes anhand von (17) kommen wir weiter unten zurück.

Nachdem die differentielle Methode bei der Behandlung der Schraubenversetzung bezüglich des asymptotischen Gliedes der Verzerrungsverbreiterung richtige Resultate gebracht hat, soll für die Stufenversetzung das entsprechende Glied der aufintegrierten Intensitätsfunktion $J^v_{H,\gamma}(G)$ angegeben werden. Wir müssen die Intensitätsfunktion im allgemeinen Fall mit zwei Indizes kennzeichnen, da sie nicht nur von $H = (\boldsymbol{b}, \boldsymbol{g}_0) = b\, g_{x,0}$ sondern auch von $g_{y,0}$ bzw. vom Winkel $\gamma$, Fig. 1a, abhängt. Bei der Orientierung des Burgersvektors nach (16) lautet das Verschiebungsfeld

$$\boldsymbol{u} = [u, v, o]\ ; \qquad u = \frac{b}{2\pi}\left(\varphi + \frac{\sin 2\varphi}{4(1-\nu)}\right);$$

$$v = -\frac{b}{2\pi}\left(\frac{1-2\nu}{2(1-\nu)} \log\frac{r}{r_0} + \frac{\cos 2\varphi}{4(1-\nu)}\right);$$

$\nu$ = Poisson-Konstante, $r_0$ = innerer Abschneideradius, der für die Gitterverzerrungen unwesentlich ist. Die differentielle Gitterverzerrung parallel

$(g_{x,0}, g_{y,0}, 0)$ lautet

$$\varepsilon = \cos^2\gamma \frac{\partial u}{\partial x} + \sin\gamma\cos\gamma\left(\frac{\partial u}{\partial y} + \frac{\partial v}{\partial x}\right) + \sin^2\gamma \frac{\partial v}{\partial y} .$$

Geht man jetzt, analog zu (12a) mit

$$q = \frac{H\,\varepsilon}{b\cos\gamma}, \qquad \frac{H}{b\cos\gamma} = a^+ \cdot (h_0^2 + k_0^2)^{1/2}$$

in (12b) ein, so folgt

$$J^v_{II,\gamma}(G) = \frac{H^2}{\cos^2\gamma\, 8\,\pi^2 R^2 G^3} F(\gamma) ;$$

$$F(\gamma) = \frac{1}{8\,(1-\nu)^2}\left[(1 - 4\,\nu + 8\,\nu^2) + 4\,(1 - 2\,\nu)\cos^2\gamma\right] \tag{18}$$

$$= \frac{1}{32}(5 + 12\cos^2\gamma) \quad \text{für} \quad \nu = \frac{1}{3} .$$

Wie nicht anders zu erwarten war, lautet das asymptotische Verzerrungsglied ganz analog wie bei der Schraubenversetzung. Der Faktor $H^2\cos^{-2}\gamma = (b/a)^2 \times (h_0^2 + k_0^2)$ entspricht dem Faktor $L^2 = (b/a)^2\, l_0^2$ in (8). Der gegenüber (8) zusätzliche, von $\gamma$ abhängende Faktor $F$ rührt von dem komplizierteren Verzerrungsfeld der Stufenversetzung her.

(Zur Kontrolle von (18) wurde (17) bezüglich der mit $\varkappa^{-4}$ abfallenden Glieder entwickelt, auf die $g_x$-Achse aufintegriert und nach Potenzen von $H$ geordnet. Es ergab sich, daß bis einschließlich der vierten Potenz alle Potenzen bis auf $H^2$ identisch verschwinden. Dieses letztere Glied war gleich dem in (18) angegebenen Glied mit $\gamma = 0$. Die Frage, ob auch die übrigen, höher als vierten Potenzen verschwinden, wurde nicht untersucht.)

## 4. Mehrere Versetzungen im Kristall

Wegen der mathematischen Schwierigkeiten ist es bisher nicht gelungen, für Kristallmodelle mit mehr als einer Versetzung geschlossene Ausdrücke für die Intensitätsfunktionen abzuleiten. Um die Ergebnisse der beiden vorangegangenen Abschnitte auf die Debye-Scherrer-Linienprofile von plastisch verformten Metallen übertragen zu können, benötigen wir Aussagen über den Einfluß elastischer Wechselwirkungen bestimmter Versetzungsanordnungen auf die asymptotischen Glieder der Intensitätsfunktionen. Wir dürfen uns dabei im folgenden auf Schraubenversetzungen beschränken, da wir gesehen haben, daß Schrauben- und Stufenversetzungen im asymptotischen Bereich bis auf unterschiedliche Zahlenfaktoren die gleichen Streuerscheinungen bewirken. Da ferner bei Schraubenversetzungen kein Radiusvektor senkrecht zur Versetzungslinie ausgezeichnet ist, genügt es, nur Reflexe der Art $(h_0\,0\,l_0)$ zu betrachten.

Wir gehen von der Fourier-Darstellung der Intensitätsfunktionen aus, wie sie zuerst von WILSON (z. B. WILSON [19]) eingeführt wurde und später in der Analyse der Debye-Scherrer-Linien nach WARREN und AVERBACH [17] weite Verbreitung gefunden hat. Im Anschluß an die genannten Arbeiten machen wir für die Fourier-Transformierte $A_L(n)$ den Ansatz

$$A_L(n) = A^T(n)\, A_L^V(n) .$$

$A^T(n)$ beschreibt die Kohärenzlängenverbreiterung, und für unseren zylinderförmigen Kristall gilt bei kleinen Abständen $n$

$$A^T(n) = 1 - \frac{|n|}{\frac{1}{2}\pi R} + + .$$

$A_L^V(n)$ beschreibt die durch die Versetzungen verursachte Verzerrungsverbreiterung, wobei $L = (\boldsymbol{b}, \boldsymbol{g}_0)$ bei gegebenem Burgersvektor nach (4) als Maß für die Ordnung des Reflexes dient. Ist $w(x, y)$ die Atomverschiebung parallel der Zylinderachse als Folge der Schraubenversetzungen und ist ferner

$$\varepsilon_n = \frac{1}{n}\,[w(x, y) - w\,(x - n, y)]$$

die Differenz der Verschiebungen für zwei Punkte im Abstand $n$ parallel der $x$-Achse, normiert auf den Einheitsabstand, so ist

$$A_L^V(n) = \langle \exp\,(2\,\pi\,i\,n\,g_{z,0}\,\varepsilon_n)\rangle\,; \qquad g_{z,0} = L/b\,.$$

Die $\langle\ \rangle$ bedeuten dabei Mittelung über den Zylinderquerschnitt. Für kleine Abstände $n$ kann man die Exponentialfunktion entwickeln, wobei bei der Mittelung die imaginären Glieder aus Symmetriegründen wegfallen

$$A_L^V(n) = 1 - 2\,\pi^2\,n^2\,g_{z,0}^2\,\langle\varepsilon_n^2\rangle + + \,.$$

$\langle\varepsilon_n^2\rangle$ ist das über den Zylinderquerschnitt gemittelte Differenzenquadrat der Atomverschiebungen.

Für $A_L(n)$ folgt im Bereich kleiner $n$

$$A_L(n) = 1 - \frac{2\,|n|}{\pi\,R} - 2\,\pi^2\,n^2\,g_{z,0}^2\,\langle\varepsilon_n^2\rangle + + \,. \tag{19}$$

Wir benötigen also für eine gegebene Anordnung von Schraubenversetzungen innerhalb des Zylinderkristalls einen Ausdruck für $\langle\varepsilon_n^2\rangle$. Für eine einzelne Schraubenversetzung in der Zylinderachse wurde in [9] gefunden

$$\langle\varepsilon_n^2\rangle = \frac{b^2}{4\,\pi^2\,R^2}\left\{\log\frac{R}{|n|} + P\left(\frac{n}{R}\right)\right\},$$

wobei $P\left(\frac{n}{R}\right)$ eine Potenzreihe von $n/R$ ist, die mit einem konstanten Glied anfängt. Eine explizite Darstellung von $P\left(\frac{n}{R}\right)$ erübrigt sich, da nach der Fourierrücktransformation von (19) entsprechend (10) die Potenzreihe auf den asymptotischen Bereich von $J_L(G)$ keinen Einfluß hat. Berücksichtigt man dagegen das logarithmische Glied, so folgt mit $L = b\,g_{z,0}$ gerade (8).

Ausgehend von (19) untersuchen wir nun als einfachstes Modell mit mehreren Versetzungen einen Zylinderkristall mit zwei Schraubenversetzungen, die den Querschnitt in den Punkten

$$P_1 = \frac{D}{2}\,[\cos\delta,\ \sin\delta]\,,\ P_2 = \frac{-D}{2}[\cos\delta,\ \sin\delta] \tag{20}$$

durchstoßen. Die beiden Versetzungen haben also den Abstand $D$, und die Verbindungslinie ist unter dem Winkel $\delta$ gegen die $x$-Achse geneigt. $D$ möge klein gegen den Zylinderradius $R$, aber groß gegen die Gitterkonstante sein. Zur Abkürzung führen wir für den Polarwinkel $\varphi$ mit Scheitelpunkt im Punkte $P$ der Querschnittsebene die Bezeichnung $\varphi(P)$ ein. Mit $P_1$ und $P_2$ nach (20) und mit den zusätzlichen, um $-n$ parallel der $x$-Achse verschobenen Punkten

$$P'_1 = \left[\frac{D}{2}\cos\delta - n, \frac{D}{2}\sin\delta\right], \qquad P'_2 = \left[\frac{-D}{2}\cos\delta - n, \frac{-D}{2}\sin\delta\right]$$

lautet das mittlere Differenzenquadrat der Atomverschiebungen für die zwei Schraubenversetzungen bei Beschränkung auf Reflexe der Art $(h_0, 0, l_0)$

$$\langle\varepsilon_n^2\rangle = \frac{b^2}{4\,\pi^2\,n^2}\,\langle\{[\varphi(P_1) - \varphi(P'_1)] \pm [\varphi(P_2) - \varphi(P'_2)]\}^2\rangle\,. \tag{21}$$

Das obere (untere) Vorzeichen gilt, wenn die Burgersvektoren der beiden Versetzungen gleiches (entgegengesetztes) Vorzeichen haben. Die Beschränkung auf Reflexe der Art $(h_0, 0, l_0)$ ist auch bei mehr als einer Schraubenversetzung nicht wesentlich, da wir weiter unten eine Mittelung über den Winkel $\delta$ vornehmen. Nach einigen Umformungen kann man statt (21) schreiben

$$\langle \varepsilon_n^2 \rangle = \frac{b^2}{4\pi^2 n^2} \{[\langle[\varphi(P_1) - \varphi(P_1')]^2\rangle + \langle[\varphi(P_2) - \varphi(P_2')]^2\rangle] \pm [\langle[\varphi(P_1') - \varphi(P_2)]^2\rangle + \langle[\varphi(P_1) - \varphi(P_2')]^2\rangle - \langle[\varphi(P_1) - \varphi(P_2)]^2\rangle - \langle[\varphi(P_1') - \varphi(P_2')]^2\rangle]\}.$$

Jeder der sechs Mittelwerte muß unabhängig davon sein, von welcher Richtung ab der Winkel $\varphi$ gezählt wird. Wir können deshalb das Ergebnis von [9] direkt übernehmen und erhalten für das allein interessierende logarithmische Glied

$$\langle \varepsilon_n^2 \rangle = \frac{b^2}{8\pi^2 R^2 n^2} \left\{ 2 n^2 \log \frac{R^2}{n^2} \pm \left[ (n^2 + D^2 + 2 n D \cos\delta) \log \frac{R^2}{n^2 + D^2 + 2 n D \cos\delta} + (n^2 + D^2 - 2 n D \cos\delta) \log \frac{R^2}{n^2 + D^2 - 2 n D \cos\delta} - 2 D^2 \log \frac{R^2}{D^2} \right] \right\}. \quad (22)$$

Setzt man diesen Ausdruck in (19) ein und berechnet die Fourierrücktransformation entsprechend (10), so findet man für die zwei asymptotischen Glieder

$$\left.\begin{aligned} J_L(G) &= \frac{1}{\pi^3 R G^2} + \frac{2 L^2 \cdot M}{8\pi^2 R^2 G^3} + + \; ; M = 1 \pm C(\xi) \; ; \xi = 2\pi D G \; ; \\ C(\xi) &= [1 + |\xi| \cdot |\sin\delta|] \cos(\xi \cos\delta) \exp[-|\xi \sin\delta|] \,. \end{aligned}\right\} \quad (23)$$

Der im zweiten Glied gegenüber (8) zusätzlich auftretende Faktor 2 bedeutet, daß der Kristall jetzt zwei Versetzungen enthält. Der Faktor $M$ ist ein Maß für die effektive Stärke, mit der jede der beiden Versetzungen zur asymptotischen Streuung beiträgt. Sieht man von dem Spezialfall $\delta = 0$ ab, so erkennt man leicht, daß $M$ mit steigendem $DG$ gegen 1 geht. Für hinreichend große $DG$ wirken demnach die Versetzungen als Einzelversetzungen, ohne daß die elastische Wechselwirkung zwischen den Versetzungen ins Spiel kommt. Nun kann man annehmen, daß in plastisch verformten Kristallpulverpräparaten in guter Näherung alle Winkel $\delta$ gleich wahrscheinlich sind und außerdem ein breites Verteilungsspektrum der Versetzungsabstände $D$ auftritt. Da man über dieses Verteilungsspektrum nur ziemlich willkürliche Annahmen machen kann, begnügen wir uns mit der Mittelung über den Orientierungswinkel $\delta$

$$\left.\begin{aligned} \overline{M} &= 1 \pm \overline{C}(\xi) \; ; \quad \overline{C}(\xi) = \frac{1}{\pi} \int_{-\pi/2}^{+\pi/2} C(\xi, \delta)\, d\delta \\ &= -\frac{2}{\pi}\left(1 - \frac{1}{2}\xi^2\right) \mathrm{si}(\xi) + \frac{1}{\pi}(\sin\xi + \xi\cos\xi) \; ; \qquad \mathrm{si}(\xi) = \int_{\infty}^{\xi} \frac{\sin x}{x}\, dx \,. \end{aligned}\right\} \quad (24)$$

Fig. 3 zeigt $\overline{C}(\xi)$. Zieht man jetzt noch qualitativ in Betracht, daß in jedem Präparat ein breites Spektrum von Versetzungsabständen $D$ vorliegt, so kann man annehmen, daß sich die Oszillationen von $\overline{C}(\xi)$ ausmitteln. Etwa ab $\xi = 2$ kann man deshalb $\overline{C}(\xi) = 0$, d. h. $\overline{M} = 1$ setzen. Andererseits hat $\overline{M}$ für sehr kleine $\xi$ keine Bedeutung, da die in Abschnitt 2 für die Gültigkeit der asymptotischen Näherung abgeleitete Beziehung $R\,G \gtrsim 1$ erfüllt sein muß (für nicht zu große $L$). Dem entspricht jetzt die Bedingung

$$\xi = 2\pi D G \gtrsim 2\pi \frac{D}{R}.$$

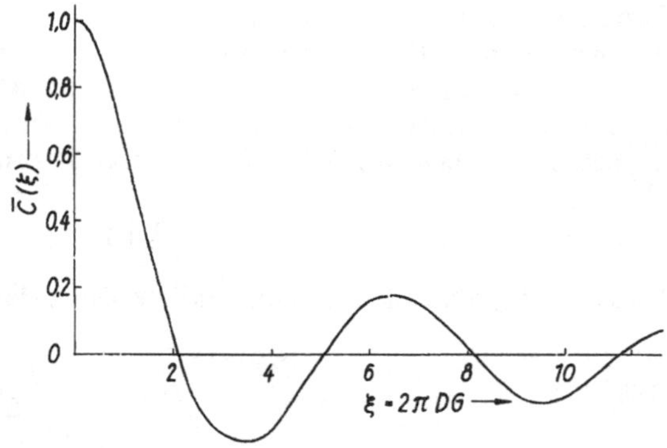

Fig. 3. Die Funktion $\bar{C}(\xi)$ nach (24)

Damit haben wir die asymptotische Näherung für den zylinderförmigen Kristall mit zwei Schraubenversetzungen abgeleitet. Der Unterschied gegenüber Abschnitt 2 (eine Schraubenversetzung) besteht darin, daß jetzt der Vorfaktor des mit $G^{-3}$ abfallenden Gliedes schwach von $G$ abhängt. Mit fallendem $G$ ist der Anstieg des von den Versetzungen herrührenden Gliedes stärker als $G^{-3}$, wenn beide Versetzungen gleich gerichtet sind, d. h. wenn ihre Verzerrungen bzw. Spannungen sich im großen Abstand von den Versetzungen addieren. In diesem Fall ist der Abfall der Verzerrungen zwischen den beiden Versetzungen schwächer als $1/r$ (weitreichendes Spannungsfeld). Umgekehrt ist der Anstieg mit fallendem $G$ schwächer als $G^{-3}$, wenn die beiden Versetzungen entgegengesetztes Vorzeichen haben. Der Abfall der Verzerrungen ist stärker als $1/r$ (kurzreichendes Spannungsfeld).

Eine Erweiterung auf den Fall, daß der Kristall mehr als zwei Versetzungen enthält, ist nun leicht möglich. Der Kristall enthalte $Z$ parallele Versetzungen mit den gegenseitigen Abständen $D_{ij}$, $1 \leqq i, j \leqq Z$. Die Richtungen der Burgersvektoren seien durch konstante Faktoren $k_i$ gekennzeichnet mit $k_i = +1$ für die Burgersvektoren des einen Vorzeichen und $k_i = -1$ für die Burgersvektoren des anderen Vorzeichens. Nimmt man wieder an, daß die $D_{ij}$ klein gegen $R$, aber groß gegen die Gitterkonstante sind, so folgt in der gleichen Weise wie weiter oben nach Mittelung über den Orientierungswinkel

$$\left.\begin{aligned} J_L(G) &= \frac{1}{\pi^3 R G^2} + \frac{Z L^2 \bar{M}}{8\pi^2 R^2 G^3} + + ; \\ \bar{M} &= 1 + \frac{2}{Z} \sum_{i<j} k_i k_j \bar{C}(\xi_{ij}) ; \ \xi_{ij} = 2\pi D_{ij} G . \end{aligned}\right\} \quad (25)$$

Wir wollen diese allgemeine Gleichung noch für einige Fälle spezialisieren.

a) Werden die $Z$ Versetzungen alle im Mittelpunkt des Kristalls zu einer Superversetzung mit dem Burgersvektor $Z\,\boldsymbol{b}$ vereinigt, so folgt aus (25) sofort

$$\bar{M} = Z .$$

Das ist auch schon aus (8) zu entnehmen, da $L^2$ proportional zum Quadrat des Burgersvektors ist.

b) Die $Z$ Versetzungen mit gleichem Vorzeichen bilden eine Versetzungsgruppe mit äquidistanten Abständen auf einer durch die Kristallmitte gehenden Gleitebene. Wir setzen $Z = 9$ und $D_{ij} = (j - i)\ 0{,}05\ R$.

Die größten Abstände $D_{ij}$ sind dann zwar nicht mehr klein gegen den Radius $R$. Da die zugehörigen Versetzungen wegen ihrer geringen elastischen Wechselwirkung nur wenig zu ($\overline{M}$ – 1) beitragen, können wir diesen Umstand vernachlässigen. c) Verteilt man die $Z$ Versetzungen regellos über den Zylinderquerschnitt in der Weise, daß kein weitreichendes Spannungsfeld entsteht, so kann man in (25) die Summe auf jeweils zwei benachbarte, ihr Spannungsfeld gegenseitig abschirmende Versetzungen beschränken. Man erhält damit als Näherung

$$\overline{M} = 1 - \overline{C}(\xi_m) \; ; \quad \xi_m = 2\pi D_m G \, . \tag{26}$$

Dabei ist $D_m$ ein mittlerer Abstand zwischen den Versetzungen, für den man etwa

$$D_m = R \sqrt{\frac{\pi}{Z}}$$

setzen kann. Fig. 4 zeigt $\overline{M}$ für die drei Beispiele jeweils mit $Z = 9$. Auf die Kurve $d$ kommen wir weiter unten zurück. Ferner ist in Fig. 4 angegeben, von welchen Werten der Abszissenvariablen $RG$ an die asymptotische Näherung brauchbar ist. Dabei ist $L = 1$ angenommen. Diese Angaben sind nach einem sehr einfachen Verfahren abgeschätzt, das im Anhang kurz erläutert wird. Die Grenzen können deshalb nur als grobe Anhaltswerte gelten.

Sieht man einmal von dem wenig bedeutsamen Extremfall ab, daß die $Z$ Versetzungen eine Superversetzung mit Burgersvektor $Z\boldsymbol{b}$ bilden, so folgt aus Fig. 4, daß die Art der Versetzungsanordnung (weitreichendes bzw. kurzreichendes Spannungsfeld) auf den asymptotischen Bereich der Intensitätsfunktion nur geringen Einfluß hat. Der Grund dafür ist, daß die Intensität in diesen Bereichen, wie schon weiter vorne erwähnt, vorwiegend von den versetzungsnahen Kristallgebieten herrühren.

Bislang haben wir nur Anordnungen von mehreren Schraubenversetzungen behandelt. Man kann nun die gleichen Überlegungen für Stufenversetzungen anstellen. Auch ohne expliziten Beweis können wir annehmen, daß das für den jeweiligen Reflex maßgebliche Differenzenquadrat der Atomverschiebungen logarithmische Faktoren analog zu (22) enthält. Beim Übergang von einer Versetzung zu $Z$ Versetzungen ergibt sich nach Mittelung über den Orientierungswinkel $\delta$ der gleiche zusätzliche Faktor $Z\,\overline{M}$, wie er in (24) und (25) auftritt. Der Unterschied zwischen Schrauben- und Stufenversetzungen kommt in unserer Näherung also nur in dem Faktor $F(\gamma)$ zur Geltung, da $L^2$ und $H^2 \cos^{-2}\gamma$ in (8) bzw. (18) sinngemäß das Gleiche, nämlich $b^2 g^2_{z,0}$ bzw. $b^2 (g^2_{x,0} + g^2_{y,0})$, bedeuten.

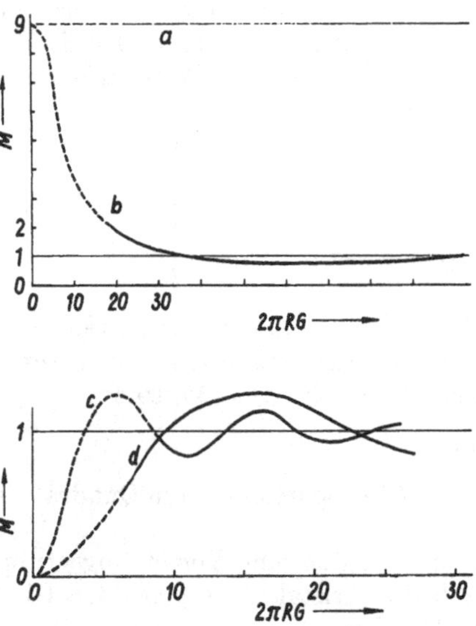


Fig. 4. Der Wechselwirkungsfaktor $\overline{M}$ für verschiedene Anordnungen von neun Versetzungen im zylindrischen Kristall. Im gestrichelten Bereich ist die asymptotische Näherung nicht anwendbar

Aus einer Schar paralleler Stufenversetzungen kann man eine Kleinwinkelkorngrenze aufbauen, bei der bekanntlich die Reichweite des Verzerrungsfeldes in der Größenordnung des mittleren Abstandes der Versetzungen in der Kleinwinkelkorngrenze liegt. Analog zu Gl. (26) ergibt sich der Faktor $\overline{M}$ zu

$$\overline{M} = 1 - \overline{\overline{C}}(\xi_{KW}) \; ; \qquad \xi_{KW} = 2\pi D_{KW} G \; ; \qquad D_{KW} = \frac{2R}{Z} \, . \tag{27}$$

Fig. 4, Kurve d, zeigt (27), wieder mit $Z = 9$. Wegen der stärkeren Abschirmung des Verzerrungsfeldes einer Kleinwinkelkorngrenze im Vergleich mit einer regellosen Verteilung der gleichen Anzahl von Versetzungen liegt Kurve d bei kleinen Argumenten $RG$ unterhalb der Kurve c, bzw. unter dem Grenzwert 1 und zeigt damit eine schwache $G$-Abhängigkeit des Faktors $\overline{M}$ am Anfang des asymptotischen Bereiches.

### 5. Umrechnung auf Debye-Scherrer-Koordinaten

Um eine einfache Darstellungsweise zu haben, wurde in den vorangegangenen Kapiteln die Streuintensität als Funktion von $G$ angegeben, wobei die „$G$-Achse" eine Achse senkrecht zur Versetzungslinie ist, die in der aus der Versetzungslinie und dem reziproken Gittervektor $\boldsymbol{g}_0$ aufgespannten Ebene liegt. Namentlich bei Debye-Scherrer-Präparaten kann im Experiment unmittelbar nur eine Funktion $P(2\,\Theta)$ gemessen werden, wobei $P(2\,\Theta)$ die Streuintensität pro räumlichen Einheitswinkel über dem Abbeugungswinkel $2\,\Theta$ ist. Für die entsprechende Intensitätsfunktion in den Koordinaten des reziproken Gitters führen wir die Bezeichnung $j(S)$ ein, wobei $S$ folgende Bedeutung hat:

$$S = s - s_0 \; ; \qquad s = \frac{2 \sin \Theta}{\lambda} = |\boldsymbol{g}| \; ; \qquad s_0 = \frac{2 \sin \Theta_0}{\lambda} = |\boldsymbol{g}_0| \, ,$$

$\lambda$ Wellenlänge der Röntgenstrahlung, $\Theta$ Glanzwinkel. Der Index $_0$ kennzeichnet wieder die Lage der Debye-Scherrer-Linien des ungestörten Gitters. In erster, i. a. ausreichender Näherung gilt

$$S = \frac{2 \cos \Theta_0}{\lambda} \Delta\Theta \; ; \qquad \Delta\Theta = \Theta - \Theta_0 \, .$$

Ferner gilt (siehe z. B. WARREN [1])

$$j(S) \text{ proportional zu } P(2\Theta) \cdot \frac{\sin^2 \Theta}{p f^2}$$

mit $p$ Polarisationsfaktor der jeweiligen Meßanordnung, $f$ Atmostreuamplitude bei primitiven Gittern oder Streuamplitude der Elementarzelle bei Gittern mit Basis. Der Proportionalitätsfaktor folgt aus der analog zu (5) formulierten Normierung

$$\int j(S) \, dS = 1 \, .$$

Wir benötigen also noch eine Umrechnung der Funktionen $J(G)$ auf die Funktionen $j(S)$. Zu dem Zweck wird $J(G)$ senkrecht auf die $s$-Achse aufintegriert. Mit den aus Fig. 1b zu entnehmenden Beziehungen

$$G \sin \omega = S; \qquad \sin \omega = \frac{\sqrt{g_{x0}^2 + g_{y0}^2}}{s_0} = \sqrt{\frac{k_0^2 + k_0^2}{h_0^2 + k_0^2 + l_0^2}}$$

folgt unter Beachtung der Normierungsbedingung

$$j(S) = J\left(\frac{S}{\sin \omega}\right) \cdot \frac{1}{\sin \omega} \, .$$

Wir können jetzt die asymptotischen Glieder von $j(S)$ direkt anschreiben

$$j(S) = \frac{1}{2\pi^2 T S^2} + \frac{b^2 s_0^2 N_v^{(1,2)} \overline{M} P^{(1,2)}}{8\pi S^3} + + + . \tag{29a}$$

Dabei ist $N_v^{(1,2)} = Z^{(1,2)}/R^2 \pi$ die Versetzungsdichte. Der obere Index 1 bezieht sich auf Stufenversetzungen, der Index 2 auf Schraubenversetzungen. $P^{(1,2)}$ sind Projektionsfaktoren mit

$$P^{(1)} = F(\gamma) \sin^4 \omega' ; \qquad P^{(2)} = \sin^2 \omega \cos^2 \omega . \tag{29b}$$

Der Faktor $\overline{M}$ ist entsprechend Kapitel 4 und (24) im allgemeinen eine schwach von $S$ abhängende Funktion, auf deren explizite Angabe wir der Einfachheit halber verzichten wollen. $T$ ist die parallel der Netzebenennormalen wirksame mittlere Kohärenzlänge oder Teilchengröße. Bei unseren zylinderförmigen Kristallen mit kreisförmigem Querschnitt ist $T = R\,\pi/2 \sin \omega$.

Um die Winkel $\omega$ und $\gamma$ allgemein, d. h. ohne Bezugsnahme auf unser spezielles Kristallmodell formulieren zu können, führen wir einen Vektor $\boldsymbol{t}$ parallel der Versetzungslinie ein (Betrag $t$). Dann gilt

$$\cos \omega = \frac{(\boldsymbol{t}, \boldsymbol{g}_0)}{t\, s_0}, \qquad \cos \gamma = \frac{(\boldsymbol{b}, \boldsymbol{g}_0)}{\sin \omega\, b\, s_0} .$$

Mit diesen Bezeichnungen ist (29) von der speziellen Wahl einer kubisch primitiven Elementarzelle und von der Zylindergestalt der Kristalle unabhängig. Wir können deshalb (29) jetzt verallgemeinern, indem wir Teilchen beliebiger Gestalt annehmen. Für ein Kristallpulverpräparat mit regelloser Orientierung gilt dann

$$j(S) = \frac{1}{2\pi^2 T S^2} + \frac{b^2}{8\pi} \{N_v^{(1)} \overline{P}^{(1)} + N_v^{(2)} \overline{P}^{(2)}\} \overline{\overline{M}} \frac{s_0^2}{S^3} + + . \tag{30}$$

Dabei sind $\overline{P}^{(1)}$ und $\overline{P}^{(2)}$ die über die verschiedenen Komponenten $\{h_0, k_0, l_0\}$ einer Debye-Scherrer-Linie gemittelten Projektionsfaktoren nach (29b). $\overline{\overline{M}}$ ist ein entsprechend gemittelter Faktor $\overline{M}$.

In kubisch-flächenzentrierten Gittern ist der einfachste Burgersvektor, auf den wir uns hier beschränken wollen, von der Art

$$\boldsymbol{b} = \frac{1}{2} a_{kfz} \langle 110 \rangle$$

mit $a_{kfz}$ Gitterkonstante. Für Schraubenversetzungen kann man $\boldsymbol{t} = \boldsymbol{b}$ setzen. Für Stufenversetzungen ist $\boldsymbol{t}$ von der Art $a_{kfz}$ $\langle 112 \rangle$ mit der Nebenbedingung $(\boldsymbol{t}, \boldsymbol{b}) = 0$. Damit erhält man für die vier ersten Debye-Scherrer-Linien des kubisch flächenzentrierten Gitters bzw. für deren höhere Ordnungen folgende Projektionsfaktoren ($\nu = 1/3$):

| | {1 1 1} | {0 0 2} | {0 2 2} | {1 1 3} |
|---|---|---|---|---|
| $\overline{P}^{(1)} =$ | 0,184, | 0,182, | 0,184, | 0,183 , |
| $\overline{P}^{(2)} =$ | 0,111, | 0,167, | 0,125, | 0,141 . |

(31)

Man sieht, daß die gemittelten Projektionsfaktoren nur schwach von der Indizierung der Debye-Scherrer-Linien abhängen.

## 6. Diskussion der Ergebnisse

Im vorangegangenen Abschnitt haben wir einen allgemeinen Ausdruck für die Intensitätsausläufer von Debye-Scherrer-Linien abgeleitet. Dieser Ausdruck enthält als wesentliche Größen die mittlere Kohärenzlänge, die Versetzungsdichte und einen Wechselwirkungsfaktor, der die elastische Wechselwirkung zwischen den Versetzungen berücksichtigt. Wir müssen die Bedeutung dieser Größen jetzt noch im einzelnen diskutieren. Vorab sollen kurz einige Erweiterungsmöglichkeiten der asymptotischen Darstellung besprochen werden.

### 6.1 Anisotropie und Versetzungen mit gemischtem Charakter

Wie eingangs erwähnt wurde, haben wir uns der Einfachheit halber auf isotrope Kristalle beschränkt. Bei anisotropen Kristallen bleibt die allgemeine Form der asymptotischen Intensitätsdarstellung (29) und (30) unverändert, da der $S^{-3}$-Abfall des zweiten Gliedes ursächlich mit dem auch in anisotropen Kristallen auftretenden $1/r$-Abfall der Verzerrungen in der Umgebung der Versetzungen zusammenhängt. Im Unterschied zu isotropen Kristallen hängen dann die Projektionsfaktoren $P^{(1,2)}$ ((29b)) in anderer, komplizierterer Weise von der Orientierung der Netzebenennormalen zur Versetzungslinie und zum Burgersvektor ab. (Differentielle Verzerrungsquadrate für bestimmte Netzebenenscharen von kubisch anisotropen Kristallen mit jeweils einer Versetzung wurden von Ryaboshopka und Tikhonov [20] berechnet.)

Ferner haben wir der Kürze halber nur reine Stufen- bzw. Schraubenversetzungen betrachtet. Diese Beschränkung ist ebenfalls nicht notwendig, da die Stokes-Wilsonsche Näherung (Abschnitt 2) auch auf gemischte Versetzungstypen anwendbar ist.

Zu erwähnen ist, daß auch bei isotropen (kubisch flächenzentrierten) Kristallen die durch die Versetzungen verursachte Verzerrungsverbreiterung für die {002}-Linie stärker als für die {111}-Linie ist, siehe (31). Diese Erscheinung wird oft beobachtet und i. a. mit der elastischen Anisotropie in Beziehung gebracht. In unserem Fall folgt sie aus der relativ geringen Flächenhäufigkeit der {111}-und der {002}-Linie.

### 6.2 Die mittlere Kohärenzlänge

Wie eingangs erwähnt, haben wir die in plastisch verformten Metallen und Legierungen häufig auftretenden Stapelfehler außer Betracht gelassen. Diese geben im asymptotischen Bereich einen mit $S^{-2}$ gehenden Beitrag, der von der Richtung der Netzebenennormalen abhängt und bei Beschränkung auf bestimmte Ordnungen wie die Kohärenzlängenverbreiterung von der Ordnung der Debye-Scherrer-Linien unabhängig ist, siehe z. B. Warren [1]. Bei Einbeziehung von Stapelfehlern ist die reziproke Kohärenzlänge $T^{-1}$ in (29) durch

$$T^{-1} = T_{K.L.}^{-1} + c\, T_{St.F.}^{-1}$$

zu ersetzen, wobei jetzt $T_{K.L.}$ die mittlere Kohärenzlänge und $T_{St.F.}$ der mittlere Abstand zwischen den Stapelfehlern ist. Die Konstante $c$ hängt von der Art des Stapelfehlers und von der Richtung der Netzebenennormalen ab. Welche Konsequenzen sich ergeben, wenn die Stapelfehler entgegen den üblichen Voraussetzungen in Form von schmalen Bändern mit Breiten klein gegen $T_{K.L.}$ bzw. $T_{St.F.}$ vorliegen, soll in einer späteren Arbeit untersucht werden, Wilkens und Seeger [12]. Es ergibt sich, daß im asymptotischen Bereich schmale Stapelfehlerbänder näherungsweise äquivalent zu weit ausgedehnten Stapelfehlerebenen sind. Die kleinen Querabmessungen der Stapelfehlerbänder geben einen zusätzlichen Beitrag zur Kohärenzlängenverbreiterung, wie es schon von Warren [21] angenommen wurde.

Wir müssen nun kurz auf die Bedeutung der mittleren Kohärenzlänge $T_{K.L.}$ eingehen. Bei unseren Modellrechnungen war die Kohärenzlänge durch die äußere Kristallbegrenzung, d. h. durch den Zylindermantel gegeben. Bei Anwendung auf plastisch verformte Metalle liegen die Verhältnisse aber wesentlich verwickelter. Als wohldefinierte Kohärenzgrenzen oder Teilchengrenzen kann man sich etwa Großwinkelkorngrenzen vorstellen, bei denen der Orientierungswechsel von einem zum anderen Kristallbereich über Abmessungen in der Größenordnung einiger Atomabstände erfolgt. $T_{K.L.}$ ist dann als mittlerer Abstand zwischen Großwinkelkorngrenzen zu interpretieren. Es ist aber nicht sehr wahrscheinlich, daß die z. B. von McKEEHAN und WARREN [22] an Wolfram und von WAGNER [23, 24] an Aluminium und Nickel mit Hilfe der WARREN-AVERBACH-Analyse gefundenen mittleren Kohärenzlängen von 200 bis 300 Å als Abstand zwischen Großwinkelkorngrenzen zu deuten sind. Wir betrachten deshalb als anderen idealisierten Grenzfall eine Kleinwinkelkorngrenze. Den Abstand zwischen den Versetzungen nennen wir $D_{kw}$. Auf Grund der Ergebnisse von Abschnitt 4 schließen wir, daß die Versetzungen der Kleinwinkelkorngrenze, solange $2\pi D_{kw} S$ groß gegen 1 ist, im Glied der Kohärenzlängenverbreiterung nicht bemerkbar sind. Dagegen geben sie einen Beitrag zur Verzerrungsverbreiterung und zwar proportional zu ihrer „effektiven Versetzungsdichte". Unter „effektiver Versetzungsdichte" verstehen wir dabei das Produkt aus der wahren Versetzungsdichte $N_v$ und dem Wechselwirkungsfaktor $\overline{\overline{M}}$, da beide Größen im allgemeinen nur schwer getrennt werden können, siehe weiter unten. Für $2\pi D_{kw} S$ klein gegen 1 hat WARREN [1] bewiesen, daß eine Kleinwinkelkorngrenze als Kohärenzgrenze wirkt. (Dieser Beweis wurde an Hand einer berechneten Fouriertransformierten von Intensitätsfunktionen gegeben. Dabei wurde aber der Einfachheit halber das Verzerrungsfeld in der Nähe der Kleinwinkelkorngrenze vernachlässigt. Dieses Verzerrungsfeld hat eine Querausdehnung in der Größenordnung von $D_{kw}$. Offensichtlich kann es deshalb nur vernachlässigt werden, wenn die Abstandsvariable $n$ der Fouriertransformierten groß gegen $D_{kw}$ ist. Dieser Bedingung entspricht aber an der Intensitätsfunktion die Bedingung $2\pi D_{kw} S$ klein gegen 1.)

Fällt der kritische Übergang $2\pi D_{kw} S \approx 1$ gerade in den gut ausmeßbaren asymptotischen Bereich, so sind die Verhältnisse jedenfalls sehr verwickelt und können zur Zeit nicht voll überblickt werden. Zur weiteren Klärung wäre eine exaktere Modellrechnung an einer Kleinwinkelkorngrenze notwendig.

Selbstverständlich ist die Alternative Großwinkelkorngrenze — Kleinwinkelkorngrenze etwas willkürlich. In stark verformten Metallen wird jede Art von Übergang zwischen diesen Extremen und zu wesentlich weniger definierten Versetzungsanordnungen auftreten. Rein qualitativ kann man aber schließen, daß die in den Intensitätsausläufern maßgebliche mittlere Kohärenzlänge eventuell wesentlich größer ist als der aus der WARREN-AVERBACH-Analyse gewonnene Wert, da bei der praktischen Durchführung der WARREN-AVERBACH-Analyse die asymptotischen Intensitätsausläufer nur mit geringem Gewicht eingehen. In diesem Zusammenhang ist noch darauf hinzuweisen, daß möglicherweise auch die in der Literatur unter dem Namen „hook-effect" oder „Höcker" bekannte Erscheinung der WARREN-AVERBACH-Analyse zum Teil damit zusammenhängt, daß in stark plastisch verformten Kristallen die mittlere Kohärenzlänge keine präzise Bedeutung hat. Wir verweisen auf WILKENS und HARTMANN [25], die den Höcker etwas eingehender untersucht haben.

### 6.3 Der Wechselwirkungsfaktor $\overline{\overline{M}}$

Wie in Kapitel 4 gezeigt wurde, geht der Faktor $\overline{M}$ bei hinreichend großem $G$ bzw. der Faktor $\overline{\overline{M}}$ bei hinreichend großem $S$ gegen 1. Andererseits können bei gegebener Meßanordnung die Intensitätsausläufer bis zu einem Maximalwert der Ordinate — $S_{\max}$ — mit genügender Genauigkeit ausgemessen werden. Um sicher zu sein, daß (30) im fraglichen Bereich der $S$-Koordinaten anwendbar ist, muß man die Intensitätsausläufer zweier Ordnungen an der gleichen Netzebenenschar ausmessen, da das von den Versetzungen verursachte asymptotische Glied der Verzerrungsverbreiterung proportional zu $s_0^2$, d. h. proportional zum Quadrat der Ordnung der Debye-Scherrer-Linie, sein soll. In diesem experimentell auswertbaren $S$-Intervall der asymptotischen Näherung hat man dann verschiedene Arten von Versetzungsanordnungen zu unterscheiden.

1) Die Versetzungen sind so weiträumig angeordnet — mittlerer Abstand gleich $D_m$ —, daß im fraglichen $S$-Intervall der Faktor $\overline{\overline{M}}$ etwa gleich 1 gesetzt werden kann. Nach Kapitel 4 und (28) kann man als Bedingung etwa $2\pi D_m S_{\max} \gg 1$ setzen. In diesem Fall entspricht die „effektive Versetzungsdichte" $N_v \overline{\overline{B}}$ der wirklichen Versetzungsdichte $N_v$.

2) Die Versetzungen treten in Gruppen auf mit $D_i$ als Maß für den Abstand der Versetzungen innerhalb der Gruppen und mit $D_z$ als Maß für den Abstand zwischen den Gruppen. Ist $2\pi D_i S_{\max} \ll 1$ und $2\pi D_z S_{\max} \gg 1$, so ist $\overline{\overline{M}}$ etwa gleich dem Vielfachen des Gesamtburgersvektors der Gruppe von Versetzungen bezogen auf den Burgersvektor der Einzelversetzung.

(Das gilt für aufgestaute Versetzungsgruppen (piled up) und auch für Versetzungsdipole. Letztere werden bei elektronenmikroskopischen Untersuchungen z. B. von Fourie und Murphy [26], Mader, Seeger und Thieringer [27] und Essmann [28] bei plastisch verformten kubisch-flächenzentrierten Metallen sehr häufig gefunden.) Eine eventuelle $S$-Abhängigkeit des Faktors $\overline{\overline{M}}$ richtet sich nach der elastischen Wechselwirkung zwischen den Gruppen und nicht nach der Wechselwirkung zwischen den Versetzungen innerhalb der Gruppen. Die effektive Versetzungsdichte ist um den Faktor $\overline{\overline{M}}$ größer als die wahre Versetzungsdichte.

3) Liegen die am häufigsten vorkommenden Versetzungsabstände $D_h$ so, daß in dem fraglichen $S$-Intervall etwa $2\pi D_h S \approx 1$ gilt, so erhält man keine sehr klaren Aussagen, da die $S^{-3}$-Abhängigkeit des zweiten Gliedes in (30) eventuell durch die $S$-Abhängigkeit des Faktors $\overline{\overline{M}}$ überdeckt wird Findet man aber durch Ausmessen zweier Ordnungen die Proportionalität $s_0^2$ bestätigt, so kann aus der $S$-Abhängigkeit des Faktors $\overline{\overline{M}}$ auf die Art der elastischen Wechselwirkung zwischen benachbarten Versetzungen geschlossen werden.

### *6.4 Schlußbemerkungen*

Hat man eine Meßanordnung, bei der die Instrumentalverbreiterung keine weitreichenden Schwänze und damit keinen wesentlichen Einfluß auf die Intensitätsausläufer des Meßpräparates hat, so sollte die Auftragung der Intensität über $S^3$ im asymptotischen Bereich eine Gerade ergeben, deren Neigung proportional zu $T^{-1}$ und deren (positiver) Ordinatenabschnitt proportional zur effektiven Versetzungsdichte ist. Aus der Art, wie die Meßwerte bei kleiner werdenden $S$-Werten von dieser Geraden abweichen, kann auf weitreichende Spannungsfelder (Abweichung nach oben, d. h. ansteigender Faktor $\overline{\overline{M}}$) bzw. kurzreichende Spannungsfelder (Abweichung nach unten, d. h. abfallender Faktor $\overline{\overline{M}}$) geschlossen werden. Ist die Instrumentalverbreiterung nicht zu vernachlässigen, muß man auf die Messung der Varianz zurückgreifen,

$$\overline{S^2} = 2 \int_0^{S_{\max}} j(S)\, S^2\, dS .$$

Die Abhängigkeit von $\overline{S^2}$ von der oberen Integrationsgrenze $S_{\max}$ kann in ähnlicher Weise bezüglich der mittleren Kohärenzlänge und der Versetzungsdichte interpretiert werden. Eine ausführliche Begründung des Verfahrens wird von Wilson [14, 15] gegeben.

Die Deutsche Forschungsgemeinschaft unterstützte diese Arbeit im Rahmen des Schwerpunktprogramms „Kristallstrukturforschung". Dafür sei ihr auch an dieser Stelle gedankt.

## Anhang

### *Begründung für $RG_{min}$ in Fig. 4*

Wir benötigen eine Beziehung, die eine einfache Abschätzung über die Breite des Zentralteils der Funktion $J_L(G)$ ergibt, da wir analog zu Kapitel 2 annehmen können, daß die asymptotische Näherung im Anschluß an den Steilabfall des Zentralteils gilt. Zu dem Zweck formen wir die in Kapitel 2 für eine Schraubenversetzung mit einfachem Burgersvektor gefundene (15)

$$R\, G_{\min} = 0{,}6 + 0{,}3\, L = 0{,}6 + (0{,}3\, b)\, g_{z,0} \tag{A1}$$

unter der naheliegenden Annahme um, daß der Faktor $0{,}3\, b$ proportional zur Wurzel aus dem mittleren differentiellen Verzerrungsquadrat

$$\langle \varepsilon^2 \rangle^{1/2} = \left\langle \overline{\left( \frac{\partial w}{\partial x} \right)^2} \right\rangle^{1/2}$$

der betreffenden Versetzungsanordnung ist. Der Querstrich soll symbolisch die Mittelung über einen anlog zu Kapitel 4 eingeführten Orientierungswinkel bedeuten. Für eine Einzelversetzung mit $w$ nach (11) gilt

$$\langle \varepsilon^2 \rangle^{1/2} = \frac{b}{2\pi R} \left( \log \frac{R}{r_0} \right)^{1/2}, \tag{A2}$$

wobei $r_0$ ein innerer Abschneideradius um die Versetzung ist, auf den weiter unten noch eingegangen werden muß. Einsetzen von (A2) in (A1) ergibt

$$R\, G_{\min} = 0{,}6 + 0{,}3 \left[ 2\pi\, R \left( \log \frac{R}{r_0} \right)^{\frac{-1}{2}} \langle \varepsilon^2 \rangle^{1/2} \right] g_{z,0} . \tag{A3}$$

Im Falle einer Superversetzung ist obige Annahme unmittelbar erfüllt, da sowohl der fragliche Faktor in (A1) als auch $\langle \varepsilon^2 \rangle^{1/2}$ nach (A2) proportional zum Burgersvektor ist.

Für die Versetzungsanordnungen b), c) und d) in Kapitel 4 können die $\langle \varepsilon^2 \rangle^{1/2}$ in Analogie zur Berechnung der elastischen Energie wie folgt angenähert werden:

$$\left.\begin{aligned} &\text{b)} \quad \langle \varepsilon^2 \rangle^{1/2} = \frac{b}{2\pi R} \left( Z \log \frac{R}{r_0} + 2 \cdot \sum_{i<j} \log \frac{R}{D_{ij}} \right)^{1/2} \\ &\text{c)} \quad \phantom{\langle \varepsilon^2 \rangle^{1/2}} = \frac{b}{2\pi R} \left( Z \log \frac{D_m}{r_0} \right)^{1/2}, \\ &\text{d)} \quad \phantom{\langle \varepsilon^2 \rangle^{1/2}} = \frac{b}{2\pi R} \left( Z \log \frac{D_{kw}}{r_0} \right)^{1/2}. \end{aligned}\right\} \tag{A4}$$

Während aber bei der elastischen Energie der innere Abschneideradius $r_0$ atomistisch begründet ist und etwa gleich dem Burgersvektor $\boldsymbol{b}$ gesetzt wird, muß er in Anwendung auf die Intensitätsfunktion proportional zum äußeren Radius $R$ gesetzt werden, da in unserer Näherung Maßstabsänderungen des Kristallmodells nur entsprechende reziproke Maßstabsänderungen bei der Intensitätsfunktion nach sich ziehen können.

In [9] wurde gezeigt, daß im Bereich des Zentralteils von $J_L(G)$ für niedrig indizierte Reflexe näherungsweise

$$\log (R/r_0) = 2{,}3 \tag{A5}$$

gilt. Nach DRITTLER [29] ist diese Näherung auch für Kristalle mit zwei Versetzungen brauchbar. Wir nehmen deshalb an, daß sie auch für Kristalle mit mehr als zwei Versetzungen als erste Abschätzung erlaubt ist. Einsetzen von (A5) in (A4) und (A3) ergibt dann mit $b\, g_{z,0} = L = 1$ die in Fig. 4 angegebenen Werte für $R\, G_{\min}$.

## Literatur


[1] B. E. WARREN, Progress in Metal Physics 8, 147 (1959).
[2] A. J. C. WILSON, Research 2, 541 (1949).
[3] A. J. C. WILSON, Acta cryst. 5, 318 (1952).
[4] F. L. FRANK, Research 2, 542 (1949).
[5] A. J. C. WILSON, Nuovo Cimento 1, 277(1955).
[6] T. SUZUKI, (1955), unveröffentlicht.
[7] L. F. VASSAMILLET, Nuovo Cimento 13, 1133 (1959).
[8] M. WILKENS, Z. Naturf. 17a, 277 (1962).
[9] M. WILKENS, phys. stat. sol. 2, 692 (1962).
[10] T. SUZUKI und B. T. M. WILLIS, Nature 177, 712 (1956).
[11] M. WILKENS, phys. stat. sol. 2, 1508 (1962).
[12] M. WILKENS und A. SEEGER (1963), in Vorbereitung.
[13] M. TOURNARIE, C. R. Acad. Sci. (France) 242, 2161 (1956).
[14] A. J. C. WILSON, Proc. Phys. Soc. 80, 286 (1962).
[15] A. J. C. WILSON, Proc. Phys. Soc. 81, 41 (1963).
[16] J. N. EASTABROOK und A. J. C. WILSON, Proc. Phys. Soc. B 65, 67 (1952).
[17] B. E. WARREN und B. L. AVERBACH, J. appl. Phys. 21, 595 (1950).
[18] A. R. STOKES und A. J. C. WILSON, Proc. Phys. Soc. 56, 174 (1944).
[19] A. J. C. WILSON, X-Ray Optics, London, Methuen (1949).
[20] K. P. RYABOSHOPKA und L. V. TIKHONOV, Fiz. Metallov i Metallovedenie 12, 1 (1961).
[21] B. E. WARREN, J. appl. Phys. 32, 2428 (1961).
[22] M. MCKEEHAN und B. E. WARREN, J. appl. Phys. 24, 52 (1953).
[23] C. N. J. WAGNER, Acta metall 5, 477 (1957).
[24] C. N. J. WAGNER, Rev. Met. 55, 1171 (1958).
[25] M. WILKENS und R. J. HARTMANN, Z. Metallk., im Druck.
[26] J. T. FOURIE und R. J. MURPHY, Phil. Mag. 7, 1617 (1962).
[27] S. MADER, A. SEEGER und H. M. THIERINGER, J. appl. Phys., im Druck.
[28] U. ESSMANN, phys. stat. sol. 3, 932 (1963).
[29] K. DRITTLER, Dissertation Stuttgart (1963).


*(Received July 8, 1963)*

phys. stat. sol. 3, 1738 (1963)

*Physikalisch-Technisches Institut der Deutschen Akademie der Wissenschaften zu Berlin*

# Photovoltaische Effekte in CdS-Einkristallen

Von

W. LUDWIG

An undotierten CdS-Einkristallen wurden nach einer Kondensatormethode Photo-EMK-Effekte in Abhängigkeit von der Wellenlänge der optischen Anregung, von der Intensität, vom Vakuum und von einer zusätzlichen Oberflächenbehandlung der Kristalle untersucht. Es wurden nicht nur Photo-EMK-Effekte bei Grundgitteranregung, sondern auch bei langwelligerer Anregung gefunden. Die Photo-EMK der meisten untersuchten Kristalle konnte durch Änderung der Oberflächeneigenschaften beeinflußt werden. Die Ergebnisse können nicht durch einen Dember-Effekt allein gedeutet werden. Bei zusätzlicher optischer Anregung haben sich Effekte ergeben, die in Parallele zu den Tilgungseffekten der Photoleitfähigkeit stehen. Es wurden bei Dauerbelichtung charakteristische Zeiteffekte gefunden.

The dependence of photo-e.m.f. effects on the wavelength and intensity of optical excitation, and the effects of vacuum and additional surface treatments are measured in undoped CdS single crystals, using a capacity method. Photo-e.m.f. effects are found with intrinsic and extrinsic excitation. A change of the surface properties affects the photo-e.m.f. of most of the investigated samples. The results cannot be explained solely by a Dember effect. Effects which are similar to the quenching of photoconductivity are observed for additional optical excitation. With permanent excitation some characteristic time-effects are found.

## 1. Einleitung

Nach TAUC [1] klassifiziert man die Ursachen für das Auftreten photovoltaischer Effekte am besten nach folgenden Kriterien: 1. Inwieweit ist eine Barrierenwirkung im Inneren bzw. auf der Oberfläche des Kristalls vorhanden und 2. inwieweit ist eine Metallhalbleiterkontaktierung entscheidend. Dem Dember-Effekt gebührt unter den photovoltaischen Effekten eine gewisse Sonderstellung insofern, als er nicht an Barrieren und eine Metall-Halbleiterkontaktierung gebunden ist. Nach VAN ROOSEBROECK [2] tritt bei starker inhomogener Ladungsträgerinjektion, etwa durch Elektron-Loch-Paarerzeugung infolge Grundgitteranregung, durch unterschiedliche effektive Beweglichkeiten der beiden Ladungsträgersorten ein sogenanntes ambipolares Diffusionspotential auf, das in geeigneter Weise registriert werden kann. In den Ableitungen von VAN ROOSEBROECK werden Raumladungsprozesse vernachlässigt, es wird eine Quasineutralität vorausgesetzt. ADIROWITSCH und KOLOTILOWA [3], TOLPYGO [4] und LUDWIG [5] haben die zeitabhängigen und stationären Prozesse ohne die Forderung einer Quasineutralität diskutiert, jedoch nur für den Fall nicht zu hoher Anregungsdichten, wodurch eine Linearisierung des Problems ermöglicht wird. GUBANOW [6] und LASCHKAREW [7] haben die stationären Verhältnisse unter Randbedingungen untersucht, wobei, ebenfalls auch nur für hinreichend geringe Anregungsdichten, an den Oberflächen eventuelle Bandverbiegungen im Sinne einer Sperrschicht bzw. einer Anreicherungsrandschicht berücksichtigt werden.

CdS und ZnS sollten als gute Photohalbleiter für das Auftreten eines Dember-Effektes besonders geeignet sein. In den letzten Jahren sind an CdS und ZnS Arbeiten von AUTH [8], WILLIAMS [9], MOREHEAD und FOWLER [10] erschienen, wonach die an hochohmigem CdS bzw. ZnS gefundenen photovoltaischen Effekte teilweise durch einen Dember-Mechanismus gedeutet werden.

Wir haben uns die Aufgabe gestellt zu untersuchen, inwieweit die an plättchenförmigen, aus der Dampfphase gezüchteten CdS-Einkristallen [11] (mit Dicken $\leqq 20\ \mu m$) höchster Reinheit[1]) gefundenen photovoltaischen Effekte einem Dember-Effekt zugeordnet werden können. Hierzu wurden die Abhängigkeiten der Effekte von der Wellenlänge einer monochromatischen optischen Anregung, von deren Intensität, von der umgebenden Atmosphäre und von einer Vorbehandlung der Kristalloberflächen untersucht.

## 2. Versuchsdurchführung

Da für das Auftreten einer Dember-Raumladung eine direkte Kontaktierung prinzipiell nicht vonnöten ist, haben wir nach einer Kondensatormethode (Fig. 1) die in einem CdS-Kristall nach erfolgter optischer Anregung auftretenden Raumladungsprozesse untersucht. Dieses Verfahren impliziert nicht die durch die Kontaktierungstechnologie bedingten zusätzlichen Einflüsse auf die Kristalloberfläche, sondern gestattet in gewisser Hinsicht eine Abtastung der Raumladungsverhältnisse in einem Kristall mit „natürlichen" Oberflächen. Wird z. B. nach Einschalten einer zeitlich konstanten Grundgittereinstrahlung (UV-Effekt)[2]) ein Demberraumladungszustand aufgebaut, so wird durch Influenz auf der der eingestrahlten Kristallseite anliegenden halbdurchlässigen Elektrode, die direkt mit dem Eingangsgitter eines Brückenelektrometers ($R_g = 10^{11}$ Ohm) verbunden ist, eine positive Ladung auftreten, die am Nullinstrument des Brückenelektrometers als sogenannter (+)-Effekt registriert werden kann. Wenn nach Einschalten einer bestimmten UV-Intensität die Einstellung eines stationären Raumladungszustandes mindestens im Millisekundenbereich erfolgt, wird bei einer Zeitkonstante des Eingangsgitters von ca. 2 sec praktisch die gesamte durch Influenz freigewordene Ladungsmenge zeitlich integral gemessen. Wir registrieren somit die Änderung von einem stationären zu einem anderen stationären Raumladungszustand. Dies geschieht durch Messung der nach Einschalten einer gegebenen Anregungsintensität auftretenden Ausschläge am Nullinstrument, die dann infolge des endlichen Ableitwiderstandes $R_g$ wieder gegen Null gehen. Die Anordnung hat eine Empfindlichkeit von etwa $5 \cdot 10^{-5}$ V/Skalenteil bzw. $10^{-15}$ Coulomb/Skalenteil und ist auf Linearität geprüft worden.

Als Lichtquelle für die UV-Einstrahlung diente eine Quecksilberhöchstdrucklampe HBO 200 mit Wärmeschutzfiltern und den Farbfiltern BG 12 und UG 11. Für Wellenlängen bis zu 1600 nm wurde eine Kinoprojektionslampe (500 W) in Verbindung mit einem Zeiss-Spiegelmonochromator benutzt. Für die Intensitäts-

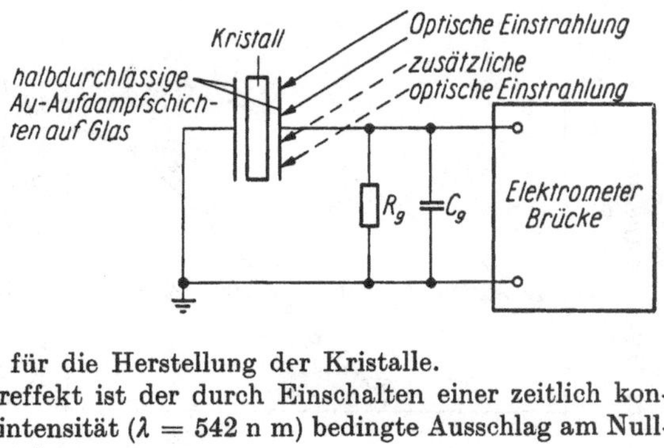


Fig. 1. Prinzip der Meßanordnung

[1]) Herrn Dr. Hildisch danken wir für die Herstellung der Kristalle.

[2]) Unter UV-Effekt bzw. Ausläufereffekt ist der durch Einschalten einer zeitlich konstanten UV-Intensität bzw. Ausläuferintensität ($\lambda = 542$ n m) bedingte Ausschlag am Nullinstrument des Elektrometers zu verstehen.

schwächung dienten Graufilter und Metallgazefilter. Die plättchenförmigen CdS-Kristalle mit Flächen von ca. 2 mal 4 $mm^2$ lagen zwischen zwei Glasplatten, auf denen halbdurchlässige Au-Aufdampfschichten als Elektroden dienten. Zwischen den Elektroden und dem Kristall befanden sich zur Isolation Polystyrol- oder Glimmerschichten mit Dicken von 20—30 μm.

## 3. Versuchsergebnisse

### a) Kristalle mit positiven UV-Effekten

Eine große Zahl der untersuchten CdS-Kristalle zeigt an Luft einen (+)-Effekt bei UV-Anregung. Aus Fig. 2 ist eine logarithmische Intensitätsabhängigkeit mit einer Andeutung einer Sättigung bei hohen Intensitäten zu ersehen. Diese Kristalle liefern eine Umkehr der Polarität bei Umkehr der Einstrahlrichtung, d. h. bei UV-Anregung über die der geerdeten Elektrode zugewandten Seite. Im allgemeinen wird immer gitterseitig angeregt. Bei einer Ausläuferanregung werden ebenfalls Effekte (Ausläufereffekt) gemessen, die im allgemeinen kleiner als die UV-Effekte sind, aber nicht zu sein brauchen. Diese zeigen eine analoge Intensitätsabhängigkeit. Es ergibt sich jedoch, daß je nach Orientierung des Kristalls zu den Elektroden die Polarität der Ausläufereffekte positiv bzw. negativ sein kann, d. h., die Polarität kehrt sich um, wenn der Kristall um 180° in der Kristallhalteranordnung gedreht wird. Dagegen sind die Ausläufereffekte im Gegensatz zu den UV-Effekten invariant gegenüber einer Änderung der Einstrahlrichtung.

Die Ausläufereffekte hängen von Oberflächeneigenschaften ab. Wenn wir CdS-Kristalle dieser Art zusätzlich einseitig im Hochvakuum beglimmen, so finden wir stets einen negativen Ausläufereffekt, wenn die beglimmte Kristallseite der gitterseitigen Elektrode zugewandt ist und umgekehrt.

Auch die UV-Effekte können durch Veränderung der Oberflächeneigenschaften beeinflußt werden. Mit abnehmendem Druck bis zu $10^{-5}$ Torr werden die positiven Effekte kleiner. An einigen Kristallen konnte wiederholt eine Zu- und Abnahme nach Lufteinlassen bzw. nach darauffolgendem Abpumpen auf Hochvakuum reversibel verfolgt werden.

Durch eine zusätzliche optische Anregung lassen sich charakteristische Änderungen der Photo-EMK-Effekte erzielen. Es werden die Kristalle durch eine gitterseitige zusätzliche Einstrahlung mit zeitlich konstanter Intensität in ihrem Raumladungszustand geändert. Der Einfluß einer derartigen Zusatzbelichtung auf die zu messenden Effekte zeigt sich nach Fig. 3 sowohl in dem Ausläufer- als auch in dem UV-Effekt. Mit zunehmender Intensität der Zusatzbelichtung nehmen die

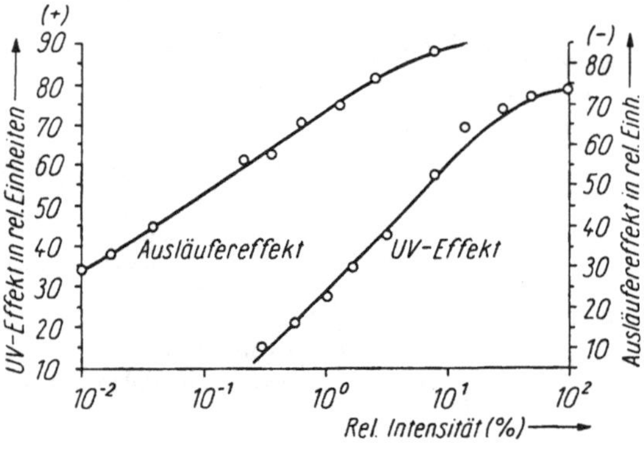


Fig. 2. Abhängigkeit des UV-Effekts ($\lambda$ = 365 nm) bzw. des Ausläufereffekts ($\lambda$ = 546 nm) von der eingestrahlten Intensität

Fig. 3. Ausläufereffekt für beide Kristallorientierungen in Abhängigkeit von der Intensität einer Zusatzbelichtung im Ausläufer; UV-Effekt in Abhängigkeit von der Intensität einer Zusatzbelichtung im UV

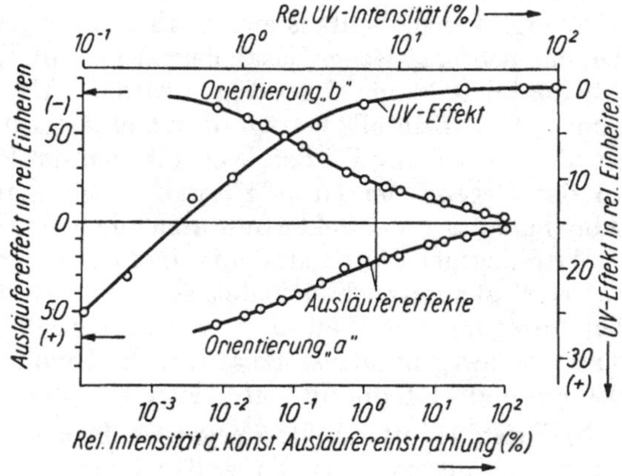


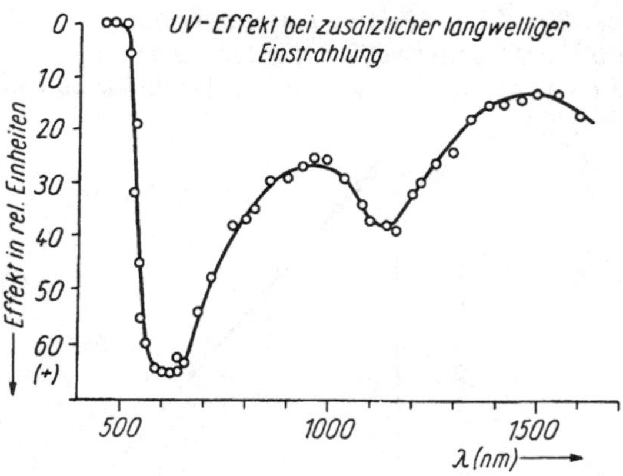


Fig. 4. UV-Effekt bei einer Zusatzbelichtung jeweils gleicher Quantenzahl mit den Wellenlängen zwischen 1600 nm und 480 nm

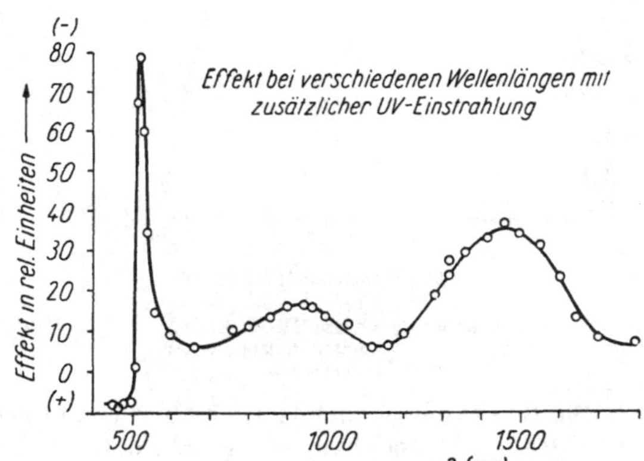


Fig. 5. Effekte bei Einstrahlung mit Wellenlängen zwischen 1600 nm und 480 nm unter UV-Zusatzbelichtung

Ausläufereffekte für beide Kristallorientierungen[3]) ab. Desgleichen wird der positive UV-Effekt mit zunehmender UV-Zusatzbelichtung kleiner.

Es ergibt sich ebenfalls eine stark strukturierte Beeinflussung des UV-Effektes bei monochromatischer Zusatzbelichtung mit Wellenlängen im Intervall zwischen 480 nm bis 1600 nm. Nach Fig. 4 wird der UV-Effekt, der ohne zusätzliche Anregung +80 Skalenteile beträgt, durch eine Zusatzbelichtung geschwächt, und zwar ist die Schwächung bei den Wellenlängen um 950 nm und 1450 nm am stärksten. In der Gegend der Grundgitterabsorptionskante erfolgt nochmals eine rapide Abnahme des UV-Effektes mit abnehmender Wellenlänge.

Wird dagegen der Kristall mit einer bestimmten UV-Intensität (z. B. $10^{14}$ Quanten/$cm^2 \cdot s$) zusätzlich belichtet, so finden wir die in Fig. 5 aufgetragenen Effekte bei Anregung mit Wellenlängen zwischen 1600 nm und 480 nm. Diese Effekte sind durchweg negativer Polarität. Es treten Maxima bei den Wellenlängen um 950 nm und 1450 nm und ein relativ scharfes Maximum bei etwa 510 nm auf.

b) Kristalle mit Effekten negativer Polarität bei UV-Anregung.
Unter den untersuchten Kristallen befinden sich auch Kristalle, die bei Grundgitteranregung negative Effekte zeigen. Insbesondere lassen sich negative Effekte bei Grundgitteranregung hervorrufen, wenn die CdS-Kristalle einer Hochvakuumtemperung bei ca. +200 °C für ca. 30—45 min, einer starken Beglimmung der Oberflächen bzw. einer Ätzung in 5 M HCl unterworfen werden. Für einen beidseitig stark beglimmten Kristall finden wir nach Fig. 6 unter Hochvakuum mit

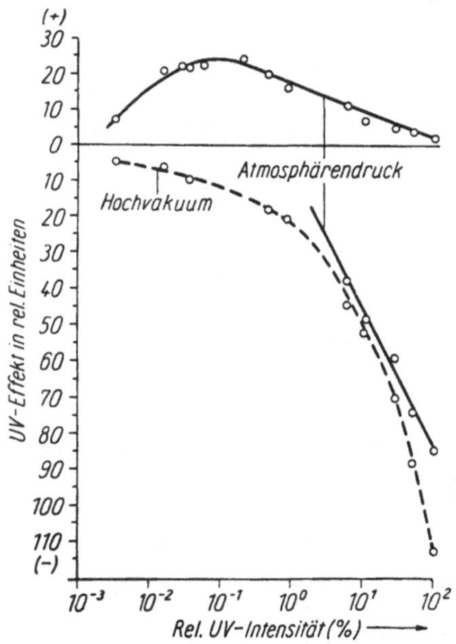


Fig. 6. Intensitätsabhängigkeit des UV-Effekts an einem beidseitig stark beglimmten Kristall unter Luft bzw. unter Hochvakuum

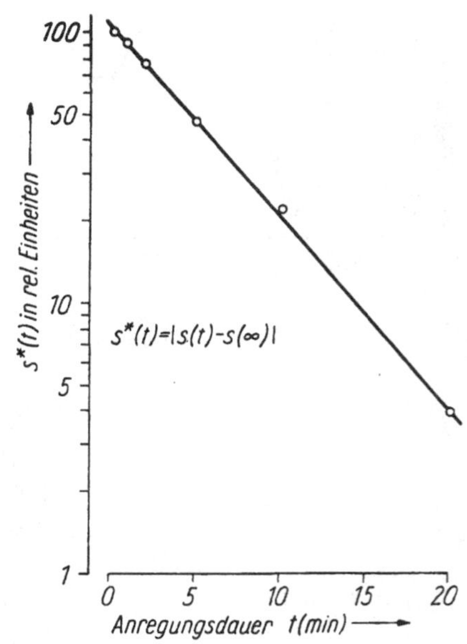


Fig. 7. Abhängigkeit des UV-Effektes von der Anregungsdauer

[3]) Die Bezeichnungen „a“ bzw. „b“ in Fig. 3 dienen nur zur Unterscheidung der beiden Kristallseiten. In der Orientierung „a“, d. h. die Kristallseite „a“ ist der gitterseitigen Elektrode zugewandt, werden (+)-Effekte gemessen. Nach Umdrehen des Kristalls, so daß die Kristallseite „b“ der gitterseitigen Elektrode zugewandt ist, werden dagegen (—)-Effekte gemessen.

zunehmender UV-Intensität einen zunehmenden negativen Effekt. Dagegen tritt unter Luft bei kleinen Intensitäten zunächst wieder ein positiver Effekt auf, der mit der UV-Intensität logarithmisch zunimmt, aber nach höheren Intensitäten durch einen negativen Effekt abgelöst wird. Bei den HCl-behandelten CdS-Kristallen liegen die Verhältnisse analog, nur daß in diesem Fall unter Luft nur noch ein logarithmisch ansteigender positiver Effekt mit anschließender Sättigung gefunden wird, während unter Hochvakuum ein positiver Effekt bei höheren UV-Intensitäten durch einen negativen Effekt abgelöst wird. Diese Effekte konnten in einigen Fällen reversibel nach mehrmaligem Abpumpen und Lufteinlassen verfolgt werden. Es muß jedoch betont werden, daß ein analoges Verhalten auch an CdS-Kristallen ohne zusätzliche Behandlung der Oberflächen gemessen worden ist. Ein eventueller Zusammenhang zwischen diesem Verhalten und den Bedingungen bei der Kristallzüchtung konnte bisher noch nicht gefunden werden.

An allen Kristallen sind in unterschiedlichem Maße Zeiteffekte gemessen worden. In Fig. 7 wird eine typische Abnahme eines positiven UV-Effektes mit zunehmender Einstrahldauer gezeigt, und zwar ist die jeweilige Differenz aus dem Effekt $s(t)$, der sich nach $t$ min UV-Anregung und darauffolgendem Ausschalten ergibt, und dem Sättigungswert $s_\infty$, der sich nach hinreichend langer Anregungsdauer ergibt, aufgetragen. Wenn ein derart mit UV belichteter Kristall nach erfolgter „Sättigung" für einen bestimmten Zeitraum $\Delta t$ im Dunkeln gelegen hat, ergeben sich durch Einschalten einer UV-Anregung Effekte, die mit zunehmendem Dunkelintervall $\Delta t$ zwischen zwei aufeinanderfolgenden Messungen wieder größer werden und einem Sättigungswert entgegengehen. Der Einfluß einer vorhergehenden UV-Anregung auf einen zu messenden UV-Effekt nimmt also mit zunehmendem Dunkelpausenintervall ab. Bei allen Messungen haben wir daher darauf geachtet, daß nach Möglichkeit Sättigungswerte registriert und durch geeignet gewählte Dunkelpausen ein Einfluß dieser Nachwirkungserscheinungen weitestgehend herabgesetzt wurden.

## 4. Diskussion

Die Meßergebnisse lassen sich nicht ausschließlich durch einen Dember-Effekt deuten. Dafür sprechen folgende Fakten:

Alle Kristalle zeigen eine Photo-EMK auch bei Anregung mit Wellenlängen, die außerhalb des Grundgitterabsorptionsgebietes liegen und somit wegen der praktisch homogenen Erregung des Kristalls eine notwendige Bedingung für das Zustandekommen eines Dember-Effektes nicht erfüllen.

Nicht alle untersuchten Kristalle ergeben bei Grundgitteranregung (UV-Effekt) einen (+)-Effekt, der als Dember-Effekt bei einem n-Halbleiter auftreten sollte. Zusätzliche Behandlungen der Kristalle, die vornehmlich die Eigenschaften der Oberflächen bzw. oberflächennahen Schichten beeinflussen (Beglimmung, Hochvakuumtemperung bei ca. +200 °C, Ätzen in HCl), lassen bevorzugt einen zusätzlichen (—)-Effekt hervortreten.

Kristalle, die nach ihrer Züchtung aus der Dampfphase keiner nachträglichen Behandlung unterworfen worden sind und einen (+)-Effekt bei UV-Anregung ergeben haben, weisen beim Abpumpen der umgebenden Atmosphäre auf Hochvakuum ($\leqq 10^{-5}$ Torr) eine Abnahme des (+)-Effektes auf. In einigen Fällen konnte durch wiederholtes Abpumpen und Lufteinlassen eine reversible Ab- und Zunahme des (+)-Effektes beobachtet werden.

Unter Berücksichtigung der Ergebnisse aus Feldeffektmessungen [12], Photo-EMK-Untersuchungen [8, 9] und Photoleitfähigkeitsuntersuchungen [13] sind wir der Meinung, daß bei den in Luft untersuchten Kristallen, die bei UV-Anregung einen (+)-Effekt ergeben haben, ein durch Verarmungsrandschichten an den Kristalloberflächen modifizierter Dember-Effekt vorliegt. Mit dieser Annahme lassen sich zunächst qualitativ folgende Meßergebnisse interpretieren:

Die durch eine Verarmungsrandschicht vorgegebenen Feldverhältnisse wirken gerade derart, daß die durch eine optische Grundgittereinstrahlung zusätzlich erzeugten Elektronen und Löcher räumlich getrennt werden, und zwar wandern Elektronen von der belichteten Seite in das Kristallinnere und die Löcher entgegengesetzt, d. h., es wird der Aufbau des Demberraumladungszustandes verstärkt.

Die logarithmische Zunahme des (+)-Effektes mit zunehmender UV-Intensität und die darauffolgende Andeutung einer Abnahme des Gradienten lassen sich nach den Überlegungen von WILLIAMS [9] bezüglich des durch Adsorption von Luftsauerstoff bedingten Sperrschichtphotoeffekts und AUTH [8] bezüglich des Dember-Effekts verstehen. Im Gegensatz zu unseren Messungen hat WILLIAMS an hochohmigen CdS-Kristallen keinen wesentlichen Einfluß von Oberflächeneffekten gefunden; er deutet seine Messungen an derartigen Kristallen ausschließlich mit den Vorstellungen eines Dember-Mechanismus. Sauerstoffeinwirkungen in dem oben dargelegten Sinne findet er nur an sehr niederohmigen CdS-Kristallen.

Die bei Ausläuferanregung eines CdS-Kristalls effektiv registrierte Potentialänderung resultiert aus der Differenz der Änderungen der Diffusionspotentiale an beiden Verarmungsrandschichten. Hiernach läßt es sich verstehen, daß in den meisten Kristallen die Ausläufereffekte kleiner als die UV-Effekte sind, aber nicht kleiner sein müssen, wenn beispielsweise stark unterschiedlich wirkende Verarmungsrandschichten an beiden Kristallseiten vorhanden sind.

Die Polarität des Ausläufereffektes ergibt sich aus der Verschiedenheit der beiden entgegengesetzt wirkenden Verarmungsrandschichten. In diesem Sinne läßt sich die gemessene Umkehr der Polarität der Ausläufereffekte nach Umwenden des Kristalls um 180° verstehen. Desgleichen ergibt sich eine einfache Deutung dafür, daß die gemessene Polarität unabhängig von der Einstrahlrichtung ist. Mit zunehmender Anregungsintensität werden die Diffusionspotentiale der Verarmungsrandschichten stärker abgebaut, d. h., der Effekt nimmt zu; der bei hohen Intensitäten auftretende Sättigungswert entspricht einem völligen Abbau der Diffusionsspannungen.

Die Zweistrahlexperimente zeigen einen Einfluß einer zusätzlich wirkenden gleichseitigen optischen Anregung auf den zu messenden Effekt. Die Abnahme des Ausläufereffektes mit zusätzlicher Ausläufereinstrahlung variabler Intensität (Fig. 3) läßt sich nach unseren Vorstellungen so verstehen, daß die zusätzliche Einstrahlung die Diffusionspotentiale der Verarmungsrandschichten hinreichend abgebaut hat, so daß bei Anregung im Ausläufer praktisch kein Effekt gemessen werden kann.

Die Abnahme des UV-Effektes (Fig. 3) läßt sich analog deuten, wenn die schon oben erwähnte Sättigung des UV-Effektes bei hohen Intensitäten berücksichtigt wird.

Nach Fig. 4 ergeben Zusatzbelichtungen mit Wellenlängen bis zu 1600 nm eine strukturierte Beeinflussung des durch UV-Einstrahlung gemessenen (+)-Effektes. Auffallend ist die starke Verkleinerung des (+)-Effektes bei den Wellenlängen $\lambda = 950$ nm und $\lambda = 1450$ nm, die den bekannten Banden der Photoleitungstilgung bei etwa 0,85—0,9 eV und 1,2—1,5 eV entsprechen [14, 15, 16]. Wenn in den Tilgungsbanden eingestrahlt wird, liefert nach den Modellvorstellungen von

Rose und Bube ein zusätzlicher Mechanismus eine relative Abnahme der Elektronenkonzentration. Eine derartige Zusatzbelichtung ermöglicht eine Verminderung der Elektronenkomponente durch Rekombinationsprozesse, so daß der durch UV-Anregung erzeugte (+)-Effekt bei einer Zusatzbelichtung in den Tilgungsbanden besonders stark verkleinert wird. Der starke Abfall des (+)-Effektes im Ausläufergebiet ergibt sich aus dem Abbau der Diffusionspotentiale der Verarmungsrandschichten durch homogene Ladungsträgererzeugung, wodurch die durch eine Verarmungsrandschicht verstärkte Wirkung des Aufbaus des Dember-Effekts verkleinert wird, d. h., der durch UV-Anregung bedingte (+)-Effekt wird kleiner. Der weitere Abfall im Grundgitterabsorptionsgebiet resultiert aus den schon oben dargelegten Gründen für einen UV-Effekt mit hinreichend großer UV-Zusatzbelichtung.

Analog lassen sich die (—)-Effekte (Fig. 5) bei Einstrahlung mit verschiedenen Wellenlängen an einem zusätzlich mit UV belichteten Kristall verstehen. Hier wird der durch die UV-Zusatzbelichtung bedingte Demberraumladungszustand durch die Einstrahlung in den Tilgungsbanden zum Teil abgebaut, d.h. ,es tritt dort ein negativer Effekt auf. Der starke negative Effekt im Ausläufergebiet resultiert vornehmlich aus einem Abbau der Diffusionsspannung der Verarmungsrandschicht an der der geerdeten Elektrode zugewandten Kristallseite und einem Abbau der Demberraumladung an der mit UV zusätzlich belichteten Kristallseite durch eine praktisch homogene Ladungsträgererzeugung. Beide Mechanismen ergeben einen resultierenden (—)-Effekt. Der sich anschließende starke Abfall folgt aus der oben zitierten Abnahme des UV-Effektes mit UV-Zusatzbelichtung.

Die Experimente lassen sich nicht mehr unter der Annahme eines nur durch Verarmungsrandschichten modifizierten Dember-Effektes deuten, wenn CdS-Kristalle einer zusätzlichen Oberflächenbehandlung unterworfen werden. Eine starke Beglimmung verursacht die in Fig. 6 gezeigte Intensitätsabhängigkeit des UV-Effektes mit eindeutig negativer Polarität. Es wirken höchstwahrscheinlich Anreicherungsrandschichten (n—n′-Übergänge), bedingt durch zusätzlich inhomogen erzeugte Zentren mit Donatorwirkung. Der unter Luft gemessene Intensitätsverlauf zeigt eindeutig den zusätzlichen Einfluß der durch Verarmungsrandschichten hervorgerufenen (+)-Effekte bei kleinen Intensitäten. Bei den in HCl geätzten CdS-Kristallen zeigt sich selbst unter Hochvakuum noch eine Überlagerung eines (+)-Effektes mit einem bei hohen Intensitäten dominierenden (—)-Effekt. Der (—)-Effekt läßt sich reversibel durch Lufteinlassen beseitigen, derart, daß nur ein üblicher Anstieg des (+)-Effektes mit anschließender Sättigung bei zunehmender UV-Intensität gemessen wird.

Eine Hochvakuumtemperung bei ca. +200 °C bewirkt ähnliche Intensitätsabhängigkeiten der UV-Effekte im Hochvakuum bzw. unter Atmosphärendruck. Allen diesen derart behandelten Kristallen ist gemeinsam, daß ein zusätzlicher starker Anreicherungsrandschichtphotoeffekt auftritt. Somit lassen sich auch die Ausläufereffekte negativer Polarität verstehen, die immer dann an einseitig beglimmten CdS-Kristallen aufgetreten sind, wenn die beglimmte Kristallseite an der gitterseitigen Elektrode gelegen hat. Wir finden somit u. a. auch eine Bestätigung der Vorstellungen, wonach eine Hochvakuumtemperung und Beglimmung der CdS-Kristalloberflächen die Herstellung nichtgleichrichtender Metall-Halbleiterkontakte begünstigt [17, 18, 19].

Bei den CdS-Kristallen, die sogar ohne zusätzliche Oberflächenbehandlung (—)-Effekte bei UV-Anregung zeigen, haben wir es vermutlich mit „natürlichen“

Anreicherungsrandschichten zu tun, die nach Untersuchungen der Realstruktur der Oberflächen von CdS [20] auf Cd-Anreicherungen, durch den Herstellungsprozeß bedingt, zurückzuführen sind.

Die in Fig. 7 gezeigten Zeitabhängigkeiten stehen in Parallele zu den Einwirkungen photochemischer Reaktionen auf die Photoleitfähigkeit [21] bzw. Photolumineszenz [22]. Die (+)-Effekte nehmen bei gegebener UV-Anregung mit der Anregungsdauer auf einen Sättigungswert $s_\infty$ ab, d. h., die Elektronenkonzentration verringert sich langsam infolge der sich mit der Zeit aufbauenden zusätzlichen Rekombinationszentren (Assoziate aus Cd- und S-Lücken [23]). Im Dunkeln wird dieser Prozeß partiell rückgängig gemacht. Der UV-Effekt wird im allgemeinen größer, je größer die Dunkelpause zwischen zwei aufeinanderfolgenden UV-Anregungen ist. Diese Zeitabhängigkeiten sind im einzelnen noch nicht so ausführlich untersucht worden, um zu entscheiden, ob photochemische Reaktionen oder auch Photodesorptionsprozesse in Frage kommen.

Herrn Dr. F. Eckart danke ich sehr für sein Interesse an dieser Arbeit. Frau Dipl.-Phys. S. Ludwig und den Herren Dipl.-Phys. H. Friedrich und Dr. G. O. Müller danke ich für anregende Diskussionen. Herrn Dipl.-Phys. H. Thiel gebührt mein besonderer Dank für freundliche Unterstützung bei Durchlässigkeitsbestimmungen.

## Literatur

[1] I. Tauc, Rev. mod. Phys. **29**, 308 (1957).
[2] E. van Roosebroeck, Phys. Rev. **101**, 1716 (1956).
[3] E. I. Adirowitsch und W. G. Kolotilowa, Phys. Abhandlungen aus der Sowjetunion, Halbleiterphysik II, Geest und Portig, Leipzig 1957.
[4] K. B. Tolpygo, Izv. Akad. Nauk SSSR **26**, 46 (1952).
[5] W. Ludwig, phys. stat. sol. **2**, 194 (1962).
[6] A. I. Gubanow, J. exp. theor. Phys. **25**, 307 (1953).
[7] V. E. Laschkarew, J. exp. theor. Phys. **18**, 917 (1948).
[8] J. Auth, Diplomarbeit, Humboldt-Universität Berlin 1955.
[9] R. J. Williams, Phys. Chem. Solids **23**, 1057 (1962).
[10] F. F. Morehead und A. B. Fowler, J. electrochem. Soc. August (1962), 688.
[11] E. Schnürer, phys. stat. sol. (im Druck).
[12] F. Eckart und H. Tetsch, Z. Naturf. **16a**, 717 (1961).
[13] M. Asche und F. Eckart, Z. Phys. **164**, 529 (1961).
[14] J. Auth, E. A. Niekisch und H. Puff, Z. phys. Chem. **212**, 175 (1959).
[15] E. A. Taft und M. H. Hebb, J. Opt. Soc. Amer. **42**, 249 (1952).
[16] R. H. Bube, Phys. Rev. **99**, 1105 (1955).
[17] W. Buttler und W. Muscheid, Ann. Phys. **14**, 215 (1954).
[18] R. W. Smith, Phys. Rev. **97**, 1525 (1955).
[19] E. Schnürer, Dissertation, Humboldt-Universität Berlin 1961.
[20] H. Berger, E. Gutsche, W. Kahle und G. Lehmann, phys. stat. sol. **3**, 265 (1963); G. O. Müller, phys. stat. sol. **3**, 523 (1963).
[21] W. Borchardt, phys. stat. sol. **2**, 1575 (1962).
[22] K. Albers, phys. stat. sol. **2**, 1268 (1962).
[23] E. A. Niekisch, Z. phys. Chem. (Leipzig) **217**, 110 (1961).

*(Received July 9, 1963)*

**Conférence Internationale sur la**
**PHYSIQUE DES SEMI-CONDUCTORS**
**aura lieu du 20 au 24 juillet 1964 à Paris**

La Conférence Internationale sur la PHYSIQUE DES SEMI-CONDUCTEURS aura lieu du 20 au 24 juillet 1964 à Paris sous le patronage de l'Union Internationale de Physique Pure et Appliquée et de la Société Française de Physique.

La conférence générale sera précédée et suivie de colloques restreints sur des sujets tels que: Effets des Rayonnements, Effets de Plasma dans les Solides, et Composés des Elements de Transitions.

Pour tous renseignements s'adresser à M. Balkanski, Laboratoire de Physique de l'Ecole Normale Supérieure, 24 rue Lhomond, Paris (5).

See Short Note by L. Michalowsky and G. Vogler

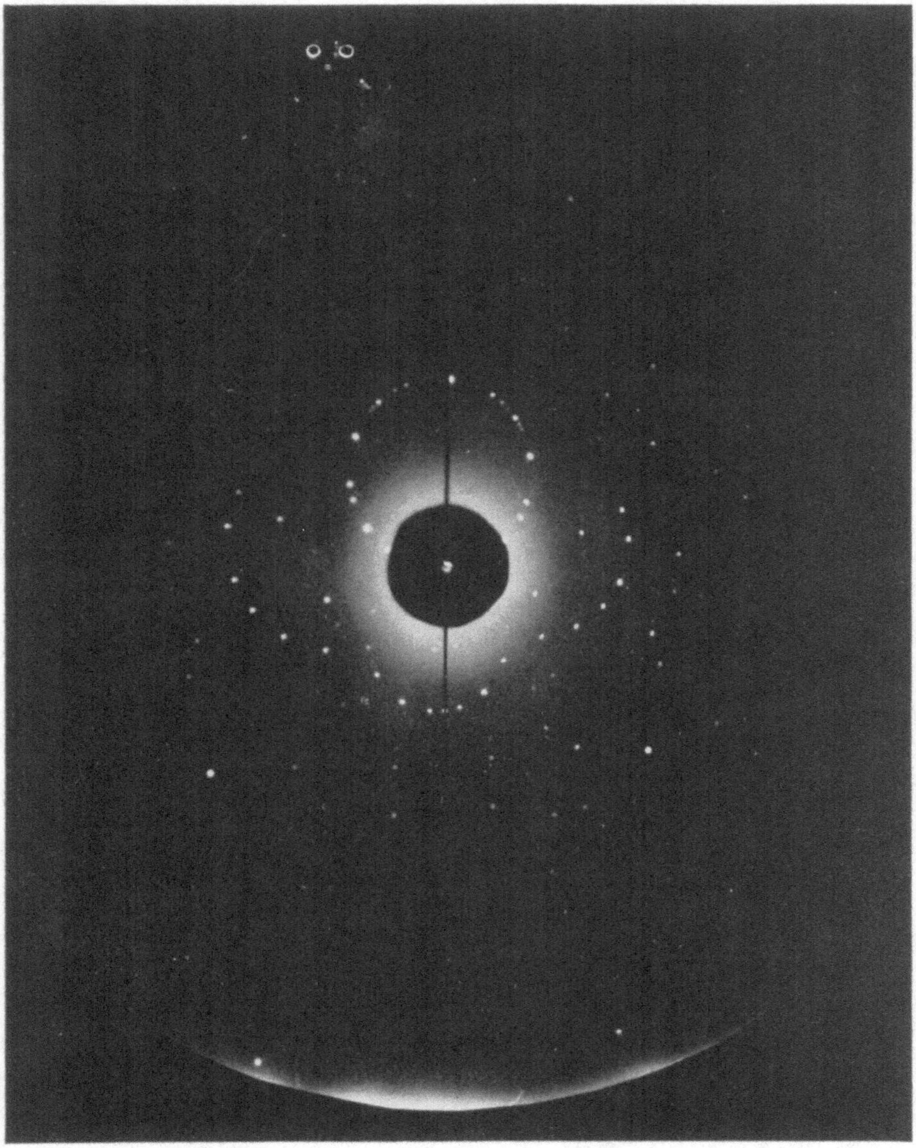

Fig. 1. Laue-Durchstrahlaufnahme eines herausgelösten Kristallites

# Short Notes

Institut für Magnetische Werkstoffe der Deutschen Akademie der Wissenschaften zu Berlin, Jena

## Herstellung von Einkristallen durch Sinterung

Von

L. MICHALOWSKY und G. VOGLER

Für die Untersuchung magnetischer Vorgänge in polykristallinen Ferriten ist häufig die Kenntnis der Sättigungsmagnetisierung, der Curietemperatur, der Magnetostriktionskonstanten sowie der magnetischen Kristallanisotropiekonstanten Voraussetzung für das Verständnis magnetischer Vorgänge. Während die Sättigungsmagnetisierung und die Curietemperatur direkt am polykristallinen Kristall gemessen werden können und die Messung der Sättigungsmagnetostriktion einen Anhaltspunkt für die Größenordnung der Magnetostriktionskonstanten ergibt, ist man bei der Bestimmung der magnetischen Kristallanisotropiekonstanten auf Messungen an Einkristallen angewiesen.

Zur Zeit werden zur Herstellung von Ferriteinkristallen im wesentlichen das Verneuil-, Bridgeman-, Flußschmelz- und Transportreaktionsverfahren verwendet. Die aufgeführten Methoden sind zum Teil mit Nachteilen behaftet, die sich vor allem bei einigen technisch wichtigen Ferriten bemerkbar machen, besonders wenn sie Zn und einen kleinen Fe-Überschuß enthalten. Es wurde deshalb mit verschiedenen Methoden versucht, die magnetischen Kristallanisotropiekonstanten direkt am polykristallinen Material zu ermitteln. Dazu kann man z.B. das Resonanzverfahren verwenden, bei dem die Resonanzfrequenz direkt mit einem effektiven Feld verknüpft ist (1, 2), in dem außer dem äußeren Feld das entmagnetisierende Feld, die inneren Streufelder und das Anisotropiefeld enthalten sind. Eine zweite Möglichkeit der Bestimmung der magnetischen Kristallanisotropiekonstanten besteht darin, das Gesetz der Einmündung in die Sättigung zu verwenden (3). Bei beiden Verfahren hängt die Meßgenauigkeit empfindlich von der Porosität ab.

Da sowohl die Einkristallherstellungsverfahren als auch die Verfahren zur Bestimmung der magnetischen Kristallanisotropiekonstanten an Polykristallen mit Mängeln behaftet sind, wurde ein Verfahren erprobt, das zu den bereits genannten eine Ergänzung darstellt. Die neue Methode besteht darin, große Kristallite aus einem polykristallinen Ring mittels einer sehr dünnen Trennscheibe herauszutrennen. Bei diesem Verfahren geht man wie bei der normalen Ferritherstellung vor, mischt die Ausgangskomponenten entsprechend der Zusammensetzungen, führt dann einen Vorbrand zwischen 900 °C und 1100 °C durch, mahlt das Vorbrandpulver auf, verpreßt es zu Ringkernen und führt dann einen Garbrand bei ca. 1300 bis 1400 °C durch. Der Unterschied zur normalen Ferritherstellung besteht darin, daß man das Pulver durch Sauerstoffabgabe oder -aufnahme während des Sintervorganges aktiviert. Dadurch gelingt es, Kristallite bis zu 1 mm Durchmesser zu erzeugen.

Diese Kristallite werden dann unter dem Mikroskop markiert und anschließend auf einer Trennschleifmaschine herausgetrennt. Die dabei entstehenden Trennflächen werden plangeschliffen, poliert, geätzt und bezüglich vorhandener Nachbarkörner geprüft. Die Arbeitsgänge müssen bis zur vollständigen Beseitigung der Nachbarkristallitreste wiederholt werden. Danach wird der Kristallit nach einem von BOND (4) angegebenen Verfahren rundgeschliffen und anschließend röntgenografisch orientiert.

Dieses Verfahren wurde an Mn-Zn-, Mn-, NiZn-Ferriten und an Magnetit erprobt. Fig. 1 zeigt die Laue-Durchstrahlaufnahme eines Mn-Mg-Ferrites (25 Mol-% MnO, 35 Mol-% MgO, 40 Mol-% $Fe_2O_3$), der nach dem genannten Verfahren hergestellt wurde und bei Zimmertemperatur bzw. der Temperatur der flüssigen Luft eine Halbwertsbreite der ferrimagnetischen Resonanz von 40 Oe bzw. 60 Oe aufweist. Außerdem wurden mit Hilfe eines Resonanzspektrometers $K_1/M_s$ in einer (100)-Ebene und $M_s$ mittels der magnetischen Waage bei verschiedenen Temperaturen gemessen und daraus $K_1(T)$ errechnet (Fig. 2). Zur Kontrolle der $K_1$-Werte wurde statisch noch ein Meßpunkt mit der Drehmomentenmethode bei Zimmertemperatur bestimmt. Ein $K_2$-Anteil

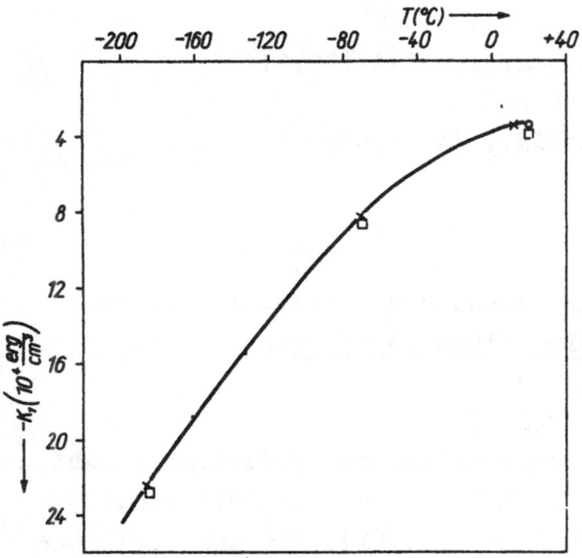


Fig. 2.
× $K_1 = f(T)$ dynamisch bestimmt
○ $K_1$ bei Raumtemperatur statisch gemessen
□ Vergleichswerte $K_1(T)$ am Einkristall ermittelt (nach Verneuilverfahren hergestellt)

konnte in diesem Ferrit nicht nachgewiesen werden. Die Ergebnisse stehen in sehr guter Übereinstimmung mit Messungen von G. ELBINGER (5), die an nach dem Verneuilverfahren hergestellten Einkristallen der gleichen Zusammensetzung durchgeführt wurden.

Das beschriebene Verfahren ist wahrscheinlich auf sämtliche Ferrite anwendbar und bietet den Vorteil, daß die Einkristalle fast unter den gleichen Bedingungen wie die Polykristalle hergestellt werden, so daß man eine Abweichung in der Zusammensetzung nicht befürchten muß, wie auch durch chemische Analyse gezeigt wurde. Von Vorteil ist außerdem, daß man die Proben in einem einfachen Rohrofen ohne besondere Ansprüche an die Regeltechnik sicher und schnell herstellen kann.

Herrn Dipl.-Phys. E. GLAUCHE haben wir für die Resonanzmessungen und Herrn Dipl.-Phys. W. SCHÜPPEL für die statische Messung der Drehmomentenkurve zu danken.

## Literatur

(1) W.B. NASH und K.J. STANDLEY, Proc. Phys. Soc. 79, 981 (1962).
(2) C.J. KRIESSMAN, S.E. HARRISON und H.S. BELSON, J. appl.

Phys. 29, 452 (1958).
(3) L. NÉEL, J. Phys. Radium 9, 184 (1948).
(4) W.L. BOND, Rev. sci. Instrum. 22, 344 (1951).
(5) G. ELBINGER, private Mitteilung.

(Received July 24, 1963)

Institute of Physics, Polish Academy of Sciences, Warsaw

## A New Orthorhombic Polymorph of Boron

By
L. GÓRSKI

Boron exists in several crystalline modifications of which for three only structure has been resolved. The tetragonal form of boron was found by HOARD et al. (1). The unit cell has the dimensions of a = 8.75 Å, c = 5.06 Å and contains 50 atoms. The simple ($\alpha$) rhombohedral modification was reported first by MCCARTY et al. (2). Its structure was determined by DECKER and KASPER (3). Dimensions for rhombohedral unit cell are a = 5.057 Å, $\alpha = 58^{\circ}04'$. Hexagonal unit cell to which the former can be referred has axial dimensions of a = 4.908 Å, c = 12.567 Å. Numbers of atoms in the unit cell are 12 and 36 respectively. The complex ($\beta$) rhombohedral form of boron was found by SANDS and HOARD (4). Structure of this modification has recently been determined by KOŁAKOWSKI (5), and its lattice parameters are: a = 10.12 Å, $\alpha = 65^{\circ}28'$ as referred to rhombohedral cell and a = 10.95 Å, c = 23.78 Å as referred to hexagonal axes. Unit cell contains 108 and 324 atoms respectively. For other forms of boron either dimensions of the unit cell (e.g. tetragonal boron reported by TALLEY et al. (6) a = 10.12 Å, c = 14.14 Å, Z = 192) or only facts of their appearance (NARRAY-SZABÒ and TOBIAS (7), STERN and LYNDS (8)) are known and described. Some other forms of boron were mentioned, but these forms have been obtained as results of earlier investigations based on less pure materials. So these results have lower value and even sometimes may be erroneous.

In the course of investigations of boron crystals obtained in our Institute by crystallization from gaseous state in the temperature range about 1600 °C (NIEMYSKI and OLEMPSKA (9)) a new and as yet unknown modification was recently encountered. This modification forms small steel-grey crystals with barely defined walls and roughly spekaing stick-shaped. Their size is average not higher than two millimetres in length.

The rotating crystal and Laue patterns were performed using X-ray tube with the Fe radiation. From these patterns was established that investigated crystals belong to orthorhombic system with the following values of lattice constants a = 8.73 Å, b = 11.87 Å, c = 20.89 Å.

The measured value of density obtained by the flotation method was found equal to 2.38 which agrees well with the calculated density of 2.39 for a unit cell containing 288 atoms (the number of atoms in the unit cell calculated from density of 2.38 is equal to 286.8).

The determination of space group and structure of this new modification of boron will be further subject of investigations.

The author wishes to express his thanks to Professor L. SOSNOWSKI for suggesting this very interesting problem and encouraging his work on the subject. The author is also indebted to Doc. J. AULEYTNER for his interesting remarks and hints and to Dr. T. NIEMYSKI for the supplying of investigated crystals of boron.

## References

(1) J.L. HOARD, R.E. HUGHES, and D.E. SANDS, J. Amer. Chem. Soc. 80, 4507 (1958).

(2) L.V. MCCARTY, J.S. KASPER, F.H. HORN, B.F. DECKER, and A.L. NEWKIRK, J. Amer. Chem. Soc. 80, 2592 (1958).

(3) B.F. DECKER and J.S. KASPER, Acta cryst. 12, 503 (1959).

(4) D.E. SANDS and J.L. HOARD, J. Amer. Chem. Soc. 79, 5582 (1957).

(5) B. KOŻAKOWSKI, Acta phys. Polon. 22, 439 (1962).

(6) C.P. TALLEY, S. LA PLACA, and B. POST, Acta cryst. 13, 271 (1960).

(7) ST.V. NARRAY-SZABO and C.W. TOBIAS, J. Amer. Chem. Soc. 71, 1882 (1949).

(8) D.R. STERN and L. LYNDS, J. Electrochem. Soc. 105, 676 (1958).

(9) T. NIEMYSKI and Z. OLEMPSKA, J. Less-Common Metals 4, 235 (1962).

(Received July 20, 1963)

Institut für Anwendung radioaktiver Isotope der Technischen Universität Dresden

## Vergleichende Untersuchungen zum Leuchten und Leiten pulverförmiger Kristallphosphore

Von

K. SCHILLINGER

Bei der Anregung pulverförmiger potoleitender Kristallphosphore mit ultraviolettem Licht oder radioaktiver Strahlung im Wechselspannungsfeld tritt ein fotodielektrischer Effekt auf, der sowohl von quasifreien als auch von in Haftstellen gebundenen Elektronen hervorgerufen werden kann. In einer Reihe von Arbeiten (2, 3, 6, 9, 10, 11) wird gezeigt, daß bei einer Anzahl von Kristallphosphoren der fotodielektrische Effekt durch die Fotoleitfähigkeit hervorgerufen wird. In einer Reihe anderer Arbeiten (1, 4, 5, 7, 8, 11) wird der Nachweis für das Auftreten eines echten fotodielektrischen Effektes bei Kristallphosphoren desselben Typs geführt. Die Ergebnisse scheinen stark von den Versuchsbedingungen abzuhängen. Um unterschiedliche Versuchsbedingungen auszuschließen und um genaue Aussagen über die im Kristallphosphor ablaufenden elektronischen Prozesse zu gewinnen, erscheint es notwendig, mindestens zwei durch den Mechanismus miteinander verbundene Größen gleichzeitig zu messen. Bisher ist uns nur eine Arbeit (1) bekannt geworden, bei der eine gleichzeitige Messung der Lumineszenz und der dielektrischen Eigenschaften vorgenommen worden ist.

Zur gleichzeitigen Messung der Lumineszenzintensität und der dielektrischen Eigenschaften pulverförmiger Kristallphosphore im Vakuum wurde eine entsprechende Apparatur aufgebaut. Die Messung der Kapazität und der dielektrischen Verluste in einem Frequenzbereich von 100 Hz bis 10 MHz erfolgt mit einer Präzisionsmeßbrücke Typ 941 und einem Verlustwinkelmeßgerät Typ 193. Mit Hilfe der gesamten Apparatur können An- und Abklingmessungen, Messungen im stationären Zustand bei verschiedenen Temperaturen, Messungen von Ultrarotausleucht- und Tilgungseffekten sowie Aufnahmen von Glowkurven in einem Temperaturbereich von -150°C bis +100°C vorgenommen werden. Es wurden Untersuchungen an Leuchtstoffen in Pulverform ohne Bindemittel und an gehärteten Leuchtstoff-Siliconlack-Gemischen durchgeführt. Die in den verschiedenen Formen verwendeten Leuchtstoffproben zeigen keine grundsätzlichen Unterschiede in ihrem dielektrischen Verhalten. Auch die Verwendung verschiedener Deckelektroden in Form einer leitfähigen Glasplatte oder in Form eines Drahtnetzes hat keinen grundsätzlichen Einfluß auf die Meßwerte.

In einem Frequenzbereich von 100 kHz bis 10 MHz wird entsprechend der Wirkungsweise des Verlustwinkelmeßgerätes der Leuchtstoffkondensator durch eine Parallelschaltung einer Kapazität und eines Verlustwiderstandes $R_p$ dargestellt.

Die Messung der Frequenzabhängigkeit des Verlustwiderstandes unangeregter und angeregter Proben von ZnS/Cu, ZnS/Ag und ZnCdS/Cu ergibt, daß sich der Ausläufer des Dispersionsgebietes bis zu Frequenzen von einigen MHz erstreckt. Daher

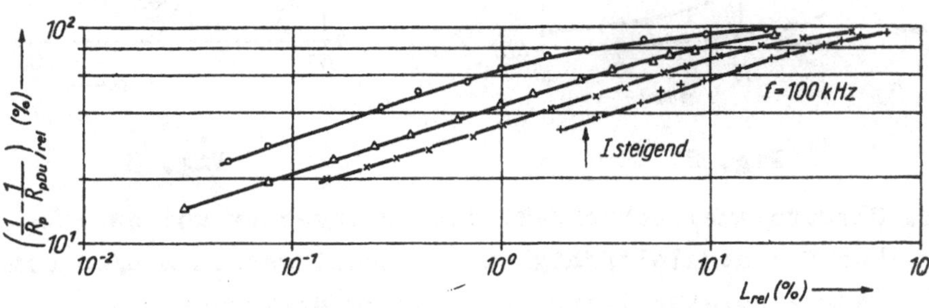


Fig. 1. Hochfrequenzleitfähigkeitsänderung in Abhängigkeit von der Lumineszenzintensität für das Abklingen von ZnS/Cu bei Raumtemperatur nach Anregung mit λ = 435 nm (Parameter: Anregungsintensität)

lassen sich auch in diesem Gebiet Änderungen des Verlustwiderstandes bei Anregung empfindlich nachweisen.

Im Fall des Abklingens ergibt sich für große Zeiten zwischen der Hochfrequenzleitfähigkeitsänderung und der Lumineszenzintensität ein Zusammenhang in der Form

$$\frac{1}{R_p} - \frac{1}{R_{pDu}} = AL^{\gamma} ,$$

wie ihn Fig. 1 für ZnS/Cu zeigt. Dabei ist $R_p$ der Verlustwiderstand der abklingenden Probe, $R_{pDu}$ ist der Verlustwiderstand der unangeregten Probe, L ist die Lumineszenzintensität und A und $\gamma$ sind Konstanten.

Bei der Einwirkung ultraroter Strahlung der Wellenlänge $\lambda$ = 700 nm auf abklingende Proben von ZnS/Cu läßt sich bei Raumtemperatur sowohl für die Lumineszenz als auch für

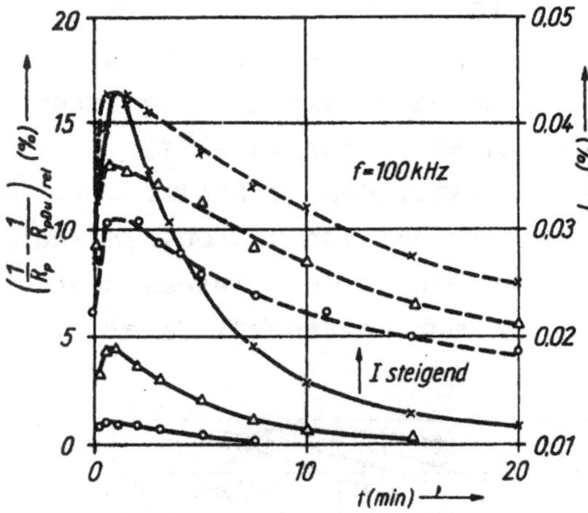


Fig. 2

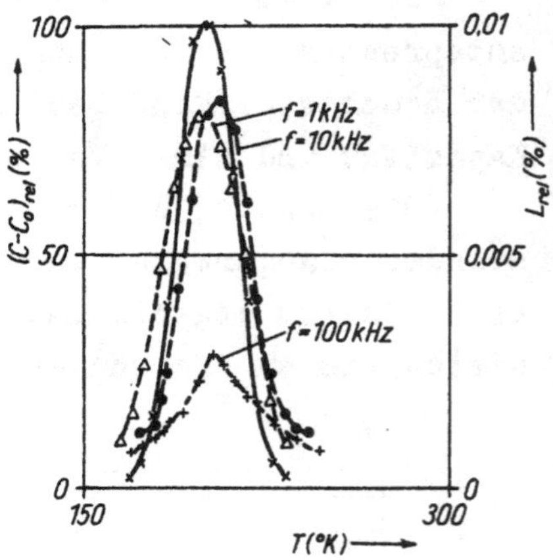


Fig. 3

Fig. 2. Ultrarotausleuchteffekt der Lumineszenz und der Hochfrequenzleitfähigkeit an abklingendem ZnS/Cu bei Raumtemperatur (Parameter: Anregungsintensität)

Fig. 3. Glowkurven der Lumineszenz (——) und der Kapazität (---) von ZnS/Ag nach Anregung mit $\lambda$ = 435 nm bei tiefer Temperatur (Parameter: Frequenz)

$\frac{1}{R_p} - \frac{1}{R_{pDu}}$ der bekannte Ausleuchteffekt nachweisen (Fig. 2). Ein ähnlicher Zusammenhang besteht auch zwischen der Änderung der Kapazität und der Änderung der Lumineszenzintensität. Die Parallelität dieser Erscheinungen läßt einen engen Zusammenhang zwischen der Lumineszenz und den gemessenen Größen erkennen.

Bei der Aufnahme von Glowkurven erhält man eine entsprechende Parallelität zwischen der Lumineszenz und den gemessenen Größen (Fig. 3).

Aus den dargestellten Zusammenhängen ist zu erkennen, daß der Einfluß der Fotoleitfähigkeit auf die Änderungen der dielektrischen Größen von ausschlaggebender Bedeutung ist. Unter Berücksichtigung verschiedener Parameter können Beziehungen zwischen dem Leuchten und Leiten pulverförmiger Kristallphosphore gewonnen werden. Eine ausführliche Darstellung dieser Zusammenhänge für eine Reihe pulverförmiger Kristallphosphore wird in einer späteren Arbeit erfolgen.

Frau Prof. Dr. L. HERFORTH möchte ich für die Anregung zu dieser Arbeit und für ihr förderndes Interesse danken.

## Literatur

(1) G.F.G. GARLICK und A.F. GIBSON, Proc. Roy. Soc. A188, 485 (1947).

(2) H. KALLMANN, B. KRAMER und A. PERLMUTTER, Phys. Rev. 89, 700 (1953).

(3) H. KALLMANN, B. KRAMER und A. PERLMUTTER, Phys. Rev. 99, 391 (1955).

(4) S. KRONENBERG und C.A. ACCARDO, Phys. Rev. 101, 989 (1956).

(5) E. GRILLOT und M.R. FREYMANN, Festkörperphysik und Physik der Leuchtstoffe, Vorträge auf der Tagung der Physikalischen Gesellschaft in der DDR 1957 in Erfurt, Akademie-Verlag, Berlin 1958 (S. 244).

(6) H. KALLMANN, B. KRAMER und P. MARK, J. Phys. Chem. Solids 10, 59 (1959).

(7) I. SOUDEK, Czech. J. Phys. 9, 590 (1959).

(8) J. ROUX, Zur Physik und Chemie der Kristallphosphore, Vorträge auf der Tagung der Physikalischen Gesellschaft in der DDR 1959 in Greifswald, Akademie-Verlag, Berlin

1960 (S. 129).
(9) G.M. MALKIN, Izv. Akad. Nauk SSSR, Ser. fiz. 25, 559 (1961).
(10) P. MARK und H. KALLMANN, J. Phys. Chem. Solids 23, 1067 (1962).
(11) P. KRISPIN, phys. stat. sol. 3, K81 (1963).

(Received July 22, 1963)

AEI Research Laboratory, Harlow, Essex

## A Note on the Red ZnS:Cu Emission

By

R. MARSHALL[1)]

A comprehensive model describing absorption, excitation and emission transitions etc. in ZnS:Cu has been suggested by BROSER and SCHULZ (1) and more recently in greater detail by SCHULZ (2). This model fits fairly well the extensive data which have been accumulated on the blue and green centres and explains the occurrence of infra-red emission, quenching and sensitisation.

Under special preparation conditions (see for example FROELICH (3), AVEN and POTTER (4) and PRESLAND et al. (5) the red copper emission at about 6700 Å occurs. On the BROSER-SCHULZ (1) model this emission has been tentatively ascribed to free electron recombination at a localised centre distinct from those involved in the blue and green emissions.

Preliminary electron spin resonance measurements (KIRTON and KEATING - private communication) on the red (and yellow ∼5750 Å) emitting ZnS-Cu phosphors as prepared by PRESLAND et al. (5) have shown a broad resonance which is not present in the normal blue and green emitting phosphors.

1) Present Address: I.I.T. Research Institute, Technology Center, 10 West 35th Street, Chicago, 16, Illinois

The red emitting phosphor of BOWERS and MELAMED (6) did not exhibit any temperature dependence of the magnetic susceptibility indicating that copper was either incorporated in a non-paramagnetic form or at a low concentration in a paramagnetic form (e.g. $Cu^{2+}$ or $Cu^{o}$). However, the quenched material (5), which can exhibit red emission without strong blue and green components, may contain a higher density of red centres, which were capable of being detected by the resonance absorption technique. It is possible therefore, that the charge state of the red centre is different from that of the blue and green.

Many authors believe that the red centre is complex: VAN GOOL (7) suggests that an associated complex involving three single defects may be responsible; AVEN and POTTER (4) have summarised other suggestions and added several more possibilities (all of which are complexes and non-paramagnetic) and more recently SHIONOYA et al. (8) suggest that the centre responsible is an associated, substitutional copper-sulphur vacancy ion pair (i.e. an associated donor-acceptor pair in the sence of APPLE and WILLIAMS (9)). Whatever the true nature of the red centre, evidence from work in this laboratory indicates that an inter-level transition is involved in the emission rather than the direct recombination of a free electron as proposed by BROSER and SCHULZ (1). As expected for a transition between localised levels, the red emission is of Gaussian form (AVEN and POTTER (4) and SHIONOYA et al. (8)), there is a marked decrease in half-width on decreasing the temperature (SHIONOYA et al. (8)), the peak position is independent of structure (AVEN and POTTER (4) and PRESLAND et al.(5)) in spite of there being an energy difference for the cubic and hexagonal forms, the emission peak shifts to longer wavelengths as the temperature decreases and consequently as the band gap increases (AVEN and POTTER (4)), and finally the brightness wave of the electroluminescence is of the "characteristic" type (MARSHALL and FRANKS (10)).

A yellow emission ($\sim$ 5750 Å) sometimes occurs simultaneously with the red emission (FROELICH (3) and PRESLAND et al. (5)). In some respects the properties of the yellow and red centres are similar to those of the blue and green. For example, the energy difference between the yellow and red centres and the blue and green is approximately the same; low temperature anneals effect a conversion yellow → red (PRESLAND et al. (5)) and similarly low temperature annealing causes a conversion blue → green (RIEL and SIZMAN (11)). It is also interesting to note that the yellow and red emitting material as produced by PRESLAND et al. (5) readily reverts to blue and green on annealing.

In another model for the ZnS:Cu system (CURIE (12)), a common ground state is proposed (a singly charged copper ion substitutionally on a zinc site) for the blue and green emissions. One argument in favour of such a model is the similarity in the brightness-voltage dependences of the blue and green electroluminescence (CURIE (12) and MATTLER and CEVA (13)). On the basis of a collision excitation mechanism, different ground states would result in different dependences of brightness on voltage. MARSHALL and FRANKS (10) have noted that there is a marked divergence in the brightness-voltage dependences of the yellow and red electroluminescence and thus it appears that the ground states are different. Furthermore these ground states are probably quite different from those of the blue and green emissions, as the 1-3 $\mu m$ quenching band, for the green and blue emissions, does not appear to affect the yellow and red emissions.

As regards electroluminescence behaviour, it would seem that the yellow and red centres are similar to those occurring in the ZnS:Cu, Mn system (i.e. the divergence in the brightness-voltage dependences and a "characteristic" brightness wave for the red emission) particularly in view of the D.C. electroluminescence (red) in powder phosphors (MARSHALL and FRANKS (10)) hitherto observed only in ZnS:Cu, Mn phosphors (see for example FAVORIN and KOZINA (14)).

It may be concluded that, although the nature of the red centre is by no means established, the bulk of evidence favours an inter-level transition as the cause of the emission.

I am indebted to Dr. J. FRANKS for valuable discussion and to Dr. M.E. HAINE, Director of the Harlow Research Laboratory, for his permission to publish this note.

References

(1) I. BROSER and H.J. SCHULZ, J. Electrochem. Soc. 108, 545 (1961).

(2) H.J. SCHULZ, phys. stat. sol. 3, 485 (1963).

(3) H.C. FROELICH, J. Opt. Soc. Amer. 42, 982 (1952). See also J. Electrochem. Soc. 100, 280 (1953).

(4) M.H. AVEN and R.M. POTTER, J. Electrochem. Soc. 105, 134 (1958).

(5) M.J. PRESLAND, R. MARSHALL and J. FRANKS, submitted to J. Electrochem. Soc. (1963).

(6) R. BOWERS and M.T. MELAMED, Phys. Rev. 99, 1781 (1955).

(7) W. VAN GOOL, Philips Res. Rep. Suppl. 3 (1961).

(8) S. SHIONOYA, T. KODA, K. ERA, and H. FUJIWARA, Luminescence of Organic and Inorganic Materials. Edited by H.P. Kallman and G.M. Spruch, J. Wiley and Sons, Inc. London (1962).

(9) E.F. APPLE and F.E. WILLIAMS, J. Electrochem. Soc. 106, 224 (1959).

(10) R. MARSHALL and J. FRANKS, submitted to Brit. J. appl. Phys.

(11) N. RIEL and R. SIZMAN, as reference (8).

(12) D. CURIE, Luminescence in Crystals, Methuen and Co. Ltd, London (1963).

(13) J. MATTLER and T. CEVA, as reference (8).

(14) V.N. FAVORIN and G.S. KOZINA, Optika i Spektroskopiya 10, 43 (1961).

(Received August 5, 1963)

Physikalisches Institut der Universität Münster

# Der Einfluß von Versetzungen auf die Intensität eines magnetischen Kernresonanzsignals[1)]

Von

O. KANERT und E. KAPPLER

In einem nichtleitenden kubischen Idealkristall ist die integrale Intensität des magnetischen Kernresonanzsignals durch die Zahl der in Resonanz befindlichen Atomkerne und die Linienbreite durch die magnetische Dipolwechselwirkung (1) gegeben. Bei Kristallen mit Baufehlern kann das NMR-Signal beträchtlich verändert werden, wenn die betrachteten Kerne einen Spin $I > 1/2$, d.h. ein Quadrupolmoment besitzen: Während in einem kubischen Idealkristall kein elektrischer Feldgradient existiert, werden in der Umgebung von Kristallbaufehlern durch Gitterverzerrungen elektrische Feldgradienten am Ort der Atomkerne erzeugt, die eine Quadrupolwechselwirkung und damit eine Veränderung des Resonanzsignals zur Folge haben (2 bis 4). Im folgenden soll vorwiegend die Änderung der integralen Intensität betrachtet werden.

Ursache dieser Gitterstörungen können punktförmige, linienförmige oder flächenhafte Störstellen sein. Da die gestörten Raumgebiete um eine punktförmige Störstelle herum kleiner sind als bei einer linearen Fehlstelle und da ferner die Gitterverzerrung im ersten Fall sehr viel rascher mit der Entfernung abfällt ($r^{-3}$) als bei einer Versetzung ($r^{-1}$), so ist bei reinen Kristallen nur eine Wirkung von linearen oder flächenhaften Baufehlern zu erwarten.

Wir haben mit Hilfe dieses Effektes den Einfluß von Versetzungen auf die integrale Intensität des NMR-Signals von Alkalihalogenidkristallen untersucht. Durch die Quadrupolwechselwirkung tritt eine Verschiebung der magnetischen Energieniveaus der Kernspins auf. Für diese Verschiebung ist charakteristisch, daß bei gleichem Feldgradienten der Energieunterschied zwischen den Niveaus mit $m=+1/2$ und $m=-1/2$ (Haupt-

1) Teilweise auf der Frühjahrstagung 1961 der Nordwestdeutschen Physikalischen Gesellschaft von O. KANERT vorgetragen.

Übergang) sehr viel weniger geändert wird als die Energieunterschiede aller anderen Übergänge (Satellitenübergänge). Demzufolge kann man das Gebiet um eine Versetzung herum in drei Bereiche A, B und C (Fig. 1) einteilen, die im Falle geradliniger Versetzungen durch Zylinderflächen mit den Radien $r_k^{(1)}$ und $r_k^{(2)}$ getrennt werden. Im Gebiet A ist die Quadrupolstörung so gering, daß alle darin befindlichen Kerne den gleichen Beitrag zum NMR-Signal liefern wie im ungestörten Gitter. Im Bereich B ist die Störung so groß, daß die Satellitenübergänge keinen Beitrag mehr zur integralen Intensität liefern (Quadrupolstörung 1. Ordnung); dagegen kommen die Hauptübergänge noch voll zur Geltung. Im Gebiet C liefern auch die Letzteren keinen Beitrag mehr zum Signal. (Quadrupolstörung 2. Ordnung).

Störungsgebiete um eine Versetzungslinie

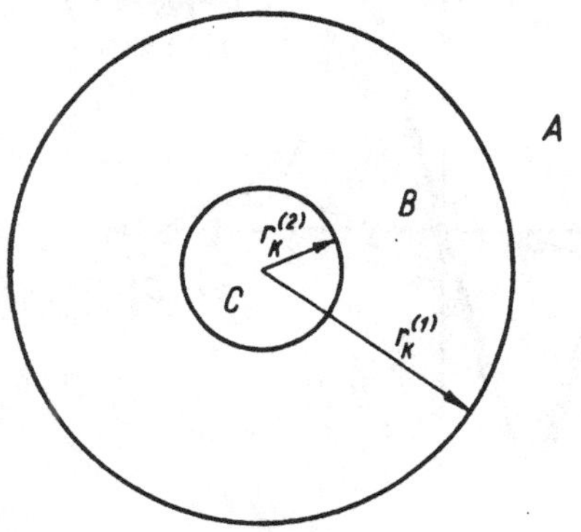


A: Übergänge ungestört
B: Satellitenübergänge gestört (Störung 1. Ordnung)
C: Satelliten- u. Hauptübergänge gestört (Störung 2. Ordnung)

Fig. 1

Zur quantitativen Beschreibung der Veränderung der Signalintensität ist zunächst eine klare Definition der integralen Intensität I erforderlich. Die integrale Intensität I ist proportional der Zahl der Kerne mit einer durch die Quadrupolstörung bedingten Abweichung $\Delta\nu_Q$ von der Resonanzfrequenz $\nu_0$ , die innerhalb eines in bestimmter Weise vorgegebenen, im Prinzip aber willkürlich wählbaren Frequenzintervalls $(-\delta\nu, +\delta\nu)$ liegt. Für $\delta\nu$ wurde die durch das Experiment gut definierte Breite des differenzierten Absorptionssignals gewählt (Fig. 2c). Die Fig. 2a und 2b zeigen Beispiele von Signalen an einem schwach und an einem stark gestörten NaCl-Kristall.- Die so definierte integrale Intensität läßt sich berechnen, wenn man einerseits das elastische Verzerrungsfeld und den dadurch bedingten Feldgradienten einer Versetzung und andererseits die Versetzungsdichte sowie die Anordnung und den Charakter der Versetzungen kennt. Das elastische Verzerrungsfeld und die damit verbundenen Störfrequenzen $\Delta\nu_Q$ sind gut bekannt (5). Ihre numerische Berechnung stößt in vielen Fällen allerdings noch auf Schwierigkeiten, da häufig die Faktoren noch nicht genau bekannt sind.

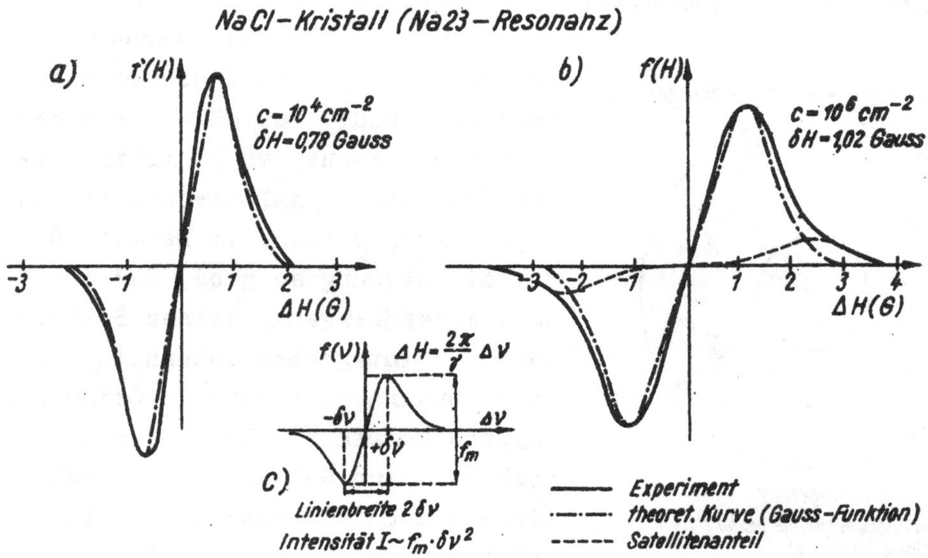


Fig. 2

In der von uns durchgeführten Berechnung der integralen Intensität, deren Ergebnisse nachfolgend kurz mitgeteilt werden sollen, ist eine statistische Verteilung von geradlinigen Versetzungen und eine gleiche Häufigkeit von Stufen- und Schraubenversetzungen angenommen worden. (Eine unterschiedliche Zahl von Stufen- und Schraubenversetzungen führt zu nur einem geringfügig anderen Ergebnis). Man findet für Kerne mit einem Spin I=3/2 (z.B. Na23) für die relative Intensitätsabnahme $I/I_0$ bei der Störung 1. Ordnung:

$$I/I_0 = 0{,}40 + 0{,}60 \cdot \exp\left( - c \cdot \pi \cdot \left( \frac{A^{(1)}(3/2)}{\delta\nu} \right)^2 \right) \qquad (1)$$

mit

$$A^{(1)}(3/2) = \frac{6{,}2 \cdot 10^{-2} \cdot e \cdot Q \cdot a \cdot G \cdot C_{44}}{I(2I-1) \cdot h} \cdot \left( \frac{1}{1-\mu} + \sqrt{2} \right) \qquad (1a)$$

Die relative Intensitätsabnahme für die Störung 2. Ordnung lautet:

$$I/I_o = 0{,}40 \cdot \exp\left( - c \cdot \pi \cdot \frac{A^{(2)}(1/2)}{\delta \nu} \right) \qquad (2)$$

mit

$$A^{(2)}(1/2) = 0{,}984 \cdot 10^{-3} \cdot \frac{2I+3}{I^2 \cdot (2I-1)} \cdot \frac{1}{\nu_0} \cdot \left( \frac{e \cdot Q \cdot a \cdot G \cdot C_{44}}{h} \right)^2 \cdot \left( \frac{1}{1-\mu} + \sqrt{2} \right)^2 \qquad (2a)$$

Hierbei bedeuten c die Versetzungsdichte, e die Elementarladung, Q das Quadrupolmoment, a der Abstand des nächsten Nachbaratoms vom Resonanzatom, G der Schubmodul, $\mu$ die Poisson-Zahl des betreffenden Kristalls, $\nu_0$ die Resonanzfrequenz des Kerns und $C_{44}$ das Element 44 der SHULMAN-Matrix (6), welche die mechanische Gitterspannung und den durch diese Gitterspannung erzeugten elektrischen Feldgradienten verknüpft.

Die Fig. 3 zeigt für die Na23-Resonanz von NaCl den nach den Gleichungen (1) und (2) berechneten Verlauf der Signalintensität $I/I_o$ als Funktion der Versetzungsdichte c (ausgezogene Kurve): Nach dem Intensitätsabfall 1. Ordnung, für den die Satellitenübergänge verantwortlich sind, bleibt die relative Intensität auf dem Wert 0,40, der durch die Übergangswahrscheinlichkeit für den Hauptübergang bestimmt ist. Bei sehr hohen Versetzungsdichten läßt dann die Störung 2. Ordnung die Intensität gegen Null gehen. Die gestrichelte Kurve gibt den aus Experimenten geschlossenen Verlauf der Linienbreite in Abhängigkeit von der Versetzungsdichte wieder. Dabei ist die

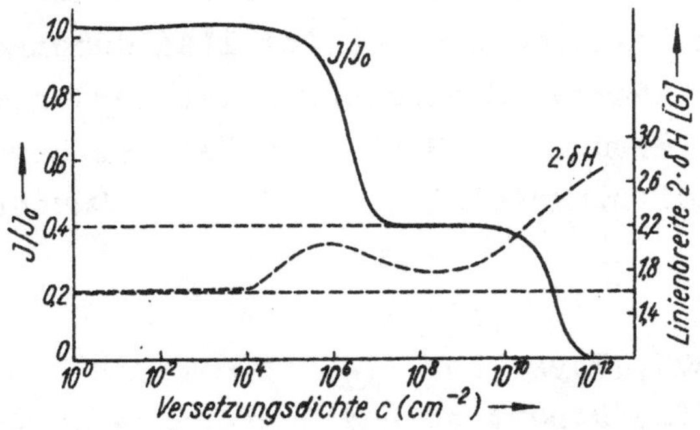


Fig. 3

Kurve tatsächlich nur bis zu c $\approx 10^{-8}$cm$^{-2}$ gemessen. Der bei höheren Versetzungsdichten gezeichnete Verlauf ist qualitativ aus Messungen an anderen Materialien (z.B. KJ) geschlossen.

Die Fig. 4 zeigt einen Vergleich zwischen Theorie und Experiment: Es wurde für verschiedene, teilweise auch plastisch verformte NaCl-Kristalle einerseits die relative Intensität $I/I_o$ des Na23-Signals, andererseits mittels der Ätzstippenmethode die Versetzungsdichte c bestimmt (Meßpunkte in der Fig. 2). Die ausgezogene Kurve gibt den nach Gleichung (1) zu erwartenden Intensitätsverlauf wieder. Man findet eine recht gute Übereinstimmung zwischen Theorie und Experiment.

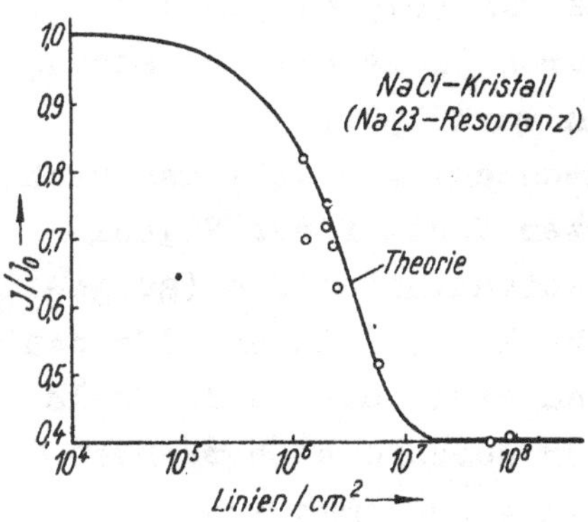


Fig. 4

Mit Hilfe dieses Verfahrens ist man also in der Lage, unter der Annahme bestimmter Versetzungsverteilungen Aussagen über die Versetzungsdichte zu machen. Dabei hat diese Methode den Vorzug, ein Maß für gut definierte Mittelwerte der Versetzungsdichte über dem gesamten Kristallvolumen zu liefern zum Unterschied gegenüber der vielfach verwendeten Ätzstippenmethode und anderer Verfahren, die nur einen in der Nähe der Oberfläche liegenden Bereich erfassen. Es sind auf diese Weise Messungen der Versetzungsdichte in Abhängigkeit von der plastischen Verformung an verschiedenen Alkalihalogenidkristallen durchgeführt worden, über die noch an anderer Stelle berichtet werden soll.

Wir danken Herrn R. MOHS für die Herstellung der versetzungsarmen NaCl-Einkristalle und für die Durchführung der Ätzversuche.

## Literatur


(1) J.H. VAN VLECK, Phys. Rev. 74, 1168 (1948).

(2) N. BLOEMBERGEN, Report of the Conference on Defects in crystalline Solids, London 1955.

(3) M.H. COHEN und F. REIF, Quadrupoleffects in NMR-Studies of Solids. Solid State Physics, Vol. 5, New York 1957.

(4) A. WEISS, Quadrupoleffekte in der magnetischen Kernresonanz. Diskussionstagung der Deutschen Bunsengesellschaft, Marl/Westf. 1962.

(5) E. OTSUKA, J. Phys. Soc. Japan 13, 1155 (1958).

(6) R.G. SHULMAN, B.J. WYLUDA und P.W. ANDERSON, Phys. Rev. 107, 953 (1957).

(Received August 12, 1963)

Institut für Theoretische Physik der Bergakademie Clausthal

## Die elastischen Konstanten quasiisotroper Vielkristallaggregate

Von

G. KNEER

In der folgenden Mitteilung werden elastische Vielkristallkonstanten angegeben, die nach der Methode von KROENER (1) aus den Konstanten der Einkristalle berechnet wurden.

Zur Berechnung der isotropen elastischen Vielkristallkonstanten

$$c_{ijkl} = \lambda \delta_{ij} \delta_{kl} + \mu(\delta_{ik} \delta_{jl} + \delta_{il} \delta_{jk}) \qquad (1)$$

genügt es nicht, die Hooke'schen Tensoren $c_{ijkl}$ und $c^{-1}_{ijkl}$ der Einkristalle über alle Orientierungsmöglichkeiten zu mitteln (Voigt'- bzw. Reuss'sche Näherung), vielmehr muß die Wechselwirkung der Körner untereinander beim Anlegen einer makroskopischen Spannung berücksichtigt werden. Durch Anwendung der von ESHELBY (2) angegebenen Lösung des Problems des Einflusses einer anisotropen Kugel in einem isotropen Medium mit verschiedenen elastischen Konstanten auf das elastische Verhalten vielkristalliner Aggregate erhielt KROENER folgende Bedingungsgleichung für die Vielkristallkonstanten:

$$\overline{u_{ijkl}} = 0 \ , \qquad (2)$$

worin

$$\left.\begin{aligned} u &= (c - C + Cw)^{-1}Cw - I \\ I_{ijkl} &= \tfrac{1}{2}\left(\delta_{ik}\,\delta_{jl} + \delta_{il}\delta_{jk}\right) \\ w_{ijkl} &= \tfrac{3}{2}\left(\tfrac{1-\nu}{1+\nu}\right)\left(\tfrac{1-5\nu}{4-5\nu}\right)\delta_{ij}\,\delta_{kl} + \tfrac{15}{4}\left(\tfrac{1-\nu}{4-5\nu}\right)\left(\delta_{ik}\,\delta_{jl}+\delta_{il}\delta_{jk}\right) \end{aligned}\right\} \quad (3)$$

bedeutet. $\nu$ ist die Poisson-Zahl. Alle Multiplikationen in u sind doppeltskalare Produkte von Tensoren 4. Stufe (z.B. a·b entspricht $a_{ijkl}b_{klmn}$). Der Querstrich bedeutet die Mittelung des Tensors über alle Orientierungsmöglichkeiten der Einkristalle. $\bar{u}$ ist daher für texturfreie Vielkristalle ein isotroper Tensor mit 2 unabhängigen Komponenten. Die beiden Skalarinvarianten eines Tensors 4. Stufe hängen von der Orientierung nicht ab. Man kann daher nach (1) die Gleichung (2) durch

$$u_{ijkl}\cdot\delta_{ij}\,\delta_{kl} = 0 \quad (4a)$$

$$u_{ijkl}\cdot\delta_{ik}\,\delta_{jl} = 0 \quad (4b)$$

ersetzen, wenn man in u den orientierungsabhängigen Tensor c mit Hauptkonstanten einsetzt. Die Gleichungen (4) gestatten die Berechnung der Vielkristallkonstanten für beliebige Einkristallsysteme.

Für kubische Kristallite folgt aus (4a) sofort die Gleichheit der Kompressionsmoduln K des Ein- und des Vielkristalls, während die Gleichung (4b) auf eine Gleichung 3. Grades für den Schubmodul G führt:

$$G^3 + \alpha G^2 + \beta G + \gamma = 0 \quad (5)$$

mit den Abkürzungen

$\alpha = (9K+4\nu)/8$ ; $\beta = -3(K+4\nu)\mu/8$ ; $\gamma = -3K\mu\nu/4$ ;

$\mu = c_{44}$ ; $\nu = (c_{11}-c_{12})/2$ ; $K = (c_{11}+2c_{12})/3$ .

In der Tabelle 1 sind Zahlenwerte für einige nach Gleichung (5) berechnete Schubmoduln angegeben.

Tabelle 1

| | Kristall-system | Einkr.-werte gem. von | $K_V$ | $K_R$ | $\frac{(K_V+K_R)}{2}$ | K ber. | $K^*$ gem. | $G_V$ | $G_R$ | $\frac{(G_V+G_R)}{2}$ | G ber. | $G^*$ gem. |
|---|---|---|---|---|---|---|---|---|---|---|---|---|
| Uran | rhomb. | (4) | 11,439 | 11,141 | 11,305 | 11,283 | | 8,807 | 8,067 | 8,437 | 8,4176 | |
| Zink | hex. | (5) | 7,298 | 6,201 | 6,749 | 6,9405 | 6,94 | 4,559 | 3,643 | 4,101 | 4,1868 | 4,18 |
| Titan | hex. | (5) | 10,455 | 10,443 | 10,449 | 10,449 | | 4,483 | 4,282 | 4,382 | 4,384 | 4,42 |
| Eis | hex. | (6) | 0,798 | 0,797 | 0,7975 | 0,7975 | | 0,3611 | 0,3502 | 0,3556 | 0,3553 | |
| Graphit | hex. | (7) | 6,887 | 0,488 | 3,688 | 1,876 | | 3,374 | 0,204 | 1,789 | 0,8325 | |
| Quarz | trigon.I | (8) | 3,674 | 3,638 | 3,656 | 3,644 | | 4,848 | 4,180 | 4,514 | 4,832 | |
| Cu | kub. | (5) | | | | 13,764 | | 5,473 | 4,012 | 4,743 | 4,826 | 4,83 |
| V | kub. | (9) | | | | 15,533 | | 4,736 | 4,668 | 4,702 | 4,704 | |
| Nb | kub. | (9) | | | | 17,133 | | 3,862 | 3,565 | 3,764 | 3,768 | |
| Ta | kub. | (9) | | | | 19,633 | | 7,07 | 6,748 | 6,909 | 6,926 | |
| Ag | kub. | (10) | | | | 10,378 | | 3,374 | 2,538 | 2,956 | 3,0113 | |
| Au | kub. | (10) | | | | 17,287 | | 3,101 | 2,398 | 2,749 | 2,8113 | |

Alle Konstanten in $10^{11}$ dyn/cm$^2$ $K = (C_{11} + 2C_{12})/3$, $G = C_{44}$

$K_V, G_V, K_R, G_R$ = Mittelwerte, berechnet nach Voigt bzw. Reuss. * gem. nach (5).

Für hexagonale Kristalle erhält man aus (4) 2 Gleichungen für die beiden Unbekannten K und G. Es empfiehlt sich aber, mit den Abkürzungen

$$a = 2(c_{11}+c_{12}+2c_{13}) + c_{33} \; ; \quad b = c_{11} + c_{12} + 2c_{33} - 4c_{13} \; ;$$

$$c = 2(c_{11}+c_{12}+c_{13})(c_{33}-c_{13}) + (c_{33}+2c_{13})(c_{11}+c_{12}-2c_{13}) \; ;$$

$$d = c_{44} + c_{66} \; ; \quad e = c_{44}c_{66}$$

zuerst die folgenden Gleichungen für G und X zu lösen:

$$\begin{aligned} &X^2G(12(6d-b) + 10a) - 3cX^2 \\ &+ X(-8(6d-b)G^2 + (7c+72e)G - (3dc+4ea)) \\ &- 48eG^2 + (2dc-4ea)G - 5ec = 0 \end{aligned} \tag{6a}$$

und:

$$\begin{aligned} &X^24(18G + a) + X(-48G^2 - 6G(a-2b) + 2c) \\ &- G^28b - 3Gc = 0 \; . \end{aligned} \tag{6b}$$

Der Kompressionsmodul K kann dann sofort aus X und G berechnet werden mit Hilfe der Beziehung:

$$K = \frac{4G(3X - 2G)}{3(3G - 2X)} \tag{7}$$

Man kann aus (6a) und (6b) mit (7) eine Gleichung 8. Grades für G allein mit komplizierteren Koeffizienten erhalten und K anschließend aus einer quadratischen Gleichung berechnen, was u.U. für das Rechnen mit Rechenmaschinen bequemer ist.

Für Kristallite von geringerer Symmetrie ergeben sich aus (4) gekoppelte Gleichungen von höherem als 5. Grade. Wir haben deshalb die Tensorgleichungen (3, 4) für den allgemeinen Fall trikliner Einkristalle für elektronische Rechenmaschinen programmiert (ALGOL) und die Vielkristallkonstanten der Tabelle 1 auf der Zuse Z22 der Technischen Hochschule Stuttgart berechnet. In der Tabelle wurden nur dort Meßwerte angegeben, wo wir die Gewähr haben konnten, daß bezüglich der Reinheit der Materialien die Vielkristall- den Einkristallwerten entsprachen und bei ihrer Bestimmung besonderen Wert auf Freiheit von Texturen und Versetzungsbewegungen gelegt wurde, so wie es z.B. in den Arbeiten von BRADFIELD (3) beschrieben ist. Die angegebenen Vielkristallkonstanten von Titan und Graphit sind gleichzeitig von BRADFIELD nach unseren Formeln (6, 7) berechnet worden.

Herrn Prof. Dr. E. KROENER danke ich für viele Anregungen und Ratschläge. Ebenso sei Herrn Dr. G. BRADFIELD, Teddington, für die Überlassung seiner Meßwerte besonders gedankt.

## Literatur

(1) KROENER, Z. Phys. 151, 504 (1958).
(2) ESHELBY, Prog. Solid Mech. 2 (1960).
(3) BRADFIELD und PURSEY, Phil. Mag. 44, 437 (1953).
(4) FISHER und MCSKIMIN, J. appl. Phys. 29,1473 (1958).
(5) BRADFIELD, private Mitteilung.
(6) BASS, ROSSBERG und ZIEGLER, Z. Phys. 149, 199 (1957).
(7) SLACK, Phys. Rev. 127, 694 (1962).
(8) MASON, Piezoel. Crystals and their Application. 1950 N.Y. van Nostrand.
(9) BOLEF, J. appl. Phys. 32, 100 (1961).
(10) NEIGHBOURS und ALERS, Phys. Rev. 111, 707 (1958).

(Received August 12, 1963)

## *Pre-printed Titles and Abstracts of Original Papers*

Papers to be published in "physica status solidi", No. 10

Review Article

M. RODOT, Laboratoire de Magnétism et de Physique du Solide C.N.R.S., Bellevue, Masse effective des porteurs de charge dans les semi-conducteurs

Original Papers

R. CISZEWSKI, Institute of Nuclear Research, Warsaw, Magnetic Structure of the $Mn_5Ge_3$ Alloy Neutron powder diffraction patterns are measured at $50^\circ$ C and liquid nitrogen temperature. The crystal structure is defined as $D8_8$ (space group $P6_3/mcm$), in agreement with CASTELLIZ's data (1). It is found that the atoms in the 4 (d) and 6 (g) positions have magnetic moments of $(3 \pm 0.1)$ and $(2 \pm 0.1)$ Bohr magnetons, respectively. The spin direction is parallel to the $[\bar{0}001]$ axis.

(1) L. CASTELLIZ, Mh. Chem. 84, 765 (1953).

M. SVÁBOVÁ, Lehrstuhl für Festkörperphysik der mathematisch-physikalischen Fakultät der Karlsuniversität, Prag, Die Schubspannungsverhältnisse in Nebengleitsystemen von hexagonalen Kristallen mit dichtester Kugelpackungsstruktur In dieser Arbeit werden die Spannungsverhältnisse in möglichen Nebengleitsystemen in Bezug auf das Hauptgleitsystem in hexagonalen Kristallen mit dichtester Kugelpackungsstruktur untersucht, und für Zn und Mg die spannungsmäßig begünstigten Nebengleitsysteme bestimmt.

J. ANTULA, Institut für Elektrische Nachrichtentechnik und Meßtechnik der Technischen Hochschule München, München, Statische Eigenschaften von Siliziumdioden im Sperrbereich mit besonderer Berücksichtigung abrupter p-n-Übergänge, I. Der Spannungsdurchbruch Der erste Teil der Arbeit befaßt sich mit der Bestimmung des Anteiles von Stoßionisation und Feldemission in abrupten Silizium-p-n-Übergängen. Bei bestimmten

Durchbruchsspannungen sind beide Mechanismen wirksam. Für jeden Durchbruchmechanismus wird ein Anteilskoeffizient eingeführt und seine Abhängigkeit von der Durchbruchsspannung festgestellt. Dadurch wird es ermöglicht, die Spannungsabhängigkeit des Durchbruchsstromes auch im Übergangsbereich, in dem beide Durchbruchsmechanismen parallel wirken, zu errechnen.

J. ANTULA, Institut für Elektrische Nachrichtentechnik und Meßtechnik der Technischen Hochschule München, München, Statische Eigenschaften von Siliziumdioden im Sperrbereich mit besonderer Berücksichtigung abrupter p-n-Übergänge, II. Die Sperrschichtkapazität Für die Sperrschichtkapazität wird eine Anfangskapazität und ein Spannungskoeffizient eingeführt und deren Abhängigkeit von der Durchbruchsspannung angegeben. Die Temperaturabhängigkeit der Sperrschichtkapazität bei verschiedenen Vorspannungen wird eingehend untersucht und eine Methode zur Kompensation des Temperaturganges der Sperrschichtkapazität diskutiert.

J. AULEYTNER, Institut für Physik der Polnischen Akademie der Wissenschaften, Warschau und E. ZIELIŃSKA-ROHOZIŃSKA, Institut für Experimentelle Physik, Universität von Warschau, Warschau, Schwenkfilm-Methode und ihre Anwendung zu Untersuchungen der dynamischen Effekte der Röntgenstrahlenstreuung im Kristallgitter Im folgenden wird eine Röntgen-Methode beschrieben, die zur Sichtbarmachung der einzelnen Versetzungen in dünnen Einkristallen und zur Untersuchung der sogenannten "Pendellösung-Interferenzen" dienen kann. Diese Methode ist eine Weiterentwicklung der Schwenkfilm-Technik, die von AULEYTNER bereits früher veröffentlicht wurde (1). Es werden einige Beispiele angegeben, die Si-Einkristalle betreffen.

(1) J. AULEYTNER, Acta phys. Polon. 20, 371 (1961).

R.W. DAVIDGE, Laboratorium voor Kristallografie en Studie van Vaste Stoffen, Ghent, The Temperature Dependence of the Charge on Dislocations in NaCl and the Determination of the Separate Free Energies of Formation of Positive- and Negative-Ion Vacancies The temperature dependence of the sign of the charge on edge dislocations is investigated for several crystals of varying low impurity concentrations. Below a certain critical temperature (from 400 to 550° C depending on the crystal) the dislocations have a negative charge whilst above this temperature they have a positive charge. Results are analyzed in terms of the theory of charged dislocations; the free energies of formation (at 0° K) of positive- and negative-ion vacancies at dislocation jogs are found to be: $g^o_+ = (0.95 \pm 0.10)$eV, $g^o_- = (1.17 \pm 0.10)$eV.

J.Z. DAMM und K. LUKASZEWICZ, Polska Akademia Nauk, Zaklad Badań Strukturalnych, Wroclaw, Birefringence Induced by Light in Potassium Chloride Crystals Coloured by Ionizing Radiation A new anisotropic effect was observed in some potassium chloride crystals coloured by ionizing radiation. The coloured samples exhibited birefringence after illumination with ordinary or polarized light. By applying proper illumination conditions it was possible to obtain both uni- and biaxial crystals with axes always parallel to the cube edges, and possessing either negative or positive optical sign. It was found that only light of wavelengths between 625 and 750 nm is active in producing the optical anisotropy. Double refraction was observed in the same wavelength range. A discussion is given of the properties of the defects responsible for the birefringence, and a possible mechanism for the effect of preillumination.

W. BEALL FOWLER and D.L. DEXTER, University of Rochester, Rochester, New York, On the PEKAR and PERLIN Calculation of F-Center Lifetimes In a recent paper PEKAR and PERLIN (1) presented a calculation, based upon PEKAR's continuum theory of the F-center (2), of the radiative lifetime of the first excited level of the F-center. Their results are in order-of-magnitude agreement with the experimental results of SWANK and BROWN (3). In this paper we argue that such agreement is fortuitous and is the result of several invalid assumptions made by PEKAR and PERLIN: 1) as they mentioned, they have neglected to include an effective field correction in their calculation; 2) they have used the same electronic wave functions to calculate emission probabilities as one would use (in PEKAR's theory) to calculate absorption probabilities, a procedure which we have shown to be susceptible to suspicion; 3) these electronic wave functions are in fact not consistent with observed absorption oscillator strengths.

(1) S.I. PEKAR and YU.E. PERLIN, Zh. eksper. teor. Fiz. 43, 1108 (1962).
(2) S.I. PEKAR, Uspekhi fiz. Nauk 50, 197 (1953).
(3) R.K. SWANK and F.C. BROWN, Phys. Rev. Letters 8, 10 (1962) and Phys. Rev. 130, 34 (1963).

K. OLBRYCHSKI, Institute of Physics, Polish Academy of Sciences, Warsaw, Abstract Definition and Representations of a Space Group A method of finding the irreducible representations of the single and double space groups is described which is based directly on the abstract definition of the group.

T. FIGIELSKI, Institute of Physics, Polish Academy of Sciences, Warsaw, Electron-Lattice Interaction and its Effect on the Energy Gap in Semiconductors Formulae have been obtained for a crystal deformation due to the introduction of charge carriers, using the thermodynamical potential method. This phenomenon is caused by direct electron-lattice interaction. The change of the energy gap due to this effect has also been estimated. For instance, the band gap in InSb is reduced by about 0.01 eV when $10^{19}$ electrons per $cm^3$ are introduced into the crystal.

P. BYSZEWSKI, J. KOŁODZIEJCZAK, Institute of Physics, Polish Academy of Sciences, Warsaw, and S. ZUKOTYNSKI, Institute of Physics, Warsaw University, Warsaw, The Thermoelectric Power in InSb in the Presence of an External Magnetic Field The thermoelectric power in n-type indium antimonide was measured as a function of a magnetic field up to 20 kOe. A saturation of the thermoelectric power was observed in the high field range. The dependence of the effective mass of the electrons on their concentration was calculated using these experimental data. It was found that this dependence is in very good agreement with the non-parabolic model of the conduction band. An analysis of the scattering process indicates that optical mode and ionized impurity scattering are dominant at room temperature.

M. POLKE, J. STUKE und E. VINARICKY, Institut für Angewandte Physik der Technischen Hochschule Karlsruhe, Karlsruhe, Raumladungsbegrenzte Ströme in hexagonalen Se-Kristallen

An Se-Einkristallen wurden Strom-Spannungs-Kennlinien zwischen -180°C und + 100°C gemessen. Auf einen Ohmschen Bereich bei kleinen Spannungen folgt eine quadratische Strom-Spannungs-Abhängigkeit und bei etwa 100 V ein sehr steiler reversibler Anstieg des Stromes mit der Spannung. Die quadratischen Bereiche lassen sich qualitativ als raumladungsbegrenzte Ströme deuten, jedoch ergeben sich noch Schwierigkeiten bei der quantitativen Diskussion. - Die Photoströme in diesen Kristallen zeigen bei Zimmertemperatur eine Sättigung, die zusammen mit dem quadratischen Gebiet der Dunkelstromkennlinie einsetzt. Bei tiefen Temperaturen ergibt sich dagegen bei diesen Spannungen noch keine Sättigung.

J. BUSSE, Institut für Kristallphysik der Deutschen Akademie der Wissenschaften zu Berlin, Berlin, Paramagnetische Resonanz von Nickel in Silberbromid Die paramagnetische Resonanzabsorption von nickeldotiertem Silberbromid wird bei der Temperatur der flüssigen Luft und des flüssigen Wasserstoffs untersucht. Es treten vor allem zwei Arten von paramagnetischen Zentren auf. Das eine Zentrum besitzt eine im Rahmen der Meßgenauigkeit richtungsunabhängige Linie mit dem g-Faktor 2,238 ± 0,005 und der Breite von 180 G bei 20 °K. Die Zuordnung zu einem isolierten $Ni^{++}$-Ion auf Gitterplatz wird diskutiert. Die Winkelabhängigkeit der Absorptionslinien der zweiten Zentrenart läßt sich durch einen Spin-Hamiltonoperator mit axialer Symmetrie für das $Ni^{++}$-Ion beschreiben. Innerhalb der Fehlergrenzen ist dabei $g_{\parallel} = g_{\perp} = 2{,}20 \pm 0{,}02$. Die Nullfeldaufspaltung D ist $(-2{,}92 \pm 0{,}05)\,cm^{-1}$. Ein $Ni^{++}$-Ion auf Gitterplatz mit einer Silberionlücke als zweitnächstem Nachbarn wird als Absorptionszentrum vorgeschlagen. Bestrahlung der Kristalle bei Zimmertemperatur führt zum Abbau der Linien und mehr oder weniger ausgeprägten Aufbau einer sehr breiten Linie mit etwa demselben g-Faktor, wie ihn die richtungsunabhängige Linie besitzt. Die Abnahme der Breite der neu entstandenen Linie beim

Übergang von 20 $^{o}K$ zu 90 $^{o}K$ ähnelt dem Verhalten von $NiBr_2$-Pulver. Deshalb wird angenommen, daß durch Bestrahlung $NiBr_2$ ausgeschieden wird.

O. BUCK, Max-Planck-Institut für Metallforschung, Stuttgart, und Institut für Theoretische und Angewandte Physik der Technischen Hochschule, Stuttgart, Mechanische Relaxation von Kupfer-Einkristallen In der vorliegenden Arbeit wird die mechanische Relaxation von Kupfer-Einkristallen einheitlicher Orientierung im Übergangsgebiet Bereich I - Bereich II und im Bereich II der Verfestigungskurve bei 77 und 293° K untersucht. Die Messungen zeigen, daß die bei der mechanischen Relaxation gemessene zeitliche Änderung der Schubspannung im Gleitsystem $\frac{d\tau}{dt}$ mit der beim Kriechen gemessenen zeitlichen Änderung der Abgleitgeschwindigkeit $\frac{da}{dt}$ durch die Beziehung $\frac{d\tau}{dt} = \vartheta_G \frac{da}{dt}$ verknüpft ist, wobei $\vartheta_G$ der nicht durch thermisch aktivierte Prozesse verursachte Verfestigungskoeffizient ist. Daraus wird geschlossen, daß die mechanische Relaxation im Übergangsgebiet Bereich I - Bereich II und im Bereich II (vermutlich aber auch im Bereich I) vom selben atomaren Prozeß wie das Kriechen herrührt. Es läßt sich ferner zeigen, daß die Verfestigung der untersuchten Einkristalle überwiegend von nicht thermisch aktivierten Prozessen herrührt, d.h. daß $\vartheta \approx \vartheta_G$ ist.

H. HAHN, Institut für Reaktorwerkstoffe der Kernforschungsanlage, Jülich, und W. BIEM, Max-Planck-Institut für Physik, München, Über Gitterschwingungen in Molekülkristallen Es werden die Translations- und Rotationsschwingungen der als starr betrachteten Moleküle eines Molekülkristalls untersucht. Die Eigenschwingungen des Kristalls sind ebene Wellen, die teilweise Translations- und teilweise Rotationscharakter besitzen ("Phononen" und "Torsonen"). Für den Fall, daß die Verrückungen der Atome als Translationen und Rotationen der Moleküle beschrieben werden, werden die harmonischen Kopplungsparameter und die zwischen ihnen bestehenden Symmetriebeziehungen angegeben. Zur Illustration wird ein einfaches Modell einer Molekülkette behandelt.

W. BIEM, Max-Planck-Institut für Physik, München, Schwingungen kubischer Kristalle aus hochsymmetrischen Molekülen Es werden Beziehungen zwischen den harmonischen Kopplungsparametern in kubischen Gittern mit hochsymmetrischen Molekülen abgeleitet. Insbesondere werden die Gitterschwingungen in Hexamethylentetramin ($C_6H_{12}N_4$, kubisch raumzentriert) und "Adamantan" ($C_{10}H_{16}$, kubisch flächenzentriert) diskutiert.

P. GÖRLICH, H. KARRAS, and G. KÖTITZ, Carl-Zeiss-Str. 1, Jena, On the Excitation of the Spontaneous Fluorescence of Synthetic $CaF_2/U^{3+}$ Crystals First a discussion is given of recent experimental results on magnetic resonance, absorption, spontaneous fluorescence, and induced emission in uranium-doped $CaF_2$ crystals. Then our own experiments are reported which yielded a dependence of the spectral intensity distribution of the spontaneous fluorescence upon the wavelength of the exciting light. Two largely different types of emission spectra were observed.

H.-J. DITTFELD[1)] und J. VOIGT, IV. Physikalisches Institut der Humboldt-Universität, Berlin, Vergleichende Untersuchungen von Leitfähigkeitsglowkurven an CdS-Einkristallen In der vorliegenden Arbeit werden die von 11 Autoren bzw. Autorengruppen angegebenen Methoden zur Bestimmung der Hafttermtiefe aus Glowkurven an CdS-Einkristallen experimentell geprüft. Als Ergebnis des Vergleichs ergibt sich, daß die von BUBE (1) angegebene, direkt auf der Definitionsgleichung der Quasifermigrenze basierende sehr einfache Auswertungsformel allen übrigen gegenüber zu bevorzugen ist. Die Annahme eines Quasigleichgewichts zwischen Haft- und Leitungselektronen wird - bei Aufheizgeschwindigkeiten unterhalb 1,5°/s - durch Untersuchungen über den Füllungsgrad der Haftterme am Glowmaximum sowie die Abhängigkeit des Füllungsgrades von der Aufheizgeschwindigkeit experimentell bestätigt. Die kombinierten Glowkurven - sowie Photoleitungsmessungen zur absoluten Bestimmung des energetischen Verlaufs des Hafttermspektrums nach BROSER und BROSER-WARMINSKY (2) führen zu dem Er-

1) jetzt Institut für Halbleitertechnik Teltow

gebnis, daß die Quantenausbeute bei der Anregung der Leitungselektronen in einem Intensitäts- und Temperaturbereich, in dem die Quasifermigrenze in einem Gebiet etwa 0,4 eV unterhalb des Leitungsbandes variiert, von der Anregungsintensität abhängt.

(1) R.H. BUBE, J. Chem. Phys. 23, 18 (1955).
(2) I. BROSER und R. BROSER-WARMINSKY, Ann. Phys. (Germany 16, 361 (1955).

Papers published in "Fizika Tverdogo Tela", Vol. 5, No. 7

I.A. MIRTSKHULAVA, R.I. CHIKOVANI, and A.L. SHKOLNIK, Tbilisi, Deduction of Defect Level Parameters from the Induced Infra-Red Photoconductivity in CdS Single Crystals Measurements are made of the infra-red photoconductivity in CdS, induced by photo-excitation of electrons from the valence band or deep lying defect levels. The relaxation of this photoconductivity is studied for various ratios $N_1/N_2$ ($N_1$, $N_2$ number of electrons in the trapping levels and holes in the recombination levels, respectively). Capture cross-sections for photons and electrons, and the concentrations of carriers in the defect levels are deduced from the results by a method described in (1).

(1) I.A. MIRTSKHULAVA, Fiz. tverd. Tela 5, 1514 (1963).

A.P. LEVANYUK, Moscow, Theory of Second Order Phase Transitions A phenomenological treatment is given of second order phase transitions, extending the method (1) to the case of spatial fluctuations in the transition parameter $\eta$. An explanation is given of the increase in specific heat and compressibility which occurs in the vicinity of the transition point. Quantitative agreement with experiment is obtained for the $\alpha \rightarrow \beta$ transition in quartz, by a suitable choice of parameter values. It is shown that the approximations employed lead to errors of the same order as the calculated quantities.

(1) L.D. LANDAU and E.M. LIFSHITS, Statistical Physics, Chapter 14, Moscow, 1961 (in Russian).

P.A. BAZHULIN, T.P. MYASNIKOVA, and A.V. RAKOV, Moscow, Raman Study of the Vibrational Spectra of Some Ferroelectrics Measurements are made of the Raman spectra of $(NH_4)_2SO_4$, $NH_4HSO_4$, $RbHSO_4$, $LiH_3(SeO_3)_2$, and $NaH_3(SeO_3)_2$, at room temperature and in the vicinity of their transition points. The heights of the scattering peaks are found to depend on the crystal orientation both for polarised and non-polarised incident light. For the first three substances several peaks are observed which are additional to those arising from the internal vibrations of the $SO_4$ complex. A discussion of the results is given.

I.G. ZASLAVSKAYA, Kiev, Energy Spectrum of an Exciton in the Case of Weak Binding An expression is derived for the energy of the first excited state of a Mott exciton, which involves the ratio ($\alpha$) of the hole to electron effective masses. Numerical values are given for $\alpha = 1, 2$, and $\infty$. It is found that this (fourfold degenerate) state is split into a non-degenerate (2 S) and a triply degenerate (2 P) state by the interaction with the lattice vibrations.

N.I. KURDIANI, Tbilisi, Optical Constants of Indium Antimonide in the Visible and Near Ultraviolet Range The reflection spectrum of InSb is measured in the visible and near ultraviolet range and used to calculate the absorption coefficient and refraction index. The separation between two absorption peaks is ascribed to spin-orbital coupling, and a theoretical estimate is made of the effect.

A.I. MITSEK, Sverdlovsk, Influence of Thermal Expansion on the Temperature Dependence of the Crystallographic Magnetic Anisotropy of Ferromagnetics A thermodynamical treatment is given of the influence of thermal expansion on the temperature dependence of the crystallographical magnetic anisotropy constants. It is shown that thermal expansion makes a contribution of about $10^5$ erg/cm$^3$ to $\widetilde{K}_1(T)$.

A.P. TROFIMENKO, G.A. FEDORUS, and M.K. SHEINKMAN, Kiev, Influence of Illumination Conditions on Thermally Stimulated Conductivity in CdS Crystals Annealed in Sulphur Vapour Measurements are made of thermally stimulated conductivity in CdS crystals annealed in sulphur vapour. A single peak at $+ 65^\circ$ C is found for crystals completely cooled under illumination. Peaks at -10 and $+ 18^\circ$ C are observed if illumination begins at temperatures below $-50^\circ$ C, whereas the $+ 65^\circ$ C peak is very small or completely absent in this case. The heights of the -10 and $+ 18^\circ$ C peaks are found to depend exponentially on the temperature at which the illumination commences (over the temperature range -110 to $-85^\circ$ C), with activation energies lying between 0.7 and 1.0 eV, and vary with the time of illumination ($\Delta t$) as $\Delta t^n$ ($3 \leq n \leq 4$). The results are discussed in terms of centres which have a repulsive Coulomb barrier and give rise to several trapping levels.

L.L. BUISHVILI and N.P. GIORGADZE, Tbilisi, Nuclear Magnetic Resonance in Ferromagnetics A treatment is given of the nuclear magnetic resonance in ferromagnetics in the absence and presence of an external magnetic field. The r.f. field amplification coefficient (1) is calculated for an anisotropic crystal with an arbitrary arrangement of domain walls. The case of a thin ferromagnetic layer is considered in detail.

(1) A.C. GOSSARD and A.M. PORTIS, J. appl. Phys. 31, 205 (1960).

B.G. BOITSOV, Leningrad, Deduction of Force Constants and Calculation of the Vibrational Spectrum in Tellurium The model of the Te crystal which consists of an isolated helical chain of atoms is used to calculate the vibrational spectrum of a Te crystal, allowing for torsional forces. Force constants are deduced by a comparison with the infra-red absorption spectrum.

V.D. TKACHEV, A.F. PLOTNIKOV, and V.S. VAVILOV, Moscow, Photoconductivity Spectra of n-Type Silicon Irradiated with Fast Electrons A study is made of the influence of electron bombardment on photoconductivity in various n-type Si samples with different conductivities. The spectral response curves show that a large number of defect levels are introduced by the irradiation.

F.I. POLOVIKOV, Influence of Infra-Red Illumination on the Electret State in Naphtalene Measurements are made of the charge on polycrystalline naphtalene samples produced by electric fields of 2.0 to 12.5 kV/cm. Illumination with a broad infra-red band, having its maximum at 3 $\mu$m, leads to an increase in the magnitude and stability of this charge.

N.A. VITOVSKII, B.M. KONOVALENKO, T.V. MASHOVETS, S.M. RYVKIN, and I.D. YAROSHETSKII, Leningrad, $\gamma$-Ray Defects in Germanium An investigation is made of the changes in the electrical properties of n- and p-type Ge which occur after $\gamma$-irradiation and subsequent heat treatment. The results are discussed in terms of "monopolar" and "bipolar" annealing processes.

R.F. KONOPLEVA, S.R. NOVIKOV, and S.M. RYVKIN, Leningrad, Energy Levels in Germanium Due to Irradiation with Fast Neutrons Measurements are made of the temperature dependence of the Hall coefficient in Ge which has been irradiated with fast neutrons in a reactor at about 70° C. It is found that the irradiation produces five defect levels, three of which act as acceptors. Formation rates are given for these levels. The results are discussed on the basis of a particular model (1) for the defect centre. An estimate is made of the influence of irradiation spikes on the Hall coefficient.

(1) H.M. JAMES and K. LARK-HOROVITZ, Z. Phys. Chem. 198, 107 (1951).

V.L. BONCH-BRUEVICH, Moscow, Theory of Heavily Doped Semiconductors A formalism is presented which enables one to study the energy spectrum of a semiconductor heavily doped with donors and acceptors. Special attention is given to the "tail" of the density of states in the forbidden gap in the case of compensation, and the "interaction" between the bands. It is shown that there is no step in the distribution function of electrons at T = 0° K.

A.A. NRANYAN, Leningrad, Third Order Elastic Constants of CsCl Type Crystals The third order elastic constants $C_{\alpha\beta\gamma}$ of CsCl type crystals are calculated as functions of temperature, by the method previously employed for NaCl type crystals (1). All six $C_{\alpha\beta\gamma}$ are found to be negative and nearly independent of temperature. The results are discussed in relation to those of (1).

(1) A.A. NRANYAN, Fiz. tverd. Tela 5, 177 (1963).

O.N. EFIMOV and A.M. ELISTRATOV, Leningrad, Effect of Impurities on the Anomalous Transmission of X-Rays through Germanium A study is made of the influence of H, Cu, and Ni impurities on the integral intensity i of the anomalous transmission of X-rays through Ge. It is found that i is particularly affected by impurities possessing maximum solubilities between about $10^{14}$ and $10^{16}$ cm$^{-3}$. The changes in i arise mainly from changes in the absorption coefficient $\mu_i$ and may be of the order of 10 %. It is shown that the density of dislocations (N) remains unchanged, for small N, during high temperature heat treatment and impurity diffusion.

YA.E. POKROVSKII and K.I. SVISTUNOVA, Moscow, Radiative Capture of Electrons by Indium and Gallium Atoms in Silicon The capture coefficient for electrons of neutral In and Ga impurities in Si is found to be of the order $10^{-12} cm^3 s^{-1}$ at $30^o$ K, and to increase exponentially with decreasing temperature, with an activation energy of about 0.035 eV. It is shown that the capture rates are determined by radiative transitions. Measurements of the spectral distribution of this radiation indicate that the capture of electrons at Ga impurities is accompanied by the emission of phonons, whereas in the case of In, no phonons are involved in most of the capture acts.

I.V. OVCHINNIKOV, Kazan, Influence of the Covalent Part of Binding on the Spin-Lattice Relaxation of an Octahedral Complex Containing a Single Magnetic Electron The spin-lattice relaxation time $\tau$ of an octahedral complex containing a single magnetic electron is calculated by the MO technique, using approximate adiabatic wave functions for the closed shells. $\tau$ is found to increase with decreasing degree of ionicity.

V.B. SANDOMIRSKII and SH.M. KOGAN, Moscow, Acoustoelectric Effects in Piezoelectric Semiconductors A discussion is given of three mechanisms by which the d.c. resistance of a piezoelectric semiconductor can be changed by an ultrasonic wave:

1) redistribution of carriers in the piezoelectric field,
2) dependence of the relative velocity of the carriers and the ultrasonic wave on the external d.c. field,
3) change of mobility due to heating of the carrier gas.

For all mechanisms the changes are found to be proportional to the square of the wave amplitude both for stationary and travelling waves. It is also shown that a stationary wave gives rise to an acoustoelectric e.m.f. in the absence of external electric fields.

YA.E. GEGUZIN, V.L. RABETS, and A.A. CHERNYSHOV, Kharkov, Low Stress Creep in NaCl and KCl Crystals in the Vicinity of the Melting Point Creep rates are measured in NaCl crystals at 750 and 780° C, and in KCl crystals at 700 and 750° C, at stresses varying between 1 and 100 g/mm$^2$. It is shown that creep is determined by the motion of dislocations rather than by diffusion induced changes in the shape of mosaic blocks.

O.A. GOLIKOVA and A.G. ORLOV, Leningrad, Hole Mobility in Al and In Doped Ge The Hall mobility of holes in Ge is measured for Al and In concentrations from $10^{17}$ to $10^{21}$ cm$^{-3}$, between 77 and 300° K. In the case of Al, the mobility and its temperature and concentration dependence agree (within 10 %) with the data obtained for Ga impurities in an earlier paper (1), whereas for In, the corresponding mobilities are lower. At hole concentrations $p > 10^{20}$ cm$^{-3}$ the Al concentrations obtained by spectral analysis are found to be smaller than the values of p deduced from the Hall effect.

(1) O.A. GOLIKOVA, B.YA. MOIZHES, and G.G. ORLOV, Fiz. tverd. Tela 4, 3482 (1962).

S.I. NOVIKOVA and N.KH. ABRIKOSOV, Moscow, Thermal Expansion of Lead Chalcogenides The thermal expansion of several lead chalcogenides is measured between 20 and 340° K. It is found that the Grüneisen constant increases with decreasing temperature.

G.P. MIKHAILOV and A.M. LOBANOV, Molecular Relaxation in Polymers above the Vitrification Temperature An experimental study is made of molecular relaxation in polymethylacrylate, polydiansebacinate, polyvinylacetate, and polyvinylchloride, by a dielectric method, at temperatures between 50 and 100° C above the vitrification temperature. A discussion is given of the temperature dependence of: the relaxation frequency, the relaxation time distribution parameter, and the effective dipole moment. The influence of plastic deformation is also discussed. It is concluded that the observed behaviour is due to the "dipole-radical" type of relaxation (1).

(1) G.P. MIKHAILOV and T.I. BORISOVA, Uspekhi Khim. 30, 893 (1961).

N.P. KALASHNIKOV, Moscow, Bremsstrahlung of an Ultra-Relativistic Electron in a Crystal An expression is derived for the spectrum of the bremsstrahlung in a crystal. The position of the maximum in the angular distribution is calculated for quanta $\hbar\omega$ small compared with the energy of the incident electron.

L.P. POTAPOV, Moscow, Relationship between Specific Heat and the Thermal Factor of X-Ray Scattering By means of integral transformations a relationship is derived between the specific heat and the thermal factor of X-ray scattering for an arbitrarily shaped vibrational spectrum.

K.D. GLINCHUK, A.D. DENISOVA, and N.M. LITOVCHENKO, Kiev, Recombination of Carriers at Zinc Atoms in p-Type Silicon The capture cross-sections of $Zn^{\times}$ impurities for electrons and $Zn^{-}$ impurities for holes are found to be $10^{-15}$ and $10^{-13}$ $cm^2$, respectively. These cross-sections are nearly independent of temperature between 80 and 200° K.

V.M. VINOKUROV, M.M. ZARIPOV, V.G. STEPANOV, G.K. CHIRKIN, and L.YA. SHEKUN, Kazan, Paramagnetic Resonance of Interstitial $Eu^{2+}$ Ions in $BaF_2$ and $SrF_2$ Crystals EPR measurements are made with artificial $BaF_2$ and $SrF_2$ crystals containing about 0.05 % $Eu^{2+}$ ions. The spectra can be described by a spin Hamiltonian $H_s$ which possesses cubic symmetry. The coefficients of $H_s$ are compared with those obtained for $Eu^{2+}$ in $CaF_2$. A discussion is given of lines due to transitions for which $\Delta M = \pm 1$ and $\Delta m = \pm 1$.

I. FRIDEL and G.F. KHOLUYANOV, Leningrad, Emission of Electrons from SiC p-n Junctions Prepared by Diffusion of Nitrogen The emission of hot electrons from p-n junctions prepared by the diffusion of nitrogen into p-type SiC, is investigated between 20 and 400° C. The formation of microplasmas at the junction and in the p- and n-type region is enhanced by chemical etching. The emission current $I_e$ is measured as a function of the reverse current $I_r$ and the applied voltage. It is found that $I_e$ is about 300 $\mu$A at 20° C, and the "effectivity" $I_e/I_r$ lies between $2 \times 10^{-4}$ and $3 \times 10^{-4}$ (in the absence of special surface coatings). The possibility of using SiC p-n junctions as electron sources is discussed briefly.

G.S. ZAVT, Tartu, Distortion of Lattice Vibrations by Defects For a one-dimensional crystal containing a point defect, an expression is derived for the displacement of an arbitrary atom as a function of frequency. Studies are made of the odd vibrations in the case of an isotopic defect, and of the changes in the even vibrations due to the presence of an impurity atom. The results are used to discuss the properties of luminescent centres in ionic crystals. A classical treatment is given of the "dissipation" of vibrational energy in the presence of a defect.

I.A. SMIRNOV and B.YA. MOIZHES, Leningrad, Deformation-Induced Changes in the Thermal Conductivity of Cubic Crystals Measurements are made of the thermal conductivity $\varkappa$ of NaCl, KCl, Te, LiF, KBr, KI, Ge, and PbTe, under uniaxial stress. $\varkappa$ is found to change by about 10 % for deformations of the order of 0.01 %. This is thought to be due to the small separation between the transverse branches of the vibrational spectrum compared with the magnitude of the vibrational frequencies. As a consequence, the interaction between the phonons is changed by deformation-induced changes in their polarisation.

A.M. KOSEVICH and L.A. PASTUR, Relation between the Dislocation Theory of Twins and LIFSHITS's Macroscopic Treatment A discussion is given of the relation between the dislocation theory of twins and the phenomenological treatment (1). An analysis is given of the equilibrium shape of a twin for a given external stress.

(1) I.M. LIFSHITS, Zh. eksper. teor. Fiz. 18, 1134 (1948).

V.A. KASYAN, Kishinev, Photoconductivity in Thin Indium Antimonide Layers The temperature dependence of photoconductivity in InSb layers is measured between 100 and 350° K. Photoconductivity is found to be positive above, and negative below, 200° K. It is shown that the spectral distribution of the negative effect is different from that of the positive effect measured in bulk material.

A.I. RAICHENKO, Kiev, Ion Displacement in Heteropolar Crystals Due to Lattice Vibrations On the basis of the harmonic approximation, the vibrational frequencies of ions for arbitrary displacements are calculated in terms of measurable quantities, using a technique which has been developed to treat chemical reactions in gases (1). It is found that in NaCl and KBr the mean square displacement of the cations is larger than that of the anions at low temperatures, and smaller at high temperatures. The relative mean square displacements are found to be approximately equal in the two substances at the melting point. A melting criterion is proposed which involves the sum of the relative mean square displacements of the cation and anion.

(1) N.B. SLATER, Proc. Roy. Soc. A 194, 112 (1948).

MEN SYAN-CHZHEN, Leningrad, Width of the Resonance Curve of an Anisotropic Ferromagnetic The magnetic susceptibility tensor of a ferromagnetic ellipsoid is calculated by the method of retarding Green's functions, taking into account the magnetic and magnetoelastic anisotropy. General relations are obtained between the components of this tensor and the width of the resonance peak. An analysis is made of the transient behaviour of the transverse components of the magnetisation vector, which occurs when the microwave field is switched on or off.

F.I. VILESOV, A.A. ZAGRUBSKII, and D.Z. GARBUZOV, Leningrad, External Photoeffect from the Surface of Organic Semiconductors Measurements are made of the energy distribution of photoelectrons emitted from the surface of anthracene, pentacene, naphtacene, and several phtalocyanines. Values are given for the work functions of these substances. For anthracene the energy distribution is discussed in relation to the band structure. It is pointed out that, in general, measurements of the external photoeffect can be a tool for studying the band structure of organic crystals. Energy loss mechanisms are discussed.

## List of Short Notes

**Статьи и письма**

**просим направлять по адресу**
**physica status solidi, Berlin C 2, Neue Schönhauser Str. 20**

Журнал служит для публикации результатов научных исследований из всей области физики твердого тела. Журнал выходит первого числа каждого месяца.

К печати принимаются:

1. Обзорные статьи по актуальным вопросам физики твердого тела — после согласии с редакцией.
2. Оригинальные работы, которые не были опубликованы или посланы к опубликованию, если они содержат новые результаты — после рецензии. Последный срок приема 8 число каждого месяца (50 дней перед выходом номера).
3. Краткие сообщения результатов исследовании, которые выходят в виде фоторепродукции в специальном разделе журнала по возможности быстро при полной ответственности автора. Последный срок приема 12 число каждого месяца (16 дней перед выходом номера).
4. Предопубликование краткого резюме оригинальных работ, выходящих в этом журнале или в советском журнале „Физика Твердого Тела" (последние на английском языке).

**Указания редакции**

Рукописи принимаются на английском, немецком, русском или французском языках.

Редакция просит авторов

1. Направлять рукописи по возможности в двух экземплярах напечатаные на пишущей машинке на одной стороне машинописного листа через два интервала. Объем рукописей, как правило, не должен превышать 20 страниц для оригинальных статьей и 3 страниц для кратких сообщении.
2. Указать фамилию и инициали имени и отчества автора а также место выполнения работы.
3. Прилагать краткое резюме работы объемом не более 10 строк, по возможности и на другом языке чем на языке работы.
4. Прилагать чертежи на отдельных листах и фотографии (по возможности только для обзорных статьей и оригинальных работ) на белой бумаге.
5. Подписи к рисункам прилагать на отдельном листе. Если имеются особые пожелания относительно размера рисунков отметить их специально на рисунках.
6. Литературные ссылки в порядке цитирования прилагать также на отдельном листе как принято (см. журнал).
7. При использовании единиц, символов и.т.п. учитивать рекомендации изданных международным союзом по чистой и прикладной физики.

Авторы обзорных статьей и оригинальных работ получают две корректуры (гранки). Корректуры фоторепродукционной части читаются редакцией журнала.

Авторы оригинальных работ и кратких сообщений получают вместе 75 оттисков бесплатно. Авторы обзорных статьей получают гонорар и кроме этого 25 оттисков бесплатно.



**Cettes indications paraissent en langue française dans la brochure suivante.**

32918

**Manuscripts and letters should be sent to**

physica status solidi, Berlin C 2, Neue Schönhauser Str. 20

or Buchhandlung Hermann Nold, 1 Berlin 45, Drakestr. 39.

The object of this periodical is to publish original work in the general field of solid state physics. Each issue will be published on the first day of the month. Items published will fall into the following categories:

1. Review articles by arrangement with the editor.
2. Original papers on new results of research, not submitted for publication elsewhere, after being reviewed. (Contributions should be sent in by the 8th day of each month, 50 days before the delivery of the journal).
3. Short notes on topical results of research. These will be published rapidly in a photographically reproduced supplement of the periodical and are under the exclusive responsibility of the author. (Manuscripts for this part should be sent in by the 12th day of each month, 16 days before the delivery of the journal).
4. Pre-printed titles and abstracts of original papers to be published in this or in the Soviet journal „Физика Твердого Тела" (Fizika Tverdogo Tela), the latter translated into English.

**Editorial Information**

Manuscripts may be submitted in English, German, French and Russian. Authors are asked to observe the following rules:

1. Manuscripts should be typewritten on one side only, and at least in double spacing. The delivery of two copies is desirable. Manuscripts of original papers and short notes should not exceed 20 and 3 pages, respectively.
2. The author's name, initials and institution should be given.
3. An abstract of about ten lines, and, if possible, a translation of it into one of the above languages is required.
4. Drawings should be enclosed on separate sheets of paper; photographs should be submitted, on white paper, only for review articles and original papers.
5. Captions for the figures should be submitted on separate sheets of paper, and special wishes with regard to the size of illustrations should be indicated on these.
6. References should be numbered in order of appearance and should be given in the form which is now customary in this journal, on a separate sheet.
7. Units, symbols, etc. should be used in accordance with the recommendations given by the IUPAP.

The authors will be sent two galley proofs of review articles and original papers. Proof reading of short notes and pre-printed titles and abstracts will be done by the editorial staff.

A total of 75 reprints of original papers and short notes are available to authors free of charge. Review articles will be remunerated, and authors will receive in addition 25 reprints free of charge.



Diese Hinweise erscheinen im nächsten Heft in deutscher Sprache.